Automobiltechnisches Handbuch Ergänzungsband

zur

Dreizehnten Auflage

Herausgegeben von

Richard Bussien

VDI

unter Mitarbeit von

Paul Grodzinski, VDI, Dipl.-Ing. – Ernst Gropp, VDI, Ingenieur – Wa. Ostwald, VDI – Karl Schwaiger, Dipl.-Ing. – Dir. E. Meier – L. Ptaczowski, Ingenieur – Herbert Zabinski, Dipl.-Ing.

Mit 307 Abbildungen

1935

VERLAG VON M. KRAYN · BERLIN W

Druck Brandstetter, Leipzig

Vorwort

Die schnell fortschreitende Entwicklung der Kraftfahrzeug-Konstruktionen hat es erforderlich gemacht, zu den noch vorhandenen Handbüchern der 13. Auflage in Form eines Ergänzungsbandes das technisch Neue und Interessante zu bringen, das sich bis Ende 1934 ergeben hat.

Bei der Herausgabe dieses Ergänzungsbandes sind alle die Abschnitte berücksichtigt, deren Inhalt infolge der fortgeschrittenen Entwicklung ergänzt werden mußte. Besondere Berücksichtigung fanden hierbei die nationalen Belange in bezug auf eingeführte Baustoffe, Baustoffausnutzung unter weitgehendster Berücksichtigung der Eigendeckung, was insbesondere bei den Kraftstoffen wesentliche Bedeutung hat.

Der Ergänzungsband ist an sich in seinen einzelnen Abschnitten als abgeschlossenes Ganzes zu betrachten, wobei Hinweise auf die Abschnitte des automobiltechnischen Handbuches 13. Auflage zur Erleichterung der Benutzung beitragen.

Der Verlag hat mit finanziellen Opfern ermöglicht, daß der Ergänzungsband bei Bestellung des Automobiltechnischen Handbuches ohne Preiserhöhung mitgeliefert wird; deshalb sei ihm besonders an dieser Stelle gedankt.

Im August 1935.

Der Herausgeber:
Richard Bussien

Inhaltsverzeichnis

Vorzugsbedingungen

zum Bezug des Hauptbandes des

„Automobiltechnischen Handbuches", 13. Auflage

(M. Krayn, technischer Verlag, Berlin W 35).

Als Käufer des Ergänzungsbandes des „Automobiltechnischen Handbuches", 13. Auflage, bestelle ich 1 Exemplar des „Automobiltechnischen Handbuches" zum ermäßigten Preise von RM. 22,50 (statt RM. 30,–).

Dieser ermäßigte Preis wird nur eingeräumt bei Bestellungen auf diesem Bestellschein.

Dieser Bestellschein kann jeder Buchhandlung zur Übersendung an den Verlag übergeben werden.

....

Ort und Datum: *Name:*

Baustoffausnutzung und Schwingungsfestigkeit

Ernst Gropp, VDI. Stuttgart

Zug-, Druck- und Biegeversuche nach den Vorschriften des Deutschen Verbandes für die Material-Prüfungen in der Technik (DVM) liefern eindeutige Kennziffern für die Abnahmeprüfung der Werkstoffe. Die dabei ermittelten Werte gelten nur für einmalige statische Beanspruchung. Wenn besondere Ansprüche an den Werkstoff gestellt werden, sind diese Untersuchungen durch andere Prüfungen zu ergänzen.

Versuche zur Ermittlung der Dauerfestigkeit sind bereits vor hundert Jahren gemacht, umfassend und gründlich zuerst von Wöhler, der 1870 seine Erkenntnisse aus zwölfjähriger Arbeit veröffentlichte. Er bestimmte das Verhältnis der zulässigen Belastungen bei wechselnder, schwellender und ruhender Dauerbeanspruchung zu 1:2:3 beziehungsweise 33:66:100.

Bach ließ in seinen Grundlagen für „Elastizität und Festigkeit", die 1889 herauskamen, unter Berücksichtigung ungenauer Bestimmung der Spannungsverteilung für seine Belastungsfälle III, II und I zunächst das Verhältnis 30:50:100 zu und ging dann später auf die von Wöhler bestimmten Werte zurück. Bei neueren Untersuchungen an Proben mit sorgfältigst hergerichteter Oberfläche ist man bis auf die Zahlen 50:80:100 gekommen. Bei Kerbwirkung am Probestab, d. h. Störung des parallelen Kraftflusses durch Querschnittsunstetigkeiten können diese Werte jedoch bis auf 5:50:100 herabgehen.

Die früher verwendeten Flußstähle hatten ein günstiges Verhältnis Dauerfestigkeit:Zugfestigkeit und eine geringe Kerbempfindlichkeit. Die Großabnehmer, besonders die Eisenbahnverwaltungen, sorgten für gleichmäßige Beschaffenheit durch genaue Abnahmevorschriften. Ständige Überwachung, reichliche, durch Erfahrung ermittelte „Sicherheitszuschläge" und gründliches Erproben neuer Konstruktionen hielten die Betriebsunfälle durch Dauerbrüche in engen Grenzen. Erst die neueren schnellaufenden Maschinen und besonders der moderne Schnellverkehr mit seinen hohen Ansprüchen an größte Leistungen bei äußerster Gewichtsbeschränkung haben Konstruktion, Fertigung und Werkstofforschung in dieser Frage vor neue Aufgaben gestellt.

Diese bestehen im besonderen darin, günstige Betriebsverhältnisse zu schaffen, die wirklichen Betriebsbeanspruchungen zu ermitteln und die Erkenntnisse der Werkstoffforschung richtig auszuwerten.

Beim Kraftfahrzeug sind die hauptsächlichsten Schwingungserreger: der Motor, das Ausgleichgetriebe und die Fahrbahn.

Gute Lagerung, geringes Gewicht und sorgfältiger Ausgleich der schwingenden Massen, richtige Berechnung und Auswuchtung der umlaufenden Teile, Dämpfung der Drehschwingungen an der Kurbelwelle, günstige Verteilung der Kraftimpulse und sorgfältige Herstellung sind bewährte Vorbeugungsmittel gegen Dauerbrüche an der Maschine und den damit starr verbundenen Teilen. Eine zweckentsprechende, freischwingende Aufhängung des Motors kann weiterhin verhüten, daß das Fahrzeug durch zusätzliche, von der Antriebsmaschine ausgehende Kräfte beansprucht wird.

Im Fahrwerk liegen die Verhältnisse schwieriger. Bereifung, Räder, Achsen, Lenkung und Federung müssen die Stöße der Fahrbahn aufnehmen, und je besser diese Teile durchgebildet werden, desto höhere Ansprüche werden durch höhere Fahrgeschwindigkeiten an sie gestellt. Verminderung der schwingenden Massen, Verwendung großer Reifenquerschnitte, zweckentsprechende Anordnung der schwingenden Teile zur Vermeidung örtlicher Überbeanspruchung und gute Abstimmung der Federung sind die erprobten Mittel, um die erzeugten Schwingungen für das Fahrzeug ungefährlich und für den Benutzer weniger bemerkbar zu machen.

Der Dauerbruch

Fast alle Brüche, die im normalen Fahrbetrieb auftreten, sind Dauerbrüche, d. h. Brüche, die durch vielmalig wiederkehrende Anstrengungen entstanden sind, deren Größe weit unter der Bruchfestigkeit des Werkstoffs liegt.

Ihre Form und ihr Aussehen geben bereits einige Aufschlüsse über ihre Entstehung. Wir unterscheiden bei ihnen deutlich einen matten, samtartigen Teil, die Dauerbruchfläche und die glänzende, kristallartige, durch Gewaltbruch entstandene Restbruchfläche. In der Dauerbruchfläche zeigen sich bei einem durch Biegungsbeanspruchungen entstandenen Bruch meist Flächenstreifen, die mit der Richtung des Bruches fortschreiten. Sie stellen die nach Ruhepausen oder Zeiten geringer Beanspruchung neu entstandenen Vergrößerungen der Dauerbruchfläche dar.

Bei ihrer Beurteilung ist zu beachten, daß der Bruch an Stellen größerer Beanspruchung schneller fortschreitet als an anderen, und daß bei gleichmäßiger, dauernder Wechsellast die Geschwindigkeit seines Fortschreitens ungefähr mit dem Quadrat der Einrißtiefe wächst.

Nach Oschatz[1]) lassen sich aus der Lage, Form und Größe des Restbruches folgende Schlüsse ziehen:

Restbruch einseitig, Bruchfront geradlinig:

Entstanden durch einseitige Dauerbeanspruchung. Der Bruch beginnt bei A. Da die Punkte B, B weiter von der neutralen Achse entfernt sind als C, sind sie stärker beansprucht und schreiten schneller fort als C. Ungefähr in der neutralen Achse hat sich die zuerst bogenförmige Bruchfront zu einer Geraden gestreckt. (Bild 1.)

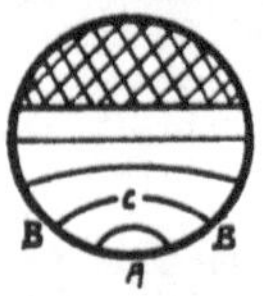

Bild 1

Bild 2

Oft entsteht bei einseitiger Biegung auch ein Bruchansatz an der dem ersten Anriß gegenüberliegenden Stelle des Umfangs. (Bild 2.)

Restbruch in der Mitte, quer über den ganzen Querschnitt laufend:

Entstanden durch zweiseitige Biegung. Bei starker Überbelastung symmetrisch zur neutralen Achse mit bogenförmiger Bruchfront in beiden Lastrichtungen. (Bild 3.) Bei geringer Überbelastung Bruchfront in einer Lastrichtung bogenförmig, in der anderen gerade, weil durch zufällige Verletzungen (Kerben) der Oberfläche der Dauerbruch eingeleitet ist und der Anriß auf der anderen Seite erst einsetzt, nachdem hierdurch der Querschnitt vermindert ist. (Bild 4.)

Bild 3

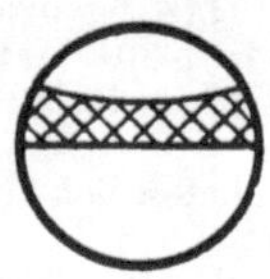
Bild 4

Restbruch in der Mitte, konkav oder konvex linsenförmig, Teile mit umlaufenden Kerben:

Entstanden durch zweiseitige Biegung. Bei wechselsprödem Werkstoff und starker Überbelastung schreitet der Bruch am Umfang schneller fort als im Kern und der Restbruch hat die in Bild 5 dargestellte Form. Ein wechselzäher Werkstoff zeigt ein Bruchaussehen nach Bild 6.

Allseitige Biegung an umlaufenden Teilen erzeugt einen Dauerbruch wie in Bild 7 und 8 dargestellt.

---

[1]) Gesetzmäßigkeiten des Dauerbruchs und Wege zur Steigerung der Dauerhaltbarkeit von Dr.-Ing. Oschatz (1933). Heft 2 der Mitteilungen der Materialprüfanstalt an der Technischen Hochschule Darmstadt. VDI-Verlag, Berlin.

Die Einrißgeschwindigkeit ist am Rande größer als in der Mitte, die Bruchfront erhält dadurch Parabelform. Nach Überschreiten der Mitte sucht der Dauerbruch

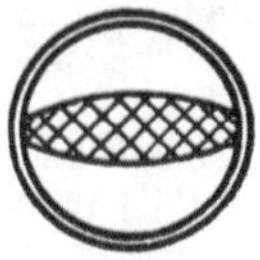
Bild 5

Bild 6

Bild 7

Bild 8

die Restbruchfläche zu umklammern. Bei großer Überbelastung entsteht ein Bruchaussehen nach Bild 7, bei kleinerer Überlast hält der Restquerschnitt länger und zeigt eine Form entsprechend Bild 8.

Allseitige Biegung an Teilen mit umlaufenden Kerben:

Die Restbruchfläche liegt in der Mitte. Große Restbruchflächen deuten auf starke, kleine auf geringe Überbelastung. (Bild 9.)

Bild 9

Bild 10

Bild 11

Bei geringer Überlast verlagert sich der Restbruch oft wie in Bild 10 und 11 angedeutet.

Wellen mit Querbohrung zeigen bei umlaufender Biegung dieselben Bruchformen wie bei zweiseitiger Biegung. Siehe Bild 12 und 13.

Bild 12

Bild 13

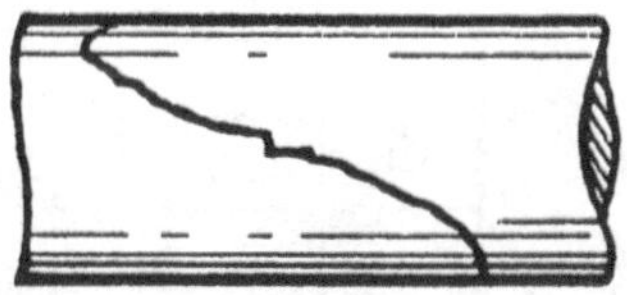
Bild 14

Zug-Druckbeanspruchung führt zu ähnlichen Brucherscheinungen wie Biegung.

Verdrehung erzeugt in zylindrischen Teilen einen spiraligen Bruch, dessen Dauerbruchfläche durch die Bewegung der Flächen gegeneinander verrieben sind. (Bild 14.) Bei Teilen mit umlaufenden Kerben liegt er in der durch den Kerbgrund gegebenen Ebene und ist strahlenförmig gezackt ausgebildet. Die Restbruchfläche liegt in der Drehachse.

Für andere als kreisförmige Querschnitte gelten die gefundenen Gesetzmäßigkeiten sinngemäß. Scheinbare Abweichungen von den gezeigten Grundformen entstehen durch die Einflüsse benachbarter Formelemente, Unstetigkeiten und Eigenspannungen im Werkstoff. Die Größe der Restbruchfläche wird durch die sich aus den Betriebsverhältnissen ergebenden Zufälligkeiten beeinflußt.

Der Weg des Dauerbruchs ist eine Normalfläche zu den sich mit dem Fortschreiten des Bruches ändernden Zonen der größten Spannungen, deren Lage etwa dem Schema nach Bild 15 entspricht.

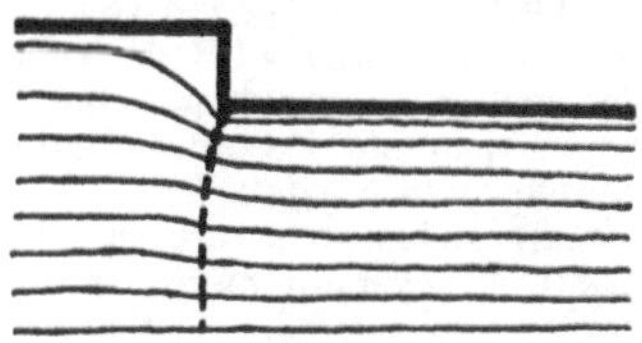
Bild 15

Der Verlauf dieser Spannungszonen, die bei der Darstellung in einer Ebene als Spannungslinien gezeichnet werden, wird ermittelt durch Messung der unter Belastung auftretenden Dehnungen an einem plattenförmigen Modell des zu untersuchenden Querschnitts. Bei unsymmetrischen Körpern stößt diese sehr zeitraubende Arbeit auf große Schwierigkeiten. Man versucht dann, ein angenähertes Bild des Verlaufs der Spannungslinien durch Messungen an Modellen aus elastischen Stoffen, durch Aufzeichnung der ihnen ähnlichen Strömungserscheinungen in entsprechenden Querschnitten oder durch optische Messungen an durchsichtigen Modellen zu erhalten. Hier muß die Meßtechnik einsetzen und Geräte schaffen, die es ermöglichen, an der fertigen Maschine, möglichst im Betrieb und an mehreren Stellen gleichzeitig, Ort, Richtung und Größe der Höchstspannungen und des Spannungsverlaufs im allgemeinen schnell zu ermitteln.

Ein wertvolles Hilfsmittel zur Feststellung der Hauptspannungen nach Lage und Richtung ist das Maybachsche Dehnungslinienverfahren. Die zu untersuchenden Bauteile werden mit einem besonderen Lack überzogen und dann ähnlich wie im Betrieb belastet. Dabei entstehen Sprünge in der Lackschicht. Die zuerst auftretenden Sprünge kennzeichnen Lage und Richtung der Spannungsspitzen; durch die später entstehenden wird die Verteilung der Spannungen an der Oberfläche des Teils deutlich sichtbar gemacht. Ihre Größe kann jedoch nur durch direkte Dehnungsmessungen gefunden werden.

Dauerfestigkeit

Unter Dauerfestigkeit versteht man die bei dynamischer Beanspruchung ermittelten Festigkeitsziffern. Zur Unterscheidung von der, besonders für unter hoher Temperatur beanspruchte Werkstoffe wichtigen Dauerstand-

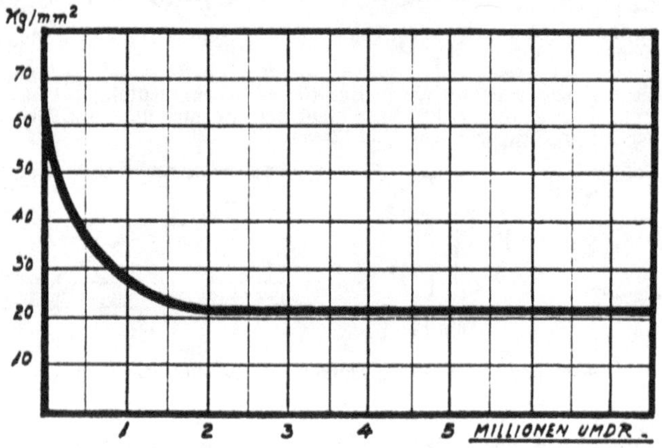

Bild 16

festigkeit bezeichnet man sie genauer als Dauerwechselfestigkeit oder Schwingungsfestigkeit.

Die Dauerfestigkeit ist definiert als die Größe einer sinusförmig an- und abschwellenden Wechselbeanspruchung, die ein Werkstoff beliebig lange aushält.

Das von Wöhler entwickelte Prüfverfahren entspricht dieser Definition vollkommen und wird deshalb als das einwandfreie Kontrollverfahren angesehen. Eine Anzahl gleicher Probestäbe eines Materials wird nacheinander geprüft, indem die umlaufenden Stäbe durch eine Biegelast bis zum Bruch beansprucht werden. Die Belastung wird von Stab zu Stab geringer gewählt, bis eine Belastungsstufe erreicht ist, unter der die Probe bei beliebig häufigem Lastwechsel nicht mehr bricht. Die hierbei benutzte Belastung in kg/mm^2 heißt die Dauerbiegefestigkeit.

Trägt man die Ergebnisse dieser Versuche in ein Koordinatensystem mit gleichmäßiger Teilung ein, dann erhält man die in Bild 16 dargestellte sogenannte Wöhler-Kurve.

Die Wöhler-Kurve geht bei Stahl zwischen 1 und 10 Millionen Lastwechseln in eine Asymptote über, deren Ordinate der gesuchten Dauerfestigkeit entspricht. Aus Versuchen bis zu 1 Milliarde Lastwechseln ist festgestellt, daß 10 Millionen Lastwechsel zur einwandfreien Feststellung der Dauerfestigkeit von Stählen ausreichen. Bei Nichteisenmetallen wird der

Übergang der Wöhler-Kurve in die Waagerechte erst bei 20 bis 100 Millionen erreicht. Bei Monelmetall und Duralumin genügen dazu selbst 300 Millionen noch nicht.

Benutzt man zur Darstellung des Versuchs ein Schaubild nach Bild 17 mit doppelt logarithmischer Teilung, dann wird die Wöhler-Kurve zu einer

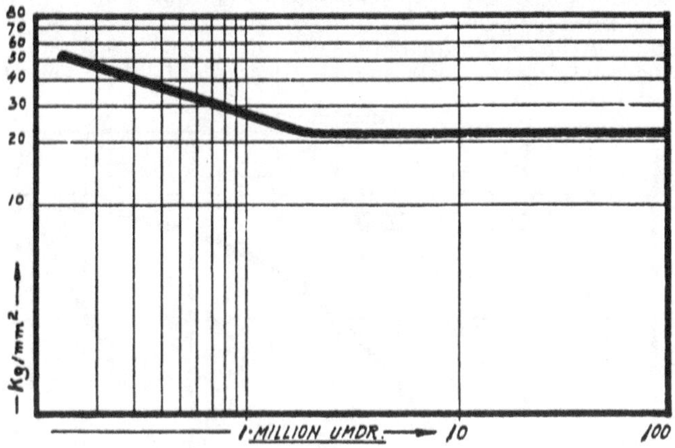

Bild 17

schräg verlaufenden Geraden, die mit einem Knick in eine Waagerechte übergeht. Die Ordinate dieser Geraden stellt wiederum die Dauerfestigkeit dar.

Zur genaueren Kennzeichnung pflegt man die Zahl der Lastwechsel, bis zu der der Versuch durchgeführt ist, anzugeben. Bei Stahl geht man meist bis $5 \cdot 10^6$, bei Nichteisenmetallen bis $10 \cdot 10^6$ und bei Leichtmetallen bis $20 \cdot 10^6$ Lastwechsel.

Bei den üblichen Lastwechselfrequenzen von 1000 bis 6000 in der Minute dauern diese Versuche mehrere Tage.

Neuere Prüfverfahren zielen darauf ab, den sehr langwierigen Versuch abzukürzen. Ein viel benutztes Verfahren hierzu ist das von Lehr angegebene[1]).

Lehr prüft unter stetiger Steigerung der Belastung die schwingende Formänderung, die Temperatur und die aufgenommene Leistung eines Probestabes. Der Versuch dauert etwa 20 Minuten, er wird solange fortgesetzt, bis ein starkes Ansteigen der Temperatur und der aufgenommenen Leistung eintritt. Die gefundenen Werte werden in ein Schaubild eingetragen (Bild 18), und aus der Lage der Punkte *B*, *B'* und *D* läßt sich mit einer für die Praxis ausreichenden Genauigkeit die Dauerfestigkeit ermitteln.

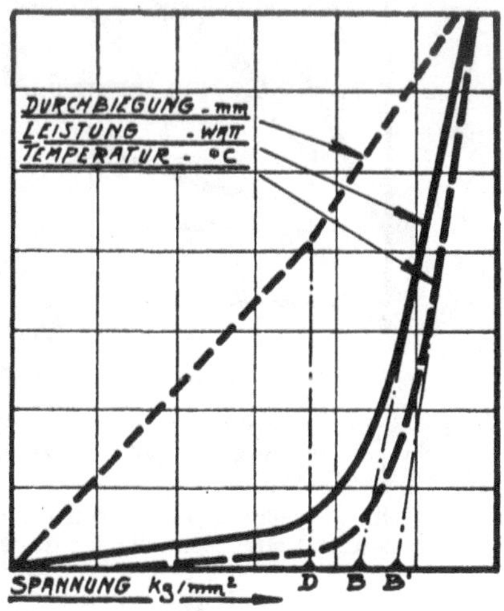

Bild 18

[1]) Die Abkürzungsverfahren zur Ermittlung der Schwingungsfestigkeit von Materialien. Dissertation 1925.

Auf besonders dafür geeigneten Maschinen kann man die Versuche auch mit zusätzlichen statischen Belastungen (Vorspannungen) durchführen. Dabei werden Lastwechsel zwischen ungleich großen oberen und unteren Grenzspannungen erzeugt. Trägt man die dauernd zulässigen Schwingungsbeanspruchungen in Abhängigkeit von verschieden großen Vorspannungen in ein Koordinatensystem ein, dann erhält man das in Bild 19 gezeigte Dauerfestigkeitsschaubild.

In Bild 19 stellen die Ordinaten a, b und c die Grenzwerte für wechselnde, schwellende und ruhende Belastung dar (Belastungsfall I, II und III nach Bach):

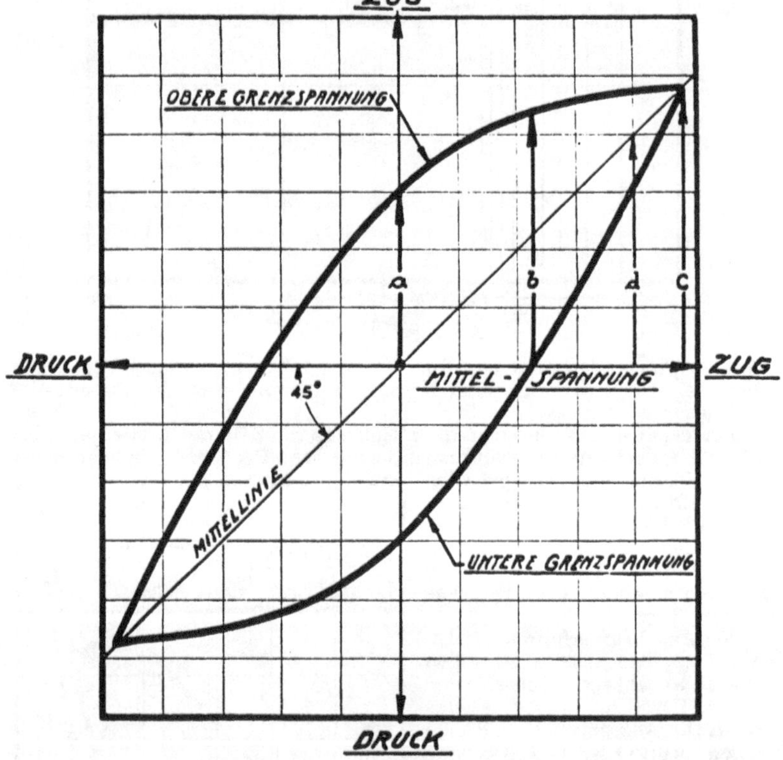

Bild 19

a ist der obere Spannungsausschlag für die größte, um die Mittelspannung 0 wechselnde Belastung, die der Werkstoff dauernd aushält, die Dauerfestigkeit.

b stellt die Grenze der oberen Grenzspannung dar, die bei Lastwechsel zwischen 0 und einem Größtwert dauernd ertragen wird, die Ursprungsfestigkeit.

c ist die Dauerstandfestigkeit. Ein Lastwechsel findet nicht mehr statt.

d ist gleichlang gewählt, wie die Mittelspannung. Die Mittellinie des Schaubildes ist daher unter 45° geneigt. Die Mittelspannung ist die durch Montage, Eigengewicht, Betriebsdruck oder Temperatur erzeugte Vorspannung. Ihre Größe wird bei schwingender Belastung bestimmt durch das arithmetische Mittel aus oberer und unterer Spannung.

Einen wichtigen Ausschnitt aus dem Dauerfestigkeits-Schaubild bringen die vom Fachausschuß für Maschinenelemente beim VDI herausgegebenen „Arbeitsblätter für den Konstrukteur". Diese Arbeitsblätter sollen durch Sichtung und Wertung der bisher ermittelten Zahlen, durch einheitliche Begriffsbestimmungen und durch Richtlinien für die Auswertung der Forschungsergebnisse die Grundlage für eine wirklichkeitsgetreue Festigkeitsrechnung geben. Die ersten Blätter bringen zunächst eine Anzahl von Dauerfestigkeits-Schaubildern für die genormten Maschinen-Baustähle und Chromnickelstähle. Die hier gewählte Darstellungsart weicht insofern von der in Bild 19 gezeigten ab, als nur die Zugseite des Gesamtdiagramms wiedergegeben und die Diagrammfläche nach oben nur bis zur Streckgrenze für die jeweils dargestellte Belastungsart geführt ist. In dem darüber liegenden Gebiet treten bleibende Verformungen auf, eine Beanspruchung über diese Grenze hinaus darf daher nicht in die Rechnung eingestellt werden.

Für die Werkstoffauswahl ist neben der Dauerfestigkeit die **Dämpfungsfähigkeit** des Materials von besonderer Bedeutung. Sie hat ihre Ursache in bisher noch nicht eindeutig geklärten Vorgängen infolge elastischer Nachwirkungen und inneren Verformungen bei Beanspruchungen, die bleibende Formänderungen in den Kristallen nach sich ziehen.

Die Dämpfungsfähigkeit wird durch Messung der Leistung gefunden, die ein Prüfstab bei stetig gesteigerter Belastung aufnimmt. Im Schaubild zeigen sich dabei kennzeichnende Punkte, die das Gebiet der rein elastischen Nachwirkungen, das der zunehmenden Veränderungen im Innern des Gefüges und das der rein plastischen Verformung erkennen lassen (siehe auch Bild 18).

In den VDI-Arbeitsblättern ist die Dämpfungsfähigkeit der Werkstoffe durch die Empfindlichkeitsziffern bzw. Kerbwirkungszahlen bewertet.

Es sind eine Reihe von Formeln aufgestellt worden, die die Größe der Dauerfestigkeit aus der Zerreißfestigkeit oder der Streckgrenze ableiten sollen. Sie haben wenig praktischen Wert, da sie zu Fehlschlüssen bis zu $\pm$ 20% führen können.

Kerbzähigkeit und Dauerfestigkeit sind zwei grundsätzlich verschiedene Werkstoffeigenschaften. Ein auf dem Pendelschlagwerk als spröde erkanntes Material kann wechselzähe sein und ein Material mit hoher Kerbzähigkeit wechselspröde.

Die mit dem Dauerschlagwerk ermittelten Zahlen haben keine Beziehungen zur Dauerfestigkeit, da das hierbei angewandte Verfahren der Definition der Dauerfestigkeit nicht entspricht. Es ist jedoch festgestellt, daß zwischen Dauerschlagfestigkeit und Dauerwechselfestigkeit grundsätzlich kein Unterschied besteht. Wenn Einrichtungen geschaffen werden, um die Beanspruchung der Proben sorgfältig zu ermitteln und Versuchsreihen, dem Wöhlerschen Verfahren entsprechend, mit abgestufter Schlagenergie durchgeführt werden, kommt man auf dieselben Ziffern wie beim Schwingungsversuch.

Erhebliche Überschreitungen der Schwingungsfestigkeit vermindern diese nicht merklich, wenn sie die Streckgrenze nicht erreichen und nur begrenzt oft eintreten.

Bei höheren Temperaturen sinkt die Dauerfestigkeit von Stahl etwa proportional der Zugfestigkeit. Bei Temperaturen bis zu -40^0 nimmt sie fast doppelt so stark zu wie die Zugfestigkeit, während die Kerbzähigkeit bei Cr-Ni-Stählen wenig, bei Kohlenstoffstählen sehr stark abnimmt. Bei Leichtmetallen ist die Steigerung der Dauerfestigkeit bei tieferen Temperaturen nur gering[1]).

Beim Vergüten der Stähle wächst die Dauerfestigkeit etwa in demselben Maße wie die Zugfestigkeit. Die Festigkeitssteigerung durch Kaltverformung kann in demselben Sinne wirken, jedoch nicht so stark wie die Vergütung. Ausschlaggebend ist dabei, ob durch die Verformung bleibende, zusätzliche Spannungen entstanden sind und ob diese einen Abbau oder eine Erhöhung der Spannungsspitzen im beanspruchten Teil bewirken.

---

[1]) Die Festigkeitseigenschaften der Werkstoffe bei tiefen Temperaturen von W. Schwinning. Z. d. VDI. 1935 Heft 2.

Durch Nitrierhärtung kann je nach Tiefe der nitrierten Schicht und ihrem Verhältnis zum Querschnitt des Bauteils eine bedeutende Steigerung der Dauerfestigkeit erzielt werden. Sie wird in der gehärteten Schale größer als im Kern. Dauerbrüche nehmen daher bei nitrierten Stücken meist ihren Anfang in Inneren, an der Grenze zwischen Kern und Schale. Besonders beachtlich ist, daß die Kerbwirkung kleinerer Risse, Bearbeitungsriefen und Querschnittsunstetigkeiten ganz aufgehoben wird, und daß die Nitrierhärtung einen wirksamen Schutz gegen nachträgliches Entstehen solcher Kerben durch Verletzungen, Korrosion usw. darstellt.

Dieselben Erscheinungen treten in geringerem Maße auch bei der Einsatzhärtung auf.

Die Dauerfestigkeitszahlen werden an gut polierten Proben von geringem Durchmesser ermittelt. Bei ihrer Anwendung in der Festigkeitsrechnung ist zu beachten, daß die Oberflächen der Werkstücke weniger gut bearbeitet sind, teilweise noch Guß-, Walz- oder Schmiedehaut haben, und daß entkohlte Randzonen vorhanden sein können.

Über den Einfluß der Probengröße und Form bringen Mailänder und Bauersfeld[1]) u. a. folgende Werte:

Cr-Ni-W-Stahl für Kurbelwellen, vergütet

Zugfestigkeit		91—93 kg/mm²
Dehnung		15,5—15%
	Durchmesser der Probe	
Dauerbiegefestigkeit	7,5	50 kg/mm²
Drehschwingungsfestigkeit	14	28
	30	23,5 „
	45	20 „

Zu beachten ist ferner, daß größere Stücke mit starken Querschnittsunterschieden in ihren einzelnen Teilen verschieden hohe statische und ebenso verschieden hohe Dauerfestigkeit haben.

Dauerbeanspruchung in korrodierenden Mitteln, z. B. schon in Leitungswasser, setzt die Dauerfestigkeit erheblich herab.

Auswertung der Forschungsergebnisse

Mit der Kenntnis der Dauerfestigkeit von sorgfältigst hergestellten Proben einfachster Form und verhältnismäßig geringen Durchmessers haben wir gegenüber der älteren Rechnungsart nicht viel gewonnen, wenn es nicht gelingt, den Sicherheitsfaktor, der eigentlich ein Unsicherheitsfaktor ist, in zahlenmäßig erfaßbare Einzelfaktoren zu zerlegen.

Man hat, um dieses Ziel zu erreichen, Schwingungsprüfmaschinen gebaut, die fertige Konstruktionsteile mit zusammengesetzter Schwingungsbeanspruchung und bei einstellbaren Vorspannungen untersuchen. Derartige Maschinen sind naturgemäß recht teuer und die auf ihnen durchzuführenden Versuche nehmen sehr viel Zeit in Anspruch. Man kann sich wohl mit ihrer Hilfe an das gesetzte Ziel herantasten; es ist aber anzunehmen, daß man durch Messung der Beanspruchung direkt im Betriebe schneller und ohne erhebliche Unkosten zum Erfolge kommen würde.

Für diesen Zweck sind bereits eine Anzahl von Apparaten entwickelt, die aber immer noch mehr oder weniger Laboratoriumsinstrumente darstellen. Eine interessante Neuerung auf diesem Gebiete sind die elektrodynamischen Schwingungsmeßgeräte nach Dr. Reutlinger, im besonderen die sogenannten Liliput-Geräte, die mit Hilfe kleiner Geberinstrumente die Beschleunigungen und damit die Größe der Beanspruchung, die statischen periodischen und aperiodischen Dehnungen, die Schwingungsgeschwindigkeiten usw. erfassen. Mehrere Geber werden auf einen Empfänger geschaltet, der die Feststellungen auf einem Filmband in Diagrammform festhält. Dabei ist zwar vorausgesetzt, daß die zu untersuchende Konstruktion bereits ausgeführt ist. Durch die auf diesem Wege zu gewinnenden Erkenntnisse würde man jedoch der Lösung der Aufgabe am schnellsten näherkommen.

Die Kenntnis der wirklichen, durch äußere Kräfte, Mon-

[1]) Technische Mitteilungen der Krupp A. G. 1934, Heft 5.

tage- und Temperatureinflüsse erzeugten Spannungen ist die erste Voraussetzung für eine richtige Berechnung. Wenn sie bekannt sind, kann man sich auch ein Bild über die bei den gegebenen Betriebsbedingungen wichtigen Werkstoffeigenschaften machen.

In den VDI-Arbeitsblättern werden die notwendigen Unterlagen gesammelt, um die Anwendung der Dauerfestigkeitszahlen in der Festigkeitsrechnung zu ermöglichen. Dazu gehören die sowohl durch die Form des Werkstückes wie durch die Eigenschaften des Werkstoffes bedingten „Formziffern" und „Kerbwirkungszahlen" zur Berechnung der auftretenden höchsten Spannungen, die „Empfindlichkeitsziffern" zur Berechnung von Kerbwirkungszahlen für Werkstoffe, von denen bisher nur die Formziffern bekannt sind und die Arbeitsblätter zur Ermittlung der bei den am häufigsten angewendeten Formgebungselementen auftretenden Spannungsspitzen.

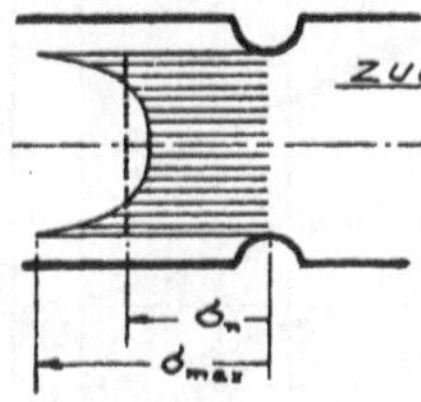

Bild 20

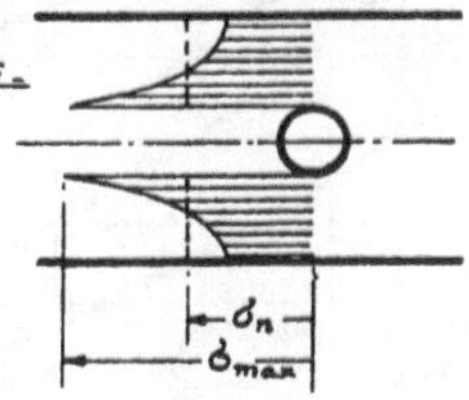

Bild 21

Die Formziffer

Querschnittsübergänge rufen örtliche Spannungserhöhungen hervor. Diese größten Spannungen sind für die Dauerbeanspruchbarkeit maßgebend. Die Formziffer gibt an, wieviel mal die Höchstspannung größer ist als die mittlere oder Nennspannung σ_n. Die Bilder 20 bis 23 zeigen die bei Zug- und Druckspannungen und bei Biegespannungen durch Kerben hervorgerufenen Spannungsspitzen. Die Formziffer ist stets $\frac{\sigma_{max}}{\sigma_n}$; wie aus Bild 23 zu ersehen ist, kann sie unter Umständen auch kleiner als 1 werden.

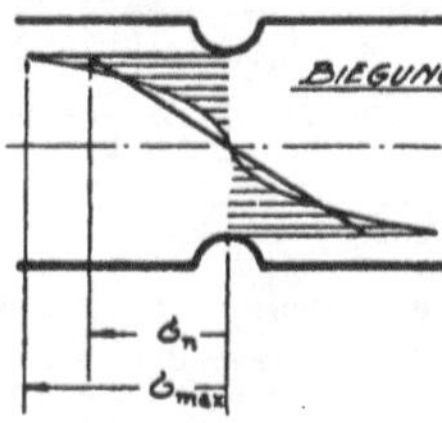

Bild 22

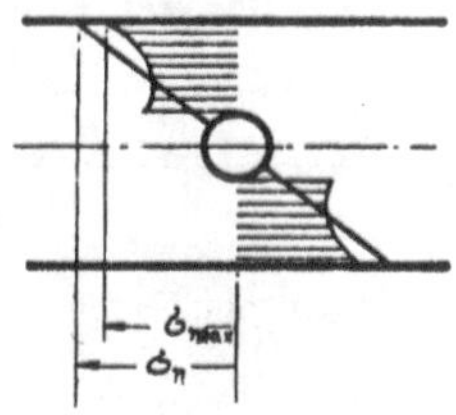

Bild 23

Empfindlichkeitsziffer und Kerbwirkungszahl

Werkstoffe, deren Kerbempfindlichkeit gering ist, nennt man wechselzähe. Sie haben die Eigenschaft, bei der höchsten Dauerbelastung die größten Spannungsspitzen ungefährlich zu machen. Wechselspröde Werkstoffe dagegen haben dies Vermögen in geringerem Maße.

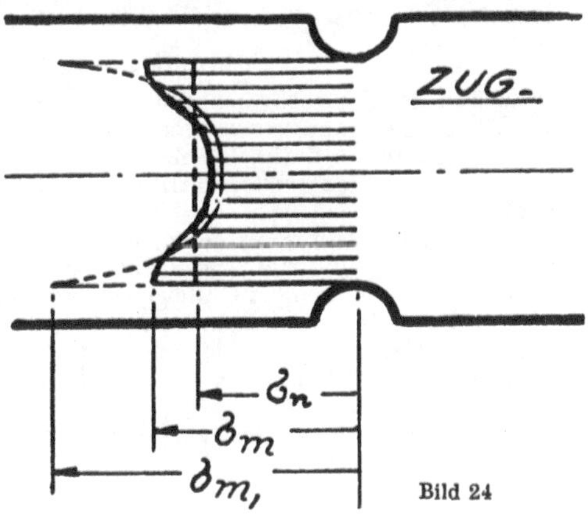

Bild 24

Das verschiedene Verhalten der Werkstoffe in dieser Beziehung wird durch die Empfindlichkeitsziffer ausgedrückt. Ihre Bedeutung ist in Bild 24 erläutert. Sie gibt an, auf das wievielfache des oberhalb σ_n liegenden Teils der Spannungsspitze diese durch den gegebenen Werkstoff abgebaut wird. Ihre Größe errechnet sich aus $\frac{\sigma_m - \sigma_n}{\sigma_{m_1} - \sigma_n}$.

Die Oberflächenziffer

Der Oberflächenzustand der Werkstücke hat einen erheblichen Einfluß auf ihre Dauerfestigkeit.

Aus Bild 25 nach dem VDI-Arbeitsblatt 1 sind die Kennziffern für die hierdurch bedingte Verminderung der Dauerfestigkeit zu entnehmen.

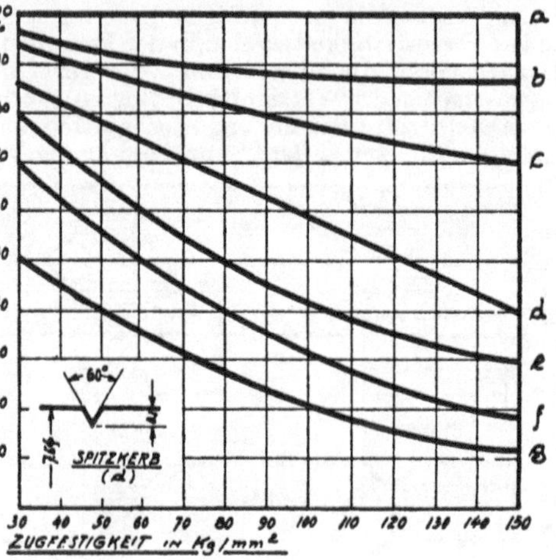

Bild 25

Bedeutung der Kennlinien:

a feinstbearbeitet (poliert),
b geschliffen,
c geschruppt,
d mit ringförmigem Spitzkerb,
e mit Walzhaut,
f Korrosion mit Leitungswasser,
g Korrosion mit Salzwasser.

Die Oberflächenziffer gibt an, auf welchen Betrag der zulässige Spannungsausschlag zu verringern ist, um den Einfluß des Bearbeitungszustandes zu berücksichtigen.

Mit plastischer Formänderung verbundene Verletzungen durch Druck oder Schlag haben geringe Wirkungen, Scheuerstellen an Einspannungen, Naben u. ä. wirken nahezu wie die in Bild 25 gekennzeichneten Spitzkerben.

Sicherheitszuschlag

Die nach Berücksichtigung aller durch Form, Werkstoff und Oberflächenzustand gegebenen Faktoren ermittelten oberen Spannungsausschläge sollen nach dem Vorgehen im Flugzeugbau um einen Sicherheitszuschlag von 25% erhöht in die Rechnung eingesetzt werden.

Dauerfestigkeitszahlen

Die in der Literatur genannten Zahlen für die Dauerfestigkeit sind für die Praxis nur dann verwendbar, wenn die Versuchsbedingungen, die Zusammensetzung und die Wärmebehandlung des untersuchten Materials bekannt sind. In den Werbeschriften der Hersteller sind diese Zahlen bisher noch selten.

Für alle Elektronlegierungen, soweit sie für mechanische Beanspruchung bestimmt sind, sind die Werte der Dauerbiegefestigkeit im Katalog angegeben. Sie schwanken bei Gußlegierungen zwischen 5,5 und 11 und bei Preß- und Schmiedelegierungen zwischen 7 und 15 kg/mm².

Für Hydronalium werden sie mit etwa 6 kg/mm² bei Sandguß, 6—7 kg/mm² bei Kokillenguß und 7—8 kg/mm² bei vergütetem Kokillenguß angegeben.

Silumin hat nach den Angaben der Hersteller folgende Dauerbiegefestigkeiten:

Silumin-Beta	Sandguß	6,5 kg/mm²
	Kokillenguß	10 kg/mm²
Silumin-Gamma angelassen	Sandguß	6,5 kg/mm²
	Kokillenguß	10 kg/mm²
Silumin-Gamma vergütet	Sandguß	8,5 kg/mm²
	Kokillenguß	11 kg/mm².

Duralumin hat nach Untersuchungen der DVL eine Wechselfestigkeit von 14—17,7 kg/mm² je nach Legierung und Behandlung.

Für die Admos-Legierungen werden im Katalog folgende Werte bekannt gegeben:

Legierung W 2	19 kg/mm²
Legierung H 2	16 ,,
Turbo	20 ,,
Topal	23 ,,
Admiro 5	21 ,,

Konstruktion

Beim Konstruieren ist darauf zu achten, daß durch Mildern der Kerbwirkung die Spannungsspitzen verringert werden, und daß Schlagkräfte, die durch Abnutzung oder Lockern von Verbindungen entstehen können,

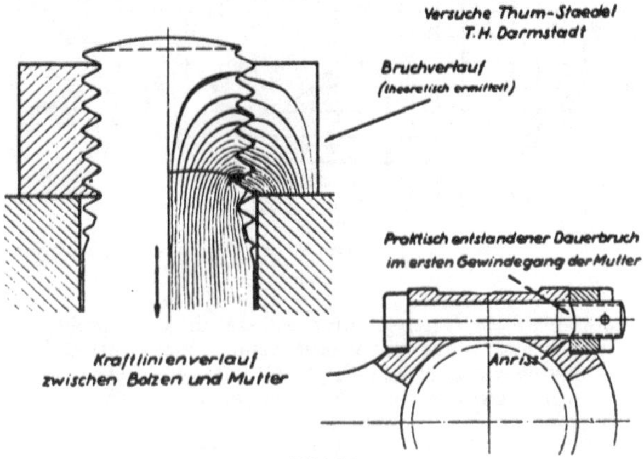

Bild 26

sicher vermieden werden. Durch Wegnahme von Werkstoff kommt man oft zu größerer Dauerhaltbarkeit, wenn sich dadurch die Spannungen auf ein

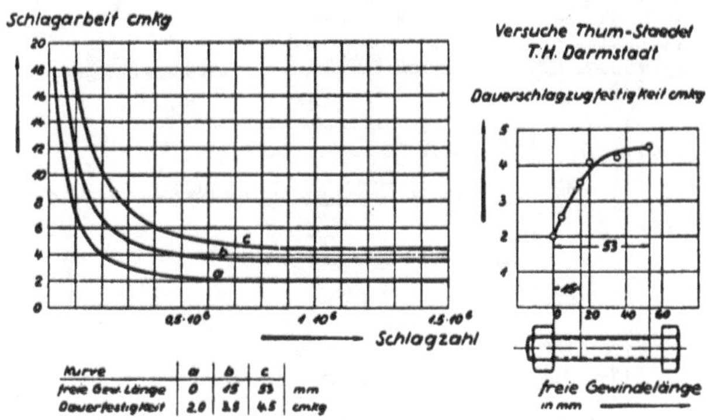

Bild 27

größeres Werkstoff-Volumen verteilen, wodurch die Konstruktion elastisch weicher bzw. die Federkonstante herabgesetzt wird.

Harte Einspannstellen sind gefährlicher als Bunde auf Wellen. Um die Kantenpressung an Naben gering zu halten, soll die Einspannung möglichst nachgebend sein. Die spezifische Flächenspannung muß niedrig gehalten werden und die Nabe soll stark verjüngt werden und abgerundete Einspannkanten erhalten.

Unvermeidliche Bohrungen in hochbeanspruchten Teilen können durch Entlastungsbohrungen und durch die Erzeugung künstlicher Eigenspannungen unschädlich gemacht werden.

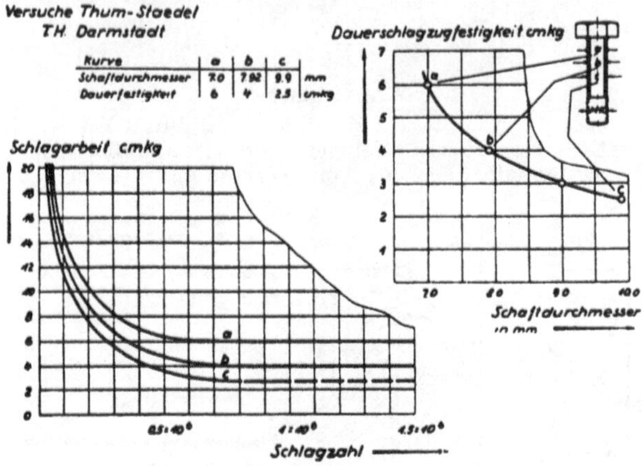

Bild 28

Die Erzeugung von Eigenspannungen durch Oberflächendrücken ist besonders wirksam gegen Korrosionsdauerbrüche. Der Einfluß der Korrosion ist bei Biegeschwingungen erheblich größer als bei Drehschwingungen.

Um die Dauerhaltbarkeit von Schraubenverbindungen zu verbessern, ist die Erzielung und zuverlässige Erhaltung einer gleichmäßigen Vorspannung wichtig. Bei fehlender Vorspannung können gefährliche Schlagbeanspru-

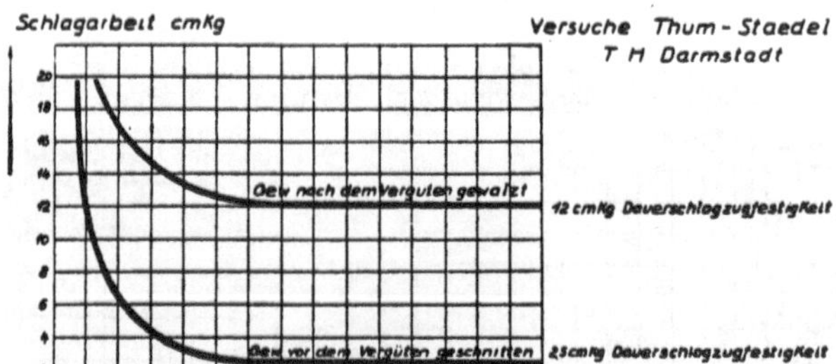

Bild 29

chungen auftreten. Spiel im Gewinde muß vermieden werden. Große Gewindelängen und eingezogene Schaftdurchmesser steigern die Haltbarkeit bedeutend.

In demselben Sinne wirkt das Walzen des Gewindes. Für Schrauben eignen sich besonders die statisch hochfesten Baustoffe bei gleichzeitiger hoher statischer Vorspannung. Die Bilder 26 bis 29 zeigen den Kraftlinienverlauf in einer Schraubenverbindung, den Einfluß der Gewindelängen, der Schaftdurchmesser und der Art der Gewindeherstellung für vergütete Verbus-Schrauben M 10 · 65 mm. Bild 26 zeigt den theoretischen Bruchverlauf in Übereinstimmung mit der in der Praxis meist vorkommenden Form des Dauerbruches an Schrauben. Bild 27 zeigt den Einfluß der wachsenden Gewindelänge, Bild 28 die Wirkung einer Verjüngung des Schaftes und Bild 29 die starke Steigerung der Dauerfestigkeit von gewalztem Gewinde nach Versuchen von Staedel.

Schrifttum

Mitteilungen der Materialprüfanstalt an der Technischen Hochschule Darmstadt

Heft 1:

Dauerfestigkeit und Konstruktion. Von A. Thum VDI und W. Buchmann. 1932. — VDI-Verlag.

Heft 2:

Gesetzmäßigkeiten des Dauerbruches und Wege zur Steigerung der Dauerhaltbarkeit. Von H. Oschatz VDI. 1933. — VDI-Verlag.

Heft 3:

Ermüdungsfestigkeit von Kesselbaustoffen und ihre Beeinflussung durch chemische Einwirkungen. Von Cl. Holzhauer. 1933. — VDI-Verlag.

Heft 4:

Dauerfestigkeit von Schrauben, ihre Beeinflussung durch Form, Herstellung und Werkstoff. Von W. Staedel VDI. 1933. — VDI-Verlag.

Heft 5:

Dauerbiegefestigkeit von Konstruktionsteilen an Einspannungen, Nabensitzen und ähnlichen Kraftangriffsstellen. Von Prof. Dr. A. Thum VDI und Dr.-Ing. F. Wunderlich VDI. 1934. — VDI-Verlag.

Spannungsverteilung in Konstruktionselementen. Von E. Lehr VDI. 1934. — VDI-Verlag.

Arbeitsblätter für den Konstrukteur. 1933/34. — VDI-Verlag.

Einfluß der Oberflächenbeschaffenheit auf den Spannungsverlauf und die Schwingungsfestigkeit. Von E. Armbruster. 1931. — VDI-Verlag.

Der Einfluß von Bohrungen auf die Dauerfestigkeit von Stahlstäben. Von G. Barner VDI.1931. — VDI-Verlag.

Dauerfestigkeit von Stählen mit Walzhaut, ohne und mit Bohrung, von Niet- und Schweißverbindungen. Von O. Graf VDI. 1931. — VDI-Verlag.

Die Dauerfestigkeit der Werkstoffe und der Konstruktionselemente. Von O. Graf. 1929. — Verlag Julius Springer.

Die Wechselfestigkeit metallischer Werkstoffe. Von Dr. Wilfried Herold. 1934. — Julius Springer.

Zeitschriftenaufsätze:

Die Kerbempfindlichkeit der Werkstoffe. Von W. Buchmann. — Forschung 1934 Nr. 2.

Spannungsmessungen an Schraubenfedern. Von F. Thiersch. — Forschung 1934 Nr. 2

Die Auswirkung der neueren Festigkeitsforschung in der Praxis. Von E. Lehr VDI. — Z. VDI. 1934 Nr. 13.

Gewindetoleranzen und Festigkeit von Schraubenverbindungen. Von G. Berndt VDI. — Z. VDI. 1934 Nr. 22.

Steigerung der Dauerhaltbarkeit gekerbter Konstruktionsteile durch Eigenspannungen. Von A. Thum VDI und W. Bautz VDI. — Z. VDI. 1934 Nr. 31.

Technische Mitteilungen Krupp:

Einfluß der Probengröße und Probenform auf die Dreh-Schwingungsfestigkeit von Stahl. Von R. Mailänder und W. Bauersfeld. — Dezember 1934.

Untersuchungen an Schweißverbindungen. Von W. Schick. — März 1934.

Über die Dauerfestigkeit von nitrierten Proben. Von R. Mailänder. — Juli 1933.

Die Festigkeitseigenschaften der Werkstoffe bei tiefen Temperaturen. Von W. Schwinning VDI. — Z. VDI. 1935 Nr. 2.

Steigerung der Dauerhaltbarkeit der Konstruktionen. Von Dr.-Ing. H. Ude VDI. — Z. VDI. 1935 Nr. 2.

Die Auswirkung der neueren Festigkeitsforschung in der Praxis. Von Dr.-Ing. E. Lehr VDI. — Z. VDI. 1934 Nr. 13.

Dauerfestigkeit, Kerbwirkung und Konstruktion. Von Prof. Dr. A. Thum. — ATZ. 1930 Nr. 34, 35 u. 36.

Schrauben-Durchmesser-Bestimmung

Ein erheblicher Prozentsatz an Baustoff wird erspart, wenn die Verbindungsglieder, hauptsächlich die Schrauben, nicht übermäßig groß im Durchmesser ausgeführt, sondern entsprechend ihrer wahren Belastung bemessen werden.

Die erforderlichen Augen werden kleiner, niedriger und in der Umgebung der Schraube wird auf diesem Wege viel an Gewicht eingespart.

Bei der Konstruktion sind folgende Fragen zu stellen:

Welche Mindeststreckgrenze muß der Werkstoff einer hochwertigen Schraube haben, damit die Schraube beim Anziehen während der Montage nicht gestreckt wird?

Welcher Durchmesser und Werkstoff sind bei einer bestimmten Belastung zu wählen, um wirtschaftlich zu konstruieren?

Ist eine dünnere Präzisionsschraube aus hochwertigem Werkstoff, die ein leichteres Konstruieren ermöglicht, preiswerter als eine Präzisionsschraube größeren Durchmessers mit niedriger Festigkeit?

Mittels des „BUS-Schrauben-Wählers“[1]) (siehe Tafel) ist es ein leichtes, die erforderliche Schraubenstärke aus dem geeignetsten Baustoffe auszuwählen.

Anwendungsbeispiele:

1. Hat sich in einem Konstruktionsteile zum Beispiel eine Schraube von 16 mm oder $^5/_8$″ Durchmesser zur Übertragung von 4000 kg bewährt, dann kann bei gleicher Sicherheit für eine Neukonstruktion einer der folgenden Schraubendurchmesser mit höherer Streckgrenze gewählt werden:

Verbus M 12 oder $^1/_2$″; 1335—BUS M 11 oder $^7/_{16}$″;
3135—BUS M 10 oder $^3/_8$″; 140—BUS M 9 oder $^3/_8$″.

Um die gleichwertigen Durchmesser zu finden, geht man auf der Senkrechten bei 4000 kg Tragkraft nach oben und findet die gleichwertigen Durchmesser dort, wo die Senkrechte von den horizontalen Linien der Streckgrenzenwerte geschnitten wird, oder rechts davon.

2. Mit Hilfe des Schaubildes können die nicht genormten Durchmesser des Whitworth-Gewindes W 7, 9, $^7/_{16}$″ und W 12 sowie die nicht genormten Durchmesser des metrischen Gewindes M 7, 9, 11 in genormte Durchmesser bei gleicher Sicherheit und gleicher Tragfähigkeit umgewandelt werden. Z. B. kann M 11 Verbus ersetzt werden durch M 10 1335—BUS. Beide Durchmesser haben bis zur Streckgrenze eine Tragfähigkeit von 3500 kg auf den Gewinde-Kernquerschnitt bezogen. Auch hier geht man von dem vorhandenen Durchmesser senkrecht nach oben bis zum Schnittpunkt mit der Geraden des gesuchten kleineren Durchmessers höherer Streckgrenze.

3. Mit Hilfe des Schaubildes läßt sich auch der Schraubendurchmesser für eine Schraubenverbindung berechnen unter Voraussetzung rein statischer Beanspruchung bei Raumtemperatur und unter Einrechnung des erforderlichen Sicherheitsfaktors. Sollen z. B. 20000 kg von 8 Schrauben bei 2,5facher Sicherheit aufgenommen werden, dann wird jede Schraube mit 2500 kg · 2,5 = 6250 kg belastet. Für diese Tragkraft wird der Schraubendurchmesser gewählt, also:
$^3/_4$″ Durbus; $^5/_8$″ Verbus; M 14 1335—BUS; M 12 oder $^1/_2$″ 3135—BUS; M 11 140—BUS.

---

[1]) Herausgeber: Bauer & Schaurte, Neuß, Rheinische Schrauben- und Mutternfabrik A.-G. Die Unterlagen sind von dieser Firma freundlichst zur Verfügung gestellt.

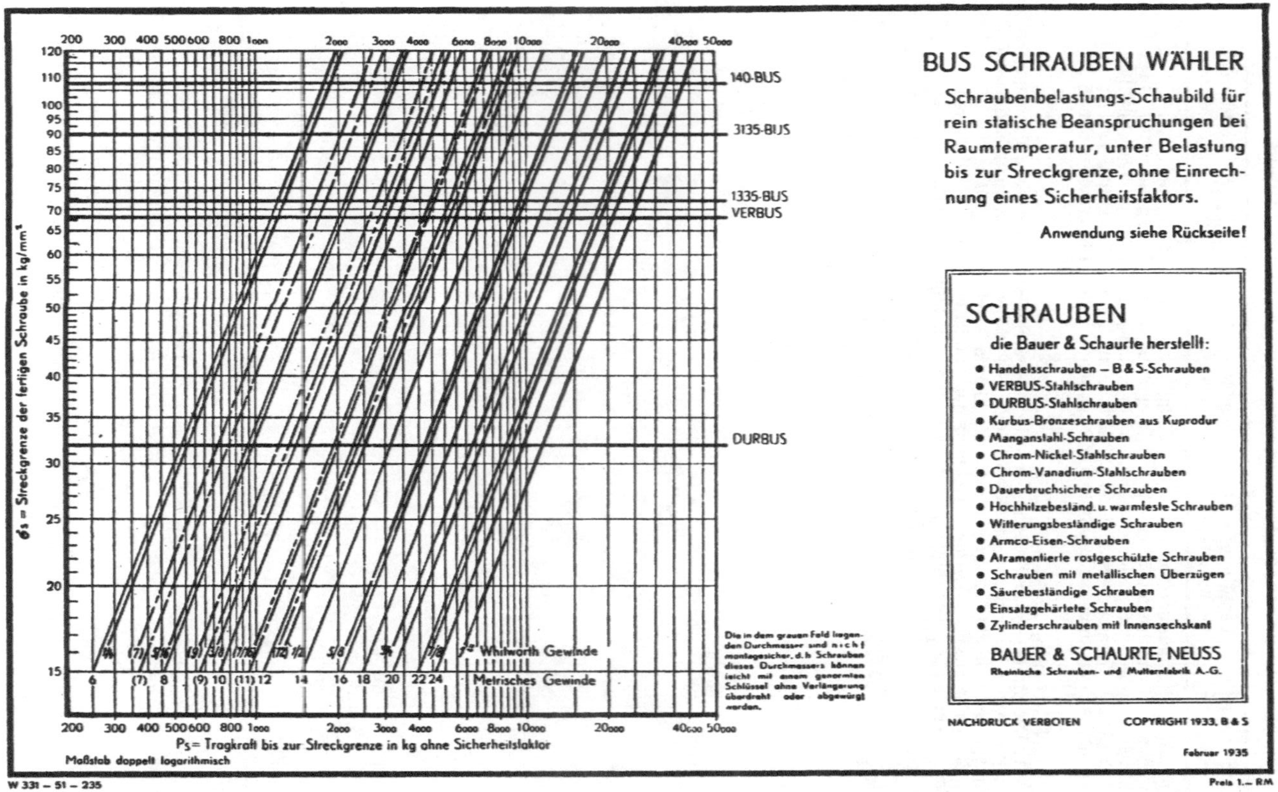

BUS-Schraubenwähler. Schraubenbelastungsschaubild für rein statische Beanspruchungen bei Raumtemperatur, unten Belastung bis zur Streckgrenze, ohne Einrechnung eines Sicherheitsfaktors.

Mechanische Güterzahlen der bekanntesten hochwertigen BUS-Schrauben

Schraubenart	Vergütungs-Werkstoffe	Mindest-Streckgrenze	Festigkeit	Dehnung 5fach
Durbus ..	Kohlenstoff-Stahl....	32 kg/mm²	55—65 kg/mm²	32—24 %
Verbus ..	Kohlenstoff-Stahl ...	56 kg/mm²	70—80 kg/mm²	22—14 %
1335-Bus.	Mangan-Stahl	72 kg/mm²	80—100 kg/mm²	18—10 %
3135-BUS	Chromnickel-Stahl ...	90 kg/mm²	100—120 kg/mm²	14—8 %
140-BUS	Chromvanadium-Stahl	108 kg/mm²	120—140 kg/mm²	14—8 %

Erläuterungen:

1. Die Streckgrenzen liegen bei den kleinen Durchmessern von 6 bis 16 mm höher als die in den Normblättern DIN 1661 und 1662 aufgeführten Streckgrenzenwerte, die für einen vergüteten Querschnitt von 60 mm Durchmesser gelten.
2. Als Querschnitt für die Berechnung der Tragfähigkeit bis zur Streckgrenze ist der Gewinde-Kernquerschnitt nach DIN 11 bzw. 13 zugrunde gelegt.

Gummi als Baustoff am Kraftwagen

Paul Grodzinski, VDI. Berlin

Gummi hat die besondere Eigenschaft schwingende Energie durch innere Reibung (z. T. Molekularreibung) in sich aufzunehmen, d. h. irgendwelche Schwingungen können durch Gummifedern gedämpft werden, zum Teil sogar völlig. Diese Eigenschaften des Gummis konnten in den bisherigen Voll- und hochelastischen Reifen nur zum geringen Teil nutzbar gemacht werden, neuerdings wird aber Gummi in immer steigendem Maße zur Lagerung und Verbindung von Teilen am Kraftwagen benutzt, bei denen die schwingungsdämpfenden Eigenschaften des Gummis weitgehend ausgewertet sind. Eine der wichtigsten Fragen ist die schwingungsdämpfende Lagerung des Kraftwagen-Motors in Gummilagern, die weiter unten ausführlich behandelt sei.

Der Werkstoff

Der Grund- oder Ausgangsstoff des Gummis ist Kautschuk, eine Kohlenwasserstoff-Verbindung, die aus dem Milchsaft (Latex) bestimmter tropischer Bäume gewonnen wird.

Die Kautschukmilch, die Ausgangsform für die praktische Verwendung, besteht aus einer wässerigen Flüssigkeit, die neben geringen Mengen von Eiweiß usw. 35 bis 40% Kautschuk in Form feiner Teilchen enthält. Der Kautschuk wird entweder durch Zusatz gewisser Chemikalien oder durch Verdampfung des Wassers abgeschieden. Man unterscheidet den handelsüblichen Rohgummi (Crepe und Sheet) und Latex-Erzeugnisse, die in eingedämpfter Form (z. B. Revertex) in den Handel kommen. Der aufbereitete Rohgummi oder das Latexerzeugnis wird mit verschiedenen Mineral- und Farbstoffen (Schwefel, Zinkoxyd, Gasruß u. a.) sowie mit Chemikalien (zur Stabilisierung, Verbesserung der Vulkanisation, Alterungsschutzmitteln) gemischt und dann einer Warmbehandlung in Formen (Vulkanisation) unterworfen. Während der Rohgummi und auch der unvulkanisierte Gummi eine knetbare, formveränderliche und klebrige Masse ist, behält der vulkanisierte Gummi seine Form, ist jedoch trotzdem, je nach den verwendeten Bestandteilen und der Vulkanisationsdauer, weich und elastisch.

Man bemüht sich zur Zeit auch aus subtropischen Pflanzen Kautschuk zu gewinnen, auch erscheint die Synthese des Kautschuks aus anorganischen Stoffen möglich zu sein (z. Z. der Fertigstellung dieses Ergänzungsbandes wird bereits berichtet, daß die Synthese gelungen ist). Ob synthetischer Kautschuk in Zukunft eine größere Rolle spielen wird, hängt neben der technischen Bewährung auch von wirtschaftlichen Fragen ab.

Chemische, physikalische und mechanische Eigenschaften

Hierüber liegen sehr wenig allgemeine und vergleichbare Unterlagen vor, da sich die Gummisorten hinsichtlich ihrer Zusammensetzung recht wesentlich unterscheiden. Eine Art Typisierung der Gummiarten und eine genauere Erfassung ihrer Eigenschaften wäre für den Kraftwagenkonstrukteur sehr wichtig. Zwar liegen bereits einige grundlegende Forschungsarbeiten über das Verhalten bestimmter Gummiarten vor, jedoch gelten diese Ergebnisse nur für bestimmte Belastungsfälle.

Berechnung und schwingungstechnische Eigenschaften

K. Oeser hat nun in einer umfangreichen Forschungsarbeit[1]) die Grundlagen für die Berechnung von Gummifedern entwickelt. Für zylindrische auf Druck beanspruchte Gummifedern gilt mit guter Annäherung das Gesetz: $c = k \cdot \sigma + c_0$, wobei σ die Belastung in Kilogramm bezogen auf

[1]) Prof. Dr. A. Thum und Dipl.-Ing. K. Oeser, Gummigefederte Maschinen. Zeitschr. d. VDI 1934 Heft 19 S. 587/588, ferner K. Oeser, ATZ 1934 Heft 10, S. 277—279; Kautschuk 1934 Heft 8, S. 121.

die ursprüngliche Fläche in cm^2; k und c_0 sind verhältnismäßig verwickelte Funktionen der geometrischen Abmessungen des Zylinders[1]) und der elastischen Eigenschaften der verwendeten Gummimischung. Für eine bestimmte vorgegebene Feder sind sie aber konstant. Mit Hilfe der Gleichungen können Gummifedern innerhalb des praktischen Bereiches mit einer Genauigkeit von $\pm 3\%$ berechnet werden. Zu beachten ist, daß in den Gleichungen die Dämpfungs- und Schalldämmfähigkeit des Gummis nicht zum Ausdruck kommt. Diese Eigenschaften sind von der inneren Arbeitsaufnahmefähigkeit des Gummis abhängig. Rußgestopfte Mischungen übertreffen alle anderen Mischungen in dieser Hinsicht, so daß sie für die Abfederung von Motoren besonders zu empfehlen sind.

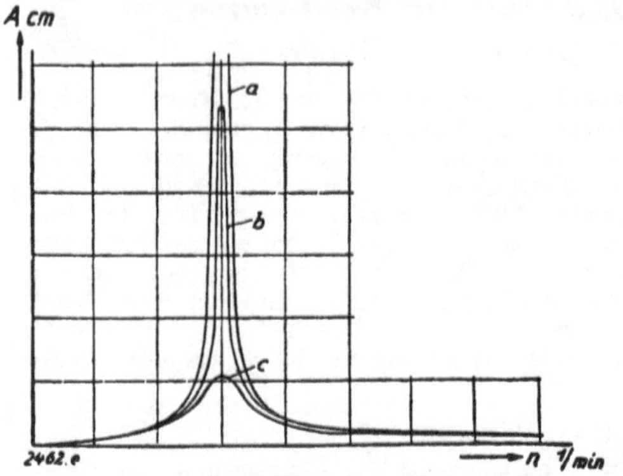

Bild 1. Resonanz-Schaubild. *a* ideelle Feder, *b* Schraubenfeder, *c* Gummifeder

Bild 1 zeigt den Vorteil der Gummifedern gegenüber der schwingungstechnisch gleichwertigen Stahlfeder. Das Verhältnis der Ausschläge von Stahlfeder zu Gummifeder kann in der Größenanordnung von 10:1 bis 50:1 liegen, d. h. die Gummifeder hat im kritischen Bereich in dem die ideelle Feder einen unendlich großen Ausschlag ergibt, nur einen Ausschlag von $^1/_{10}$ bis $^1/_{50}$ der Stahlfeder. Im allgemeinen muß das kritische Gebiet, z. B. beim Anfahren des Kraftwagens, überwunden werden und man legt deshalb die Betriebsdrehzahl in das nachkritische Bereich.

Der Gummi hat noch den Vorteil, daß er sehr hochfrequente Schwingungen, die eine Stahlfeder glatt durchleitet, aufnimmt.

Lebensdauer

Ein Nachteil des Gummis ist zur Zeit noch die verhältnismäßig kurze Lebensdauer. Bei handelsüblichen Rußmischungen rechnet man mit einer Arbeitsfähigkeit von 3 bis 5 Jahren. Dann beginnt die natürliche Alterung, wobei der Gummi allmählich seine anfängliche Elastizität verliert. Es ist deshalb auf bequeme Austauschbarkeit zu achten. Neuere Mischungen haben zwei- bis dreifache Lebensdauer. Eine weitere Feststellung bezieht sich auf die Betriebstemperatur. Diese soll bei handelsüblichen Gummifedern zwischen -5^0 und 45^0 liegen, bei Sondermischungen zwischen -10^0 und 80^0, sonst treten entweder Versprödungen oder Alterungserscheinungen auf. Nennenswerte Temperaturerhöhungen durch schwingende Beanspruchung des Gummis treten nicht ein, wenn kleine Ausschläge vorgesehen sind. Diese Lebensdauer handelsüblichen Gummis wird durch Einwirkung von Ölen und Säuren fast jeder Art stark verkürzt. Solche Flüssigkeiten dürfen nicht an die Gummifeder herankommen, dagegen verringert ölgeschwängerte Luft die Lebensdauer nur unwesentlich.

Verbindung zwischen Gummi und Metall

Die neuzeitlichen Gummilager arbeiten fast ausschließlich ohne Vorspannung, und zwar wird eine unmittelbare Verbindung zwischen Gummi und Metall angewandt; dadurch wurde das Anwendungsgebiet des Gummis

[1]) Bei Motorlagerungen sind es zumeist Federn mit rechteckiger Querschnittsfläche.

am Kraftwagen wesentlich erweitert. Amerikanischerseits wurde ein Verbindungsverfahren zwischen messingplattiertem Blech und Gummi entwickelt, das den praktischen Bedingungen genügen soll[1]). Dagegen hat eine deutsche Firma ein anderes Verfahren, das ohne Messingplattierung arbeitet, entwickelt.

Anwendungen

Elastische Motorlagerung[2])

Die Notwendigkeit einer elastischen Lagerung des Motors wurde schon frühzeitig anerkannt. Wilhelm Maybach ließ sich wohl als erster 1892 eine federnde Lagerung des Verbrennungsmotors mittels Schraubenfedern schützen. (DRP. 75069 vom 13. 9. 1892). Die elastische Motorlagerung kam erst etwa um das Jahr 1928 auf. Man benutzte jedoch allgemein Lager, die unter Vor-

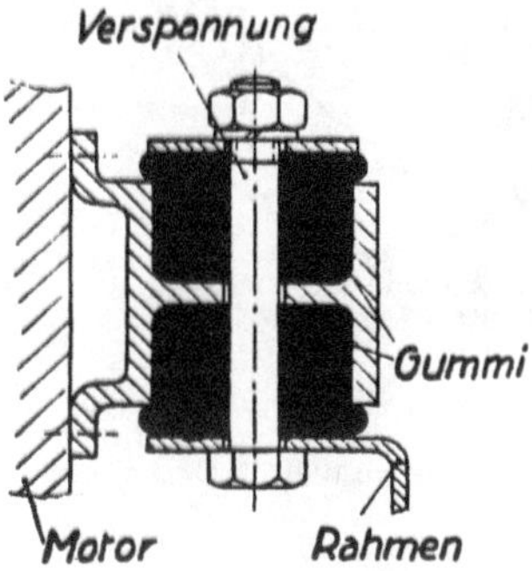

Bild 2. Gummiblocklagerung, der Motor ist zwar vom Rahmen isoliert, jedoch sind dem Gummi durch die Zusammenpressung die stoßdämpfenden Eigenschaften genommen.

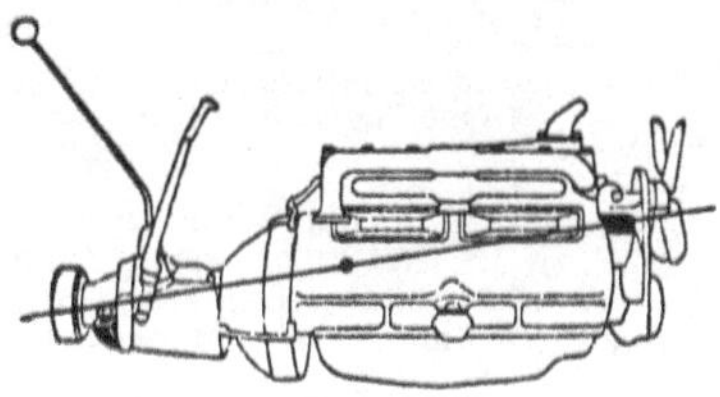

Bild 3. Schwebemotoraufhängung

spannung standen (Bild 2). Hier konnte nur ein ganz geringer Teil der schwingungsdämpfenden Eigenschaften des Gummis zur Auswirkung kommen.

Bei der „Schwebemotor-Aufhängung" (floating power), wird das vordere und hintere Lager so angeordnet, daß die Verbindungslinie durch den Schwerpunkt

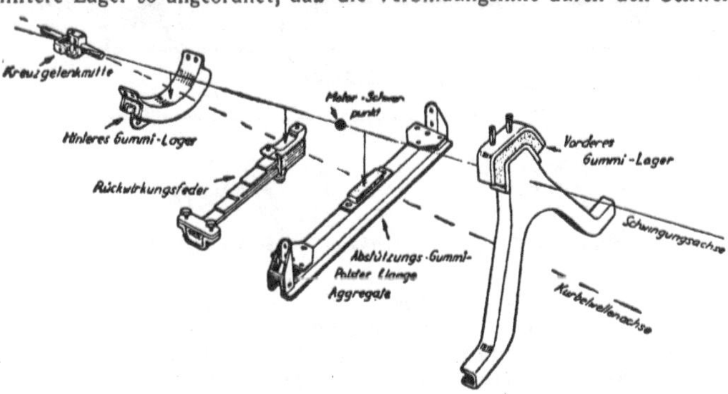

Bild 4. Lageranordnung bei der Schwebemotoraufhängung

des Motor-Getriebeaggregates geht (Bild 3 und 4). In der Regel liegt der Schwerpunkt etwa in der Nähe der beiden letzten Zylinder und der Oberkante des Kurbel-

[1]) Mc Cortney, Adhesion of Rubber to brass plate metall, The Vanderbilt News Vol. 3 Nr. 6 Nov./Dez. 1933 und India Rubber Journal, 31. 3. 1934 S. 7/8, ferner L. Ernaux, Adhésion du Caoutchouc aux pieces métalliques, Revue Génerale du Cautchouc, Dezember 1933, sowie Die Verbindung von Gummi und Metallen, Gummizeitung, Berlin Nr. 37, 1934, S. 911.

[2]) P. Grodzinski, Warum Gummilagerungen. Der Motor, Berlin, 1934 Heft 9, S. 17—20 und 1935, Heft 23, S. 26—28.

gehäuses. Die „Schwingachse" entsteht wenn man die Kreuzgelenkmitte mit dem Schwerpunkt verbindet und darüber hinaus verlängert. Sie tritt etwa unterhalb der Windflügellagerung aus dem Motorblock heraus. Für die Anbringung des vorderen sattelförmigen Lagers (Bild 4 und 5a) ist ein besonderer hochliegender Stützbock erforderlich. Das Lager in der Nähe des Kreuzgelenkes ist halbkreisförmig ausgebildet (Bild 5b). Um die Eigenschwingungen des Motors zu beherrschen ist unterhalb des Motorblockes eine Ausleger-Blattfederung angebracht, deren Hauptblatt in einem am Rahmen befestigten Gummilager endet. Je nach Eigenart der Anlage können an Stelle der Feder auch ein oder zwei (beiderseitig) Gummilager verwendet werden. Bei langen Motoraggregaten wird außerdem, um eine zu hohe

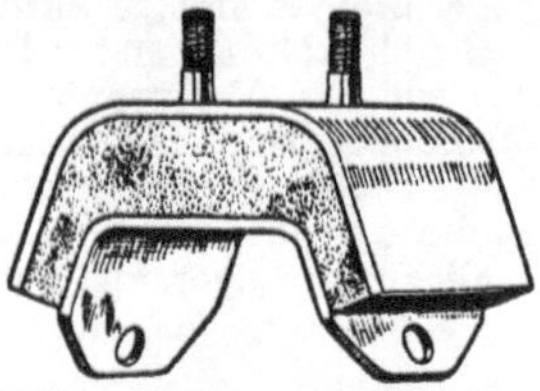

Bild 5a. Vorderes sattelförmiges Gummilager

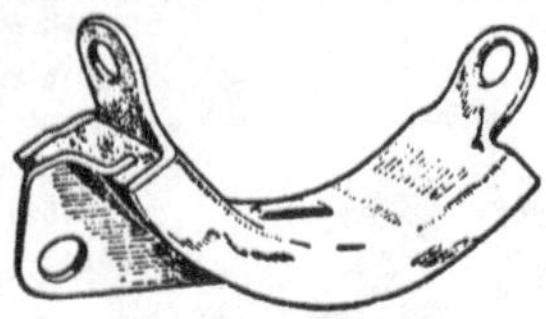

Bild 5b. Hinteres halbkreisförmiges Gummilager

Flächenpressung im hinteren Gummilager zu vermeiden, noch ein Abstützlager vorgesehen (Bild 4). Es besteht aus einem Gummiblock auf einem Querträger, auf dem der Motorblock sich frei abwälzen kann. Hierdurch tritt keine zusätzliche Dämpfung der Schwingungen und der Lagerachse ein.

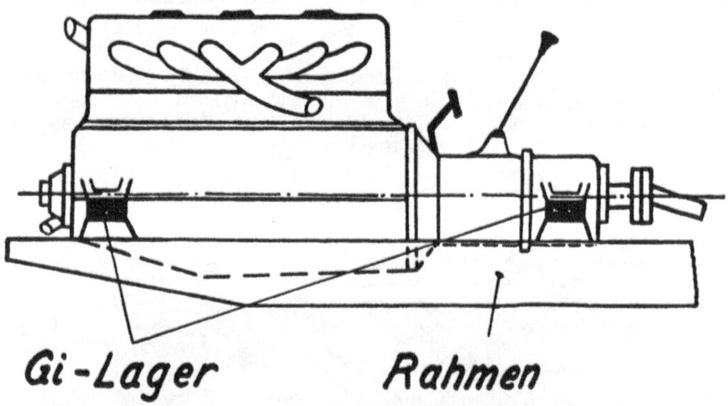

Bild 6. Anordnung der Pendelastic-Lager an einem Motorgetriebeblock

Eine deutsche Lagerung (Pendelastic) legt auf solche konstruktiven Festlegungen keinen Wert, sondern fügt die Gummilager organisch in vorhandene Konstruktionen ein (Bild 6). Die Lager werden dann so bemessen (Härte des Gummis, Größe der Fläche, Dicke des Gummiblocks), daß eine betrieblich einwandfreie Lösung entsteht. Dies gilt ganz allgemein auch für die Lagerung anderer Aggregate, z. B. der Hinterachse, die nicht um ihren Schwerpunkt schwingen können. Die Aufgabe wird ferner so gelöst, daß innerhalb des Betriebsdrehzahlenbereiches keine Eigenfrequenzen vorkommen. Angaben über das Berechnungsverfahren sind in den in Fußnote 1 und 2, S. 19 genannten Quellen zu finden.

Die **Pendelastic-Lager** bestehen aus zwei zueinander parallelen Stahlplatten, zwischen denen sich die Gummischicht befindet, die mit den beiden Metallplatten festhaftend verbunden ist. Ein solches Lager ist hauptsächlich in einer Richtung senkrecht zur Haftungsfläche zu beanspruchen; der

Gummiblock nimmt so seitliche Schwingungen, d. h. Schwingungen senkrecht zur Kraftrichtung besonders nachgiebig auf. Als Motorlagerung werden die eine einbaufertige Einheit bildenden Lager vorzugsweise schräg gestellt, um auch die seitlichen Schwingungen in der Wagenquerachse elastisch zu dämpfen (Bild 7). Da die Anbringungsflächen waagerecht liegen (durch aufgeschweißte Ansätze), können die Lager leicht an beliebige Motore angebracht werden. Um die Beweglichkeit des Lagers in Längsrichtung (z. B. bei Lastwagen- und Omnibusmotoren) einzuschränken, kann noch ein elastisches Drucklager (Bild 8) angebracht werden. Der seitliche Puffer wird durch die umgebogenen Bleche gehalten. Die Befestigungsschrauben sind auf einfache Weise mit den Köpfen angeschweißt.

Andere Gummilager sind glockenförmig ausgebildet (Bild 9). Der Gummiblock ist sowohl mit der inneren als auch mit der äußeren Kapsel fest verbunden. Die untere Befestigungsschraube wird durch ein umgebördeltes Blech gehalten, während sich oben eine Befestigungsmutter befindet. Sie besitzt einen Hals mit Bund, der bei zu großen Ausschlägen, oder wenn sich die Gummiverbindung lösen sollte, als Anschlag dient.[1])

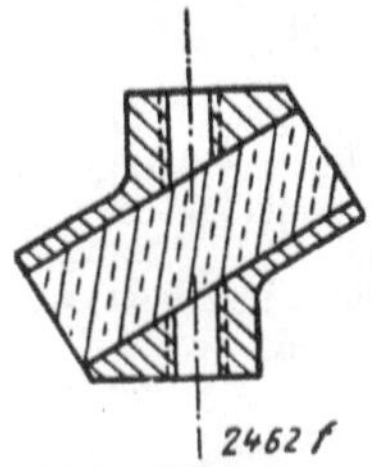

Bild 7. Schrägliegendes Pendelastic-Motorlager

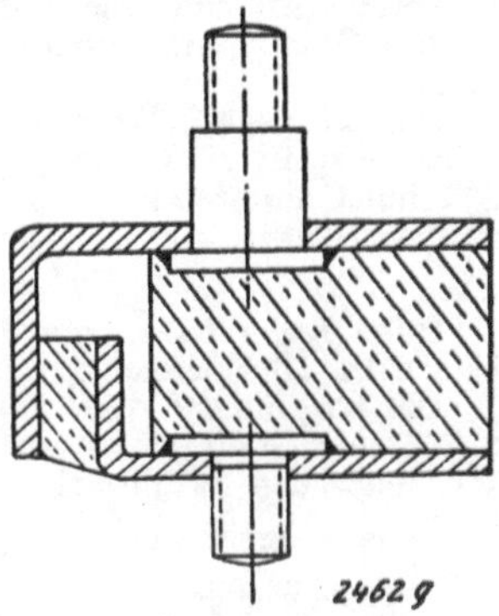

Bild 8. Pendelastic-Lager mit seitlichem Druckpuffer

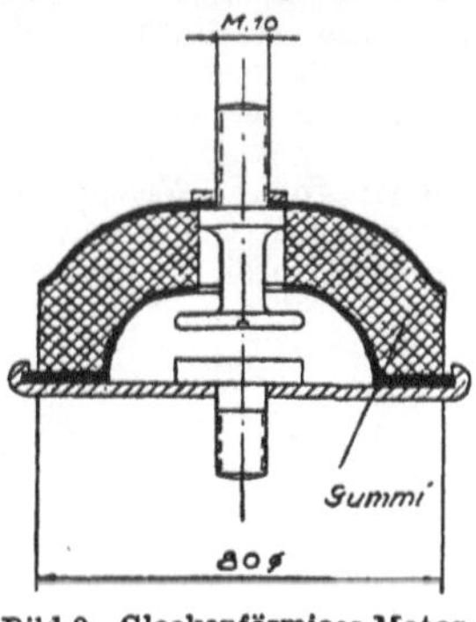

Bild 9. Glockenförmiges Motorlager (Flexosecur)

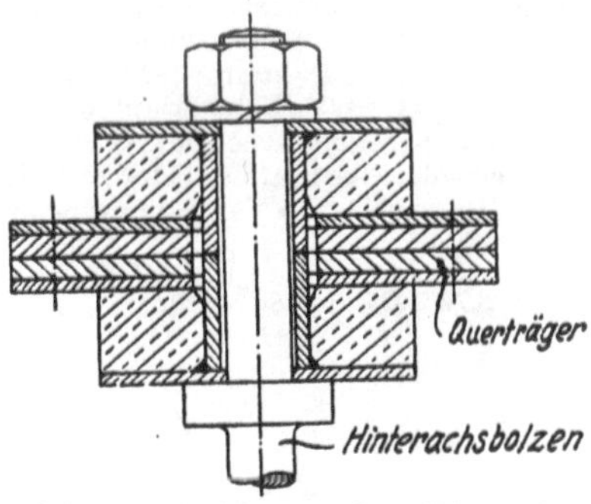

Bild 10. Aufhängung eines Hinterachsgehäuses in Sondergummilagern

Gummilagerung für andere Wagenteile[2])[3])

Gummiblocklagerungen haben sich neben dem Motor auch für den Kühler, das Hinterachsgehäuse und die Wagenfederung eingeführt. Bild 10

[1]) Bei Drucklegung wird bekannt, daß auch die Firma Continental, Hannover, Motorgummilager unter dem Namen „Schwingmetall" herstellt. Die Firmen Mecano, Frankfurt a. M., und Phoenix, Harburg-Wilhelmsburg 1, haben gemeinsam die Ferroflex G. m. b. H., Harburg-Wilhelmsburg 1, gegründet.

[2]) Die bisher vollkommenste Zusammenstellung der Anwendungen von Gummi am Kraftwagen enthält: Colin Macbeth, Rubber and Automobiles, herausgegeben von The Rubber Growers Association, London, May 1933. Vgl. ferner Handbuch der gesamten Kautschuktechnologie, herausgegeben von Ernst A. Hauser. Union Deutsche Verlagsgesellschaft, Berlin 1934, Bd. I, S. 643—66: „Die Verwendung von Gummi im Automobilbau."

[3]) Man befrage bei Konstruktionen die in Frage kommenden Gummiwarenfabriken.

zeigt die Befestigung des Hinterachsgehäuses an Querträgern im Rahmen an drei Stellen in Gummilagern.

Um zu verhindern, daß auf Hand und Arme des Wagenführers ermüdende hochfrequente Schwingungen übertragen werden, sind Gummilagerungen sowohl für die Spur- und Schubstangen, als auch für die Lenksäule selbst vorgeschlagen worden[1]).

An den Schwingungshebeln vom Stoßdämpfer sind, um Klappergeräusche zu vermeiden, und eine einfache Verbindung zu ermöglichen, schon seit Jahren Gummipuffer üblich, die zu beiden Seiten des Stoßdämpferhebels liegen.

Eine wichtige Rolle bei Reihenmotoren, insbesondere 6- und 8-Zylindern, in Reihe spielt die Dämpfung von Kurbelwellenschwingungen. (Siehe Abschnitt Motoren.)

Wellen oder Zapfenlager

Diese Lager haben die Form zylindrischer Lagerbuchsen, sie können jedoch im allgemeinen nur für Schwingbewegungen verwendet werden.

Das bekannteste dieser Lager ist der Silentblock (siehe ATH, 13. Aufl. S. 653/654). Es besteht aus einer Weichgummihülse, die zwischen zwei konzentrischen Stahlrohren unter Vorspannung eingesetzt ist.

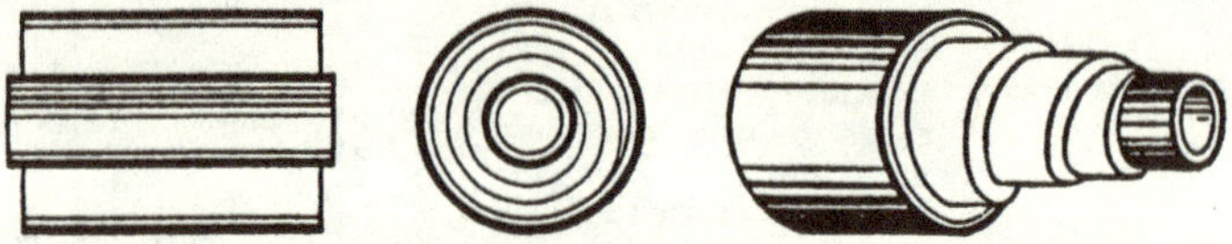

Bild 11. Elasticlager mit schraubenfederartigem Gummikörper

Das Elastic-Lager (Bild 11) besteht aus einem Weichgummiband, das an den Enden zugeschärft ist. Es wird spiralig um ein inneres Rohr gewickelt und durch ein äußeres Rohr gehalten. Eine gegenseitige Verdrehung der Rohre wird elastisch durch Dehnung des Gummis aufgenommen, wobei die Reibung der Gummilager zusätzlich dämpfend wirkt.

Ohne Vorspannung arbeitet das Oscillite-Lager. In eine Weichgummihülse ist eine Stahlschraubenfeder mit flach-rechteckigem Querschnitt eingebettet. Eine zu starke Verdrehung des Gummis wird durch die Stahlfeder verhindert.

---

[1]) Vgl. ATZ 1934 Heft 8, S. 218.

Kraftstoffe

Wa. Ostwald, VDI. Heppenheim a. d. B.

(Ergänzung zum Automobiltechnischen Handbuch, 13. Aufl., Jahrgang 1931 S. 163.)

I. Eigendeckung

Das Interesse auf dem Kraftstoffgebiet ist in Deutschland z. Z. verdichtet auf die Frage der Eigendeckung. Eigendeckung ist an sich ein natürlicher Wunsch jedes Volkes. Für Deutschland ist die Notwendigkeit der Eigendeckung auf dem Kraftstoffgebiet durch seine teils zeitlich, teils dauernd besondere Lage besonders dringend. Nachdem die Deutschen Benz, Daimler und Diesel das damals wertlose Benzin und Gasöl durch Erhebung zu Motorkraftstoffen zur Grundlage von Weltmacht (Weltkrieg!) machten, erhält die Frage der Eigendeckung politische Bedeutung ersten Ranges.

Andere Völker arbeiten auch seit Jahren an der Frage der Eigendeckung, besonders Frankreich. Soweit nicht eigene Erdölschätze gefunden worden sind, haben ausländische Bestrebungen zur Eigendeckung bislang wenig Erfolg gehabt.

Deutschland hat auch das Suchen nach eigenem Erdöl systematisch und energisch in Gang gebracht. Die Suche ist von Erfolg gewesen. Die deutsche Erdölerzeugung steigt dauernd und beträgt 1934 zwischen 300000 und 350000 t. Deutsche Erdölfundstätten scheinen nicht nur auf Hannover (Oberg, Wietze, Steinförde, Hänigsen und Nienhagen) und Thüringen (Volkenroda) beschränkt zu sein. Aber die Größenordnung der deutschen Erdölerzeugung von einigen 100000 t jährlich befriedigt noch keineswegs.

Bei der Frage der Eigendeckung spielt die Preisfrage eine eigenartige Rolle. Alle Regierungen haben mehr oder weniger sämtliche Fahrzeugkraftstoffe zum Gegenstand von Zöllen und Steuern gemacht, so daß Gestehungskosten und Verkaufspreis nur wenig miteinander zu tun haben[1]). Die ungebändigte amerikanische und anderweite Übererzeugung macht es auf diese Weise für deutsche Verhältnisse zutreffend, daß z. B. Benzin an der Zollgrenze etwa 6 Pfennig, an der Zapfstelle etwa 35 Pfennig je Liter kostet. Auch Zwischenverschiebungen von Werten kommen durch die Zoll- und Steuerpolitik der Regierungen vor. Beispielsweise hat in Deutschland Gasöl einen Preis von nur der Hälfte oder einem Drittel des Benzinpreises. Dieser günstige Preis der Gasöl-WE hat zu der hocherfreulichen Entwicklung des deutschen Fahrzeugdiesels geführt, ist aber nichtsdestoweniger offensichtlich künstlich, d. h. im Vergleich zu Benzin zu niedrig.

Wir werden deshalb auf lange Sicht erwarten dürfen, daß auf dem Weltmarkt für alle Kraftstoffe und in allen Ländern einmal eine Preisausgleichung für Kraftstoffenergie erfolgen wird, welche die Preise an den inneren Wert der Kraftstoffe, d. h. ihre technische Brauchbarkeit angleicht. Diese wünschenswerte Entwicklung wird um so rascher einsetzen, je rascher das bereits vom Gasöl erschütterte Monopol des Benzins oder gar je rascher das Monopol des Erdöls gebrochen wird. Es leuchtet übrigens ein, daß der technische Wert von Kraftstoffen kein zeitloser Maßstab, sondern umgekehrt stark abhängig von der technischen Entwicklung ist.

---

[1]) In Deutschland sind nicht-flüssige Kraftstoffe nicht nur steuerfrei, sondern bedingen seit Februar 1935 sogar Halbierung der LKW-Steuer. Noch steuerpflichtige PKW-Altwagen werden durch Umbau auf nicht-flüssige Kraftstoffe seit Februar 1935 steuerfrei.

Die gleiche Überlegung ist von ausschlaggebender Bedeutung für die Beurteilung des Wirkungsgrades von Verkehrskraftmaschinen. Es ist falsch, den thermischen Wirkungsgrad zur Beurteilung der Güte einer Umwandlung zu machen. Für die wirtschaftliche Güte ist vielmehr der Verbrauch in Geldwert maßgebend, so daß also eine wärmetheoretisch ungünstigere Maschine, welche für die Pferdekraftstunde zwar mehr Wärmeeinheiten, aber weniger Pfennige Geldwert verbraucht, vorzuziehen ist. Aber selbst für die technische Güte einer Maschine kann man den Verbrauch an Wärmeeinheiten je Pferdekraftstunde nicht ohne weiteres als Maßstab gelten lassen, weil es auch in technischer Hinsicht verschiedenwertige Wärmeeinheiten (z. B. hoch und niedrig temperierte) gibt und gleiches für Kraftstoffheizwerte gilt („Qualitätskalorie").

Das Bestreben unseres Vaterlandes nach Kraftstoffeigendeckung hat die Heranziehung von Kraftstoffbilanzen veranlaßt.

Deutschland hat zwar keine sehr erheblichen erschlossenen Erdölvorkommen, wohl aber gewaltige Vorräte lagerfähig gewordener Sonnenenergie in seinen Steinkohlen- und Braunkohlenlagern. Es kommen die nicht unerheblichen Sonnenenergiebeträge hinzu, welche durch die Pflanze (Kartoffel [Spiritus] und Holz) und durch das Wetter (Wasser, Gezeiten, Wind: elektrischer Strom) lagerfähig bzw. anders handhabbar werden.

Unser Bild 1 gibt einen Überblick über den heutigen Stand der Verhältnisse in qualitativer Hinsicht. Es ergibt sich, daß zahlreiche Möglichkeiten für Fortschritt bestehen.

Grundsätzlich wird man die Verwirklichung solchen Fortschritts auch für möglich halten. Es ist ja mehr oder weniger ein Zufall, daß Benz, Daimler und Maybach für die Entwicklung des Ottomotors zum Fahrzeugmotor gerade Benzin reichlich und billig zur Hand lag, und daß Diesel sich von seinem Kohlenstaubziel in der Richtung des geringsten Widerstandes zum Gasöl wandte. Dadurch ist die Erforschung anderer Kraftstoffgebiete zweifellos zu kurz gekommen.

Im Rahmen der deutschen Kraftstoffwirtschaft kann die sinngemäße Einschaltung des Elektromobils eine gewisse Erleichterung bringen. Der „Stromwagen" mit Stromspeicher (Akkumulator) eignet sich nur für Betrieb mit niedrigen Geschwindigkeiten, Ruhepausen (Ladezeit) und anderen Besonderheiten. Unter solchen Voraussetzungen kann er aber wegen seiner Einfachheit und Betriebssicherheit, wegen der Dauerhaftigkeit der Fahrgestelle und des geringen Reifenverbrauchs sehr vorteilhaft, bei passenden Strompreisen (Nachtstrom) sehr wirtschaftlich sein. Entsprechendes gilt für den Obbus (Oberleitungs-Omnibus), der den Kraftstoffverbrauch ebenfalls auf Kohle umlegt.

Die gleiche Erkenntnis, daß man Betriebsweisen nach dem Verwendungszweck sorgfältig aussuchen muß, wird heute Allgemeingut. Es gibt auch Betriebsweisen mit Verbrennungsmotor (Flaschengas, Sauggasbetrieb, Schwerölvergaserbetrieb mit Traktorentreibstoff), welche sich z. B. für Linienbetrieb besonders gut eignen. Ebenso wird der Autobahnbetrieb für bestimmte Betriebsweisen günstig, für andere ungünstig sein.

Außer dem Elektromotor tritt in dem Bestreben der deutschen Eigendeckung als Wettbewerber des Verbrennungsmotors auch der Dampfbetrieb wieder auf. Dampfbetrieb (und ebenso Heißluftbetrieb) hat den großen Vorteil, auf die Eigenart der Verbrennung des Kraftstoffs unempfindlich zu sein, weil an die Stelle der zeitlich geregelten motorischen Verbrennung in dem durch die Zylindergleitbahn empfindlichen Verbrennungsraum die zeitlich unbestimmte Verbrennung an der, im Gegensatz zur Kolbenabdichtung durchaus unempfindlichen Kessel- oder Heizwand, dazu in den meisten Fällen drucklos, tritt. Auf diese Weise spielt für Dampf- und Heißluftbetrieb die chemische Eigenart des Kraftstoffs eine sehr kleine Rolle. Es besteht die Möglichkeit zur Verwendung auch billigster Kraftstoffe, insbesondere von Kohlen. Daß Dampfkolbenmaschinen Kupplung und Getriebe entbehren können, ist ein besonderer Vorteil, der übrigens auch dem Verbrennungsmotor nicht mehr ganz unerreichbar erscheint. (Humboldt-Deutzer getriebelose Diesellokomotive nach Dr. Triebnigg.)

In drei Formen beginnt der Fahrzeugdampfbetrieb sich zu entwickeln:

1. Hochdruckdampffahrzeug, wie es in Anlehnung an amerikanische Arbeiten von Henschel entwickelt wird (~ 100 atü). Der hohe technische Aufwand bringt Wärmewirtschaftlichkeit, aber auch Komplikationen.

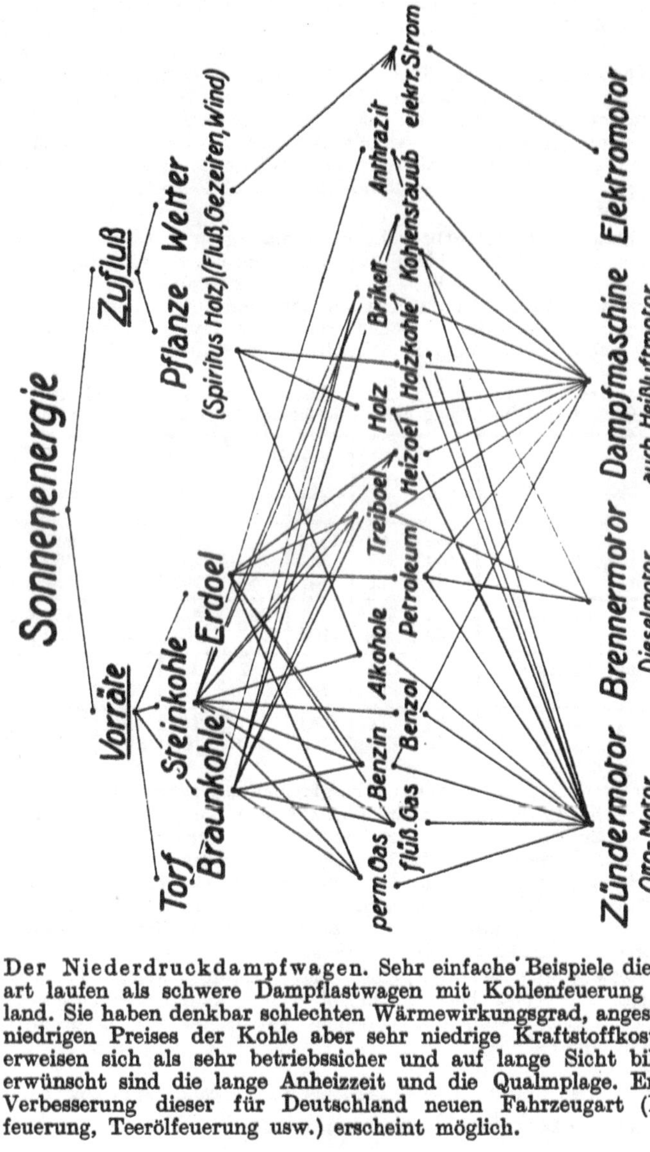

Bild 1. Schaubild der Kraftstoff-Lage

2. Der Niederdruckdampfwagen. Sehr einfache Beispiele dieser Bauart laufen als schwere Dampflastwagen mit Kohlenfeuerung in England. Sie haben denkbar schlechten Wärmewirkungsgrad, angesichts des niedrigen Preises der Kohle aber sehr niedrige Kraftstoffkosten, und erweisen sich als sehr betriebssicher und auf lange Sicht billig. Unerwünscht sind die lange Anheizzeit und die Qualmplage. Erhebliche Verbesserung dieser für Deutschland neuen Fahrzeugart (Halbgasfeuerung, Teerölfeuerung usw.) erscheint möglich.

Überschlagsrechnung für verschiedene Betriebsweisen eines Fünftonners (je 100 km).

Kraftstoff-verbrauch	Wärmeverbrauch	Wirkungsgrad in %	Kosten
50 l Benzin	= 50×7500= 375000 WE	~20	à 30 Pf. = 19,—RM
35 l Gasöl	= 35×8000= 280000 WE	~25	à 13 Pf.*)= 4,55 RM
250 kg Brennstoff	=250×6000=1500000 WE	~ 5	à 2 Pf.' = 5,—RM

3. Die Hüttner-Turbine. Es handelt sich um eine noch unentwickelte Erfindung, bei der die Trennung von Kessel und Dampfmaschine entfällt, indem ein kleiner Kessel entgegengesetzt zum arbeitenden Turbosatz umläuft. Anscheinend handelt es sich um eine weittragende Erfindung, welche für den Kraftfahrzeugbetrieb große Bedeutung gewinnen kann (vgl. Wa. Ostwald, Automobiltechnische Zeitschr. Heft 22 vom 25. 11. 1934).

Deutschlands Gesamtverbrauch an Treibstoffen beträgt 1934 etwa 1¾ Millionen Tonnen oder 2,3 Milliarden Liter. Er ist merkwürdig konstant weil zunächst die zunehmende Zahl von Kraftfahrzeugen und wahrscheinlich zunehmende Zahl von Jahreskilometern jedes Fahrzeugs etwa ausgeglichen wird durch die Tatsache, daß sparsamere Motoren (kleiner Hubraum, hohe Verdichtung, Dieselmotor) Verwendung finden.

Deutschlands Treibstoffverbrauch u. Eigenerzeugung (ohne Schmieröl, Leuchtöl und Heizöl) in 1000 t (unter Benutzung der amtlichen Einfuhr- und Verarbeitungszahlen).

	1930		1931		1932		1933	
	Verbr.	Inl.-Erz.	Verbr.	Inl.-Erz.	Verbr.	Inl.-Erz.	Verbr.	Inl.-Erz.
Benzin	1353	90	1238	118	1068	150	1058	174
Benzol	409	342	322	226	250	239	260	260
Sprit	21	21	47	47	102	102	137	137
Summe	1703	453	1607	391	1420	491	1455	571
%	100	25,4	100	24,3	100	34,6	100	39,2
Dieselöle ohne Seefahrt	425	61	356	57	322	60	436	70
%	100	14,3	100	16,0	100	18,6	100	16,1
Gesamt	2208	514	1963	448	1742	551	1891	641
%	100	23,3	100	22,0	100	31,6	100	33,9

In der Treibstoffbilanz fällt der vergleichsweise geringe und vor allem seit 1930 kaum gestiegene Verbrauch an Dieseltreibölen auf. Die deutschen Diesellastwagen bilden eben auch heute noch nur einen bescheidenen Bruchteil des Bestandes an Lastkraftfahrzeugen und spielen mit ihrem Verbrauch weder gegen den Dieselölverbrauch der ortsfesten Motoren, noch gegenüber dem Leichtkraftstoffverbrauch der anderen Fahrzeuge bereits eine große Rolle. Im Jahre 1934 sind allerdings Dieselölverbrauch, -eigenerzeugung und -einfuhr erheblich gestiegen.

Die Entwicklung der deutschen Eigendeckung, welche Ende 1934 35 bis 40% des Verbrauchs betragen haben mag, kann erheblich gesteigert werden. So stellt man[1]) nachstehendes Programm zur Erfüllung „in einigen Jahren“ auf:

*) Aus mehreren Gründen ist eine Steigerung des Dieselölpreises in Deutschland zu erwarten.

[1]) Rhein-Mainische Wirtschaftszeitung 1934, Seite 573.

Benzol	ca. 400000 t
Treibsprit bei Erhöhung der Beimischung auf z. B. 20% unter Heranziehung technischer Alkohole	ca. 400000 t
Dieselöle und Benzin aus vermehrter Erdölförderung und Schwelteergewinnung bei voller Ausnutzung vorhandener Schwelereien . .	ca. 300000 t
Benzin durch Kohlehydrierung bei geplantem Ausbau vorhandener Anlagen und Durchführung bereits geplanter Projekte . .	mehr als 400000 t
insgesamt	ca. 1500000 t

Ein Gegenstück zu diesem Programm ist dasjenige von Ubbelohde, welches unser nachstehendes Bild 2 zeigt. Im Gegensatz zu den bisherigen Angaben bezieht es sich aber nicht nur auf die Treibstoffe, sondern auf

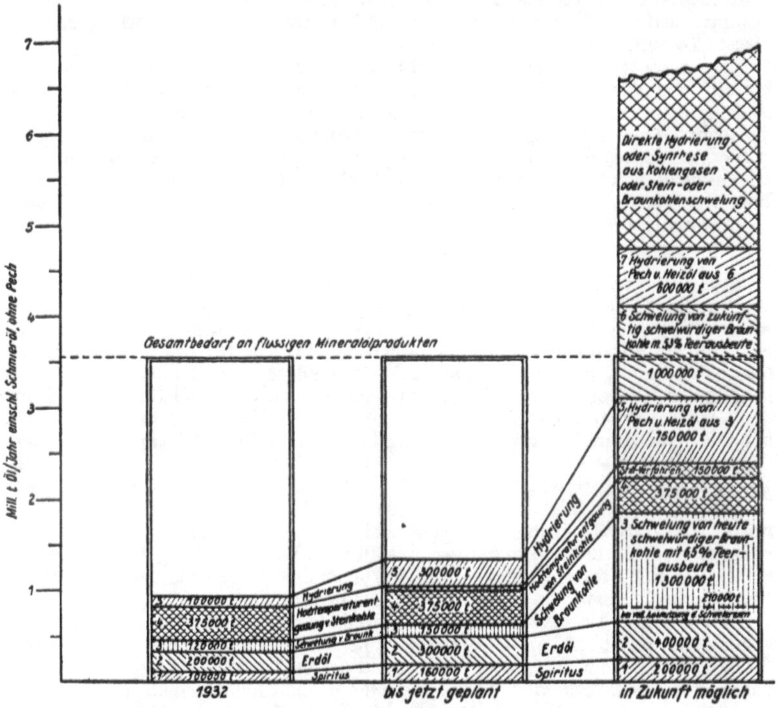

Bild 2. Deckung des jährlichen Mineralölbedarfs in Deutschland (nach Ubbelohde)

Deutschlands Gesamtbedarf an flüssigen Mineralölstoffen. Nach neuesten Ziffern betrug der Leichtkraftstoffverbrauch 1934 1790000 t, von denen autark gedeckt waren:

250000 t deutsches Benzin,
280000 t ,, Benzol,
170000 t deutscher Spiritus,
700000 t oder ~ 39%.

Aus diesen Andeutungen ergibt sich, wie schwierig es ist, klaren Überblick über die Verhältnisse zu bekommen, da ganz verschiedene Darstellungen sich ergeben, je nach dem Standpunkte, von dem aus man die Aufgabenstellung setzt. Wir wollen uns mit der Erkenntnis begnügen, daß Deutschlands Energievorrat und Stoffvorrat überreichlich groß und durch den Fortschritt der chemischen Technik, insbesondere der Hochdruckhydrierung, fast beliebige Umwandlungsmöglichkeiten gegeben sind, so daß es sich eigentlich nur darum handelt, die günstigste, insbesondere auch wirtschaftlich günstigste Kombination aus den Möglichkeiten herauszufinden.

Praktisch verfährt man im Bestreben der Eigendeckung heute so, daß man auf allen angedeuteten Gebieten fleißig arbeitet. Auf der Kraftstoffseite wirkt sich das wie folgt aus:

1. Leuchtgas

Leuchtgas hat einen Heizwert von norm. 3800 bis 5000 WE je m^3. Bei den üblichen Stadtgaspreisen ist die Leuchtgas-WE teuer —, die Selbstkosten betragen aber nur $\sim$ 2 Pf./m^3. Für den Kraftverkehr hat Leuchtgas den Vorteil, daß es allerwärts im Lande erhältlich ist. Da es aber nur in hochverdichtetem (150 bis 250 atü) Zustande für den Kraftverkehr in Betracht kommt, also eine Kompressoranlage zur Voraussetzung hat, verringert sich dieser Vorteil.

Die motorische Verwendung von Leuchtgas macht keine Schwierigkeiten. Brenngas — ganz allgemein — ist „Kaviar für den Motor". Das Flaschengewicht kann dank neuer Fortschritte und einer Änderung der deutschen Gesetzgebung herabgesetzt werden. Unvermeidlich ist der sehr hohe Flaschendruck mit seinen Unbequemlichkeiten und Gefahren. Unerfreulich ist auch wegen seiner Giftigkeit der Kohlenoxydgehalt des Leuchtgases. Leuchtgasbetrieb dürfte mithin nur für örtliche Zwecke (Kommunalfahrzeuge usw.) in Betracht kommen.

2. Methan

Aus Leuchtgas bzw. Koksofengas kann man im Wege der Fraktionierung bei niederer Temperatur das ungiftige Methangas von 8000 WE/cbm = 12000 WE/kg gewinnen. Obwohl es ebenso wie Leuchtgas unverflüssigbar ist, gibt es, entsprechend seinem höheren Heizwert, für die gleiche Druckflasche und gleichen Druck größeren Aktionsradius. Durch Zusatz noch heizkräftigerer Kohlenwasserstoffe (Ruhrgasol = Propylen und Butylen) bringt der Benzol-Verband sein „Motorenmethan" auf 10000 WE/cbm. Fahrzeugbetrieb mit diesem Motorenmethan ergibt nur 5% Minderleistung gegenüber flüssigem Kraftstoff (bei Leuchtgas ist die Minderleistung größer). Zum Betrieb mit Motorenmethan (und allen Druckgasen) sind Vorwärmer (zur Beseitigung der Entspannungs- u. Verdampfungskälte) und Druckregler nötig. Die Druckreglung erfolgt dabei so, daß freiwillig kein Gas ausströmt, sondern erst beim Saugen des Motors. Die Dosierung der Gasmenge erfolgt bei der Einrichtung des Benzol-Verbandes ebenso wie beim Vergaserbetrieb durch Einsetzen entsprechend kalibrierter Düsen.

Betrieb mit Motorenmethan — Tanken erfolgt vorteilhaft durch Auswechselung der Flaschen — eignet sich natürlich auch nur für Linien- oder Flächenverkehr im Aktionsbereich um die Gas-Tankstelle. Die wirtschaftliche Frachtfähigkeit der Brenngasflaschen ist naturgemäß gering. Die Bequemlichkeit des Gasbetriebs für häufiges Starten, die Geruchlosigkeit der Abgase, die Sauberkeit der Verbrennung und andere Vorteile lassen ihn aber als vorteilhaft etwa für Kommunalbetrieb, Werksverkehr in Steinkohlengebieten, ja auch Omnibusverkehr und vielleicht Betrieb von Autobahnlinien erscheinen. Die Mengen von Methan (und erst recht Leuchtgas), welche bei Entwicklung dieser Betriebsweisen beschafft werden können, sind sehr erheblich.

3. Ruhrgasol

Dem Koksofengas kann man durch Tiefkühlung auch andere leichte Kohlenwasserstoffe (Propylen, Butylen usw.) entziehen. Diese stellen ein Mittelding zwischen Gas und flüssigem Kraftstoff dar, indem sie sich schon bei niedrigen Drucken (20 atü) verflüssigen lassen und etwa bei genügender Abkühlung (z. B. durch Selbstverdunstung) auch bei gewöhnlichem Druck flüssig sind. Entsprechend sind die Druckflaschen verhältnismäßig leicht. Für das Verwendungsbereich gilt das bereits Gesagte. Ruhrgasol kann in erheblichen Mengen, angeblich bis etwa 20000 t je Jahr, bei Errichtung entsprechender Einrichtungen gewonnen werden.

4. Propan u. Butan (Flüssiggas)

Ähnliche Beschaffenheit wie Ruhrgasol haben die aus Propan und Butan bestehenden „Flüssiggase", welche von Leuna und der Deurag hergestellt werden. Die Gewinnung erfolgt bei der Deurag aus Erdgas und aus Crackgasen, von der I. G.-Farben bei der katalytischen Hochdruckhydrierung insbesondere von Braunkohle und Steinkohle. Die Verwendung von Flüssiggas geschieht ähnlich wie die von Ruhrgasol (vgl. Bild 3). Wenn man bei Flüssiggasen, wie im Bild, die Flasche auf den Kopf stellt oder andere gleichwirkende Mittel benutzt, hat dies den Vorteil, daß die Flasche nicht durch Verdunstungs- u. Entspannungskälte einfriert u. die Gasbeschaffenheit sich gleich bleibt.

Flüssiggas ist längst bewährt. Der Zeppelin benutzt bei seinen regelmäßigen Fahrten nach Südamerika Propan und Butan, das er unter gewöhnlichem Druck in Ballonets mit sich führt. Auch Dieselmotoren lassen sich (Daimler-Benz, IAMA 1935) vorteilhaft auf Flüssiggas umstellen.

Propan-Butan wird im Gegensatz zu Benzin, welches man mit geringem Luftmangel zu verbrennen pflegt, vorteilhaft mit 2 bis 5% Luftüberschuß verbrannt. Es ist sehr klopffest und verträgt und braucht mehr Vorzündung als Benzin. Leistungsverlust tritt nicht ein. Der Wärmeverbrauch ist ent-

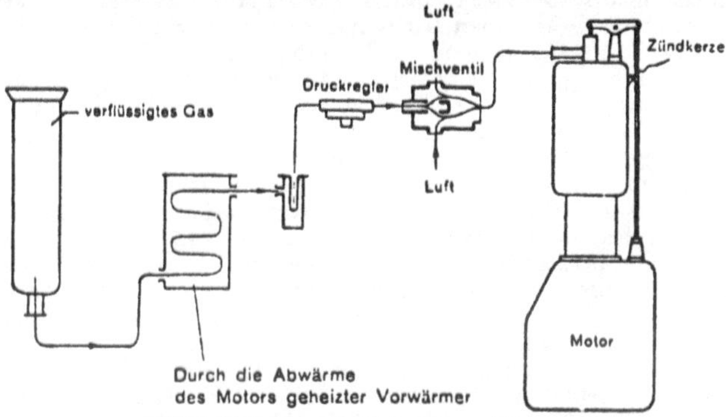

Bild 3. Flüssiggas-Betrieb (schematisch)

sprechend der Verbrennung bei Luftüberschuß bemerkenswert günstig, so daß 1 kg Propan-Butan 1,7 bis 1,8 l Benzin im Verbrauch entspricht.

Die Eigenschaften von Propan-Butan sind in der nachstehenden Tabelle angegeben.

Eigenschaften vom reinem Butan und Propan.

Oberer Heizwert 15°, 735 mm Hg	Kcal/m³	28070	21650
Unterer Heizwert 15°, 735 mm Hg	Kcal/m³	25870	20000
Oberer Heizwert	Kcal/kg	11850	12000
Unterer Heizwert	Kcal/kg	10900	11050
Gewicht der Gase bei 15°, 735 mm Hg	kg/m³	2,378	1,804
Spez. Gewicht der Flüssigkeit bei 15°	kg/l	0,584	0,511
Kritischer Druck	ata	35,7	45
Kritische Temperatur	°C	153,2	95,6
Luftbedarf für vollständige Verbrennung	m³/m³	31,0	23,8

Flüssiggasflaschen brauchen nur bis 25 atü fest zu sein, sind also vergleichsweise sehr leicht:

Gas	atü	Heizwert in WE	Wärmegewicht in kg/1000 WE
Stadtgas	> 150	3870/m³	3,5
BV-Methan	150	10000/m³	0,65
Flüssiggas	6—20	10900—11050/kg	0,20—0,44
Benzin	0	10400/kg	0,12

Entsprechend ergibt sich, daß etwa eine Leichtflasche von 40 Liter Inhalt für Leuchtgas rund 46 kg wiegt und selbst bei 250 atü Füllungsdruck nur 38000 WE enthält, während eine kleinere Leichtflasche von nur 36 Liter Inhalt für Flüssiggas nur 26 kg wiegt und an etwa 200000 WE Flüssiggas — das 5fache — birgt.

Die mögliche Erzeugungsmenge von Flüssiggas aus Erdölbohrungen und Crackgasen wird auf 10000 t im Jahr, diejenige des Leuna-Werks und der Brabag auf, nach erfolgtem Ausbau, das Mehrfache je Jahr geschätzt.

5. Sauggas

Unter Sauggasbetrieb versteht man die Umwandlung eines festen oder auch flüssigen Kraftstoffs durch Halbverbrennung mit Luft in einem Ofen zu Kraftgas. Grundsätzlich können also auch diejenigen Schwerölvergaser, bei denen eine anteilige Vorverbrennung mit Primärluft in einer Heizkammer erfolgt, als Sauggasbetrieb angesprochen werden, ebenso wie ein Sauggasbetrieb auch sonst keineswegs nur mit festen Brennstoffen, sondern auch mit flüssigen Brennstoffen denkbar und ausführbar ist (z. B. mit Teer, Steinkohlenöl usw.).

Eine grundsätzliche Schwierigkeit des Sauggasbetriebs besteht darin, daß die Gasbildung auf der Reaktionswärme im Generator beruht, also zeitlich der Beanspruchung nachhinkt. Nach langer Talfahrt ist, wenn man nicht besondere Maßnahmen trifft, der Generator abgekühlt und nicht zu reicher Gasbildung für eine neue Bergfahrt augenblicklich bereit. Andere Nachteile des Sauggasbetriebes sind das mehr oder weniger offene Feuer (wie beim Dampfbetrieb) und die mehr oder weniger lange Anheizzeit (bei neuen Bauarten nur Minuten).

Das Sauggas entströmt dem Generator heiß und enthält Flugstaub und je nach Brennstoff und Betriebsweise mehr oder weniger Wasserdampf. Da im Interesse der Leistung niedrige Temperatur und geringer Wasserdampfgehalt des Gases erwünscht, im Interesse von Zündkerzen und Kolbenschmierung trockenes Gas aber notwendig ist, ist man bestrebt, den Wassergehalt durch starkes Abkühlen des Gases und Abfangen des entstehenden Wassernebels zu verringern, das Gas dann aber zur Erzielung von Trockenheit wieder über den Taupunkt aufzuheizen.

Wegen seines geringen Wärmeinhalts (vor allem Verdünnung durch Luftstickstoff) bringt Sauggas erhebliche ($\sim$ 25%) Leistungsverringerung. Beseitigung dieses Nachteils ist durch Wahl entsprechend großer Motoren, teilweise auch durch Hochverdichtung und Aufladebetrieb möglich. Schwierigkeiten macht vielfach die Haltbarkeit der Sauggasanlage (Feuerbeständigkeit der hochtemperierten Ofenteile, Korrosionsfestigkeit der gasführenden Teile). Schwierigkeiten macht auch die Reinigung des Gases von Flugstaub und gegebenenfalls Teer. Flugstaub kann sich sowohl durch Zusetzen von Gaswegen und Ventilen, übermäßige Ölkohlebildung und vergrößerte Zylinderabnutzung, wie auch (zumal wenn er stark alkalisch ist) durch Schädigung des Schmieröls unbeliebt machen (Emulsionsbildung im Kurbelgehäuse). Fortschritte erscheinen möglich u. a. durch gleichzeitig aufladende Kraftreinigung des Gases mit Wasser oder Öl, durch Frischölschmierung und andere Maßnahmen.

Wegen seiner Besonderheiten eignet sich zunächst der Sauggasbetrieb offenbar nur für solche Betriebe, wo er liebevolle Bedienung erfährt und möglichst gleichförmige oder wenigstens voraussehbare Belastung zu leisten hat (Linienbetrieb, Autobahnbetrieb usw.). Unter solchen Verhältnissen hat er sich auch in Deutschland vielfach bereits bewährt. An seiner weiteren Entwicklung — die im Ausland trotz staatlicher Unterstützung nicht recht vorwärts kam — wird gearbeitet.

Als Brennstoff für Sauggasbetrieb findet mit Vorliebe wegen der niedrigen Feuertemperatur und seiner Sauberkeit Holz Verwendung. Gute Qualität (Buche) und dem Generator angepaßte Stückelung (Streichholzschachtel-Größe) sind wichtig.

Wenig Schwierigkeiten dürfte auch der Betrieb mit der teureren Holzkohle und mit deutschem Anthrazit machen. Aber selbst der wegen seiner Teerbildung sehr schwierige Betrieb mit Braunkohlenbriketts hat sich beim Mülheimer Kohlenforschungsinstitut als durchführbar erwiesen (Doppelfeuer-Generator). Wichtig wäre auch Sauggasbetrieb mit Braunkohlengrude oder Braunkohlengrudebriketts, weil die Braunkohlenschwelerei Benzin und Öl liefert und bei größerer Anwendung der Braunkohlenschwelerei für Grude im Hausbrand ausreichender Absatz nicht vorhanden sein würde. Leider hat Grude viel (~ 20%) und lockere Asche.

Für die Entwicklung des Sauggasbetriebs von Kraftfahrzeugen dürfte wesentlich sein, daß nachträglicher Umbau von Kraftfahrzeugen auf Sauggasbetrieb sich in der Regel nicht lohnt, ebenso wie der große technische Aufwand des Sauggasbetriebs sich nur für größere Einheiten (Omnibusse, Lastkraftwagen) — nicht für den PKW — lohnen dürfte. Die Entwicklung des Sauggasbetriebs darf man mit größtem Interesse verfolgen. Seit Januar 1935 ist LKW-Betrieb mit „nicht-flüssigen" Kraftstoffen steuerlich begünstigt.

Bemerkenswert ist der Umstand, daß für die Kohlenwirtschaft oder Forstwirtschaft die gegebenenfalls benötigten Kraftstoffmengen gar nicht erheblich zu Buche schlagen. Geht man von einem derzeitigen deutschen Jahresverbrauch an flüssigen Kraftstoffen von 1600000 t aus, so mag man davon 45%, also etwa 700000 t für den Verbrauch von Lastkraftern und davon wieder die Hälfte, also 350000 t, für schwere Lastkraftfahrzeuge rechnen, die ja ernstlich für Sauggasbetrieb nur in Betracht kommen. Wenn von diesen die Hälfte auf Sauggasbetrieb umgestellt werden, so entspricht dies jährlich 200000 t flüssigen Kraftstoffen oder reichlich gerechnet 4 bis 500000 t festen Kraftstoffen, eine Menge — die in der Wirtschaft von Forst, Braunkohle und Steinkohle keine erhebliche Rolle spielt.

6. Benzin

Die Erzeugung von direkt destilliertem Benzin und Crackbenzin in Deutschland hängt von der deutschen Erdölerzeugung ab, ist also zunächst nicht sehr erheblich (~ 50000 t).

Die Erzeugung von Benzin durch katalytische Hochdruckhydrierung, besonders von Braunkohle, erfolgt bekanntlich im Leuna-Werk. Die Erzeugung von bisher jährlich reichlich 100000 t wird zur Zeit auf 325000 t ausgebaut und ist bereits (Ende 1934) auf etwa das Doppelte gestiegen. Auch die Steinkohlenhydrierung ist technisch bereits gangbar.

Die katalytische Niederdrucksynthese von Benzin aus vergaster Kohle nach Fischer und Tropsch befindet sich im großtechnischen Versuchsstand. Sie liefert paraffinisches (klopfendes) Benzin, hochwertiges Gasöl, festes Paraffin und (in einem Nebenverfahren) Schmieröl. Endgültiges bleibt abzuwarten.

Braunkohlenbenzin wird bei der Braunkohlenschwelerei in steigendem Maße gewonnen.

7. Benzol

Die Benzolerzeugung der Kokereien ist bekanntlich abhängig von dem Koksverbrauch und dadurch von der Eisenindustrie. Durch sorgfältigere Entbenzolisierung des Koksofengases und schonende Raffinierung wird darüber hinaus die Benzolerzeugung gesteigert. Das neue Stillverfahren, bei dem die durch hohe Temperatur aus der Kohle entwickelten Dämpfe nicht durch eine weißglühende Koksschicht geleitet und entsprechend zersetzt, sondern aus dem Innern des Kokskuchens abgesaugt werden, bringt eine Vermehrung der Ausbeute um etwa 30%, natürlich unter Abwandlung des Benzols in ein Gemisch von Benzol und von benzinähnlichen Stoffen.

Die städtischen Gaswerke rings im Lande könnten durch das einfache Aktivkohleverfahren (Benzorbon) immerhin jährlich ~10000 t Benzol zur deutschen Eigendeckung beitragen.

8. Alkohol

Man möchte vermuten, daß der heute 10%ige Spritzwang vorübergehende Beschaffenheit haben wird, weil Deutschland auf lange Sicht seinen Boden zur Ernährung allein verwenden und seinen Energiebedarf billiger decken wird. Spritzwang und gesamte Benzineinfuhr haben geldlich gleiche Größenordnung. Der tatsächlich verwendete Alkohol stammt z. T. nicht aus Kartoffeln, sondern Sulfitablauge der Papierfabriken. Technisch macht der Spritzwang keine Schwierigkeiten mehr. Im Gegenteil kommen die verbrennungsverbessernden Eigenschaften der Alkohole zunehmend zur Auswirkung. Alkohole (z. B. Methanol) lassen sich auch aus Kohle über Vergasung im Wege der Hochdruckkatalyse in nahezu beliebigen Mengen herstellen, so daß man Kartoffeläthanol durch synthetische Alkohole würde ersetzen können, wenn und soweit man dies bei einem etwa kommenden Abbau des landwirtschaftlichen Spritzwangs technisch und wirtschaftlich für richtig halten sollte.

Noch ungelöst ist die — anscheinend mit dem Spritzwang zusammenhängende — Frage der Korrosion unserer aus verbleitem Eisenblech bestehenden Kraftstoffbehälter (Filter verstopft).

Verzinnte Messingtanks sind einwandfrei, aber nicht Heimstoffe.

Atramentieren, Lackieren usw. hat noch nicht befriedigt.

9. Sicherheitskraftstoff (Safety fuel)

Es ist nicht ausgeschlossen, daß man für einen Sicherheitskraftstoff von etwa 150° bis 250° Siedebereich Betriebsweisen entwickeln wird (z. B. für Flugzeuge), wie man dies im Auslande zu tun begonnen hat. Der Weg zur Herstellung solcher Kraftstoffe mit gewünschten Eigenschaften (z. B. erheblicher Klopffestigkeit) führt über die Synthese, die motorische Verwendung über die Einspritzpumpe.

10. Gasöl

Die Herstellung einheimischen Gasöls aus Erdöl ist an die deutsche Erdölgewinnung gebunden und angesichts der überragenden Bedeutung von Benzin und Schmieröl bescheiden. Aus Braunkohlenteer gewinnt man in steigender Menge ein gut verwendbares Treiböl. Die Verwendung von Steinkohlentreiböl in den kleinen Einheiten der Fahrzeugdieselmotoren ist noch nicht befriedigend gelungen, obwohl sie nach den aussichtsreichen Versuchen von Broche und anderen durchaus möglich erscheint. Die Schwierigkeit liegt vor allem in der großen Feuerfestigkeit bzw. geringen Zündwilligkeit des Steinkohlentreiböls. Da für den Dieselmotor deutsche Treibstoffe in ausreichender Menge beschafft werden sollen, ist es nötig, dieser Aufgabe größte Aufmerksamkeit zu schenken. Hierzu kann man sowohl versuchen, die maßgebenden Eigenschaften des Steinkohlentreiböls durch Zusätze und andere Mittel denen des Gasöls anzugleichen, als auch probieren, die Betriebsweise des Fahrzeugdiesels so abzuändern (Sauerstoffzusatz ?), daß unverändertes Steinkohlentreiböl (ebenso wie Braunkohlen- und Erdölgasöl) im Fahrzeugdieselmotor verwendet werden kann[1]).

Die deutsche Eigendeckung auf dem Treibölgebiet ist noch sehr wenig befriedigend.

11. Kohlenstaub

Der Kohlestaubbetrieb kommt für Fahrzeugmotoren bisher offenbar nicht in Betracht. Die motorische Verbrennung von Kohlestaub gelingt nach Pawlikowski bekanntlich ähnlich dem Prinzip des Glühkopfmotors (Voreinlagerung des Kohlestaubs während des Saughubs). Der Abnützungsfrage durch die Kohlenasche sucht man durch Materialauswahl, Besonder-

[1]) Die Preisspanne Dieselöl-Leichtkraftstoff in Deutschland ist unvergleichlich größer als auf dem Weltmarkt, was seinen Grund in Zollvergünstigungen und dem bisher nicht Wirksamwerden der Vertriebskosten (Tankstellen) hat. Obwohl diese Spanne sich also wohl auch in Deutschland stark verringern wird, bleibt eine Überlegenheit des Fahrzeugdiesels durch seinen absolut niedrigen Verbrauch und besonders durch seinen günstigen Verbrauch bei Drosselleistungen gesichert.

heiten der Schmierung, Vorreinigung der Kohle, Auswahl von Kohle mit kleinem und friedlichem Aschegehalt entgegenzuwirken. Nach Pawlikowski sind außer Kohle auch viele andere Brennstaube (z. B. pflanzlicher Herkunft, auch Kartoffelstärke, Zuckerstaub usw.) motorisch verbrennbar.

II. Die motorische Verbrennung

A. Klopffestigkeit und Zündwilligkeit

Dumanois hat gefunden, daß die Klopffreudigkeit in Oktanzahlen, wie sie sich im Prüfmotor ergibt, die umgekehrte Reihenfolge darstellt, wie die Zündwilligkeit von Boerlage und Broeze im Prüfmotor in Cetenzahlen gemessen wird. In Feinheiten stimmt die Gesetzmäßigkeit noch nicht ganz, wobei dahingestellt bleibe, wieweit dies an der Richtigkeit der Gesetzmäßigkeit, wieweit an der Richtigkeit der Meßmethoden liegt. Die zugrunde liegende Erkenntnis ist auch an sich keineswegs neu, da man schon vor 10 Jahren und länger die Tatsache mitgeteilt hat, daß Verbrennungseigenschaften im Ottomotor und Dieselmotor einander entgegengesetzt laufen: Die Vielheit von Eigenschaften, welche wir mit dem Ausdruck Klopffestigkeit andeuten, ist das gerade Gegenstück zu derjenigen Vielheit von Eigenschaften, welche wir durch das Wort Zündwilligkeit zum Ausdruck bringen.

Ebenso wie der Klopffestigkeit eines Kraftstoffs ein entsprechender Anspruch jeglichen Ottomotors[1]) an Klopffestigkeit, also kurz gesagt, eine Klopffestigkeit jedes Ottomotors gegenübersteht, ganz ebenso gehört zu jedem Dieselmotor ein Mindestwert von Zündwilligkeit, den ein Kraftstoff haben muß, um befriedigend in ihm zu verbrennen. Man wird also wohl dahin kommen, nicht nur die Kraftstoffe nach einer Zündwilligkeit und Klopffestigkeit umfassenden Skala zu messen, sondern auch die Motoren selbst mit zugeordneten Meßwerten auszurüsten. Daß für die betreffende Eigenschaft eines Motors die Angabe des Verdichtungsverhältnisses in keiner Weise genügt, daß z. B. je nach der Ausbildung des Verbrennungsraumes und anderen Umständen ein sechsfach verdichtender Motor mit einem Benzin von 70 OZ stark klopfen oder klagfrei laufen kann und ganz Entsprechendes für den Dieselmotor gilt, sei als Voraussetzung nur erwähnt. Die größten Fortschritte der letzten Jahre im Otto- und Dieselmotorenbau bestehen ja gerade darin, für gegebene Verdichtungsverhältnisse bei den Ottomotoren die Ansprüche an die Klopffestigkeit, bei den Dieselmotoren die Ansprüche an die Zündwilligkeit des Kraftstoffs herabzusetzen.

Tragen wir mit Bild 4 zu den Grenzwerteigenschaften der Kraftstoffe die Verdichtungsverhältnisse der zugeordneten Motoren auf, dann finden wir zwei langgestreckte annähernd parallele Gebiete für Ottomotoren und Dieselmotoren, deren Entwicklung einander entgegengesetzt erfolgt: Die Ottomotoren entwickeln sich für jede gegebene Klopffestigkeit eines Kraftstoffs zu immer höheren Verdichtungsverhältnissen, werden also immer „benzinfester". Die Dieselmotoren entwickeln sich für jede gegebene Zündwilligkeit eines Kraftstoffes zu immer niedrigeren Verdichtungen, werden also immer „zündwilliger". Interessant ist dabei der Umstand, daß in einem gegebenen Grenzottomotor jeder klopffestere, also zündunwilligere, dagegen in jedem gegebenen Grenzdieselmotor jeder zündwilligere, also klopffreudigere Kraftstoff benutzt werden kann.

---

[1]) Wissenschaftlich unterscheidet man Gleichraum- und Gleichdruckverbrennung oder nach Kutzbach Zünder- und Brennermotoren. Bei der Allgemeinheit, mit welcher für die Brennermotoren der Ausdruck Dieselmotor international angewendet wird und angesichts der Tatsache, daß wir Deutschen stolz darauf sein dürfen, daß auch die für den Zündermotor entscheidende Erfindung der Vorverdichtung deutscher Herkunft, nämlich von Otto und Langen ist, wird die Bezeichnung Ottomotor als Gegenstück zur Bezeichnung Dieselmotor vorgeschlagen. In der ausländischen Literatur ist es übrigens längst üblich, den Kreisprozeß der Gleichraumverbrennung als Ottokreisprozeß (Otto cycle) zu bezeichnen, ein Brauch, dem das deutsche Schrifttum sich anzuschließen alle Ursache hätte.

Zwischen den beiden Motorengebieten liegt der Glühkopfmotor und ein weites noch unerforschtes Gebiet, welches die Vermutung naherückt. daß es motorische Verbrennungsweisen gibt, bei denen entweder Klopffestigkeit und Zündwilligkeit ohne jeden Belang sind oder für jede gegebene Kraftstoffeigenschaft ein besonderer Motor gebaut werden muß. Wahrscheinlich sind beide Möglichkeiten von „Mitteldruckmotoren" verwirklichbar. Der Umstand, daß niedrig verdichtende Glühkopfmotoren nicht mit Steinkohlentreiböl, hochverdichtende Glühkopfmotoren hingegen zwar wohl mit Steinkohlenöl, aber nur schlecht mit Gasöl betreibbar sind, scheint für eine Verwirklichung des zweiten Weges in dieser Motorart zu sprechen.

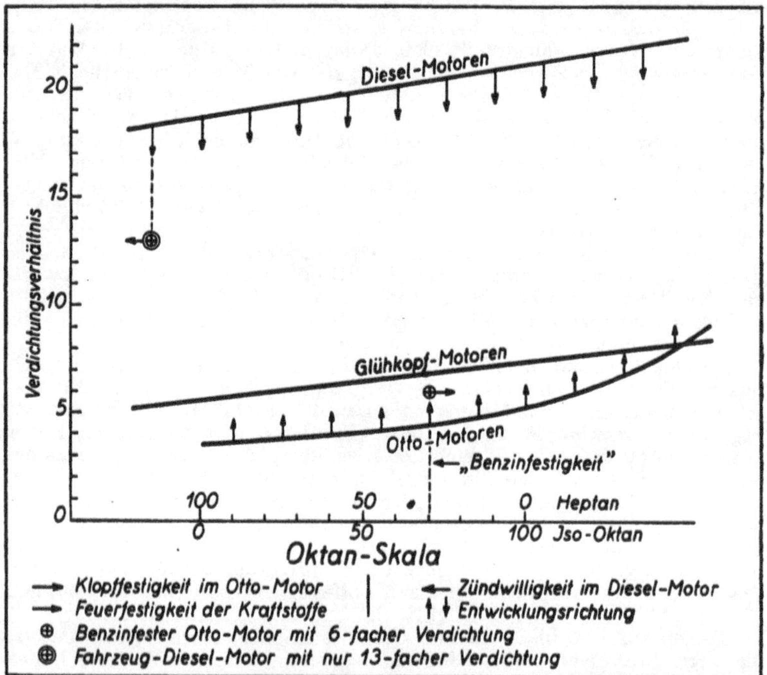

Zusammenhang von Arbeitsverfahren u. Kraftstoffbeschaffenheit

Bild 4

B. Beeinflussung der motorischen Verbrennung

Die motorische Verbrennung erscheint auf den ersten Blick als etwas Zwangläufiges, in seinem Verlauf durch chemische Eigenart des Kraftstoffs, Vollkommenheit der Mischung, Mischungsverhältnis, Druck, Temperatur usw. weitgehend Festgelegtes. Man kennt nach der Thermodynamik zwei Arten motorischer Verbrennung, die momentane Gleichraumverbrennung nach Otto (Zündermotor) und die zeitlich ausgedehntere Gleichdruckverbrennung nach Diesel (Brennermotor). Für beide Verbrennungsweisen ist eine möglichst hohe Verbrennungsgeschwindigkeit Voraussetzung, welche bei der Ottoverbrennung den ganzen Raum durchsetzt, bevor der Kolben Zeit zur Bewegung findet, während sie bei der Dieselverbrennung der Düse gleichsam vom Munde weg den Kraftstoff reißt, so daß die Verbrennung genau dem Pumpengesetz folgt und durch entsprechende Nockenform der Gleichdruckforderung angepaßt werden kann. Tatsächlich erfolgen derartige Verbrennungen bei langsamlaufenden großräumigen Motoren weitgehend nach der Theorie. Bei kleinen Verbrennungsräumen und hohen Drehzahlen wird Vorzündung und Voreinspritzung nötig — wird Zündverzug merklich — kann man nach Pye aus der Diagrammform allein nicht mehr sagen, ob Otto- oder Dieselverbrennung vorliegt, bzw. kann man nach Neumann angeben, daß die Verbrennung zu soundso viel Prozent nach Otto, zu soundsoviel Prozent nach Diesel erfolge.

Aber interessanterweise gibt es nicht nur Zwischenformen zwischen Otto- und Dieselverbrennung, sondern auch abweichende motorische Verbrennungsarten. Eine solche zeigt z. B. die getriebelose Motorlokomotive nach Dr. Triebnigg von Humboldt-Deutz. Diese wird mit Preßluft angelassen, in der im Motorzylinder unter Fremdzündung eingespritztes Gasöl verbrennt. Durch diese eigenartige „motorische Verbrennung" erhöht sich die Wirkung der Preßluft auf ein Vielfaches. Bei langsamem Einsetzen der Dieselverbrennung — welche den normalen Betriebszustand des Deutzer Lokomotivmotors darstellt — entstehen Übergangsformen von aufgeladener Ottoverbrennung und aufgeladener Dieselverbrennung. Alles in allem erweist sich die motorische Verbrennung im Gegensatz zu der allgemeinen Anschauung als außerordentlich lenksam und leicht beeinflußbar.

Man erkennt durch Analogie, daß auch die sinnvolle Zerklüftung, jenes grundsätzlich gleiche Mittel, mit dem man den Ottomotor benzinfester, den Dieselmotor zündwilliger macht, ein, und zwar ein sehr wirksames Mittel zur Lenkung der motorischen Verbrennung ist.

C. Glühwandmotor?

Die Verbrennungsräume neuzeitlicher Fahrzeugmotoren, und zwar sowohl der Otto- wie der Dieselmotoren zeigen eine zunehmende Vergrößerung der spezifischen Oberfläche. Je Kubikzentimeter Verbrennungsrauminhalt ist die Wandfläche bei der deshalb ja auch theoretisch günstigsten Halbkugelform am kleinsten. Bei kleinen Zylindereinheiten wird die spezifische Oberfläche (aus geometrischen Gründen) größer. Darüber hinaus wird sie nach Ricardo, Whatmough, Janeway, Lang, Oberhänsli — auch Broche — und anderen gerade bei kleinen Zylindereinheiten künstlich erheblich vergrößert. Es tritt hinzu, daß man in solchen Fällen, wie beim Glühkopfmotor und manchen Vorkammermotoren, einen Teil der Oberfläche auf hohe Temperatur bringt oder aber durch Herstellung bestimmter Strömungen ähnliche Wirkungen auf andere Weise herstellt.

Das durch solche Maßnahmen erreichte Ziel ist offensichtlich, die motorische Verbrennung, welche für schnellaufende und kleine Motoren doch nicht „momentan" genug für die Verwirklichung von Otto- und Dieselverbrennung verläuft, zeitlich und räumlich zu steuern. Durch Oberflächenentwicklung im Verbrennungsraum kann man es, wie der Fortschritt der heutigen Bauarten lehrt, erreichen, daß die chemische Eigenart des Kraftstoffs für den Verlauf der Verbrennung eine immer geringere Rolle spielt.

Denkt man sich diese Entwicklung fortgesetzt, so kommt man dazu, einen Motor für möglich zu halten, bei dem durch sehr starke Vergrößerung der spezifischen Oberfläche geradezu eine Verbrennung solcher Art eintritt, die man nach Schnabel und Bone „Oberflächenverbrennung" nennt, bei der also mehr oder weniger gar keine Flammenfront durch einen Raum hindurchläuft, sondern die chemische Reaktion mehr oder weniger vollständig nur an der festen Oberfläche stattfindet.

Ein solcher Motor ist noch nicht verwirklicht. Er erscheint aber als Grenzfall der heutigen Entwicklung verwirklichbar. Der „Explosionsmotor" würde auf diese Weise vollständig den Charakter der Explosion verlieren und ähnlich dem Heißluftmotor arbeiten.

Obwohl ein derartiger Motor noch nicht besteht, wird es richtig sein, ihn als Grenzfall deshalb schon heute ins Auge zu fassen, weil tatsächlich unsere Schnelläufer von kleinem Hubraum, und zwar sowohl die Zündermotoren wie die Brennermotoren, sich in dieser Richtung entwickeln. Als geeignete Bezeichnung für diesen Idealmotor hat man in Anlehnung an Kutzbachs Begriffsbildungen Zünder- und Brennermotor die Bezeichnung „Glühwandmotor" vorgeschlagen. Ob die Bezeichnung sinndeckend ist, kann wohl erst die Zukunft mit der Entscheidung der Frage lehren, wie weit die Oberflächenentwicklung an sich und wie weit die hohe Temperatur der entwickelten Großoberfläche für die beobachteten Wirkungen ausschlaggebend ist. Unter diesem Vorbehalt sei der Ausdruck Glühwandmotor benutzt.

Hiernach genügt es nicht, die Motoren danach zu kennzeichnen, wie weit sie als Zünder- und als Brennermotoren arbeiten. Vielmehr ist gleichzeitig außerdem anzugeben, wie es mit der Oberflächenentwicklung steht, wie weit das Arbeitsverfahren sich dem Idealfall des Glühwandmotors nähert. Man gelangt so zu einer Systematik der Motoren im Gibbsschen Dreieck gemäß Bild 5, welche sich selbst erläutert. Interessant an der Übersicht ist besonders das unerforschte Gebiet und die Forschungsrichtung, welche deutlich bestrebt ist, das unerforschte Gebiet zu verkleinern und sich dem Grenzfall des Glühwandmotors gerade für kleine Hubräume und hohe Drehzahlen zu nähern.

Bild 5. Gibbssches Dreieck zur Darstellung der motorischen Verbrennung

Für die Frage der deutschen Eigendeckung sind solche Abwandlungsmöglichkeiten der motorischen Verbrennung von großer Bedeutung, weil sie die Verwendung neuartiger Kraftstoffe möglich machen können.

D. Das Klopfen

Durch vielfältige Untersuchungen dürfte heute außerhalb des Zweifels stehen, daß das Klopfen tatsächlich, wie vermutet, auf der zeitlosen homogenen „flammenfrontlosen" Entflammung („Selbstzündung") des letzt verbrennenden Gemischanteils im Ottomotor beruht und beim Dieselmotor auf vollkommen gleichartige Erscheinungen zurückzuführen ist. Hingegen dürfte der Mechanismus der klopfverhindernden Wirkungen der verschiedenen klopfbremsenden Zusätze noch nicht vollständig klar sein. Insbesondere dürfte noch keine befriedigende Erklärung der Tatsache vorhanden sein, aus welchen Gründen nichtklopfende Kraftstoffe eine größere oder geringere Temperaturempfindlichkeit der Klopffestigkeit, die mit Klopfbremsen (Äthylblei usw.) versetzten Benzine diese aber nicht oder nur in geringem Maße haben.

Die Klopferscheinungen beim Dieselmotor lassen sich weitgehend oder ganz zum Verschwinden bringen, wenn der Verlauf der Einspritzung dem chemischen Charakter des Treiböls und der Eigenart des Motors sorgfältig angepaßt wird. Auch die Füllungsverringerung im Leerlauf bei der neuen pneumatischen Regelung von Bosch dürfte zur Verringerung des Leerlaufklopfens beitragen.

Die Verfahren zur Messung des Ottoklopfens sind sehr fein ausgebildet worden. Die Benutzung der Oktanzahlen hat sich eingebürgert. Jedoch schwanken die ermittelten Oktanzahlen mit der Art des benutzten Laboratoriummotors (Armstrong, Delco, CFR) und im gleichen Motor mit den Betriebsbedingungen (Ansaugtemperatur, Kühlwassertemperatur usw.). Für genaue Zwecke muß also zu jeder Oktanzahl Motor und Methode angegeben werden. Die Ermittelung derjenigen Betriebsbedingungen im meist verwendeten amerikanischen CFR-Motor, bei denen die Laboratoriumsklopffestigkeit genau der Straßenklopffestigkeit, d. h. dem Verhalten des Kraftstoffs im normalen Motor bei normalem Gebrauch auf der Straße entspricht, muß erst noch geschehen —, falls es überhaupt solche gibt. Arbeiten dazu sind in USA. und beim Benzol-Verband im Gange.

Dessen ungeachtet ist die Klopfmessung für Ottomotoren für die Praxis heute schon ein außerordentlich brauchbares und genaues Werkzeug. Nur muß man sich bei Anwendung von Oktanziffern der erwähnten Voraussetzungen und Zuordnungen bewußt bleiben, auch etwa des Umstandes, daß die Mischungsregel für Klopffestigkeiten keineswegs allgemeingültig ist.

Die Messung der Zündwilligkeit von Dieselölen befindet sich erst in den Anfängen.

III. Kraftstoffeigenschaften

Angesichts der qualitativen Revolution, welche durch die deutschen Bemühungen um Eigendeckung hervorgerufen worden ist, sind Bestrebungen nach qualitativer Normung von Kraftstoffen vorsichtiger denn je zu behandeln. Man hat selbst bei den üblichen Kraftstofftypen inzwischen gelernt, wie belanglos etwa die Kraftstoffarbe und wie wenig belangreich kleine Unterschiede im spezifischen Gewicht, Geruch, Siedeverlauf usw. sind. Bei der neuen Anpassung von Kraftstoff und Motor aneinander können ganz neue Gesichtspunkte von Bedeutung werden. Für den Einspritzmotor etwa ist die Frage der Harzfreiheit ohne Belang, weil bei direkter Einspritzung des Kraftstoffs in den Verbrennungsraum zu einer schädlichen Gumabscheidung gar keine Gelegenheit gegeben ist.

Trotzdem haben sich die gebräuchlichsten Kraftstofftypen in Deutschland so scharf eingespielt, daß etwa zwischen den verschiedenen Markenbenzinen und Markengemischen praktisch bedeutungsvolle Unterschiede nicht mehr bestehen.

Handelsüblich sind heute in Deutschland:

1. Markenbenzin: Oktanziffer etwa 70 —, bestehend aus Benzin mit 10 bis 15% absolutem Alkohol.
2. Markengemisch: Oktanziffer etwa 85 —, bestehend aus etwa 55% Benzin, 35% Benzol und 10% absolutem Alkohol.
3. Traktorentreibstoff: Petroleumähnliches Destillat aus Erdöl oder Braunkohlenteer.
4. Gasöl oder Dieseltreiböl —, wobei je nach Herkunft (Erdöl und Fundstelle, Braunkohlenteer) und Herstellungsweise (Straight distillate oder gecracktes Gasöl) verschiedene, fast nur durch den praktischen Versuch feststellbare Brauchbarkeiten in den auf Zündwilligkeit besonders empfindlichen Fahrzeugdieselmotoren zu beobachten sind. Manche Gasöle neigen dazu, bei längerem Lagern Stoffe abzuscheiden, welche die Filter rasch verstopfen.
5. Fliegerbenzin — leichter siedend und klopffester als Autobenzin. Alkoholfrei. (Sicherheitskraftstoff — safety fuel — für Einspritzmotoren ist noch nicht handelsüblich. Die Shell beabsichtigt die Einführung des Jso-Oktans [OZ = 100], also des 2, 2, 4-Trimethylpentans [Siedepunkt 99,3° C] als Fliegerkraftstoff.)

Einiges über Schmierung und Schmiermittel

Wa. Ostwald, VDI. Heppenheim a. d. B.

(vgl. ATH. 13. Aufl., S. 250ff.)

a) Halbtrockene Schmierung

Beim Schmierungsvorgang ist zwischen flüssiger (vollkommener) und halbtrockener (unvollkommener) Schmierung zu unterscheiden. Bei flüssiger Schmierung trennt der Schmierfilm die beiden aufeinander gleitenden Teile vollständig, so daß eine metallische Berührung überhaupt nicht zustandekommt. Bei unvollkommener Schmierung tritt solche metallische Berührung mindestens an einzelnen Stellen und vorübergehend ein. Als Folge der mechanischen Berührung treten Abnutzungserscheinungen bis zum Fressen auf. Beim Kraftfahrzeug und besonders in seinem Motor ist halbtrockene Reibung verhältnismäßig häufig zu beobachten —, einmal wegen der hohen spezifischen Drucke, welche vorkommen können (z. B. als Folge von Druckspitzen bei der Verbrennung), zum anderen wegen Schädigung des Schmieröls (das bei der Umlaufschmierung physikalisch und chemisch sehr mißhandelt wird), endlich weil durch thermische Verzerrungen und andere Umstände (z. B. beim Kolben und bei den Kolbenringen) die Bildung und Erhaltung eines tragfähigen Schmierkeils oder eines tragfähigen Schmierfilms häufig gefährdet ist.

Ein sehr einfacher Weg, bei Gleitlagern die Beanspruchung des Schmierfilms zu verringern, besteht in der Anwendung loser Lagerhülsen, also rohrförmiger gelochter Schalen, welche zwischen Welle und Lager schwimmen, mithin den Schmierfilm an Flächenausdehnung etwa verdoppeln. Wenngleich rechnerisch die Verdoppelung des Schmierfilms ja keine Verringerung seiner spezifischen Belastung bedeutet (beide Schmierfilme sind im Kraftfluß hintereinandergeschaltet), so hat sich doch in der Praxis (besonders bei Fahrzeugdieselmotoren) herausgestellt, daß solche schwimmenden Lagerbuchsen schlagartige Beanspruchungen unvergleichlich besser aufzunehmen vermögen als die einfache Lagerausführung. Wieweit dabei bessere Ölführung im Lager, Verteilung des Gesamtspiels auf zwei Schmierfilme, Verringerung von Relativgeschwindigkeiten und andere Umstände eine Rolle spielen, bleibe dahingestellt. Äußeren Anlaß zur Wiederaufnahme schwimmender Lagerbuchsen gaben Pleuellagerschwierigkeiten bei Fahrzeugdieselmotoren. Die bei diesen Motoren vorkommenden Spitzendrucke zerklopften das Lagermetall an bestimmten Stellen. Die Wahl von gegen Zerhämmern besonders widerstandsfähigem Lagermetall, wie Bleibronze, allein führte nicht stets zum Ziel. Es lag der Ausweg nahe, durch schwimmende Lagerbuchsen die feste Klopfstelle gleichsam beweglich zu machen und den Schlag durch Anwendung zweier Schmierfilme gleichsam zu federn.

Beim Kolben ist die Schmierung dadurch sehr viel besser geworden, daß man das thermische Verziehen des Kolbens durch geeignete Maßnahmen (baulicher Art und Invarstreifen) zwangläufig gestaltet und die gefährdete Oberkante („Schirmring“) sowie die Kolbenringgegend („Ringträger“) gepanzert hat (Ernst Mahle). Eine Anzahl anderer Verfeinerungen dienen dem gleichen Zweck. Trotzdem muß die Kolbenschmierung als noch immer unbefriedigend bezeichnet werden, wofür die charakteristische Abnutzung der Zylinderbahn am oberen Umkehrpunkt der Kolbenringe kennzeichnend ist. Wieweit es sich bei dieser Abnutzung um Trockenlaufen durch Wegschaben des schon durch Hitze geschwächten Schmierfilms durch die in Bewegungsumkehr befindlichen Kolbenringe, wieweit um Wegbrennen der Schmierschicht durch die arbeitsleistende Flamme, wieweit endlich durch Korrosion (Ricardo), Kraftstoffrückstands- und Verbrennungswasserwirkung (beim Anlassen und bei Überkühlung) handelt, bleibe dahingestellt. Besserung ist jedenfalls durch solche Mittel möglich, welche die Nachteile der halbtrockenen Reibung verringern —, insbesondere Kolloidgraphit.

Die Anerkennung von Kolloidgraphit als wirksames Schmiermittel und wirksame Maßnahme gegen übermäßige Abnutzungen und Freßerscheinungen bei halbtrockener Reibung — sowie als „Sicherheitsventil" bei flüssiger Reibung — ist heute ziemlich allgemein. Die Zahl der Kolloidgraphitpräparate nimmt zu, wobei sich das Bedürfnis herausstellt, die Grundlagen für die Qualitätskontrolle von Kolloidgraphit zu schaffen und darauf eine Beschaffenheitsgewähr für Kolloidgraphit aufzubauen. Zum Nachweis der Wirkung von Kolloidgraphit als Notschmiermittel ist auch in Deutschland wiederholt der Versuch vorgeführt worden, einen durch längeren Gebrauch von Kolloidgraphit graphitierten Motor längere Zeit vollständig ohne Öl (z. B. mit offener Ölwanne) laufen und arbeiten zu lassen. Ebenso ist wohl bekannt und heute viel üblich, bei neuen Fahrzeugen durch Benutzung von Kolloidgraphit das Einlaufen zu erleichtern und das etwaige Festkommen der Kolben in der Regel folgenlos zu machen. Die Regel, daß man „gar nicht wenig genug" Kolloidgraphit benutzen kann (und aus wirtschaftlichen Gründen soll), um die Wirkung zu erzielen, bestätigt sich. Interessant ist die zunehmende Verwendung von Kolloidgraphit als Kraftstoffzusatz, wo er nicht kolloid bleibt, sondern mehr oder weniger ausflockt, trotzdem aber seine gute Wirkung beibehält und keine Störungen hervorruft. Ob Kolloidgraphit bei Wälzlagern günstig oder ungünstig wirkt, ist streitig.

Zur Theorie der Kolloidgraphitwirkung hat Shaw einen nützlichen Beitrag beigebracht, nach dem die Kolloidgraphitwirkung in zwei Teile zu zerfallen scheint, die Bildung einer sehr dünnen, vielleicht nur molekulardicken Haut von auf dem Metall adsorbiertem Graphit (Nachweis mikrochemisch) und die Ausfüllung von Unebenheiten mit Graphitpolstern (Nachweis optisch). Der messende Nachweis der Kolloidgraphitwirkung im Lager gelang u. a. an der Technischen Hochschule Karlsruhe. Entscheidend dürfte die Erkenntnis sein, daß Kolloidgraphit nur bei halbtrockener Reibung günstig wirkt; bei vollflüssiger Reibung schwimmen die Graphitteilchen im Öl und ändern an dem Vorgang nicht das allergeringste.

Graphit ist nicht das einzige Sicherheitsventil gegen die Folge halbtrockener Reibung, d. h. zur Verhinderung des örtlichen Zusammenklebens von Welle und Lager mit der Folge von Abnutzung bis Fressen, obwohl Graphit ganz besonders günstige Eigenschaften zu haben scheint. Ähnliche Wirkungen ruft bekanntlich bei Gummi Talkum hervor. Beim Betrieb von Motoren mit eisenkarbonylhaltigem Benzin sind entsprechende günstige Wirkungen beobachtet worden. Neuerdings experimentiert man in USA. mit Schmierölen, welche suspendiertes Zinkoxyd enthalten, das ähnliche Wirkungen haben soll. Angeblich bildet sich bei der Anwendung von Zinkoxyd eine außerordentlich dünne Schicht metallischen Zinkes bzw. von Zinkeisenlegierung.

Es liegt nahe, die Präparation der Metalloberflächen gegen Fressen nicht nachträglich zu bewirken, sondern die Lagermaterialien von vornherein so zu wählen, daß sie bei trockener Reibung aufeinander nicht fressen, sondern möglichst geringe Abnutzung zeigen. Hierher gehört die alte Mechanikererfahrung, die in unseren Uhrwerken verwirklicht ist, daß Stahl auf Messing „gut läuft". Durch systematisches Studium der Laufeigenschaften in Abnutzungsmaschinen wird man die für trockene Reibung günstigen Materialkombinationen von Welle und Lagermetall ermitteln können. Diese Forschung führt zu zahlreichen, anscheinend „absurden" Ergebnissen —, so etwa, daß weiche Werkstoffe mit harten Einbettungen harte Werkstoffe geradezu schleifen. Die „Heimstoff"-Bewegung, die Ni und Cr usw. zu sparen unternimmt, bringt in dieses Forschungsgebiet besonders viel Leben. Viele Fortschritte in dieser Hinsicht sind in der Gattierung und Wärmebehandlung des Zylindereisens und in den Kolbenlegierungen sowie in Lagermetallen aller Art stillschweigend längst gemacht. Besonders auffällige Beispiele in dieser Hinsicht sind auch das ölhaltige poröse amerikanische Lagermetall „Genelit" und das deutsche sog. „Gittermetall" der Braunschweiger Hüttenwerke, ein Lagermetall mit schmelzflüssig eingerührtem Graphit. Vielleicht gehört auch die elektrolytische Verzinnung von Kolbenhemden hierher, welche in der amerikanischen Automobilindustrie für Gußeisenkolben Anwendung findet, obwohl die augenfälligere Wirkung natürlich eine Spielvergrößerung beim Wegschmelzen oder Wegreiben des aufgebrachten weichen und leicht schmelzenden Metalles ist. Kadmium-Überzüge — auch auf Leichtmetall, z. B. Elektron —, aber auch das Eloxalieren, d. h. elektrolytisches Anoxydieren (Tonerde) von Aluminiumkolben gehört hierher.

Fortschritte in dieser Richtung sind auch durch Einführung nichtmetallischer Arbeitsflächen zu erwarten. Es sei in diesem Zusammenhang an die Kunstmassezahnräder (Leinewand-Bakelit) für Nockenwellenantrieb im Motorenbau und an die vielfältige, erstaunliche Bewährung von Pockholzlagern und anderen nichtmetallischen Lagerstoffen im allgemeinen Maschinenbau erinnert. Z. B. bewähren sich Kunstharz-Leinewand-Lager mit Wasserschmierung bei den Eisenwalzwerken als Pockholzersatz. Die Erkenntnis der großen Widerstandsfähigkeit von Gleitlagern gegen Schläge im Vergleich zu Wälzlagern, die weitere Erkenntnis der erstaunlichen Tragfähigkeit harter Gleitlager bei ausreichender Beweglichkeit zur Vermeidung von Verklemmen legt den Gedanken nahe, daß sehr harte Lagermaterialien, wie Glas, Quarz, Korund usw., welche sich längst im Uhrenbau und der Feinmechanik bewährt haben, auch für größere Maschinen verwendbar sein sollten.

Zu den Fällen der unvollkommenen Schmierung gehört auch die Obenschmierung im Motorbetrieb, und zwar sowohl jene durch Zusatz kleiner Mengen schwer verbrennlicher Öle zum Kraftstoff als Ergänzung der sonstigen Schmierung, wie auch jene bei Zweitaktfahrzeugmotoren verbreitete durch Zusatz von 4 bis 5% gewöhnlichen Motoröls zum Kraftstoff als alleinige Schmierung. Diese Obenschmierung beruht darauf, daß trotz ihrer niedrigeren Selbstzündungs- und Zersetzungstemperaturen bei den Verhältnissen der motorischen Verbrennung, zumal bei Sauerstoffmangel (fetter Vergasereinstellung), die zugesetzten Schmierölanteile nicht vollständig verbrennen, und daß die nicht oder unvollständig verbrannten Ölteile nur zum Teil mit den Auspuffgasen entweichen, zum anderen Teil sich im Verbrennungsraum, den Ansaug- und Abgaswegen niederschlagen. Für Vollschmierung hat die sog. Gemischölung den großen Vorzug vor der Umlaufschmierung, daß sie bereits mit den ersten Zündungen wirksam wird, während man bei Umlaufschmierung im Winter bekanntlich vorsichtig zu Werke gehen muß, um das eingedickte Schmiersystem zum Arbeiten zu bringen.

Daß die Obenschmierung aber trotzdem eine unvollkommene Schmierung ist, ergibt sich schon aus dem Umstande, daß man bei Motoren mit Gemischölung nach Möglichkeit Gleitlager durch die hinsichtlich der Schmierung unempfindlicheren Wälzlager ersetzt.

Die Wirkung der nur in sehr kleinen Mengen als Zusatzschmierung dem Kraftstoff beigefügten Obenschmiermittel (von häufig komplizierter Zusammensetzung) war lange Zeit nicht unbestritten. Heute darf sie als gesichert gelten, so daß. zumal zum Einlaufen von Motoren, die Obenschmierung sich in Deutschland mit Recht sehr allgemein eingeführt hat. Speedöl bringt neue Wirkungen gegen die Ricardo-Korrosion — Neutralisierung von Säuren durch alkalische Reaktion bzw. Ionenpuffer —, Unschädlichmachen von kondensiertem Verbrennungswasser durch Emulgiervermögen.

Ein noch unerforschter Zustand der unvollkommenen Schmierung scheint dem sog. „Brechen" des Schmierfilms zugrunde zu liegen, d. h. der Tatsache, daß man zur Erzwingung der ersten kleinen Bewegung der arbeitenden Teile eines kalten Motors einen ganz unverhältnismäßig hohen Kraftaufwand benötigt. Man führt sie in erster Linie darauf zurück, daß bei Stillsetzen des Motors das heiße und dadurch dünne Öl weitgehend wegläuft, während die kapillar festgehaltenen Reste zur Bildung eines ausreichenden Schmierfilms nicht ausreichen. Wie weit dieser Erklärungsversuch richtig ist, muß dahingestellt bleiben. Vielleicht kommen rein pneumatische Vorgänge (Festlutschen) hinzu. Sicher spielt, wie der Erfolg des abendlichen Petroleumeinspritzens und ähnlicher Maßnahmen zeigt, die Verdickung des Öls im Zylinder durch die Verbrennungsflammen eine Rolle. Messende Erforschung des Tatsachengebietes und Auffindung von Mitteln zur Erleichterung des Brechens sind erwünscht. Anscheinend hat Kolloidgraphit schon eine solche Wirkung. Ganz allgemein hilft man sich im Winter durch die Verwendung dünnflüssigen und bei Kälte dünnflüssig bleibenden (Paraflow-Stockpunktsverbesserer der I. G.) Öls.

Sehr merkwürdig sind die Erfahrungen, welche man in zunehmender Breite an sehr hochbeanspruchten Schmierstellen (Schnecken, Getrieben usw.) macht. Hierbei zeigen sich überraschenderweise gerade solche Schmiermittel und Schmiermittelzusätze als besonders wirksam, welche die Lagerstellen chemisch angreifen —, also z. B. Schwefel, chlorierte Kohlenwasserstoffe, Bleiseife, Fischtran, Fettsäure („germ-process") usw. Bekanntlich benutzt man im allgemeinen Maschinenbau seit Jahrzehnten erfolgreich Schwefelblume zum Kurieren heißlaufender Lager —, eine Übung, der die erfolgreiche Benutzung stark schwefelhaltiger Öle („Topöl") als Schneidöle[1]) in der mechanischen Werkstatt verwandt ist. Es hat den Anschein, wie wenn diejenigen Schmierfilme am festesten säßen („high pressure lubricants") und sich gegen mechanische Beanspruchungen am besten hielten, welche das Schmiermittel auf dem Lagermetall nicht nur physikalisch durch Benetzung, Adsorption usw., sondern auch chemisch durch Verwandlung der obersten Lagermetallschicht in eine dem Schmiermittel näher verwandte Schicht festhalten. Wie weit hierbei der Schmierfilm selbst chemisch im Lager materialverankert wird oder wie weit die Lageroberfläche so verändert wird, daß der Schmierfilm durch Benetzung und Adsorption besser auf ihr hält, dürfte noch nicht bekannt sein. Sehr allgemein wird angenommen — und kann nach dem „Gleichrichter-Effekt" von ölbenetztem Lagermetall geradezu als sicher gelten —, daß die fadenförmigen Schmiermittelmolekeln mit ihrem aggressiven (z. B. — OH oder — COoH) Ende sich an dem Metall chemisch verankern und einen „Pelz" von der Dicke der Molekularlänge bilden.

Die Hypothese, daß bei Versagen der Schmierung örtliches Zusammenschweißen oder Zusammenkleben des Metalls und durch gewaltsame Trennung dieser Verbindung Zerstörungen stattfinden, wird auch und gerade bei Zahnradgetrieben durch die Erscheinung des „pitting", d. h. des Herausreißens von Material an den höchstbeanspruchten Stellen wahrscheinlich gemacht.

Die Schmiermittel für Getriebe befinden sich auf Grund der mitgeteilten Erfahrungen in Entwicklung. Nach dem durch Ambroleum gemachten Fortschritt hinsichtlich des Mitnehmens von Schmiermittel durch die Zahnräder geht aber anscheinend die Entwicklung heute dahin, entsprechend der Verfeinerung der Zahnradherstellung dünnflüssige Schmiermittel zu benutzen, und für das Haften weniger durch Eigenart der Konsistenz, als durch, wenn das Bild erlaubt ist, Klebrigmachen des Schmierfilms zu sorgen. Dünnflüssige Schmiermittel im Getriebe bedeuten naturgemäß geringeren Planschverlust und geringere Erwärmung —, gestatten auch möglicherweise den längst erwünschten Ersatz der heutigen Planschschmierung von Getrieben durch eine Umlaufschmierung.

[1]) Auch bei Schneidölen handelt es sich offenbar u. a. darum, ein Wegpressen des Schmierfilms von der Schneide und dadurch ein Zusammenkleben zu verhindern (vgl. auch die günstige Wirkung von Kolloidgraphit beim Verspanen).

b) Vollkommene Schmierung

Damit vollkommene Schmierung zwischen zwei sich zueinander bewegenden Körpern besteht, muß sich zwischen ihnen ein Schmierfilm befinden, welcher sich auf keine praktisch vorkommende Weise entfernen oder durchdrücken läßt. Auf diese Weise trennt die Kapillarkraft des Schmierfilms die beiden Teile räumlich voneinander. Die gegenseitige Bewegung erfolgt entweder (wahrscheinlich verschwindend) durch Rutschen des Schmierfilms auf der Materialfläche oder (wahrscheinlich zur Hauptsache) durch Strömen des Öles innerhalb des Schmierfilms, wobei das Metall beiderseits mit einem „Pelz" einseitig am Metall hängender Schmiermittel-Molekülhaare bedeckt ist. Deshalb ist bei vollkommener Schmierung die innere Reibung, die Viskosität des Schmiermittels ausschlaggebend. Bei vollkommener Reibung spielen die Materialeigenschaften von Welle und Lager nur für das Haften des Schmierfilms eine Rolle. Welle und Lager berühren einander nicht. Ein elektrischer Strom kann durch den Schmierfilm nicht hindurch. Mangels einer Berührung tritt eine Abnutzung nicht ein.

Bei der vollkommenen Schmierung handelt es sich also darum, den Schmierfilm so widerstandsfähig zu machen, daß er durch die Betriebsbeanspruchung nicht entfernt wird. Eine Entfernung durch Durchlöcherung des Schmierfilms ist dadurch denkbar, daß der mechanische Druck so groß ist, daß der Schmierfilm entgegen der Kapillarwirkung weggedrückt wird und metallische Berührung (unvollkommene Schmierung) erfolgt. Dies zu verhindern, dazu dienen die Erfahrungswerte über zulässige Belastung und die neuen Erfahrungen darüber, daß man auch Gleitlager ausreichend beweglich machen muß, um sie unter allen Verhältnissen zum vollen Tragen zu bringen. Außerdem spielen natürlich die physikalischen Eigenschaften des Öles eine entscheidende Rolle. Darüber hinaus aber ist das Haften des Öles an seiner Fläche entscheidend. Es wurde erwähnt, daß gut haftende Schmiermittel anscheinend das Lagermaterial gleichzeitig chemisch etwas angreifen müssen.

In diesem Zusammenhang ist u. a. auch die Erfahrung interessant, daß Kraftstoffe deutlich die Schmierung beeinflussen können —, ganz abgesehen natürlich von den groben Einflüssen durch Schmierölverdünnung usw. So scheint festzustehen, daß manche Kraftstoffe ungünstig für die Zylinderschmierung —, andere günstig sind, und unvermischtes Benzin dazwischensteht.

Aber auch für die Schmierung bei gewöhnlicher Temperatur spielen ähnliche Dinge eine Rolle. Bekannt ist ja, daß man Öl „totraffinieren" kann, so daß z. B. das durch scharfes Raffinieren gewonnene Paraffinum liquidum ein schlechtes Schmiermittel ist, und häufig von der Praxis Destillate den Raffinaten vorgezogen werden. In einer neueren Arbeit haben nun aber Rhodes und Lewis gefunden, daß Schmieröl eine Eigenschaft hat, welche es durch Schütteln mit fein verteiltem Metallpulver und durch Erhitzen an der Luft auf nur 75° verliert. Durch diese Behandlung steigt nämlich der Beiwert der statischen Reibung ganz deutlich. Anscheinend wird ein noch unbekannter, in kleinen Mengen vorhandener Stoff von der Metalloberfläche adsorbiert —, ein Vorgang, der nach den Beobachtungen von Rhodes und Lewis etwa eine Stunde Zeit braucht. Interessant ist, daß man die Verschlechterung des Öles durch Erwärmen an der Luft auf 75° dadurch verlangsamen und verringern kann, daß man etwa dieselben Oxydationsverlangsamer (z. B. Kresol) in winziger Menge zusetzt, welche als Oxydationsverlangsamer bei Kraftstoffen die Lagerbeständigkeit erhöhen. Aber auch Zinn-Naphthenat und ähnliche Stoffe sollen wirksam sein —, wieweit als Oxydationsbremsen oder als chemische Fixiermittel, das bleibe dahingestellt. Alle diese Umstände bestätigen alte praktische Erfahrungen, erklären die Notwendigkeit von Ölwechsel und setzen hinter die Ölregeneration ein Fragezeichen. Tatsächlich haben sich regenerierte Öle in der Praxis bisher allerdings nicht als unterlegen gezeigt. Im übrigen darf man wohl die Hoffnung aussprechen, daß es gelingen wird, diejenigen Eigenschaften oder Stoffe, welche das Öl durch Gebrauch verliert, künstlich zu beherrschen.

Weiter ist denkbar, daß bei vollkommener Schmierung die Strömung im Öl nicht nachkommen kann, so daß der Schmierfilm mechanisch in der Bewegung zerrissen wird. Dies dürfte die Erklärung dafür sein, warum erstaunlich dünnflüssige Öle, bei denen der geschilderte Vorgang nicht so leicht eintreten kann, so oft nicht nur geringeren mechanischen Widerstand, sondern auch geringere Abnutzung ergeben. Tatsächlich ist man für Motoröle heute von früher allgemein 12 bis 16° Engler bei 50° bis auf 5 bis 7° Engler bei 50° und weniger mit bestem Erfolg herabgegangen.

Das Kraftfahrzeug wird bei den verschiedensten Temperaturen benutzt. Ein Motoröl muß sowohl bei 100° Wärme, wie bei 30° Kälte, wenn auch nicht seine vollen, so doch ausreichende Schmiereigenschaften entwickeln. Alle Öle werden bei höherer Temperatur dünnflüssiger und bei niedriger Temperatur dickflüssiger. Logarithmisch aufgezeichnet ergibt sich diese Gesetzmäßigkeit für fast alle Öle als gerade Linie. Die Steigung dieser geraden Linie, der Viskositätsindex, ist ein Maß der Kälteempfindlichkeit des Öles. Ein Öl ist umso besser — in dieser Hinsicht — je weniger kälteempfindlich es ist, je weniger sich seine Viskosität mit der Temperatur verändert.

Besonders günstige Eigenschaften in dieser Hinsicht zeigen bekanntlich die pflanzlichen Öle —, besonders ungünstige die Steinkohlenteeröle, welch letztere man im Weltkriege für Schmierzwecke versucht hat. Von den Pflanzenölen scheint in Frankreich raffiniertes algerisches Olivenöl (Sigoline, Olive-Auto) größere Bedeutung zu gewinnen. Es soll einen besonders festhaftenden schlüpfrigen Schmierfilm ergeben und lange Lebensdauer (seltener Ölwechsel nötig) zeigen. Wie wird es aber mit dem Geruch der Auspuffgase stehen?

Für Automotoren sind drei Schmiersysteme üblich, die Gemischölung, die Umlaufschmierung und die dosierende Frischölschmierung. Bei dem ersten Verfahren handelt es sich um ein behelfsmäßiges Verfahren, dem niemand weitere Verbreitung (außer als Ölprüfverfahren nach dem Grundgedanken der Grenzschmierung) wünschen wird. Fast allgemein üblich ist die Umlaufschmierung, bei welcher das Schmieröl dauernd in die Runde gepumpt wird und infolgedessen allmählich durch Kraftstoffrückstände, Schmutz aus der Verbrennungsluft, Metallabrieb und den chemischen Angriff[1]) der motorischen Verbrennung verdirbt. Offenbar ist die Umlaufschmierung ein sehr rohes Schmierverfahren. Es hat seine Lebensberechtigung nur daher, daß der starke Ölstrom gleichzeitig als Lagerkühlung Verwendung findet. In dem Maße, als die Lager vollkommener und damit kühler werden, wird der Weg für die dosierende Frischölschmierung frei, welche im Auto- und Flugzeugmotorenbau erst ganz vereinzelt (Hirth, alter Hanomag), aber mit besten Erfolg Anwendung findet.

Für die Fahrgestellschmierung führte der Weg von der Staufferfettbüchse über die Schmierpresse zur halb selbsttätigen Zentralschmierung (in Deutschland W. V., in Frankreich Monocoup) und ähnlichen Behelfen. Die neuzeitliche Fahrgestellschmierung arbeitet mit Schmieröl, gegebenenfalls mit Kolloidgraphitzusatz. Man ist aber bemüht, die Zahl der Schmierstellen am Fahrgestell nach Möglichkeit zu verringern, wozu nichtmetallische Lagerungen oder in sich arbeitende Gummiaufhängungen dienen.

c) Ölregenerierung

Grundsätzlich wird Schmieröl beim Schmiervorgang als Substanz nicht verbraucht. Man könnte also theoretisch den Ölverbrauch bis auf annähernd Null herabsetzen.

Tatsächlich ist es aber so, daß z. B. von dem in einen Motor mit Umlaufschmierung eingefüllten Öl bei vorschriftmäßigem Ölwechsel im Durchschnitt rund $^2/_3$ verschwinden und nur $^1/_3$ für die Regenerierung übrig bleibt. Die verschwundenen $^2/_3$ sind zum Teil durch Wegtropfen, in der Hauptsache durch Verbrennen und Verdampfen von den Verbrennungsgasen mitgenommen worden. Bei der Lagerschmierung treten die Hauptverluste durch Wegtropfen ein. Außerdem wird das Öl zwar nicht als Substanz verbraucht, wohl aber durch Aufnahme von Metallteilen, Staub und anderen festen Verunreinigungen, sowie durch chemische Angriffe entwertet. Es muß deshalb in jedem Fall von Zeit zu Zeit gewechselt und entweder erneuert oder wieder brauchbar gemacht werden.

[1]) Im Ottomotor wesentlich reduzierend, im Dieselmotor wesentlich oxydierend.

Das Wegschütten oder Verbrennen von Abfallöl erscheint heute in Deutschland unangemessen, weil die Hauptmenge des deutschen Schmierölverbrauches vom Ausland eingeführt werden muß. Trotzdem darf man sich über die Bedeutung der Autoölregeneration keine zu starken Vorstellungen machen. Der deutsche Ölverbrauch im Kraftfahrwesen beträgt etwa 70000 tons im Jahr, von denen nach dem obigen höchstens 25000 tons für die Regenerierung in Betracht kommen.

Die Regenerierung, für die es mehrere Verfahren und auch besondere Apparate gibt, hat die Aufgabe, feste Verunreinigungen, Wasser, Kraftstoffrückstände und chemische Verunreinigungen zu beseitigen. Dies geschieht in der Regel durch Abstehenlassen oder Zentrifugieren des warmen Öles, Abdestillieren der leichtsiedenden Bestandteile, chemische Reinigung mit konzentrierter Schwefelsäure und entsprechender Nachwaschung, sowie physikalisch-chemische Reinigung durch ein Filter aus Kieselgur, Fullererde, A-Kohle oder dgl.

Regeneriertes Öl ist für sich, besonders aber beim Verschneiden mit geringen Mengen Frischöl, gut brauchbar. Im Kriege wurde bekanntlich vielfach bei der Truppe das regenerierte Merxemöl sogar den Frischölen vorgezogen.

Wesentlich für die Brauchbarkeit der Regenerierung ist die Sorgfalt der Sammlung des gebrauchten Öles. Ein Mischmasch aus Ölen verschiedenster Zusammensetzung, etwa mit Rizinusöl und Staufferfett, eignet sich selbstverständlich nicht zur Regenerierung, während, zumal in Großbetrieben, sorgfältig gesammeltes Ölwechselöl der Motoren beste Erfolge zeitigt (z. B. Kraftverkehr Sachsen).

d) Eigendeckung

Der Bedarf der deutschen Kraftfahrt an Schmierölen ist mit etwa 70000 tons je Jahr nur ein Bruchteil des deutschen Gesamtbedarfs an Schmieröl. Auf die Verkehrsleistung bezogen, hat er sich durch Verbesserung der Kolben, Abdichtung der Lager usw. verringert und wird sich durch die Regenerierung noch weiter verringern —, absolut natürlich erhöhen. Autoöle sind aber besonders hochwertige Öle, von denen man einen günstigen Viskositätsindex, günstige Schmiereigenschaften und günstiges Verhalten bei Umlaufschmierung in Vergaser- und Dieselmotor verlangt. Darum sind sie entsprechend teuer.

Das in Deutschland zunehmend gefundene gemischt-basische Erdöl wird mit Erfolg zu deutschen Autoölen verarbeitet (Gargoyle der Deutschen Vacuum Öl A.-G., Motanol der Deutschen Gasolin A.-G.).

Die Raffinierung irgendwelcher Rohöle zu hochwertigen Autoölen erfolgt auf mannigfachste auch neuartige Weise — so etwa durch selektives Herauslösen z. B. mit Phenol (Extraktion) außer durch Destillation —, durch physikalische Raffination (z. B. mit Kieselgur) statt chemischer (mit Schwefelsäure). Besondere Bedeutung wird möglicherweise die Raffination durch katalytische Hochdruckhydrierung gewinnen, weil sie nicht nur entschwefelnd wirkt, also die Aufarbeitung selbst sehr schwefelreicher Rohöle gestattet, sondern außerdem hydriert. Wasserstoffreichtum ist aber, wie schon das Beispiel der wasserstoffreichen pennsylvanischen Öle zeigt, für Schmiereigenschaften und Viskositätsindex wichtig.

Normung

Dipl.-Ing. Paul Grodzinski, VDI. Berlin

Einen bestimmten Abschluß fand die deutsche Normung auf dem Gebiet des Kraftfahrzeugbaues durch Erscheinen des DIN-Taschenbuches 17[1]), Normen für den Kraftfahrbau im Jahre 1931 und des Nachtragbandes im Jahre 1932. Die Ausgabe 1931 hob sich vor anderen Normveröffentlichungen dadurch hervor, daß zu jedem Normblatt bzw. jeder Normblattgruppe eine Erläuterung gebracht wurde, die Werdegang und Zweck der betreffenden Norm kurz schilderte. Ferner enthalten beide Bände ein Verzeichnis von Lieferfirmen, die die genormten Teile als Halb- oder Fertigfabrikat liefern bzw. die die Teile auf Bestellung anfertigen.

Zur Zeit des Erscheinens dieses Ergänzungsbandes ist die Normung im deutschen Kraftfahrbau in ein neues Stadium getreten.

Von Seiten maßgebender Behörden und der Großverbraucher von Kraftwagen (Omnibus-, Kraftverkehrsgesellschaften, städtische Fuhrparks) wurde der Wunsch geäußert, einen möglichst großen Teil der Normen für verbindlich zu erklären, damit in Zukunft bei Bestellungen mit deren Innehaltung gerechnet werden kann. Da jedoch im Normensammelwerk des Kraftfahrbaues eine große Anzahl Vornormen und solcher Normen enthalten sind, die gegenüber der bisherigen Praxis Abweichungen darstellen, und da sich in den letzten Jahren eine recht stürmische konstruktive und fabrikationstechnische Umwandlung der Fahrzeuge und Motoren vollzogen hatte, konnte sich der Fachnormenausschuß der Kraftfahrindustrie nicht zu einer sofortigen verbindlichen Einführung der endgültigen Normen bereitfinden. Es wurde deshalb eine beschleunigte Durcharbeitung des gesamten Normensammelwerkes vorgesehen, wobei sowohl neben technischen Änderungen auch eine weitergehende Anpassung an die DIN-Normen, insbesondere aber auch an internationale Kraftfahrbaunormen erfolgen soll. Ein großer Teil der neuen Blätter ist bereits seit November 1933 mit kurzer Einspruchsfrist in dem Unterabschnitt „Mitteilungen des Fachnormenausschusses der Kraftfahr-Industrie" in den der Zeitschrift „Maschinenbau" angegliederten DIN-Mitteilungen erschienen. Ein Teil dieser Blätter ist auch schon endgültig herausgekommen (zur Zeit der Drucklegung etwa 90), die Blätter im Format A 4 sind wie bisher beim Beuth-Verlag G. m. b. H., Berlin S 14, zu beziehen.

Infolge dieser Umstellung und mit Rücksicht auf das laufende Erscheinen der neuen Normblätter ist es leider nicht möglich, in diesem Ergänzungsband die Normung im Kraftfahrbau und ihre Fortschritte so ausführlich zu behandeln, wie es beabsichtigt war. Es ist jedoch Pflicht jedes Kraftfahrzeugkonstrukteurs, die Veröffentlichungen in den DIN-Mitteilungen zu verfolgen und seine Normenmappe stets auf dem neuesten Stand zu halten[2]).

Zugleich mit der Umstellung des Kraftfahrbau-Sammelwerkes wird eine Umnumerierung der Normblätter durchgeführt. Bisher waren die Normblätter mit dem Zeichen DIN Kr versehen und noch in die fünf Untergruppen G, K, M, V, W (Grundnormen, Konstruktionsteile, Motorteile, Vorschriften und Wagenteile) eingeteilt. Durch

[1]) DIN Taschenbuch 17, Normen für den Kraftfahrbau. Herausgegeben vom Fachnormenausschuß der Kraftfahrindustrie und Deutschen Normenausschuß e. V., 1931 und Nachtrag 1932. Beuth-Verlag G. m. b. H., Berlin S 14.

[2]) Wichtige Anschriften: Fachnormenausschuß der Kraftfahrindustrie (Fakra), Berlin-Charlottenburg 2, Hardenbergstr. 8. Reichsverband der Automobil-Industrie (RDA), Berlin-Charlottenburg 2, Hardenbergstr. 8. Reichsverband der Kraftfahrzeugteile-Industrie (RKI), Berlin-Charlottenburg 2, Grolmannstr. 6. Deutscher Normenausschuß (DNA), Berlin NW 7, Dorotheenstr. 40. Beuth-Verlag GmbH. (Offizielle Vertriebsstelle sämtlicher Normblätter), Berlin S 14.

diese Unterteilung kamen z. B. Teile der elektrischen Ausrüstung in vier Gruppen usw. vor, auch gab die Bezeichnung Anlaß zu Verwechslungen. Es ist jetzt den Kr-Normen eine reine **nummernmäßige Einteilung** gegeben worden, wobei auch der Versuch einer sachlichen Ordnung gemacht wird. Für die Übergangszeit tragen die Normblätter neben der neuen Nummer noch die alte Bezeichnung.

ISA-Passungen im Kraftfahrbau

Die internationalen Normungsarbeiten auf dem Gebiete der Passungen haben zur Herausgabe der DIN-Vornormen 8000 bis 8060, Dezember 1932, über **ISA-Passungen** geführt. Diese Normen haben die Aufgabe, die deutsche Industrie mit den ISA-Passungen vertraut zu machen, die Einführung vorzubereiten und die deutsche Industrie für Anfragen und Aufträge nach ISA-Passungen zu rüsten. Der Fachnormenausschuß der Kraftfahr-Industrie hat beschlossen, bei allen seinen Normblättern die ISA-Passungen mit aufzuführen, gegebenenfalls in Form kleiner Hilfstabellen.

Darüber hinaus wird als Ersatz des bisherigen Übersichtsblattes Kr G 121 unter der Nummer DIN Kr 51 eine Gegenüberstellung von DIN- und ISA-Passungen herausgegeben, in der Richtlinien für die Auswahl gegeben sind. In Tafel 1 seien nur die Benennungen der Sitze angegeben. Beim Ersatz von DIN-Sitzen durch ISA-Sitze ist in jedem Falle, d. h. für jeden Durchmesserbereich an Hand der Zahlenwerte (z. B. Tafel 2 und der DIN-Normen) zu untersuchen, welcher ISA-Sitz dem betreffenden DIN-Sitz am besten entspricht.

Tafel 1

Edelpassung

	Bohrungen	Wellen			
DIN	eB	eT	eH	eS	eG
ISA	H6	n5 m5	k5	j5	h5 g5

Feinpassung

	Bohrungen	Wellen								
DIN	B	F	T	H	S	G	EL	L	LL	WL
ISA	H7	n6	m6	k6	j6	h6	g6	f7	e8	d9

Schlichtpassung

	Bohrungen	Wellen		
DIN	sB	sG	sL	sWL
ISA	H8	h8, h9	f8 e9	d10

Grobpassung

	Bohrungen	Wellen	
DIN	gW	g1	g2 g3
ISA	h11	H11	D11

Preßsitze, Edelpassung

	Bohrungen	Wellen
DIN	eB	eF
ISA	H6	u5 t5 s5 r5 p5

Preßsitze, Feinpassung

	Bohrungen	Wellen
DIN	B	P
ISA	H7	u6 t6 s6 r6 p6

Die **ISA-Passungen** sollen die Passungen der Länder mit metrischem Maßsystem vereinigen. Mit Rücksicht auf diese internationale Einheitlichkeit mußten die DIN-Passungen einigen, in den meisten Fällen nicht sehr wesentlichen Änderungen unterworfen werden. Die Grundlage bildet die Bezugstemperatur von 20^0 C (= 68^0 F ist jetzt von allen Ländern mit nationalem Normenausschuß, z. B. auch Australien, England, Kanada und Vereinigte Staaten von Amerika usw. angenommen); die Nullinie ist Begrenzungslinie.

Während im DIN-System die Gütegrade bestimmter Sitze genormt sind, z. B. Festsitz der Feinpassung, ordnet das ISA-System den Gütegrad den Abmaßen des einzelnen Stückes, d. h. den Toleranzen zu. Die Toleranzeneinheit i ist:

$$i\,(\text{in}\ \mu) = 0{,}45\sqrt[3]{D} + 0{,}001\,D\ (D\ \text{in mm})\,.$$

Der Begriff der Paßeinheit, die proportional der dritten Wurzel D war, ist also gefallen. Bis 180 mm Durchmesser entsprechen $10\,i$ ungefähr

1 PE der DIN-Passungen. Das lineare Glied 0,001 D soll der mit wachsenden Durchmessern zunehmenden Meßunsicherheit besser Rechnung tragen. Die Grundtoleranzen IT werden nach folgender Reihe als ganze Vielfache von i gewählt. Der Ausgangswert ist Qualität 6 (IT 6) etwa gleich DIN-Feinpassung, die Grundtoleranz ist hier 10 i. Die Reihenfolge entspricht der $5\sqrt[5]{10}$-Reihe der Normungszahlen.

ISA-Toleranzreihe IT[1]).

5	6	7	8	9	10	11	12	13	14	15	16
7 i	10 i	16 i	25 i	40 i	64 i	100 i	160 i	250 i	400 i	640 i	1000 i

Nur bei den Grundtoleranzen der Qualität 5 wurde abweichend an Stelle 6,4 etwa 7 i gewählt. IT 5 ist die zur Zeit höchste Genauigkeit für Werkstücke (Wellen). Die Qualitäten IT 1 bis IT 6 (siehe Zahlentafel) dienen in erster Linie für Lehren. Die Werte von IT 1 sind mit Rücksicht auf die bei genauesten Messungen vorherrschenden proportionalen Fehler proportional mit dem Durchmesser gestuft. Die Grundtoleranzen IT 2 bis IT 4 wurden in geometrischer Stufung zwischen IT 1 bis IT 5 eingeschaltet. Die Werte der Grundtoleranzen IT 12 bis IT 16 sind genau das 10fache der von IT 7 bis IT 11. Es ergibt sich etwa folgendes Verwendungsgebiet:

Qualität	
1—4	Lehrenherstellung, besonders genaue Werkstücke
5—8	gröbere Lehren, z. B. für Qualitäten 13 bis 16
5—11	Passungssitze
12—16	gröbere Zieh-, Fräs- und Walztoleranzen.

Die Werte der Grundtoleranzen (Qualität 1 bis 16) sind in Zahlentafel 2 wiedergegeben (DIN-Vornorm 8001). Die Werte für Durchmesser 180 bis 500 mm sind noch nicht von den nationalen Normenausschüssen anerkannt und daher noch nicht als endgültig zu betrachten. Ein Vergleich dieser Werte mit den DIN-Toleranzen zeigt, daß Grundtoleranz IT 5 etwa den DIN-Edelwellen (0,75 PE), IT 6 den DIN-Feinwellen und Edelbohrungen (1 PE) und IT 7 der DIN-Feinbohrung B sowie den Bohrungen aus dem System Einheitswelle EL bis F, ferner der Laufsitzwelle L (1,5 PE) entsprechen. Die Schlichtwelle und die Schlichtbohrung des DIN-Systems (3 PE) liegen in der Mitte zwischen IT 8 und IT 9. Die Werte IT 11 decken sich einigermaßen mit den Grobpassungstoleranzen (10 PE).

Die Durchmesserstufung (vgl. Zahlentafel 2) entspricht bis 180 mm dem DIN-System, darüber ist eine etwas feinere Stufung vorgesehen.

Für das internationale Paßsystem konnten als Kurzzeichen für das Eintragen der Paßangaben in Zeichnungen und zur Kennzeichnung von Lehren keine Wortbezeichnungen einer bestimmten Sprache verwendet werden. Die Lage der Toleranzfelder der Bohrungen wird durch die großen Buchstaben des Alphabetes, die Lage der Toleranzfelder der Wellen durch kleine Buchstaben gekennzeichnet. Der Buchstabe H ist für die Bohrungstoleranzfelder vorgesehen, die mit dem unteren Abmaß an der Nullinie liegen (Einheitsbohrung), der Buchstabe h ist für Wellentoleranzfelder vorgesehen, die mit ihrem oberen Abmaß an der Nullinie liegen (Einheitswelle). Im folgenden sei eine kleine Übersicht gegeben:

A B C D E F G — Laufsitzbohrung,
a b c d e f g — Laufsitzwellen,
J K M N P R S T U V X Y Z — Ruhesitz- und Preßsitzbohrungen[2]),
j k m n p r s t u v x y z — Ruhesitz- und Preßsitzwellen[2]).

Ein Toleranzfeld wird erst eindeutig bezeichnet durch die Zuordnung des betreffenden Buchstabens zu einer Qualitätszahl, z. B. H 7, m 6.

[1]) IT 1 bis IT 4 siehe Zahlentafel 2.
[2]) Die Buchstaben I, L, O, Q, W sowie i, l, o, q, w werden wegen Verwechslungsgefahr nicht benutzt.

Zahlentafel 2.

Grundtoleranzen der Qualitäten 1 bis 16

Qualität	1	2	3	4	5	6	7	8	9	10	11	12	13	14	15	16
Grundtoleranzenreihe	IT 1	IT 2	IT 3	IT 4	IT 5	IT 6	IT 7	IT 8	IT 9	IT 10	IT 11	IT 12	IT 13	IT 14	IT 15	IT 16
Nenndurchmesserbereich in mm	Grundtoleranzen in μ (1 μ = $^1/_{1000}$ mm)															
1 bis 3	1,5	2	3	4	5	7	9	14	25	40	60	90	140	250	400	600
über 3 „ 6	1,5	2	3	4	5	8	12	18	30	48	75	120	180	300	480	750
„ 6 „ 10	1,5	2	3	4	6	9	15	22	36	58	90	150	220	360	580	900
„ 10 „ 18	1,5	2	3	5	8	11	18	27	43	70	110	180	270	430	700	1100
„ 18 „ 30	1,5	2	4	6	9	13	21	33	52	84	130	210	330	520	840	1300
„ 30 „ 50	2	3	4	7	11	16	25	39	62	100	160	250	390	620	1000	1600
„ 50 „ 80	2	3	5	8	13	19	30	46	74	120	190	300	460	740	1200	1900
„ 80 „ 120	3	4	6	10	15	22	35	54	87	140	220	350	540	870	1400	2200
„ 120 „ 180	4	5	8	12	18	25	40	63	100	160	250	400	630	1000	1600	2500
* „ 180 „ 250	5	7	10	14	20	29	46	72	115	185	290	460	720	1150	1850	2900
* „ 250 „ 315	6	8	12	16	23	32	52	81	130	210	320	520	810	1300	2100	3200
* „ 315 „ 400	7	9	13	18	25	36	57	89	140	230	360	570	890	1400	2300	3600
* „ 400 „ 500	8	10	15	20	27	40	63	97	155	250	400	630	970	1550	2500	4000

* Bereich 180 bis 500 mm noch nicht endgültig.

Ein Sitz wird bezeichnet durch die Zuordnung einer Bohrung zu einer Welle. Man setzt an erste Stelle das Zeichen der Bohrung und dann das der Welle, z. B. H 7/m 6 oder H 7—m 6 oder H7 m6. In den Zeichnungen wird die bisher übliche Eintragung beibehalten (DIN 406, Blatt 5 und 6), wobei die Kurzzeichen für „Bohrungen" über die Maßlinie und für „Wellen" unter die Maßlinie zu schreiben sind.

Im ISA-System liegen bereits bestimmte Vorschläge für folgende Sitzarten vor:

Laufsitze,
Ruhesitze,
Preßsitze,
Wälzlagerpassungen.

Wegen der Behandlung dieser Fragen sei auf die einschlägigen Dinormen sowie die ausgezeichnete Zusammenfassung in DIN-Buch 4, 3. Aufl. 1934, bearbeitet von K. Gramenz, hingewiesen.

Grundlegende Berechnungen für Kraftfahrzeuge

Richard Bussien, VDI. Berlin

Formelzeichen

(nach DIN 1304)

- l Länge
- r Halbmesser
- d Durchmesser
- h Höhe
- s Weglänge
- F Fläche (Querschnitt, Oberfläche)
- $\alpha, \beta, \gamma \ldots$ Winkel
- V Rauminhalt, Volumen
- m Masse
- J Trägheitsmoment
- t Zeit (Zeitpunkt oder Zeitdauer)
- n Umlaufzahl, Drehzahl (Zahl der Umdrehungen in der Zeiteinheit)
- v Geschwindigkeit
- g Fallbeschleunigung
- ω Winkelgeschwindigkeit
- P Kraft
- M Moment einer Kraft (Kraft × Hebelarm)
- p Druck (Kraft durch Fläche)
- E Elastizitätsmodul
- G Gewicht
- μ Reibungszahl
- b Beschleunigung-Verzögerung
- f Straßenhaftungsbeiwert
- K Luftwiderstandsbeiwert (früher mit φ bezeichnet)
- Q_t Treibachsdruck
- C Fliehkraft
- φ Übersetzung
- η Wirkungsgrad
- ε Verdichtungsgrad

Widerstände eines Kraftfahrzeuges

Rollwiderstand

$$W_1 = \mu \cdot G$$

(Widerstandszahlen siehe AH S. 342), auch mit Rollwiderstandsziffer bezeichnet.

Auf Steigungen vergrößert um

$$w_s = G \cdot \sin \alpha$$

(siehe Steigungsmesser AH S. 343),

$$\alpha = \text{Steigungswinkel}.$$

Luftwiderstand

$$W_2 = K \cdot \frac{\gamma}{2g} \cdot v^2 \cdot F$$

(γ = Raumgewicht der Luft),

$\frac{\gamma}{g} = 0{,}13$ in Meereshöhe, abgerundet, ist die Luftdichte.

Der Luftwiderstandsbeiwert K ist noch nicht restlos erforscht. Hier fehlen noch Versuche auf der Straße. Windkanalversuche von Klemperer, Yaray und Lay geben vorläufig anwendbare Werte[1]).

Die Darstellung der Werte für K für verschiedene Wagenaußenformen für Personenwagen zeigt Bild 1. Hiernach kann K zwischen 0,12 und 0,6 liegen, jetzige Wagenformen vorausgesetzt[2]). Moderne Personenwagen mit schräger Vorderscheibe (45°) und schräg ablaufendem Wagenende zeigen hiernach einen Luftwiderstandsbeiwert von $K = 0{,}25$ bis 0,35. Für Omnibusse kann $K = 0{,}6$ bis 0,75; für Lastwagen $K = 0{,}8$ bis 1 gesetzt werden.

---

[1]) Siehe: ATZ 13 (1934) S. 345 u. f., ATZ 4 (1934) S. 86 u. f.

[2]) Bild 1. Das Modell 29 mit K = 0,6 entspricht den Wagenformen der letzten 3 Jahre, fast gerade Windschutzscheibe und gerundete Formen. Stromlinienform hat $K = 0{,}12$.

Erforderliche Motorleistung beträgt

$$N_e = (W_1 + W_2) \cdot \frac{v}{75 \cdot \eta},$$

auf Steigungen

$$N_e = (W_1 + W_2 + w_s) \cdot \frac{v}{75 \cdot \eta}.$$

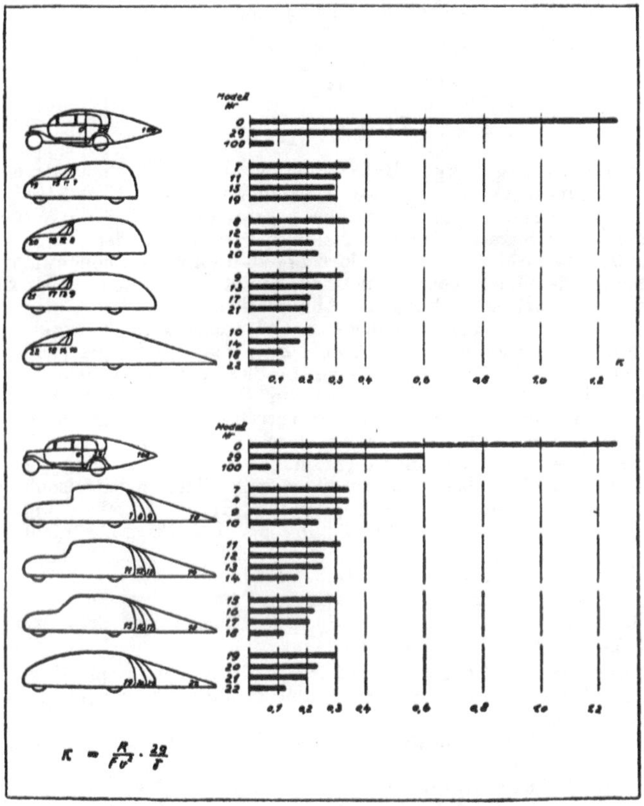

R = Luftwiderstd. [kg]
F = Stirnfläche [m²]
v = Luftgeschw. [m/s]
γ = spez. Gew. von Luft. [kg/m³]

Bild 1.
Zahlen vom Luftwiderstandsbeiwert

Wirkungsgrad η für das Triebwerk 85 bis 95% im direkten Gange,
Verlust durch die Bereifung 10 bis 30%,
Gesamtwirkungsgrad 55 bis 85%.

Beispiel. Wagengewicht + Nutzlast = 1200 kg, Steigung 6% im direkten Gange.

$v = 22$ m/s $= 80$ km/Std.,

$F = 2{,}2$ m²,

Wagenkastenform nach Luftwiderstandsbeiwert $K = 0{,}35$.

$$\eta = 0{,}8,$$

$$W_1 = 0{,}02 \cdot 1200 = 24,$$

$$W_2 = 0{,}35 \cdot \frac{0{,}13}{2} \cdot 22 \cdot 22 \cdot 2{,}2 = 24{,}2,$$

$$w_s = 1200 \cdot 0{,}058 = 69{,}6 \text{ rd. } 70.$$

In der Ebene

$$N_e = (24 + 24,2) \cdot \frac{22}{75 \cdot 0,8} = 17,7 \text{ PS}_e.$$

Auf der Steigung von 6% bei gleicher Geschwindigkeit:
(6% entspricht rd. 3°20'; sin 3°20' = 0,058)

$$N_e = (24 + 70 + 24,2) \cdot \frac{22}{75 \cdot 0,8} = 43,5 \text{ PS}_e.$$

Auf der Steigung von 6% bei 50 km/Std = 14 m/s;

$$W_2 = 0,35 \cdot \frac{0,13}{2} \cdot 14 \cdot 14 \cdot 2,2 = 9,8 \text{ rd. } 10$$

$$N_e = (24 + 70 + 10) \cdot \frac{22}{75 \cdot 0,8} = 38 \text{ PS}_e.$$

Fortbewegungsmöglichkeit bedingt durch Triebachsdruck und Straßenhaftungsbeiwert f (siehe die beiden Tafeln in AH S. 346)[1].

Die Erfordernisse des Fahrzeuges gestatten hierbei die Wahl, ob Vorderrad-, Hinterrad- oder Mehrradantrieb zu wählen ist.

Vorderradantrieb sollte für alle schnellfahrenden Personenwagen, die keine erheblichen Geländebedingungen erfüllen müssen, aber Sicherheit gewährleisten sollen, gewählt werden.

Hinterradantrieb gestattet bessere Geländegängigkeit (größere Steigungen im Gelände), ihm haftet aber die Gefahr des Schleuderns und der schlechten Straßenlage unabwendbar an.

Mehrradantrieb für große Lasten zur Schonung der Straßen, hohe Geländegängigkeit, für Schüttgütertransport und Heereszwecke.

Zulässige Höchstgewichte[2]) (Gesamtgewicht)

10,8 t bei zweiachsigen Fahrzeugen,
16,0 t „ dreiachsigen Fahrzeugen einschließlich Sattelschlepper,
11,8 t „ zweiachsigen Müll-, Spreng-, Tank-, Fäkalien- und Kippwagen bei Motorkraft-Kippung, Handkippung nicht eingeschlossen.

Achshöchstdruck (nur für Luftreifen):

7,5 t für zweiachsige Kraftwagen und Sattelschlepper,
8,0 t „ „ Müll-, Spreng-, Tankwagen usw. wie oben,
5,5 t „ dreiachsige Fahrzeuge.

Für besonders genehmigte Elastikreifen dürfen je 1 cm Felgenbreite (Basis des Gummiprofiles an der Stahlfelge) 100 kg in keinem Falle überschritten werden.

Geschwindigkeitsbegrenzung auf freier Landstraße ist nicht vorhanden.

Außenabmessungen (dürfen nicht überschritten werden):

Breite:	Über 9,5 t Gesamtgewicht	2350 mm
	zwischen 5,5 und 9,5 t Gesamtgewicht	2250 „
	Leichtere Lastwagen	2150 „
	Omnibusse über 5,5 t	2350 „
	„ , leichtere	2150 „
Höhe:	Für alle Arten von Kraftfahrzeugen	3800 „
Gesamtlänge (einschließlich Anhänger) bis		18 m

[1]) VDI-Z. 28 (1934) S. 856.

[2]) Zulässige Höchstgewichte nach der Reichsstraßen-Verkehrsordnung vom 28. Mai 1934.

Es darf bei zweiachsigen Fahrzeugen eine Achse 7,5 t Druck haben, demnach kann das Gesamtgewicht 5,5 + 7,5 t = 13 t betragen.

Bei einem dreiachsigen Fahrzeug kann das Gesamtgewicht werden 5,5 + 5,5 + 7,5 t = 18,5 t. Ferner ist eine Toleranz des Achsdruckes von 0,5 t zugelassen, wenn dadurch das Gesamtgewicht nicht erhöht wird.

Es gibt also folgende Möglichkeiten:

Zweiachsen:	Achsdruck	vorn 5,5, hinten	7,5 t = 13 t,
	mit Toleranz	vorn 5,0, hinten	8,0 t = 13 t.
Dreiachsen:	Achsdruck	vorn 7,5, hinten je	5,5 t = 18,5 t,
	mit Toleranz	vorn 6,5, hinten je	6,0 t = 18,5 t.

Das Ausland hat andere Bestimmungen, die noch großen laufenden Änderungen unterliegen. Von Fall zu Fall die in Frage kommenden Bestimmungen einholen.

Höhere Geschwindigkeiten, über 200 km: Die Haftreibung nimmt mit höherer Geschwindigkeit ab. (Als Beispiel: Von 0,7 bei 100 km auf 0,5 bei 300 km.) Das Gewicht, das wegen günstiger Beschleunigung, Bergsteigefähigkeit und vor allem sicherer Bremsfähigkeit so gering wie irgend möglich sein sollte, ist für höhere Geschwindigkeiten in höherem Maße erforderlich, um die nötige Straßenhaftung zum Vortrieb zu haben.

Luftwiderstandsbeiwert K so niedrig wie möglich, ohne Gefahr durch Seitenwind zu erzeugen.

Prof. Kamm[1]) gibt hierfür in der Kurventafel Bild 2 unter folgenden Annahmen ein anschauliches Bild.

Haftreibung $f = 0{,}7$ bei 100 km/Std
$f = 0{,}5$,, 300 ,,

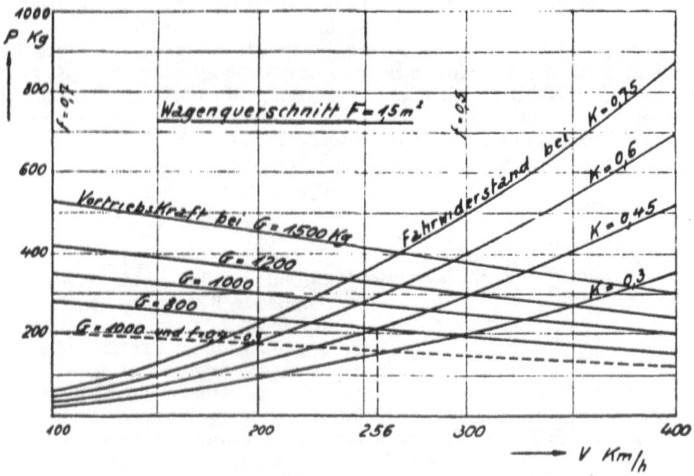

Bild 2. Hohe Geschwindigkeiten

Gleichmäßige Gewichtsverteilung auf Vorder- und Hinterachse:

Fahrwiderstand bei K von 0,3, 0,45, 0,6 und 0,75,
Wagenquerschnitt $F = 1{,}5\ m^2$,
Wagengewichte von $G = 800$, 1000, 1200 und 1500 kg.

Der Schnittpunkt von Vortriebskraft und Fahrwiderstand ergibt unten die höchst erreichbare Geschwindigkeit.

Durch Verlegung des Schwerpunktes näher zu der getriebenen Achse läßt sich eine günstigere Wirkung der Vortriebskraft erzielen.

Weit vorn im Fahrzeug liegender Kraftangriffspunkt, also Vorderradantrieb und Formgebung des Fahrzeugkörpers bringen weitere Erfolge.

Kurvenfahrt:

Fliehkraft

$$C = \frac{G \cdot v^2}{g \cdot r} \text{ in kg}.$$

$$\frac{C}{G} = \operatorname{tg}(\alpha + \beta) = \frac{\operatorname{tg}\alpha + \operatorname{tg}\beta}{1 - \operatorname{tg}\alpha \cdot \operatorname{tg}\beta}, \qquad (\operatorname{tg}\beta = f).$$

α = Steigung der Bahn (Überhöhungswinkel), Bild 3.

---

[1]) Die Autobahn 15 (1934) S. 699 u. f.

Geschwindigkeitsgrenze v_g in km/Std. durch Schleudern in Kurven rund

$$v_g = 11{,}3\sqrt{\frac{r\cdot(f+\operatorname{tg}\alpha)}{1-f\cdot\operatorname{tg}\alpha}}\quad \text{bei überhöhter Kurve,}$$

$$v_g = 11{,}3\sqrt{r\cdot f}\quad \text{bei nicht überhöhter Kurve.}$$

Achsdrücke.

Die für ein zu entwerfendes Fahrzeug erforderlichen Achsdrücke sind den Bedingungen der Fahrtmechanik (siehe vorstehende Ausführungen) zu entnehmen.

Allgemein kann bei belastetem Fahrzeug angenommen werden:

Personenwagen:	0,5 G je Achse (ergibt beste Fahreigenschaften);
Lieferwagen:	0,4 G vorn, 0,6 G hinten (bei Hinterachsantrieb);
Lastwagen:	nach den gesetzlichen Bestimmungen S. 52;
Zugmaschinen:	0,2 G vorn, 0,8 G hinten (bei Hinterachsantrieb);
	0,5 G je Achse bei Vierradantrieb.

Für Lastwagen ist die Achsdruckerhöhung auf Steigungen zu beachten, die erheblich für die Triebachse ist und der Anhängerbetrieb in Rechnung zu setzen. Der Treibachsdruck nimmt in großen Steigungen und Anhängerbetrieb bis zu 45% zu, wenn Steigungen bis zu 20% zu befahren sind. Eine genaue Berechnung ist erforderlich.

Kräfte im Triebwerk durch den Antrieb.

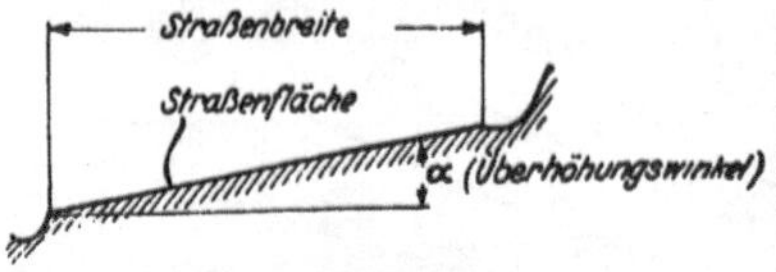

Bild 3

Durch das Moment

$$M = Q_t\cdot f\cdot r.$$

Dieses Moment bei höchstem Straßenhaftungsbeiwert ergibt die größtmöglichen Kräfte, die im Triebwerk auftreten können, sofern innerhalb desselben keine Bremsen (Getriebebremsen) angeordnet sind.

Liefert der Motor einschließlich der Übersetzungen ein höheres Drehmoment, so gleiten die Antriebsräder. (Neigung zum Schleudern bei Hinterachsantrieb.) Für die Festigkeitsberechnungen wird $f = 0{,}7$ angenommen. Q_t in Steigungen beachten, da bei Hinterradantrieb wesentlich höher. Bei Rädern mit Greifern ist $f = 1{,}0$ zu setzen.

Anfahrbeschleunigung (Anfangsgeschwindigkeit = 0).

Anfahrzeit in sek $\quad t = \frac{v}{b}\,,\quad v$ in m/sek

$\quad t = \frac{v}{3{,}6\cdot b}\,.\quad v$ in km/h

Anfahrstrecke in m $\quad s = \frac{v^2}{2\cdot b}\,,\quad v$ in m/sek

$\quad s = \frac{v^2}{26\cdot b}\,.\quad v$ in km/h

Beschleunigungsleistung in der Ebene

$N = \frac{G}{g}\cdot b\cdot v$ in mkg/sek; $\quad v$ in m/sek

$N = \frac{G\cdot b\cdot v}{2640}$ in PS; $\quad v$ in km/h

Bremsen. (Für Bremszeit und Bremsweg gelten die obigen Formeln, für Anfahrzeit und Anfahrstrecke ebenfalls.)

Kürzest möglicher Bremsweg

$$s = \frac{v^2}{2 \cdot g \cdot f} \quad \text{in m;} \qquad v \text{ in m/sek}$$

$$s = \frac{v^2}{260 \cdot f} \quad \text{in m;} \qquad v \text{ in km/h}$$

Höchstmögliche Verzögerung (b)

$$b = g \cdot f.$$

Also da f höchstens 0,7 auf Straßen ist, kann

$$b = 6{,}85 \text{ m/sek}^2$$

werden. Siehe Schaubild in A.-H., 13. Auflage, S. 398. Die Bremsverzögerung wird auch in Prozenten ausgedrückt. Hierbei sind

$$100\,\% = 9{,}81 \text{ m/sek}^2.$$

Bei dieser 100%igen Bremsverzögerung sind die Bremsreibungskräfte gleich dem Gesamtwagengewicht.

Aus nachstehendem Nomogramm[1]) können die Werte der Bremsung direkt abgelesen werden.

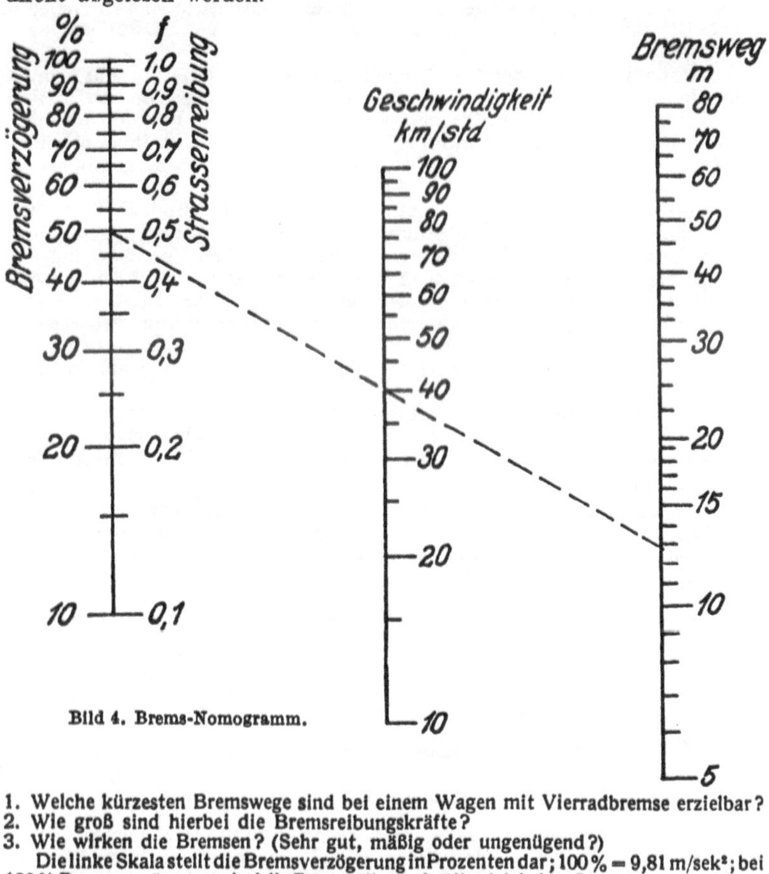

Bild 4. Brems-Nomogramm.

1. Welche kürzesten Bremswege sind bei einem Wagen mit Vierradbremse erzielbar?
2. Wie groß sind hierbei die Bremsreibungskräfte?
3. Wie wirken die Bremsen? (Sehr gut, mäßig oder ungenügend?)

Die linke Skala stellt die Bremsverzögerung in Prozenten dar; 100 % = 9,81 m/sek²; bei 100 % Bremsverzögerung sind die Bremsreibungskräfte gleich dem Gesamtwagengewicht.

Die mittlere Skala gibt die Fahrgeschwindigkeiten an, aus denen die Bremsung erfolgt, während die rechte Skala den Bremsweg in Metern anzeigt.

[1]) Von W. Loewenthal.

Beispiele:

Zu 1: Bei 40-km/Std.-Geschwindigkeit beträgt der kürzeste Bremsweg auf einer steingepflasterten Straße ($f = 0{,}5$) 12,6 m. Man verbindet die Punkte $f = 0{,}5$ der linken Skala mit 40 km/Std. der mittleren Skala und verlängert diese Verbindungslinie bis zum Schnittpunkt mit der Bremswegskala (vgl. eingezeichnete Linie). Die Bremsverzögerung beträgt 50%.

Zu 2: Da 100% Bremsverzögerung Bremsreibungskräfte erfordern gleich dem Gesamtgewicht des Wagens bzw. da das Produkt aus f und dem Wagengewicht die maximalen Bremsreibungskräfte darstellen, würden sich für das angeführte Beispiel bei einem Wagengewicht von 1800 kg $0{,}5 \cdot 1800 = 900$ kg Bremskraft ergeben, die sich auf die vier Räder verteilen.

Zu 3: Aus einem bei einer bestimmten Geschwindigkeit erzielten Bremsweg läßt sich die Güte einer Bremsvorrichtung wie folgt beurteilen:

Auf gut trockener Straße sind mit sehr guter Vierradbremse Verzögerungen über 60% erzielbar; Verzögerungen zwischen 40 und 60% deuten auf eine mäßige, solche unter 40% auf eine ungenügende Vierradbremse.

Hat man beispielsweise auf guter, trockener Straße bei kräftiger Bremsbetätigung aus 40-km/Std.-Geschwindigkeit einen Bremsweg von 20 m erreicht, so ergibt sich aus der verlängerten Verbindungsgeraden zwischen 20 m und 40 km/Std. eine Bremsverzögerung knapp über 30%, die auf eine vollkommen unzureichende Vierradbremse deutet. Bei einem Fahrzeug von 1800 kg Gewicht wären nur 540 kg Bremskraft auszuüben.

Erhöhter Luftwiderstand ist Bremsung. Dennoch sollte bei sehr schnell fahrenden Wagen (über 150 km/Std.) und Anwendung von Aufbauten mit geringstmöglichem Luftwiderstand das Bremsen bei hoher Fahrgeschwindigkeit durch Erhöhung des Luftwiderstandes, z. B. zusätzliche Flächen oder dgl. eingeleitet werden. Evtl. ähnlich den Landenklappen der modernen Flugzeuge.

Bremsflächenvergrößerung, gute Wärmeabfuhr, Bremsbeläge aus neuesten Versuchen mit hoher Adhäsion und geringer Abnutzung, Schleuderguß-Bremstrommeln, hoher Anpressungsdruck ohne Vergrößerung des Betätigungsdruckes (Servowirkung verbessert oder maschinelles Anpressen) werden die modernen Bremsen haben müssen, um bei den erreichbaren hohen Fahrgeschwindigkeiten sichere Bremswirkung zu erzielen, wobei noch die Adhäsion des Reifens auf der Straße (Reibbeiwert f) verbessert werden muß, um niedrige Fahrzeuggewichte zu erhalten. Das heißt:

f muß erhöht werden, möglichst bis 1;

b wird dann auch höher, bis 9,81, wobei aber beachtet werden muß, daß eine solche Verzögerung schon unliebsame Eigenschaften auf die Fahrgäste ausübt.

Schreckzeit ist bei den einzelnen Fahrern verschieden. Im Durchschnitt 1 sek. Der in dieser Zeit durchfahrene Weg beträgt in m:

Zeit	km/Std.			
	30	50	60	70
0,75 sek.	6,25	10,4	12,5	14,5
1,0 „	8,33	13,9	16,8	19,5
1,5 „	12,5	20,0	25,0	29,0
2,0 „	16,7	27,8	33,5	38,9

Dieser Weg kommt zum eigentlichen Bremsweg hinzu.

Bestimmung der Schwerpunktslage von Fahrzeugen [1]

Erforderlich: Brückenwaage, Hebevorrichtung (Flaschenzug). Federung ist zu blockieren, so daß keinerlei Schwingungen eintreten können. Die Vorderachse wird auf die Brückenwaage gestellt und der Wagen an der Hinterachse angehoben.

[1]) Siehe ausführlich Dr. E. Lehr in VDI-Ztschr. 10 (1934).

Gemessen wird der Betrag h, um den die Mitte der Hinterräder über der Waagerechten durch Mitte Vorderräder höher liegt. Ferner der Auflagedruck auf der Waage W.

Soll die Schwerpunktbestimmung zu schwingungstechnischen Untersuchungen dienen, so ist der Schwerpunkt nur für den Wagenteil oberhalb der Federung zu bestimmen. In diesem Falle geht von W das Gewicht der unabgefederten Teile der Vorderachse, bei Blattfedern einschließlich des Anteiles der Federn, ab.

Dann trägt man die Werte von W für etwa 6 bis 8 gestaffelte Werte von h, gemessen in Abhängigkeit von tg α, auf. Die so erhaltene Gerade ist gegen die Abszissenachse um den Winkel β geneigt. Dann errechnet man die Höhe H des Schwerpunktes über der durch die Achsmitten gelegten Ebene zu

$$H = \operatorname{tg} \beta \, \frac{L}{G}\,.$$

Siehe Bild 5.

Bei $h = 0$ ist G_v der Vorderachsdruck, G = Wagengesamtgewicht und hieraus der Abstand

$$b = \frac{G_v}{G}\,.$$

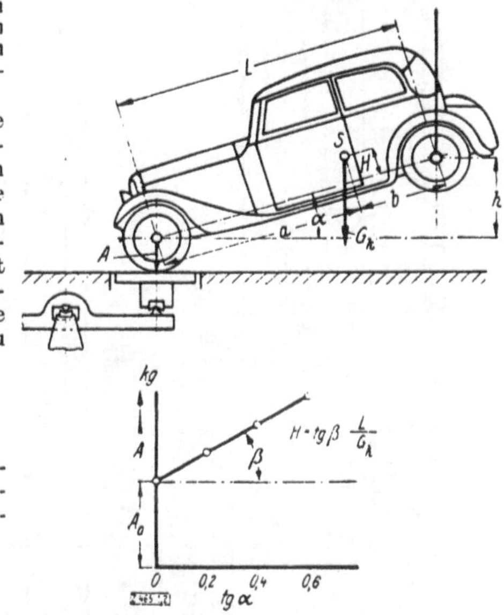

Bild 5. Bestimmung der Schwerpunktlage

Eine Nachprüfung kann vorgenommen werden, indem für die Auflage der Hinterachse auf der Brückenwaage und Anheben der Vorderachse derselbe Weg beschritten wird.

Fahrleistungs-Diagramm[1])

Bild 6

Aus den vorstehenden Berechnungen läßt sich ein Fahrleistungsdiagramm aufstellen, das einen guten und schnellen Überblick über die Leistungsmöglichkeit eines Wagens gibt.

Man benötigt hierzu folgendes:

1. Motorkennlinien.
2. Zugkräfte

$$t = \frac{M_d \cdot \varphi_g \cdot \eta}{R}\,.$$

φ_{1-4} = Übersetzung der einzelnen Gänge,
φ_a = Übersetzung im Antrieb,
$\varphi_{g\,1-4}$ = Gesamtübersetzung der einzelnen Gänge,
η = Wirkungsgrad des Triebwerks,
R = wirksamer Halbmesser des Reifens.

3. Gewichtsaufstellung.
4. Widerstände des Fahrzeuges:
   a) Rollwiderstand (siehe S. 50) W_1,
   b) Luftwiderstand (siehe S. 50) W_2,
   c) Steigungswiderstand (siehe S. 50) w_s.

[1]) Methode von Willy Henze, Berlin.

5. Geschwindigkeitsdiagramm. (Für den Reifen den Durchmesser in aufgepumptem Zustande, nicht den wirksamen Halbmesser × 2.)
6. Adhäsionsmöglichkeit (siehe S. 52). (Triebachsdruck × Straßenhaftungsbeiwert.)

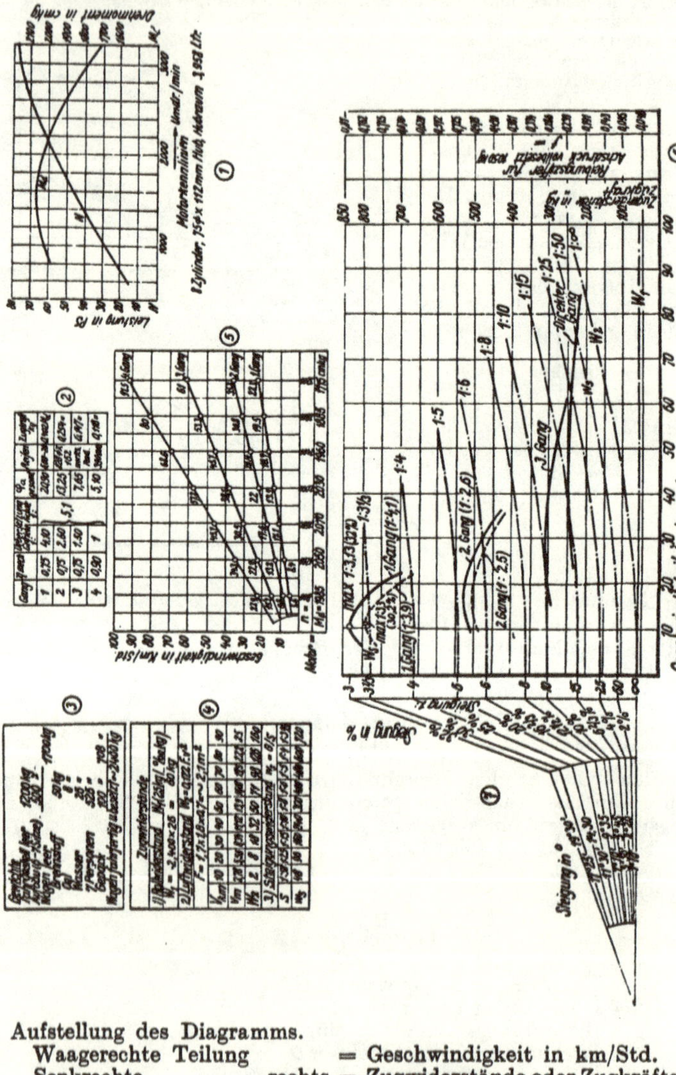

Bild 6. Fahrleistungs-Diagramm

7. Aufstellung des Diagramms.

Waagerechte Teilung		= Geschwindigkeit in km/Std.
Senkrechte „	rechts	= Zugwiderstände oder Zugkräfte in kg.
„ „	links	= Steigungsmesser.

Die Widerstandslinien einzeichnen:

$$W_1, W_2 \text{ und } w_s.$$

Ebene Fahrt, Steigung ∞, entspricht W_1 in kg. W_2 steigend entsprechend der Geschwindigkeit. Hierzu äquidistant in entsprechendem Abstande w_s (siehe unter 4) in kg.

Die Fahrkurven, errechnet aus M_d und Motorkennlinien und Zugkräften nach 2 eintragen, wobei beachtet werden muß, daß die Motordrehzahl und Geschwindigkeit jedem Gange angepaßt werden muß.

Reibungsziffer, welche zur Fortbewegung erforderlich ist, aus

$$\frac{\text{Zugkraft}}{\text{Achsdruck}} = f$$

einsetzen.

In dem gewählten Beispiel sind für den 1. und 2. Gang zwei verschiedene Übersetzungen gewählt. Sie zeigen sofort den Unterschied in der Steigungsmöglichkeit.

Der leere Raum von einer Kurve zur anderen in senkrechter Richtung muß mit dem Gange durchfahren werden, dessen Kurve darüberliegt. Hierbei ist dann nicht die volle Leistung des Motors erforderlich, es kann mit gedrosseltem Motor gefahren werden oder der Motor wird bei höherer Geschwindigkeit überdreht.

Motoren

Richard Bussien, VDI. Berlin

Gestaltungsgrundlagen.

Kleiner Hubraum — große Hubraumleistung.
Elastischer Lauf, gute Drehzahlausnutzung.
Verwindungsfreie, stoßdämpfende Aufhängung.
Betriebstüchtigkeit auch bei kleinem Hubraum.
Höchstdrehzahl durch Gasgeschwindigkeit begrenzt.
Ständige Betriebsbereitschaft.
Wirtschaftlicher Kraftstoffverbrauch bei Drosselleistung.
Geräuschlos, Schalldämpfung.
Schwingungsfrei im gesamten Drehzahlbereich.
Lange Lebensdauer, wenig Instandsetzungsarbeit.

Betriebsbedingungen.

Längeres Einfahren.
Start mit kaltem Motor.
Startdrehmoment durch Kupplung und Getriebe herabgesetzt.
Volleistung nur vorübergehend.
Betriebsdauerleistung etwa 35% der Volleistung.
Viele Fahrtunterbrechungen und starke Belastungsschwankungen.
Viel Leerlauf.
Plötzliches Beschleunigen und Abbremsen.
Stöße beim Kuppeln.
Stöße durch Unebenheiten der Fahrbahn.
Bremsen mit Motor.

Die Berechnung des Leistungsbedarfes und der erforderlichen Motorleistung siehe S. 51.

Motoren werden bewertet und verglichen nach[1]):

1. „Literleistung." D. h.: PS je Liter Hubvolumen. Hierbei ist gleichzeitig die Drehzahl anzugeben.
   Moderne Personenwagenmotoren weisen jetzt eine Literleistung von 22 bis 25 PS in dem Drehzahlbereich von 2600 bis 3200 auf. Vereinzelt bis 40 PS.
   Moderne Lastwagen-Vergasermotoren von 1000 bis 3000 Umdr./min 8 bis 20 PS je Liter.
   Fahrzeugdieselmotoren haben bei Drehzahlen bis 2200 i. d. min; eine Literleistung von 16 PS/l als Höchstwert.
2. „Mittlerer Arbeitsdruck" in kg/cm²:
   Kleinstfahrzeugmotoren . . . . . 3—5 kg/cm²,
   Personen- und Lastwagenmotore . 5—7 „ vereinzelt bis 8,5,
   Dieselmotoren . . . . 5—6,5 „
3. „Mittlere Kolbengeschwindigkeit":
   Kleinstfahrzeugmotoren . . . . . . 6— 9 m/sek.
   Personenwagenmotoren . . . . . . 8—12 „ vereinzelt bis 16.
   Lastwagenmotoren sind den Personenwagenmotoren gleich.
4. „Kolbenbelastung." Die Wärmebelastung des Verbrennungsraumes wird durch das Verhältnis von Leistung zur Kolbenfläche

$$\frac{N}{F}$$

[1]) Siehe ATZ 13 (1934) Prof. Dr. W. Kamm (Vortrag vor der ATG anläßlich der Ausstellung Berlin 1934).

ausgedrückt. Es beträgt bei fast allen Motorarten

$$0{,}17 - 0{,}25\ \mathrm{PS/cm^2}.$$

Ausländische Personenwagenmotoren findet man mit bis 0,38 PS/cm². Je kleiner der Hubraum, desto niedriger ist die Kolbenbelastung.

5. „Mechanische Schnell-Läufigkeit.“ $n \cdot \sqrt{N}$. Sie ist ein Maß für die mechanische Beanspruchung des Motors und kann in Abhängigkeit vom Zylinderhubvolumen oder vom Gesamthubvolumen ausgedrückt werden[1]).

Wenn man in den Ausdruck der mechanischen Schnell-Läufigkeit[2])

$$n \cdot \sqrt{N}$$

für die Leistung N das Produkt aus mittlerem Druck, Kolbenfläche, Hub und Drehzahl und für die Drehzahl den gleichen Verhältniswert

$$\frac{c_m}{2\,s}$$

(c_m = mittlere Kolbengeschwindigkeit, s = Hub)

einsetzt, so erkennt man nach Weglassung der dabei unwichtigen Zahlengrößen, daß die mechanische Schnell-Läufigkeit eines Zylinders bestimmt ist durch die Größe

$$p_m^{1/2} \cdot D \cdot c_m^{3/2} \cdot s^{-1}$$

(p_m = mittlerer Druck, D = Zylinderbohrung).

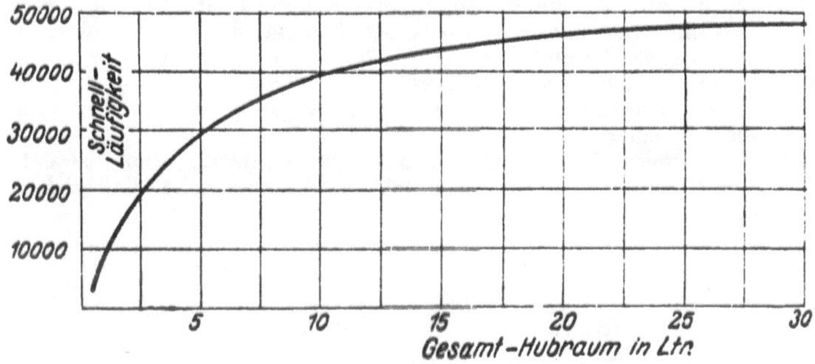

Bild 1. Schaubild der Schnell-Läufigkeit.

Die mechanische Schnell-Läufigkeit wird also durch den mittleren Druck nur in der $^1/_2$-Potenz beeinflußt, vom Zylinderdurchmesser in der einfachen, von der Kolbengeschwindigkeit in der $^3/_2$-Potenz, dem Hub ist sie umgekehrt verhältig. Wenn man die Arbeitsweise in Form der Taktzahl noch einsetzen würde, würde diese mit t^{-1} erscheinen.

Die mechanische Schnell-Läufigkeit ist gleichzeitig ein Maßstab für die Güte des Triebwerks des ganzen Wagens.

Bild 1 zeigt den ungefähren jetzigen Verlauf der Schnellaufwerte für vollständige Motoren, und zwar in Abhängigkeit vom Gesamthubraum. Die Kurve steigt bei den kleinsten Abmessungen recht schnell, um dann bei den großen Abmessungen (Flugmotoren) fast gerade zu laufen.

6. „Leistungsgewicht“ (Motorgewicht/Bremsleistung):

$$\frac{G}{N_e}.$$

Kleinstmotoren	4,5—10 kg/PS,
Personenwagenmotoren	3,0— 5,5 „
Lastwagenmotoren (Diesel). . . .	5,8— 9,0 „

[1]) ATZ 13 (1934) S. 343.
[2]) Prof. Dr. W. Kamm.

7. „Hubraumgewicht“ (kg/l) $\frac{\text{Motorgewicht}}{\text{Hubvolumen}}$;

Kleinstmotoren . . . . 230—265 kg/l,
Personen- und Lastwagenmotoren 55—120 „

Bei der Beurteilung der Leistung eines Motors ist nicht allein die PS-Zahl maßgebend, sondern vor allem das

Drehmoment. Es errechnet sich aus Leistung N und Drehzahl n zu

$$M_d = 716{,}2 \cdot \frac{N}{n} \quad \text{in mkg}.$$

Am angetriebenen Wagenrade ist das Drehmoment um die Übersetzung zwischen Motor und Wagenrad höher, jedoch ist der Wirkungsgrad des Triebwerkes in Betracht zu ziehen.

In Bild 6 des vorhergehenden Abschnittes, den Kennlinien des Motors, ist M_d für den Drehzahlbereich dargestellt. Das höchste Drehmoment liegt bei der Drehzahl, bei der der Motor den besten Füllungsgrad hat. Dieser kann durch Herabsetzung der Widerstände im Ventilöffnungs-Querschnitt, also Vergrößerung desselben, und in der Saugleitung erhöht werden. Durch Druckaufladung ist das gleiche möglich. Die erste Möglichkeit kann jedoch nur bis zu einem gewissen Grade ausgenutzt werden, da sonst bei niedriger Drehzahl durch die zu niedrige Ansauggeschwindigkeit eine zu geringe Füllung erzielt wird und ein schlechter Anzug des Wagens, das heißt, schlechte Leistung bei niedrigen Drehzahlen, die Folge ist. Bei Rennwagen wird hierauf natürlich keine Rücksicht genommen, denn solche fahren nicht im engen Stadtverkehr. Hier muß die Füllung so hoch wie möglich durch Vorverdichter getrieben werden.

Durch Vorverdichter auch bei niedriger Drehzahl eine ausreichende Füllung und somit großes Drehmoment zu erzielen, scheiterte bisher.

Verdichtungsgrad

$$\varepsilon = \frac{V_h + V_c}{V_c}.$$

Verdichtungsdruck (p_1 = Anfangsdruck atm.abs.)

$$p_v = p_1 \cdot \varepsilon^{1,35} \quad \text{bei Betrieb,}$$
$$p_v = p_1 \cdot \varepsilon^{1,25} \quad \text{beim Anlassen.}$$

Verdichtungstemperatur

$$T_v = T_1 \cdot \varepsilon^{1,35-1} \quad \text{oder} \quad T_1 \cdot \varepsilon^{1,25-1}.$$

T_1 = Anfangstemperatur in ^{0} abs.

Durch die Erhöhung der Verdichtung wird das Drehmoment erhöht. Es wird angestrebt, die Verdichtung so hoch wie möglich zu treiben. Die Klopffestigkeit des Treibstoffes setzt die Grenze. Bei modernen Motoren wird durch Gestaltung des Verdichtungsraumes und Vermeidung von Wärmestauungsstellen der Verdichtungsgrad ständig erhöht.

Unter den wissenschaftlichen Abhandlungen, die sich mit diesen Fragen befassen, ist am bekanntesten die des Engländers Ricardo geworden. Neuerdings wurden von der wissenschaftlich-technischen Abteilung des Benzolverbandes im Rahmen ihrer Forschungsarbeit über diese Zusammenhänge praktische Versuche an luftgekühlten Motoren durchgeführt, die die günstige Wirkung hoher Verdichtungsgrade bestätigen. Besonderes Interesse bieten die Versuche für die Praxis dadurch, daß sie unter ausgesprochenen Betriebsbedingungen zunächst auf dem Prüfstand durchgeführt wurden. Dann wurden die Ergebnisse durch Kontrollversuche auf der Landstraße überprüft. Aus den umfassenden Versuchsreihen ergab sich eine Fülle der interessantesten Ergebnisse über das Verhalten luftgekühlter Motoren in Abhängigkeit vom Vergaser und Zündungseinstellung, Klima, Betriebsbedingungen, Fahrweise usw., aus denen hier nur eines herausgegriffen sei: die Beziehung zwischen Verdichtungsgrad, Leistung, Verbrauch und Betriebstemperatur. Bei den verarbeiteten Vergleichsmessungen (siehe

Bild 2) wurde jeweils von der für die Leistung günstigsten Einstellung von Vergaser und Motor ausgegangen.

Am meisten überrascht bei Steigerung des Verdichtungsgrades nicht, daß der Verbrauch bei erheblicher Leistungssteigerung stark zurückgeht, sondern daß die Temperatur der Auspuffgase und damit die Betriebstemperatur des Motors sinkt. Das steht in glattem Widerspruch zur weitverbreiteten Ansicht, daß die Motoren durch

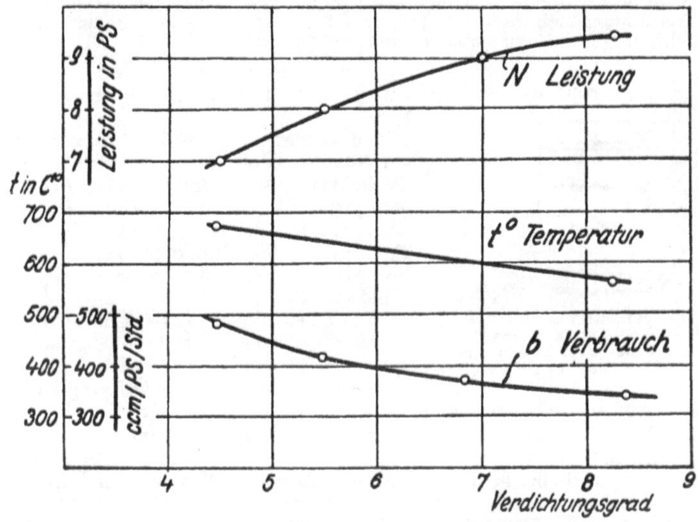

Bild 2. Wirkung höherer Verdichtung

Höherverdichten heißer werden; einer Ansicht, die meist darauf gestützt wird, daß höherverdichtete Motoren wärmefestere Zündkerzen verlangen. Diese richtig beob-

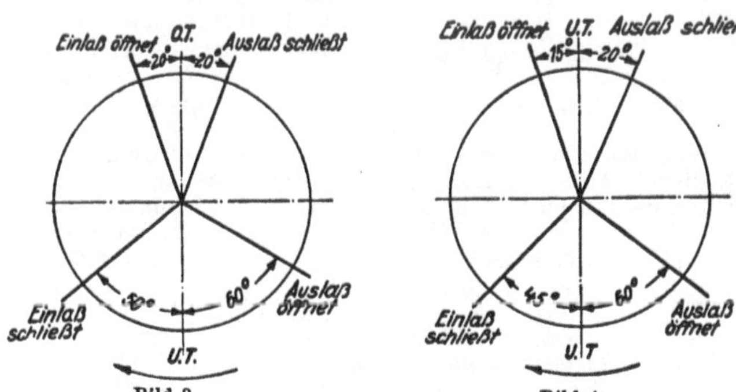

Bild 3 Bild 4

Einige Ventilöffnungsdiagramme, bezogen auf den Kurbelwinkel

achtete Erscheinung ist kein Widerspruch zur aufgestellten Behauptung, sondern erklärt sich ganz einfach dadurch, daß bei der Höherverdichtung die Spitzentemperaturen bei der Verbrennung etwas steigen, und daß durch die Höherverdichtung die Leistung des Motors, seine Spitzendrehzahl im Gefolge der höheren Fahrzeugendgeschwindigkeit und damit natürlich die Wärmebelastung der Kerzen steigt. Daß dabei die Temperatur der Auspuffgase sinken muß, ist nur ein scheinbarer Gegensatz. Bei hoher Verdichtung ist die Verbrennung eine saubere und vollkommenere, und alle thermischen Verhältnisse werden dadurch günstiger.

Die Leistungssteigerung bei Höherverdichtung ist eine Folge der besseren Verbrennung, der höheren mittleren Drücke, obgleich die Spitzendrücke bei guten, weichverbrennenden Brennstoffen, wie es die in Deutschland verkauften Benzolgemische sind, nicht übermäßig steigen. Der Brennstoffverbrauch sinkt zwangsläufig, da für jedes PS der Brennstoffbedarf ein geringerer ist, wenn man aus der gleichen Brennstoffmenge mehr PS herausholt. Wenn der Motor mehr leistet, braucht man für eine bestimmte Geschwindigkeit nicht so viel Gas geben: man fährt sparsamer. Die Erfolge höherer Verdichtung sind je nach der Bauart des Motors etwas verschieden, ebenso die obere Grenze. Bei den Versuchsmaschinen wurde durchschnittlich bei einer Verdichtungssteigerung von 1:4,5 auf 1:7 eine Leistungssteigerung um 23% und gleichzeitig eine Verbrauchsminderung um 26% erzielt.

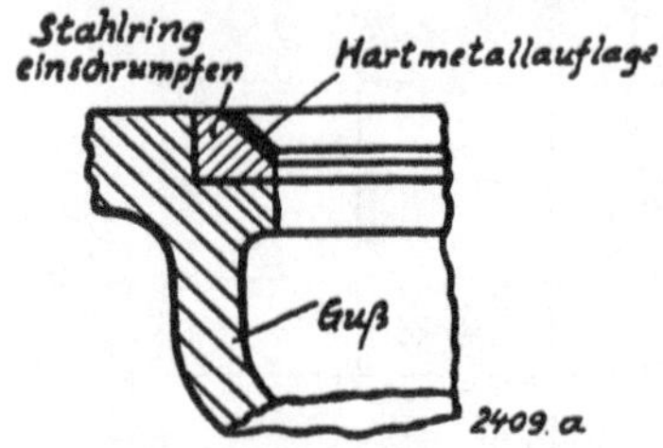

Bild 5. Ventilsitzring mit Hartmetall-Auflage. (Statt dessen kann auch der ganze Ring aus Schnellstahl bestehen)

Der Ventilöffnung und der Öffnungszeit ist größte Beachtung zu schenken.

Zu früher Saugventilschluß verhindert bei höheren Drehzahlen gute Füllung, da die in Bewegung befindliche Gassäule nicht genügend nachströmen kann. Zu späte Auslaßventilöffnung verhindert die rasche Entleerung des Zylinders von den verbrannten Gasen und so indirekt gute Füllung.

Die Überschneidung der Öffnungszeiten im oberen Totpunkte soll ermöglichen, daß bei Umkehr des Kolbens das Ventil bereits eine nicht zu kleine Öffnung hat und das Einströmen von Gas keine zu starke Drosselung erfährt.

Die Auslaßventile sind hohen Wärmebeanspruchungen ausgesetzt. Es ist dafür zu sorgen, daß die Wärme gut und schnell zu gekühlten Teilen des Zylinders abfließt. Es sind dies die Ventilschaftführungen und die Sitze. Beides muß vom Wasser reichlich umspült sein, bei luftgekühlten Motoren muß hier die gepreßte Kühlluft gut vorbeistreichen können.

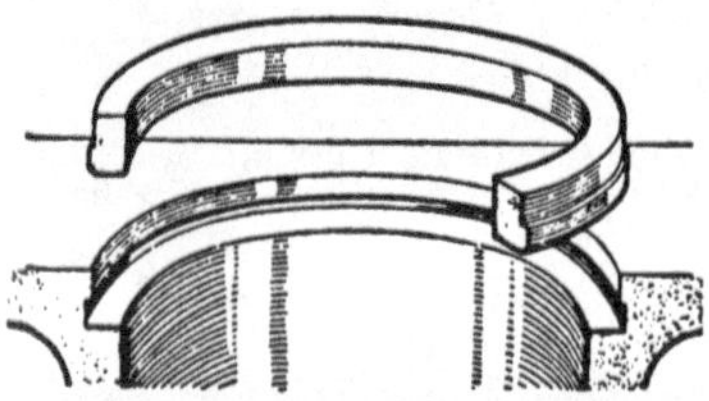
Bild 6. Ventilsitz-Ring von Teves

Der Ventilsitz leidet infolge der großen Hitze, die im Ventilteller herrscht, stark und schlägt sich deshalb leicht ein, das Ventilspiel vermindernd oder sogar aufhebend. Verbrennen des Ventiltellers, Leistungsabfall, größere Reparatur, ist die Folge.

Zur Verhinderung werden Ventilsitzringe in den Zylinderblock eingebracht. Baustoff hierfür ist ein hochprozentiger Chrom-Wolframstahl. Chrom-Silizium-Schleudergußeisen und ähnliche Legierungen. Diese Ringe werden mit Trockeneis (— 80° C) in den entsprechend bearbeiteten Sitz eingeschrumpft oder eingepreßt. Siehe Bild 5. (ATZ 1 [1934] S. 12.)

Das Material der Ate-Centrit-Ventilsitzringe besteht aus hochchromhaltigem, im Tiegelofen erschmolzenem Gußeisen, das durch Vergießen in eisernen Kokillen im Schleudergußverfahren außerordentliche Dichtheit erlangt. Infolge der beilegierten Bestandteile ist dieses Material ungewöhnlich hitzebeständig und widersteht den schwierigen Verhältnissen der Auslaßventile. Wie aus Bild 6 ersichtlich, ist der „Ate"-Centrit-Ventilsitzring so konstruiert, daß er in einer Aussparung im Zylinderblock festgeklemmt wird. Es ist also nicht möglich, daß sich, der Ventilsitzring infolge der dauernden Erhitzungen und Abkühlungen zusammenzieht und locker wird. Eine derartige Konstruktion ist nur möglich infolge der diesem Material innewohnenden Elastizität, d. h. der Ring zieht sich, wenn er eingepreßt wird, erst zusammen und springt nach Erreichung der unteren Lage in die Aussparung des Zylinderblocks zurück.

Die Vorteile des „Ate"-Centrit-Ventilsitzringes können zusammengefaßt werden in:

1. absolute Sicherheit gegen Lockerwerden,
2. innigster Kontakt zur Wärmeabführung,
3. Widerstand gegen Verbrennung und Zerstörung.

Zur Herstellung der notwendigen Aussparungen im Zylinderkopf für die „Ate"-Centrit-Ventilsitzringe sind Spezialwerkzeuge erhältlich, die eine äußerst schnelle

Herstellung der Aussparung im Zylinderkopf ermöglichen und ferner absoluten Sitz des Ringes gewährleisten.

Für die **Einlaßventile**, die im allgemeinen einen größeren lichten Durchmesser haben, ist dieser Ventilsitzring nicht unbedingt erforderlich, jedoch wird er zur Erhaltung einer besseren Dichtung auch hier angewendet.

Die auftretende Erhitzung der Ventile kann durch besseres Material mit einer höheren Warmzerreißfähigkeit für diese nicht beseitigt werden, nur eine längere Lebensdauer wird hiermit erzielt. Verbesserung der Kühlung an den angegebenen Stellen führt stets zum Erfolge.

Das **Schaubild 7** zeigt die Warmzerreißfestigkeit von verschiedenen Ventilstählen der Firma Krupp. Man erkennt, daß der Unterschied der Festigkeit bei 600° erheblich ist. Bei höheren Temperaturen sind auch noch Verbesserungen, wenn auch nicht so große, zu erkennen.

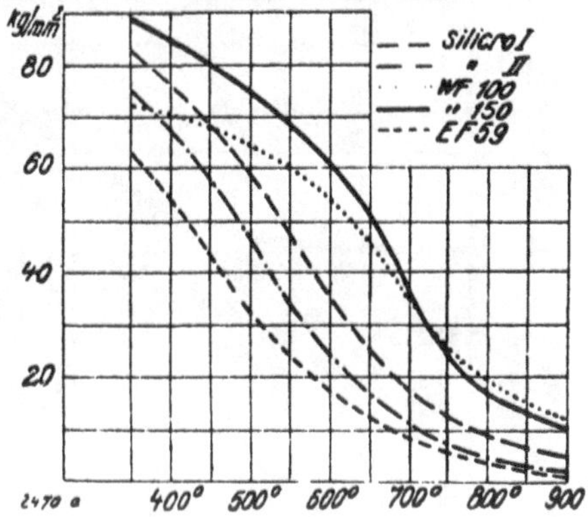

Bild 7. Warmzerreißfestigkeit von Ventilstählen

Zur besseren Kühlung ist es erforderlich, den Ventilschaft nicht zu dünn zu entwerfen, sondern einen kräftigen Schaft mit gutem Übergang zum Teller zu verwenden. Der Tellersitz soll nicht über 2 mm und nicht unter $1^1/_2$ mm breit sein.

Schaftdurchmesser nicht unter 8 mm bei kleinstem lichten Kanaldurchmesser.

Für Lastwagenmotoren sind noch stärkere Schäfte Bedingung. Allgemein kann gelten:

$$\text{Schaftdurchmesser} = \frac{\text{lichter Kanaldurchmesser}}{4},$$

aber nicht unter 8 mm.

Die jetzigen hohen Drehzahlen erfordern Fortfall jeder Bohrung im Schaft zwecks Federtellerbefestigung. Gut abgerundete Einschnürung, Übergangsradius nicht unter 10 mm, ist hierfür zu fordern.

Die **Ventilfedern** dürfen bei keiner Drehzahl zum Schwingen kommen. Es würde unangenehme Geräusche verursachen, Bruch der Feder herbeiführen und Folgeschäden zeitigen.

Die Schwingungserscheinungen bestehen in einer zusätzlichen Bewegung der Federwindungen gegeneinander. Sie verursachen eine erhöhte Wechselbeanspruchung des Ventilfeder-Werkstoffs.

Durch ausgedehnte Versuche, die teils in England, teils in Amerika durchgeführt wurden, ist der Verlauf und das Zustandekommen der Ventilfederschwingungen geklärt worden. Man hat festgestellt, daß es sich um erzwungene Schwingungen handelt, die durch die in der Ventilerhebungskurve enthaltenen Oberwellen erregt werden. Da die Ventilfedern eine sehr geringe Dämpfung besitzen, genügen Oberwellen mit sehr kleiner Amplitude, um beim Eintritt der Resonanz beträchtliche Schwingungsausschläge herbeizuführen.

Über diese Ergebnisse berichtet E. **Lehr** zusammenfassend in einem Aufsatz in Nr. 18 der VDI-Zeitschrift vom 6. Mai 1933. Ferner gibt er eine einfache Ableitung für die Theorie der erzwungenen Federschwingungen. Durch Untersuchung der Wanderwellen, die durch den Nockenstoß in der Ventilfeder hervorgerufen werden, wird nachgewiesen, daß auf diesem von Magg früher eingeschlagenen Weg eine befriedigende rechnerische Untersuchung der Ventilfederschwingungen nicht gegeben werden kann.

Die bisher zur Beseitigung der Ventilfederschwingungen vorgeschlagenen Maßnahmen haben noch nicht zu einem brauchbaren Ergebnis geführt. Beachtlich ist der neue Vorschlag, durch Anbringen einer dämpfenden Unterlage unter den festen Stützpunkt der Ventilfedern die Schwingungen zu vermindern.

Bei der Berechnung der Feder ist die Beschleunigung (siehe A. H. 13,

S. 678) des Ventiles in Betracht zu ziehen. Aufzeichnen einer Beschleunigungskurve ist vorteilhaft, in die Ventilhubkurve und Vorspannungsverhältnisse der Ventilfedern eingezeichnet werden können.

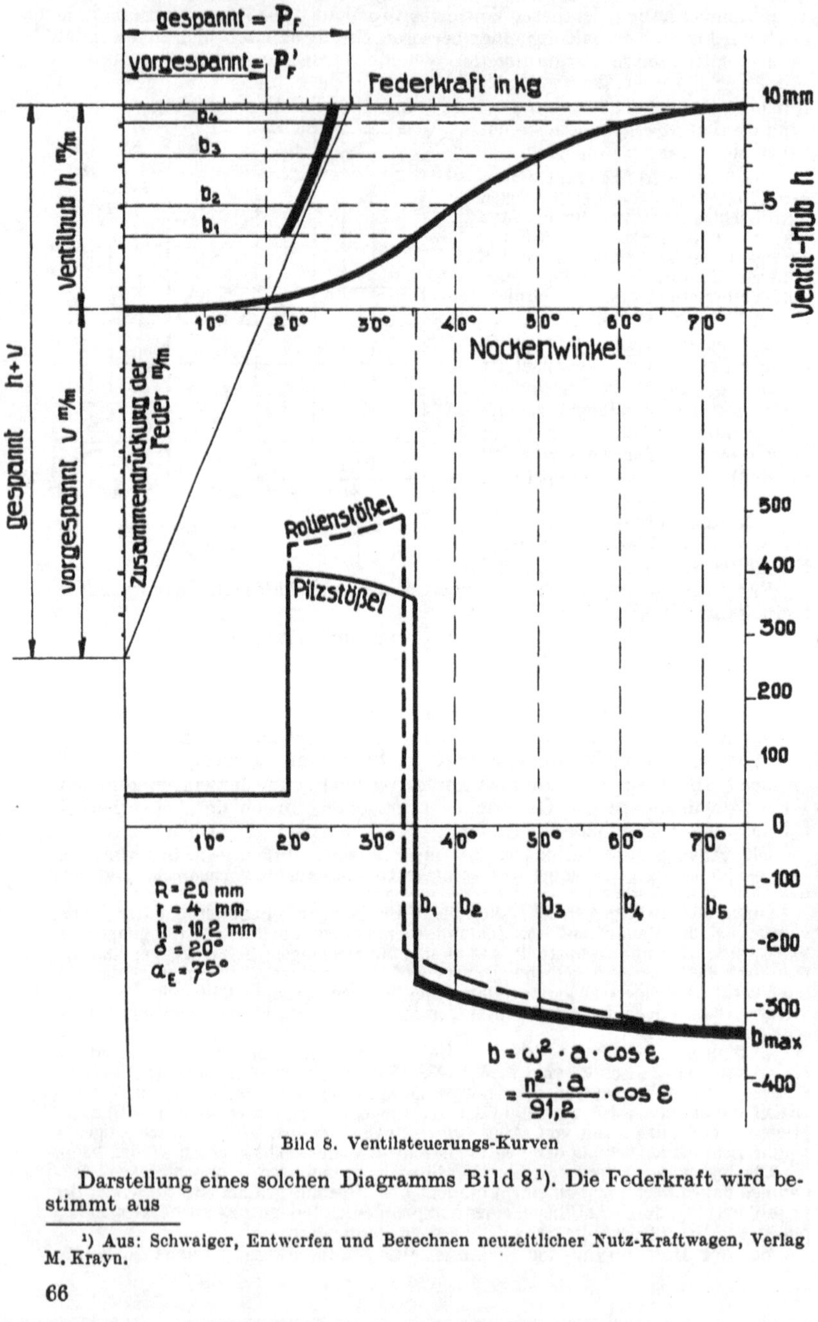

Bild 8. Ventilsteuerungs-Kurven

Darstellung eines solchen Diagramms Bild 8[1]). Die Federkraft wird bestimmt aus

[1]) Aus: Schwaiger, Entwerfen und Berechnen neuzeitlicher Nutz-Kraftwagen, Verlag M. Krayn.

$$P_F = 1{,}2 \cdot m \cdot b_{max}.$$

Hier ist m die Masse der bewegten Steuerungsteile, b die Ventilbeschleunigung.

Nockenwelle. Einsatzstahl im Einsatz gehärtet (StC 1661), biegungsfest und schwingungsfrei, gut gelagert, am besten in Gleitlagern mit einem Durchmesser so groß, daß sich die Welle mit ihren Nocken glatt herausziehen läßt. Lager am besten aus Gußeisen. Gegossene Nockenwellen aus Sonderlegierungen werden heute bereits serienmäßig verwendet.

Obwohl Gußeisen seit vielen Jahren als Baustoff für Kurvenscheiben verwendet wird, so beziehen sich die meisten dieser Anwendungen auf langsam laufende Maschinen gegenüber den neuzeitlichen Kraftwagenmotoren. Solche Kurvenscheiben oder Nocken wurden aus Grauguß hergestellt, wobei darauf gesehen wurde, der Mischung eine gerade noch bearbeitbare Härte zu geben. Dies bereitete bei normalem Grauguß große Schwierigkeiten. Gelöst wurde das Problem durch den Gebrauch von nickellegiertem Gußeisen. Durch Verwendung von etwa 3% Nickel fand man es möglich, Nocken herzustellen mit einer Brinellhärte von über 250, wobei die Oberfläche frei von harten Stellen war und sich ohne Schwierigkeiten bearbeiten ließ. Versuche mit diesen Nocken zeigten verbesserte Abnutzungseigenschaften in verschiedener Hinsicht. Hierdurch wurde angeregt, weitere Anwendungsmöglichkeiten für diese legierten Gußeisen aufzusuchen. Kraftwagennockenwellen aus Gußeisen besitzen neben verringerten Herstellkosten noch, wie praktische Betriebsversuche gezeigt haben, entschiedene Betriebsvorteile und besonders einen überlegenen Widerstand gegen Abnutzung. Bei der Herstellung von Stahlnockenwellen sind eine große Anzahl sehr kostspieliger Arbeitsgänge erforderlich, wie Schmieden, Vorbearbeiten, Verkupfern, Fertigdrehen, Einsetzen. Härten, Richten und Fertigschleifen. Bei der Gußeisennockenwelle sind nur noch folgende Arbeitsgänge notwendig: Gießen der Nockenwelle, Bearbeitung der Zahnräder oder ihrer Lagerstellen, Schleifen der Lager und Nockenflächen.

Eine Nockenwelle muß gute Festigkeit, Biegungssteifigkeit und ausgezeichnete Abnutzungseigenschaften haben, insbesondere an der Spitze des Nockens, da sie sowohl hohen Druck als auch einer reibenden Beanspruchung ausgesetzt ist. Gleichzeitig muß die Welle an bestimmten Stellen bearbeitbar sein, und der Werkstoff muß genügende Zähigkeit besitzen, damit die Welle nicht bei übermäßiger Beanspruchung oder Mißbrauch bricht.

Diesen Anforderungen genügt die nach verschiedenen Verfahren hergestellte gegossene Nockenwelle. Hohe Festigkeit und Zähigkeit werden durch Schmelzen in einem überheizten elektrischen Ofen erzielt. Diese Gußeisen haben einen niedrigen Gesamtkohlenstoffgehalt und enthalten Legierungszusätze. Es sind drei verschiedene Verfahren bekannt, und die Zusammensetzung der Werkstoffe ist in jedem Falle den besonderen Erfordernissen angepaßt.

Bei dem einen Verfahren werden die Nocken in Sandformen gegossen, wobei an den Stellen, die hart sein sollen, Kokillen eingesetzt werden. Dadurch bildet sich an diesen Stellen eine gegen Abnutzung sehr widerstandsfähige Schicht von weißem Guß. Die Tiefe dieser Schicht hängt von der Nickel- und Chrombeimischung ab. Durch beide Bestandteile wird die Härte der Schicht gesteigert. Teile, wie die Verteilerräder, Lager und Antriebsräder, werden infolge ihrer längeren Abkühlung im Sande bearbeitbar. Die Nockenflächen haben jedoch bei einem genügend niedrigen Gesamtkohlenstoffgehalt und entsprechenden Legierungsbestandteilen einer Zugfestigkeit von 42 kg/mm², einer Druckfestigkeit von 105 kg/mm², eine Brinellhärte um etwa 300 kg/mm². Eine typische Legierung hat folgende Zusammensetzung:

	Gesamt	Si	Ni	Cr	Mo
Kohlenstoff	2,80	2,00	0,75	0,20	0,75

Bei einem zweiten Verfahren, bei dem die Nocken ebenfalls in Sand gegosssen werden, wird ein Gußeisen verwendet mit Beimischungen, die eine Härte von etwa 360 kg/mm² des Gußstückes ergeben. Erforderlich ist ein Gesamtkohlenstoffgehalt von 2,25 bis 2,50%, ein niedriger Siliziumgehalt von 1,00 bis 1,50%, 3 bis 4% Nickel und möglichst etwas Chrom oder Molybdän. Diese Nocken werden zur Bearbeitung angelassen und dann wieder erwärmt und gehärtet bis über 400 Brinellhärte.

Bei dem dritten Verfahren wird eine Dauergießmaschine benutzt. Die Mischung und die Gußbedingungen werden so geregelt, daß das Gußeisen aus den Formen mit einer dünnen Schicht von Kokilleneisen kommt. Damit einzelne Teile bearbeitbar sind, wird ein Trockensandkern an diesen Stellen der Form eingelegt. Dadurch wird die Abkühlung verzögert, und der Guß verwandelt sich in Grauguß. Die zu bearbeitenden Teile erhalten eine Härte von 250 bis 300 Brinell, während die Nockenflächen sehr hart werden.

Ventilstößel. Zwischen Ventil und Stößel muß, um sicheren Schluß des Ventiles zu gewährleisten, eine geringe Luft von 0,1 bis 0,4 mm, oder noch mehr, vorhanden sein. Diese Luft muß durch eine Stellschraube geregelt werden können, denn sie verändert sich durch Einarbeiten des Ventiles in den Sitz und durch Strecken des Ventilschaftes. Nur Ford hat keinerlei Einstellung, hier wird die Luft ein für allemal durch die genaue Länge des Ventiles bestimmt. Schlägt es sich ein, muß es gekürzt werden.

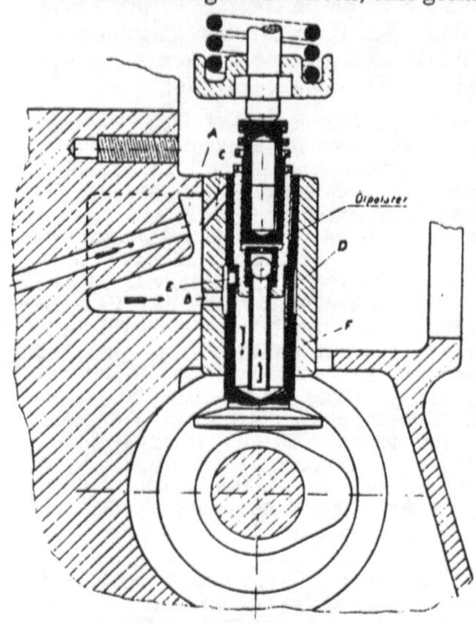

Bild 9. Hydraulische Stößel-Luftausschaltung von Mecano

Diese nötige Luft macht nun viel Sorge, da sie beim Anheben des Ventiles zu Geräuschen Veranlassung gibt. Ganz sanfter, langer Anlauf der Nockenhub- und Schlußkurve ist eine Möglichkeit geräuscharmen Arbeitens. Die An- und Ablaufkurven erhalten am Nocken gemessen eine Länge bis zu 30° entsprechend der erforderlichen Ventilluft. Hierdurch wird langsames Anlegen des Stößels an das Ventil erzielt.

Ein anderes Mittel ist die Ausschaltung der Luft vor dem Anhube auf hydraulischem Wege.

Hydraulische Nachstellung des Stößelspiels. Beim Pierce Arrow sind erstmalig hydraulisch wirkende Nachstelleinrichtungen für das Stößelspiel eingebaut, die von der Wilcox-Rich Co., Detroit, entwickelt wurden. Neben den Stößeln befindet sich ein Ölreservoir, in welches von der Druckleitung aus dauernd Öl gegeben wird. Das Öl tritt von dort unten in den Stößel ein und hebt durch seinen Druck jedes Spiel auf. Rückströmen des Öls erfolgt beim Anheben des Stößels oben in das Reservoir hinein. (Autom. Ind. vom 26. 5. 34. S. 662.)

Eine deutsche Ausführung der Mecano-Frankfurt/M. zeigt Bild 9. Der Lauf des Drucköles und seine Wirkung zur Aufhebung der Ventilluft sind deutlich gekennzeichnet. Ein solcher Stößel wird wohl etwas schwerer, jedoch der Fortfall der Luft verhindert das lästige Geräusch.

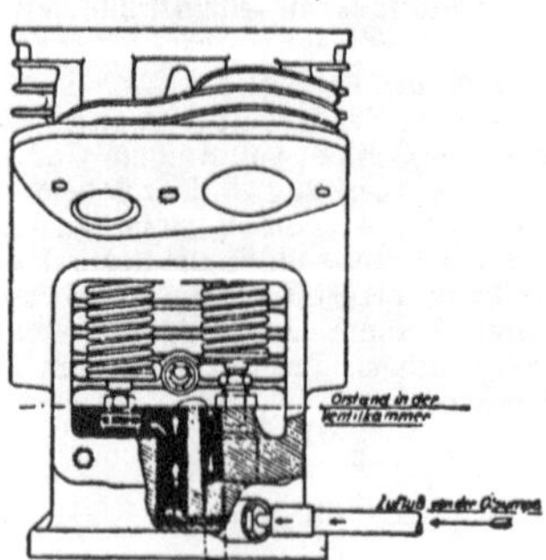
Bild 10. Öldämpfung nach Phänomen

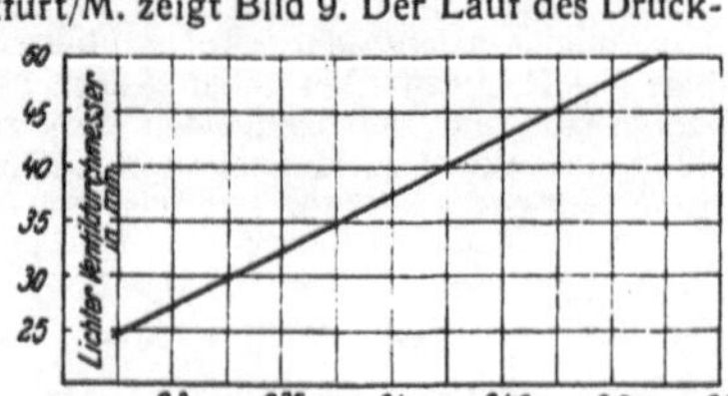

Bild 11. Gewicht der bewegten Teile bei stehenden Ventilen

Phänomen gibt in die Stößelkammer freistehendes Öl, das sich zwischen Stößel und Ventilschaft setzt und so eine Dämpfung hervorruft. Durch einen Überlauf wird stets der richtige Ölstand eingehalten, denn der Ölzufluß erfolgt direkt von der Ölpumpe. Siehe Bild 10.

Wie das gesamte bewegte Triebwerk, muß die Ventilbetätigung so leicht als möglich sein. Die Kurve Bild 11 gibt das ungefähre Gewicht der bewegten Teile bei stehenden Ventilen an. Das angegebene Gewicht in kg enthält das Gewicht von Ventil, Ventilstößel; $^1/_2$ Ventilfeder und Federteller.

Die Stößel werden heute fast ausschließlich als Tellerstößel ausgebildet, etwa 2 mm exzentrisch zum Nocken versetzt um abwälzende Betätigung durch den Nocken zu erhalten. Keinesfalls dürfen sie an der Drehbewegung gehindert werden. Der Teller selbst muß kräftig sein, während der Schaft sehr dünnwandig, etwa 1 mm, ist. Rockwellhärte auf dem Teller mindestens C 45, besser 50.

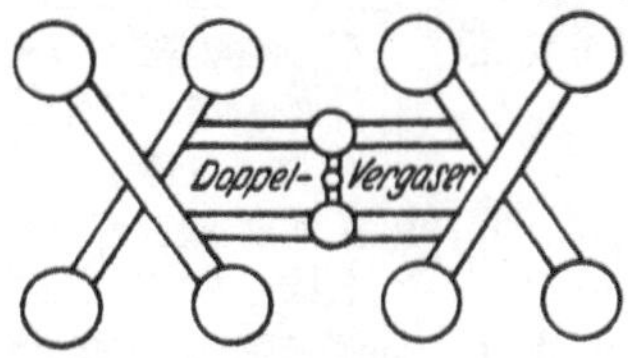

Bild 12. Gas-Kanal-Schema für V-8-Motoren

Material: Sondergußeisen mit 2,50—2,90 Silizium, 0,60—0,80 Mangan, 3,40—3,70 Kohlenstoff, 0,1 Schwefel im höchsten und 0,36—0,45 Phosphor, in Öl gehärtet. Oder: Silizium-Mangan-Federstahl; 0,55—0,65 Kohlenstoff, 0,6—0,9 Mangan, 1,8—2,20 Silizium, 0,05 Phosphor und Schwefel.

Zündkerzen werden jetzt mit möglichst kleinem Gewindedurchmesser gewählt. Sie sind besser gekühlt und haltbarer, außerdem lassen sie sich besser bei den kleinen Zylinderbohrungen, insbesondere bei Kopfsteuerung, unterbringen. Die Kerze mit 14- oder 12-mm-Gewinde reicht stets aus. Anordnung der Kerze s. S. 71 und 72.

Gaskanäle. Man achte auf glatte Führung, vermeide Vorsprünge, z. B. die Ventilführungen verengen sehr leicht den Querschnitt. Leistungsabfall ist die Folge.

Die Gaskanäle für 8-Zylinder-Gabelmotoren ergeben erst dann guten Erfolg, wenn sie nach Schema Bild 12 ausgeführt werden. Hierbei erhält jeder Zylinder seine volle Füllung. Doppelvergaser ist selbstverständlich erforderlich. Jeder für vier Zylinder. Die Ausführung einer solchen Kanalanordnung zeigt Bild 13 (Ford).

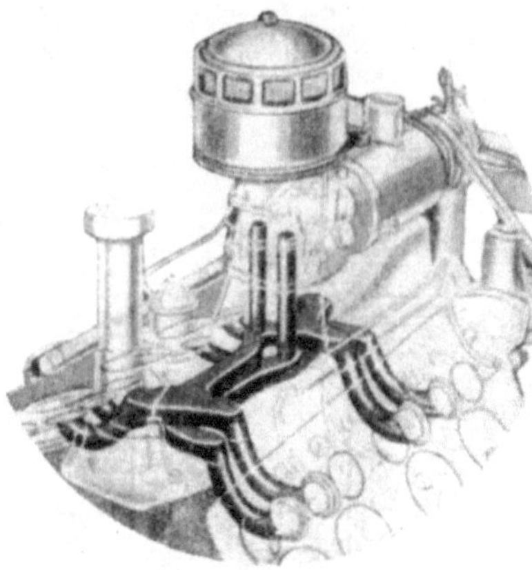
Bild 13. Gas-Kanal-Anordnung beim Ford V-8-Motor

Die Gemischbildung ist in hohem Maße von der Saugkanalführung und der Heizung abhängig. Die Tafel Bild 14 gibt die verschiedenen wichtigen Werte einer Anzahl Wagen wieder, die als Vergleich und richtunggebend gezeigt wird. Es sind auch ältere Motore darin enthalten.

Es gelten für die Gemischbildung folgende Erfahrungsgrundsätze:

1. Bei Drosselleistungen: Wirtschaftlichste Gemische mit hohem Luftüberschuß.
   Starke Gemischvorwärmung (trockene Gemische).
2. Bei Vollast: Reiche Gemische für höchste Leistungsausnutzung.
   Schwache Vorwärmung (nasse Gemische).
3. Anlassen: Reiche Gemische bei hoher Luftgeschwindigkeit (Zusatz-(Anlaß)-Vergaser).

Die Herstellung trockener Gemische muß vor der ersten Saugrohrabzweigstelle, also direkt über dem Vergaser, erfolgen. Regelbare Heizung an dieser Stelle erwünscht. Regelung der Heizung mit Drosselklappenstellung in Verbindung gebracht, siehe A.-H. 13 S. 806.

Eine automatisch regulierbare Heizung durch Thermostaten des Saugrohrteiles über dem Vergaser zeigt Bild 15 (Chrysler).

$f = d \cdot \pi \cdot 0{,}8h$

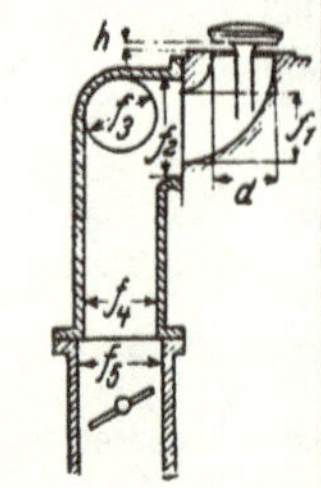

max. Gasgeschwindigkeit

$$V_{max} = \frac{F \pi . n . s}{f . 60}$$

		Chrysler Mod. 70	Buick Std. 33	Buick Mod. 33	Locomobile Jr. 8	Adler Stan. 6	Adler Stan. 6	Adler Stan. 8	Ford Mod. A	NAG 6 Zyl.	La Salle 8 Zyl.	NAG 8 Zyl V	NAG 8 Zyl V
	Bohrung u. Hub	79,4 x 120,7	76,2 x 114,3	79,4 x 114,3	71,4 x 101,6	70 x 110	75 x 110	75 x 110	98,43 x 107,95	84 x 120	82,5 x 125,4	80 x 100	85 x 100
f	Kolbenfläche	49,5 cm²	45,6 cm²	49,51 cm²	40 cm²	38,48 cm²	44,18 cm²	44,18 cm²	76,1 cm²	55,42 cm²	53,46 cm²	50,26 cm²	56,75 cm²
V_h	Volumen pro Zyl./cm³	597	522	565	408	423	486	486	822	667	672	503	568
H	Gesamtvolumen cm³	3582	3132	3390	3260	2540	2916	3888	3286	4000	5375	4025	4540
d	Ventilöffnung φ mm	35,5	36	36,5	30,1	32	32	32	34,8	38 ∢30'	38 ∢30'	35 ∢30'	36 ∢30'
h	Ventilhub mm	7,9	8,5	7,95	8,67	7,9	7,9	7,9	7,2	9	9	9	9
Drehzahl b. Höchstleistung		3000	3000	3000	3000	3100	3100	3400	2350	3200	3000	3300	3300
Alle Gasgeschwindigkeitswerte in m/sek gelten für													
	n =	3000	3000	3000	3000	3000	3000	3000	2000	3200 (3000)	3000	3300 (3000)	3300 (3000)
f	Ventil cm²	7,03	7,7	7,28	6,55	6,35	6,35	6,35	6,34	9,26	9,26	8,56	8,8
V_{max}	in f	136	106	122	98	105	120	120	135	120 (112,5)	115	101,5 (92,5)	111 (101)
f_1	Ansaugkanal cm² φ	9,9 φ35,6	7,8 φ31,5	8,55 φ33	10,18 φ36	8,04 φ32	8,04 φ32	8,04 φ32	9,62 φ35	9,08+10,18 φ34+36	11,34 φ38	10,18 φ36	10,18 φ36
V_{max}	in f_1	95	103	104	62,5	83,5	95	95	89,5	122+109 115+102,9	93,5	85,5 (78)	95,5 (88)
f_2	Saugstutzen cm² φ	8,55 φ33	7,8 φ31,6	8,04 φ32	8,55 φ33	6,16 φ28	7,07 φ30	8,04 φ32	8,86 φ33,5				
V_{max}	in f_2	110	103	110,5	75	108	108	95*	97				
f_3	Ansaugrohr cm² φ	8,55 φ33	7,8 φ31,5	8,04 φ32	8,55 φ33	6,16 φ28	7,07 φ30	7,07* φ30	7,30 φ30,5				
V_{max}	in f_3	110	103	110,5	75	108	108	108*	117				
f_4	Vergaserstutz. cm² φ	8,04 φ32	8,04 φ32	8,81 φ33,5	10,18 φ36	9,5 φ35	12,5 φ40	10,46 2x36,5	7,30 φ30,5				
V_{max}	in f_4	118	102	100,8	62,5	69	61	73*	117				
f_5	Vergaser cm² φ	10,46 1) φ36,5	13,2 3) φ41	17,8 2) φ47,6	10,46 1) φ36,5	9,6 3) φ35	12,5 3) φ40	10,46 1)* 2x36,5	7,07 4) φ30	12,57 4) φ40	Spezial	12,57 3) φ40	15,90 2) φ45
V_{max}	in f_5	90	63	50	61	68	61	73*	121	88,5 (83,5)		69 (63)	61,8 (56)
1) Stromberg 2) Marvel 3) Pallas 4) Zenith	Auspuffrohr												
Q_v	Querschnitt vorn cm²	18	10,5	10,5	13	11,5	11,5	14,5	10				
$\frac{Q_v}{V_H}$	Querschn. Belastg.	30 cm²/l	20 cm²/l	18,6 cm²/l	32 cm²/l	27 cm²/l	23,8 cm²/l	30 cm²/l	12,2 cm²/l				
Q_h	Querschn. hinten cm²	23	17	17	16,5	15,5	15,5	21,5	17				
$\frac{Q_h}{V_H}$	Querschn. Belastg.	38,4 cm²/l	32,5 cm²/l	30 cm²/l	40,5 cm²/l	36,5 cm²/l	31,8 cm²/l	44 cm²/l	20,7 cm²/l				
f_a	Abgasrohr cm² φ	18,8 φ49	13,2 φ41	17,8 φ47,6	18,8 φ49	16,6 φ46	19,6 φ50	24,4 φ58	19,6 φ50				
$\frac{f_a}{H}$	Querschn. Belastg.	5,25 cm²/l	4,2 cm²/l	5,25 cm²/l	5,75 cm²/l	6,5 cm²/l	6,7 cm²/l	6,3 cm²/l	6,0 cm²/l				
Bemerkungen:		*Doppelvergaser mit Zwillingssaugrohr für je 4 Zylinder											

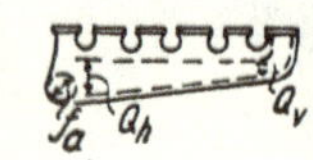

Bild 14. Gas-Kanal-Tafel

Ansauggeräusche sind oft sehr unangenehm. Sie können durch Lufteintrittsrohr-Gestaltung verändert, jedoch nicht ganz abgestellt werden. Die heute fast an jedem Wagen angebrachten Luftreiniger (siehe diese S. 71 und in A.-H. 13 S. 655) dämpfen bei stärkeren Motoren nicht genügend. Deshalb werden hierbei Ansauggeräuschdämpfer in Form von Behältern, durch die die angesaugte Luft strömt, angewendet. Sie werden dann mit dem Luftreiniger vereinigt. Siehe Bild 16.

Zylinder

1. Verbrennungsraum. Geringste Fläche, also kugelförmig, ist die theoretische Forderung. Läßt sich auch nur teilweise erreichen bei im Kopf hängenden Ventilen und ist dann teuer. Angenähertste Form bei dem Gabelmotor Bild 28 S. 726 A.-H. 13.

Sonst bei hängenden Ventilen zylindrische Form möglichst ohne Ausbauten, die jedoch bei zwei Ventilen schwer zu vermeiden sind.

Am häufigsten stehen die Ventile an der Seite, parallel der Zylinderachse oder besser etwas geneigt dazu.

Es gibt für den Verbrennungsraum die verschiedensten Konstruktionen. Ricardo, Whatmough und Janeway haben Lösungen vorgeschlagen, die jedoch noch nicht ganz befriedigen. Der Theorie der drei Forscher über das Klopfen bei hoher Hubraumleistung sind verschiedene Verdichtungsraumformen entstanden, siehe Bild 17, schematisch dargestellt. Bild 18 zeigt die praktische Ausbildung nach Whatmough.

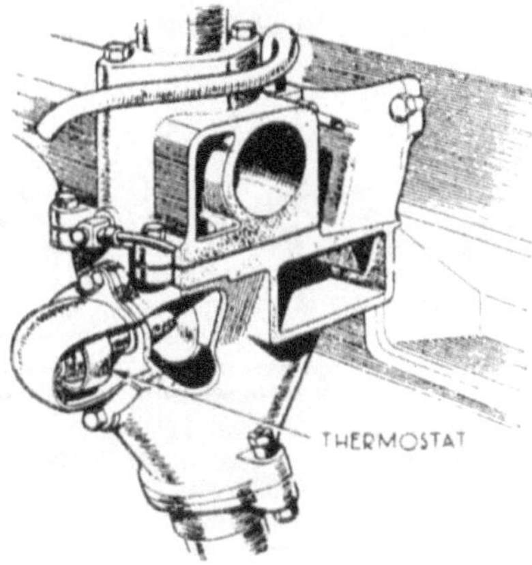

Bild 15.
Heizungs-Regelung durch Thermostaten

Whatmough gibt folgende praktische Konstruktionsregeln:

1. Möglichste Vermeidung jeglicher Turbulenz während des Auslasses, damit die Temperatur des Auslaßventiles nicht durch turbulente Erwärmung erhöht wird.

Das nicht turbulente Einsaugen des Gemisches trägt nebenbei zur besseren Füllung bei.

Ein weiteres Übel des zu heißen Ventiles ist die durch das heiße Ventil verursachte langsame Vorverbrennung des Gemisches.

2. Die Zündung soll von der heißeren zur kühleren Zone erfolgen, damit das heißeste Gemisch, das zur Detonation zuerst neigt, verbrennt und das unverbrannte Gemisch nie gegen eine heiße Wand komprimiert wird. Er setzt deshalb die Zündkerze dicht zum Auslaßventil.

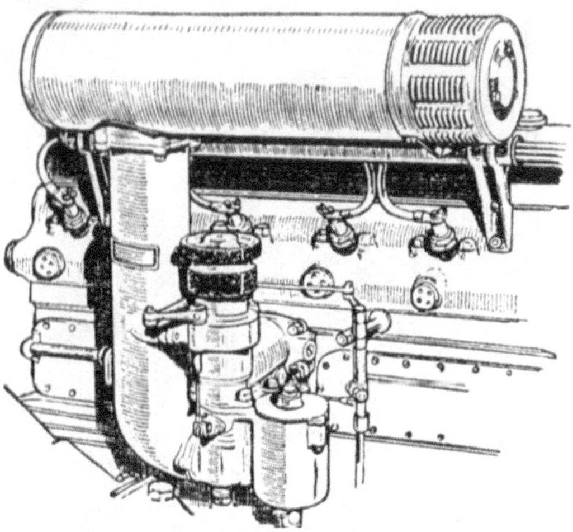

Bild 16. Ansauggeräusch-Dämpfer mit Luftreiniger

3. Intensive Kühlung des Ventiles und der von ihm erwärmten Umgebung. Bedeutend verminderte Kühlung der weiter wegliegenden Wände, da die Verhältnisse hier, was Kühlung anbelangt, weit günstiger liegen.

2. Laufbahn. Sie sei bis zur unteren Kolbenstellung bis zu deren unterstem Kolbenring gekühlt. Tiefere Kühlung ergibt unten stärkeres Abnutzen der Laufbahn.

Ihre Härte ist bei Gußeisen nicht unter 190 Brinell vorzuschreiben.

Härtere Sonderbaustoffe, nitrierter Stahl oder dergleichen, haben noch nicht den Beweis einer längeren Haltbarkeit erbracht. Dagegen scheint

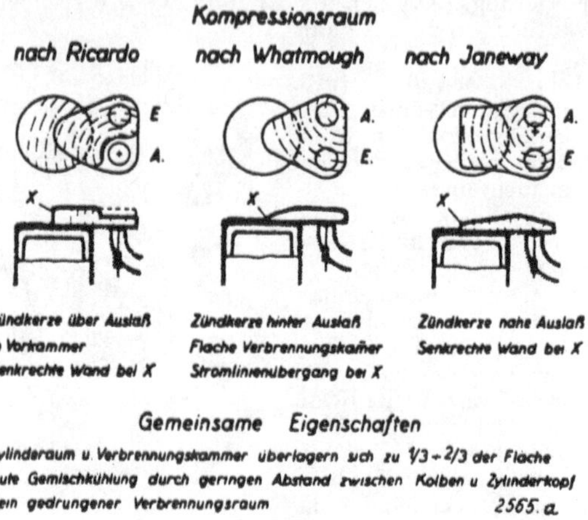

Bild 17

Schleudergußeisen infolge seiner Struktur mehr Aussicht auf Erfolg zu bieten, wie auch nitrierte Gußeisenbüchsen.

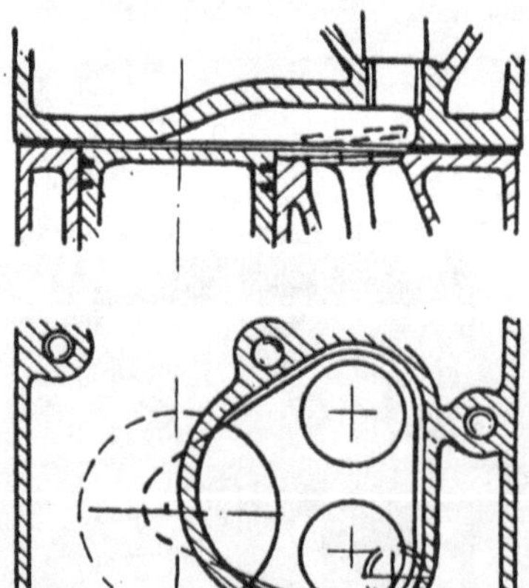

Bild 18.
Verdichtungsraum nach Whatmough

Der Schmierfilm soll nicht zu stark sein, da sonst die Gefahr besteht, daß Öl in größeren Mengen in den Verbrennungsraum gelangt, wo es die Leistungsfähigkeit herabsetzt.

Die Laufbahn soll so lang sein, daß der Kolben in seiner untersten Stellung höchstens 20% seiner Länge herausragt, die Abschrägung mitgerechnet, die zum Einbringen des Kolbens erforderlich ist.

Die stets beobachtete Abnutzung der Laufbahn am oberen Ende scheint nicht durch Abrieb, sondern durch Korrossion zu entstehen, und zwar hauptsächlich dann, wenn die Zylindertemperatur unter dem Taupunkt des Gemisches liegt. Also beim Anlassen und bei geringer Belastung. Die Versuche hierüber können jedoch noch nicht als abgeschlossen betrachtet werden. (Siehe ATZ 1934. Heft 9, S. 246.)

Eingesetzte Zylinderbüchsen. A.-H. 13, S. 722.

Trockene Zylinderbüchsen sind nicht direkt von Wasser umspült, sondern sie sind vom Blockkörper, also einer besonderen Zylinderwand, umgeben. Sie benötigen keine Abdichtung gegen Wasser, und werden meist fest eingesetzt. (Siehe Bild 6. S. 708 in A.-H. 13.)

Nasse Zylinderbüchsen sind direkt vom Wasser umspült, bedürfen besonders unten einer Abdichtung und Vorkehrung, daß keinesfalls Wasser bei Undichtigkeit ins Schmieröl gelangt. Siehe Bild 19.

Die Forderung des modernen Konstrukteurs, rund bleibende Bohrungen im Zylinder zu erhalten, sind durch die Anwendung von nassen Zylinderlaufbüchsen zu erreichen. Dabei ist die Tendenz immer mehr dahingehend, den Zylinderblock aus ganz normalem Grauguß herzustellen, da ja der Block

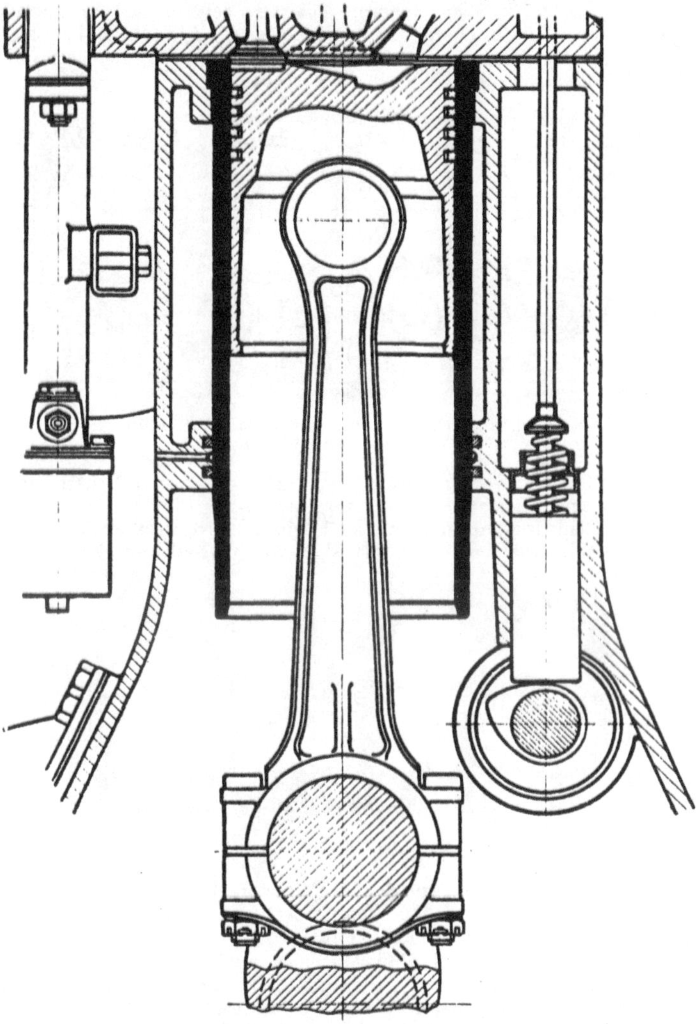

Bild 19. Nasse Zylinderbüchse

selbst keinem Verschleiß unterliegt, während die eigentlichen Verschleißflächen in den Zylinderlaufbüchsen und Ventilsitzringen liegen. Die Vorteile dieser Kombination gegenüber Zylinderblöcken aus hochwertigem Edelguß, in welchem die Zylinderflächen gleich mit eingegossen sind, liegen auf der Hand. Erstens ist dieses hochwertige Material infolge seiner hohen Härte schwer zu bearbeiten, ferner ergeben sich in diesen komplizierten Zylindern viele Spannungen, die eine noch so sorgfältig hergestellte Bohrung im Betriebe sehr bald unrund werden lassen. Zuletzt ist auch die Ausschußgefahr bei ganz gegossenen Zylinderblöcken ein nicht zu unterschätzender Faktor, der bei Verwendunug von Graugußblock-Zylinderlaufbüchse in Fortfall kommt. Es kann in der heutigen Zeit als Materialverschwendung angesehen werden, den ganzen Block aus teuerem legierten, schwer zu bearbeitendem Edelguß herzustellen, nur um gut verschleißbare Zylinderflächen zu erzielen. Bei kleineren Motoren oder solchen, wo es auf Leichtigkeit ankommt, wird der Zylinderblock aus Silumin hergestellt.

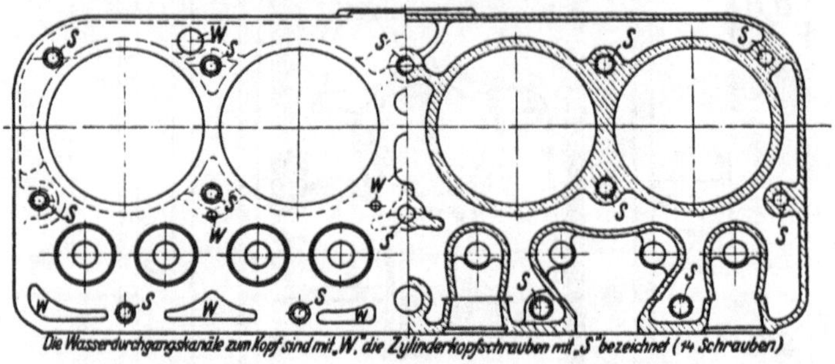

Bild 20. Aufsicht auf Zylinderfläche mit oberem Schnitt. Wasserdurchtrittskanäle und Schrauben-Anordnung

Die Laufbüchsen werden aus Stahl, Gußeisen, Sonderbaustoffen, als Schleuderguß und nitriertem Stahl, hergestellt.

Eine Konstruktion mit nassen Laufbüchsen wird stets leichter als ein gegossener Block, wohl aber teurer, aber die Gußschwierigkeiten durch

Bild 21

Formsandversetzungen und ungleiche Wandstärken sind behoben, die Kühlung gleichmäßiger und der Wasserdurchlauf unbehinderter, Wärmestauungen durch Gußanhäufungen vermieden.

3. **Wasserraum.** Der Auslaßventilsitz muß stets vollständig vom Wasser umspült sein. Mindeste Wasserraumdicke an den engsten Stellen 6 mm, darunter tritt Verengung durch Formsandabbröckelung ein.

Die Ventilschaftführung muß gleichfalls beste Wasserumspülung haben, denn hier wird die Wärme vom Ventilschaft abgeleitet.

Der Wassereintritt soll in der Nähe der heißesten Zone, also zwischen den Auslaßventilsitzen, oder kurz darunter liegen. Der Austritt stets an höchster Stelle des Wasserraumes, der dort noch etwas nach oben gezogen wird. Gleichmäßige Verteilung des Wassers und zweckmäßige Leitung zu den heißen Zonen durch Leitwände ist vorteilhaft. Verhindert muß werden, daß sich durch die zusammengesetzten Kerne Gußhäute bilden, die den Wasserumlauf hemmen. Große Öffnungen an den gefährdeten Stellen,

z. B. an der Ventilseite bei seitlich stehenden Ventilen und an den Enden des Blockes sind vorzusehen und nach gründlicher Reinigung dicht zu verschließen.

4. **Zylinderkopf**, seine Befestigung und Dichtung.

Meistens aus Gußeisen (bei seitlich stehenden Ventilen auch aus Leichtmetall). Hoch genug um gegen Durchbiegen sicher zu sein. Große Wasserdurchtrittsöffnungen vom Zylinder zum Kopf. Zündkerzensitz und Verdichtungsraum vollständig vom Wasser umspült.

Die Dichtungsfläche an keiner Stelle unter 8 mm breit, besonders nicht zwischen zwei benachbarten Zylindern wegen der Gefahr des Durchbrennens der Dichtung.

Die Befestigungsschrauben, wegen des starken Anziehens zur Dichtung aus vergütetem Stahl, in gleichmäßigem, nicht zu großem Abstand. Beispiel hierfür zeigt Bild 20.

Die Kopfdichtung erfolgt durch Kupferasbest 1,5 bis 2 mm stark, gegebenenfalls mit Nickeleinfassung zum Verdichtungsraum zu für stark wärmebelastete Motoren (Diesel) oder durch Metallgewebe mit Asbestmasse (Reinz-Dichtung), die wesentlich schwächer, etwa 0,6 mm sind. Das Bild einer Dichtung zeigt Bild 21. Infolge der besonderen Struktur (kombiniertes Asbest-Metallgewebe) bei der Reinz-Dichtung besseres Ausfüllen von Bearbeitungsriefen.

Kolben und Pleuelstange

Kolben *)

Betriebsbedingungen		Anforderungen
1. Große Geschwindigkeit	1÷12 m/sec	Geringes Gewicht
2. Großer Druck	30÷50 kg/cm²	Hohe Festigkeit und Dehnung
3. Hohe Temperatur	2500° im Verbrennungsraum Kolbentemperaturen: Am Boden: 450° bei Grauguß, 250—380° bei Leichtmetall Am Schaft 160° bei Grauguß, 130° bei Leichtmetall	Gute Wärmeleitfähigkeit Gute Warmhärte
4. Gleitende Reibung	Seitendruck ca. 10% vom Verbrennungsdruck, 3 bis 6 kg/cm² am Kolbenschaft	Guter Verschleißwiderstand auch unter ungünstigen Schmierverhältnissen
5. Wechsel der Anlage von einer Zylinderseite zur anderen	Spiel zwischen Kolben und Zylindern möglichst nach Din-Laufsitz 0,03—0,09 mm bei 50÷120 ⌀	Geräuschlosigkeit Wärmeausdehnung des Kolbens, Anpassung an Wärmeausdehnung des Zylinders

1. Kolbenbaustoffe

Beurteilung von Kolbenbaustoffen

Eigenschaft	gewünscht	Bemerkungen
Spezifisches Gewicht	soll möglichst niedrig sein	Zur Erreichung hoher Drehzahlen geringe Massenbeschleunigung bedingt
Wärmeausdehnung	Idealwert entsprechend der Zylinderausdehnung und Temperatur ist für Wasserkühlung $9 \cdot 10^{-6}$	Sonst Klappern oder Fressen. Mindestens aber bei widerstandsfähigen Legierungen Leistungsverlust bis der Kolben sich das seiner Ausdehnung entsprechende Spiel infolge Abnützung geschaffen hat

*) Die Angaben sind hauptsächlich von der Firma Elektron, Cannstatt, freundlichst zur Verfügung gestellt.

Kolbenbaustoffe (Fortsetzung)

Eigenschaft	gewünscht	Bemerkungen
Wärmeleitfähigkeit	soll möglichst hoch sein, für Leichtmetall bei normaler Beanspruchung Mindestwert $\frac{0{,}20 \text{ cal.}}{\text{cm. sec. } ^0\text{C}}$, bei Hochbeanspruchung nicht unter 0,30	Sonst Durchbrennen oder Überhitzung des Bodens. Die Vorteile der Hochkompression können bei schlechter Wärmeleitfähigkeit nicht ausgenützt werden. Ölkohlebildung im Innern des Bodens bei zu niedrigen Werten
Warmhärte	soll möglichst hoch sein, wichtig wegen der Ringpartie	Schäden am Boden und Ausschlagen d. Ringnuten, Abnützung u. Festbrennen der Ringe sind die Folge von ungenügender Warmhärte bei der Betriebstemperatur des Kolbens
Verschleißwiderstand	soll möglichst groß sein, lebenswichtig für jeden Gebrauchskolben	Ungenügender Verschleißwert ergibt rasche Abnützung von Kolben und Zylinder, damit vorzeitiges Klappern, niedrige Lebensdauer

Hat ein Kolbenwerkstoff nur **eine** gute Eigenschaft in hervorragendem Maß, so ist damit seine Eignung für **alle** Zwecke noch nicht erwiesen.

Ferner wichtig, jedoch nicht ausschlaggebend:
1. Dehnung möglichst nicht unter 0,2%.
2. Gute Kerbzähigkeit.
3. Hohe Dauerbiegefestigkeit.
4. Leichte Gießbarkeit mit möglichst gleichmäßiger Zusammensetzung.
5. Leichte Bearbeitbarkeit erwünscht.
6. Billiger Preis.

2. Kolbentemperaturen

Im Betriebszustande bei wassergekühlten Motoren siehe Bild 23 und 24 (Elektron).

Der Kolben soll die Wärme gut ableiten. Kolbentemperatur soll niedrig sein.

3. Kolbenkonstruktion

Der Kolben soll sich genau so ausdehnen wie der Zylinder.

Die Auswahl des Baustoffes richtet sich nach dem Verwendungszweck.

Für normale Motoren soll die Wärmeleitfähigkeit mindestens 0,20 betragen.

Für Renn- und Sportmotoren mindestens 0,30.

Für die Festlegung des Kolbenspieles ist die Betriebstemperatur zu berücksichtigen, sie ist im Mittel bei wassergekühlten Motoren:

für den Zylinder 110°,
für den Kolbenschaft 135° (bei Leichtmetall),
für den Kolbenschaft 150° (bei Grauguß).

Kolbenspiel. Für wassergekühlte Motoren siehe Bild 25 und 26. Hierbei ist der Schaft zylindrisch von I Fbis II F. Häufig macht man den Schaft konisch, nach unten stärker, und zwar um etwa $^3/_{100}$ bis $^4/_{100}$ mm gegenüber bei I F oder E, also $II\,F = I\,F + 0{,}03$ mm.

Faustformel für Kolbenspiel

	Spiel am Kolbenschaft „F“	Spiel am Boden „A“
	Tausendstel vom Durchmesser mal	
Leichtmetallkolben auf Alu-Cu-Basis und Elektron .	1,5	4,5
„ „ Alu-Sil-Basis.	1,1	3,5
„ m. Invarstreifen a. Alu-Cu-Basis	0,65	4,5
„ Schlitzmantel auf Alu-Cu-Basis	0,9	4,5
Graugußkolben	0,9	3,5

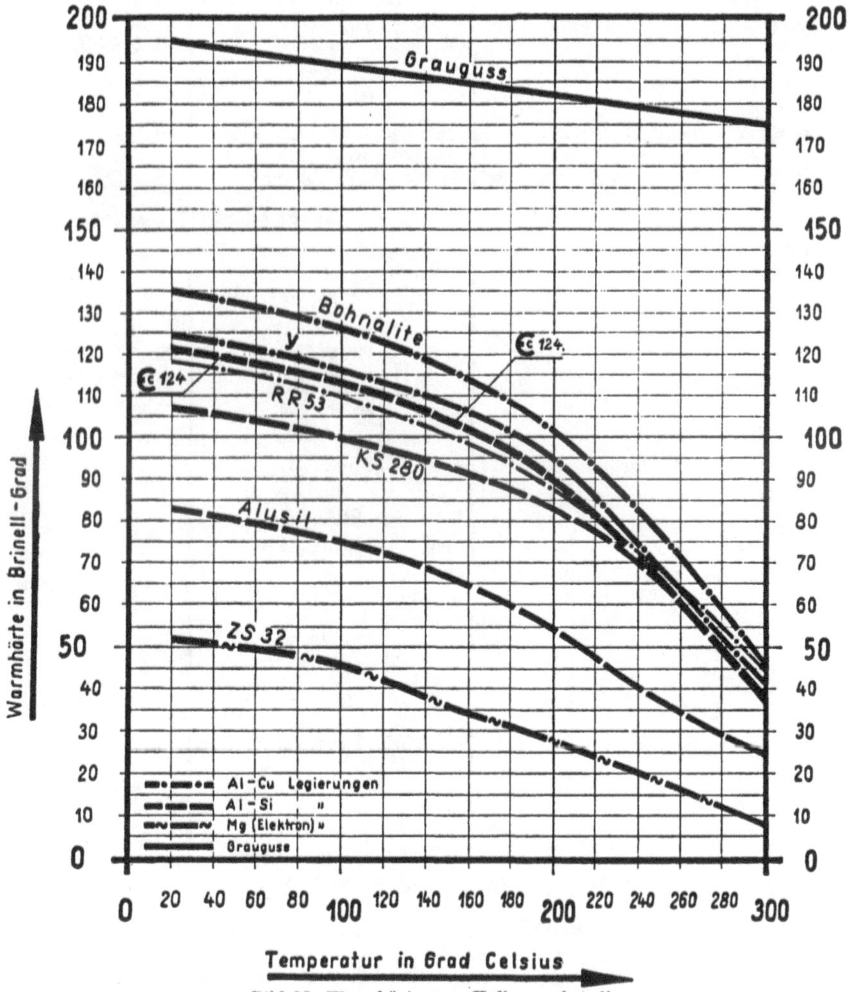

Bild 22. Warmhärte von Kolbenwerkstoffen

Das Spiel in der Ringpartie, siehe Bild 25 und 26 in Tafel, für wassergekühlte Motoren muß sorgfältig bei den Erstausführungen beachtet werden.

Gängige Kolben-

Bezeichnung	Chemische Zusammensetzung	Spezifisches Gewicht
	Leichtmetall-Legierungen	
Bohnalite	Cu 9 bis 11% Mg 0,1 bis 0,5% Fe max. 1% Unreinigk. max. 0,75% Al min. 87%	
Y	Cu 4% Mg 1,5% Ni 2% Rest Al.	2,8—3,1
L. 8	Cu 11 bis 15% Rest A.	
	Leichtmetall-Legierungen	
KS 245	Si 12 bis 13% Cu u. Versch. 7,5% Al. min. 80%	
Alusil	Si über 20% Rest Al.	
KS 280	Si über 20% Versch. 6% Al. min. 74%	2,6—2,8
Silcu 412 (wie Titanal)	Si ca. 4% Cu ca. 12% Al. min. 83%	
EC—124	Si 12 bis 14%	
	Leichtmetall-Legierungen	
Elektron ZS 32	Zn 3% Si 2% Magnes. 95%	1,8
	Grau-	
Grauguß	C gesamt 3,4 bis 3,7% Si 2,5 bis 3% P 0,35 bis 0,6% S 0,1 max. Mn 0,5 bis 0,9 evtl. Nickel- u. Chromzus.	7,3—7,8

Invarstahl mit 34% Nickel hat ca. $2 \cdot 10^{-6}$ Wärmeausdehnung.

Bei dem leichtesten Fressen an diesen Stellen werden die Kolbenringe festgehalten und an ihrem guten Abdichten gehindert.

Die Wärmehärte verschiedener Kolbenbaustoffe veranschaulicht Schaubild 22.

Wichtig ist: gute Härte am Schaft wegen Abnützung,
gute Härte in der Ringpartie wegen Ringsitz,
gute Härte am Boden wegen Durchbiegung, Durchbrennen

legierungen

Wärmeausdehnung[1])	Wärmeleitfähigkeit[2])	Bemerkungen
auf Aluminium-Kupfer-Basis		
		Standardlegierung für Leichtmetallkolben mit Invarstreifen (Pers.- u. Lastwagen), nach dem Gießen thermisch vergütet. Ausgezeichnete Laufeigenschaft und Wärmeleitfähigkeit
22—25	0,33—0,39	Beste Wärmeleitfähigkeit und Laufeigenschaft für thermische Hochbeanspruchung, Flugmotoren usw., nach dem Gießen thermisch vergütet
		Billige Legierung, ausreichend für normale Beanspruchungen in Kleinwagen, Motorrädern, Lastwagen
auf Aluminium-Silizium-Basis		
		Geringe Wärmeausdehnung, niederes Gewicht, ausgezeichneter Verschleißwiderstand
17—19	0,22—0,29	Besonders geeignet für Kleinwagen, Motorräder. Lastwagen, Schlepper bei Überbeanspruchung in bezug auf Verschleiß
auf Magnesium-Basis		
22—25	0,33—0,39	Geringstes Gewicht, für Rennzwecke, Flugmotoren
guß		
12	0,13	

Kolbengewichte. Hierfür gibt das Schaubild, Bild 27, einen Anhalt, das Durchschnittsgewichte zeigt.

Kolbengestaltung.

1. Schlitzmantel-Kolben. (Siehe Bild 28.) T- oder durchgehender Schlitz und kurvenförmig freigegossene Kolbenbolzenaugen zur Verhütung der Freßstellen. Leicht und billig.

[1]) Die Zahlen müssen mit 10^{-6} multipliziert werden.
[2]) Bei 20 °C.

2. MEC-Kolben (nach dem Konstrukteur Dir. Mahle von Elektron so benannt), siehe Bild 29, das die Kolbendeformationen von glattschaftigen und MEC-Kolben bei Wärme- und Kraftübertragungsbelastungen in Gegenüberstellung zeigt.

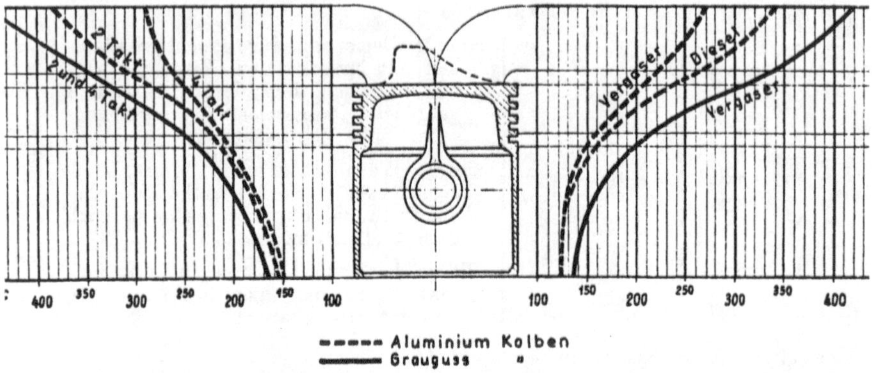

Bild 23. Kolbentemperaturen im Betriebszustand bei glattschaftigen Kolben in wassergekühlten Motoren

Das Prinzip des MEC-Kolbens zeigt Bild 30. Mit diesen Kolben ist auch bei hochbeanspruchten Motoren ein geringes Kolbenspiel und ein billiger Preis zu erzielen.

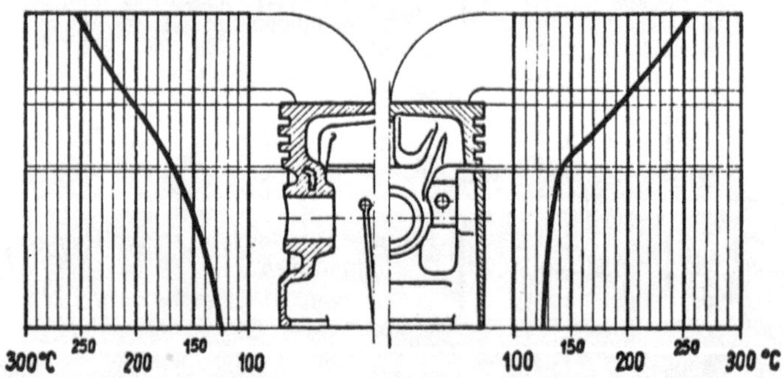

Bild 24. Kolbentemperaturen im Betriebszustand bei Invar-Kolben

3. Der Invarplatten-Kolben mit breiten eingegossenen Invarstreifen, die die ganze Länge des Kolbenschaftes beeinflussen. Beste Kolbenkonstruktion, aber auch teuer. Findet große Anwendung.
   Größte erreichte Anpassung der Wärmedehnung an den Zylinder.

Kolbenringpartie mit verstärktem Ringträger ist bei Hochleistungsmotoren, besonders bei Dieselmotoren, erforderlich. Sie verhindert durch ihre große Warmhärte ein Ausschlagen der Ringnuten und Abbrennen der Kanten des von den Verbrennungsgasen berührten Kolbenteiles. Das Leichtmetall, Al-Si-Legierung mit $1{,}8 \cdot 6^{-10}$ Wärmeausdehnung erhält eine gußeiserne Armierung eingegossen, aus einem Gußeisen mit Nickel- und Kupferzusatz, wodurch ebenfalls $1{,}8 \cdot 6^{-10}$ Wärmeausdehnung erzielt wird, also

Beispiele für Kolben-Spiele bei Wasserkühlung

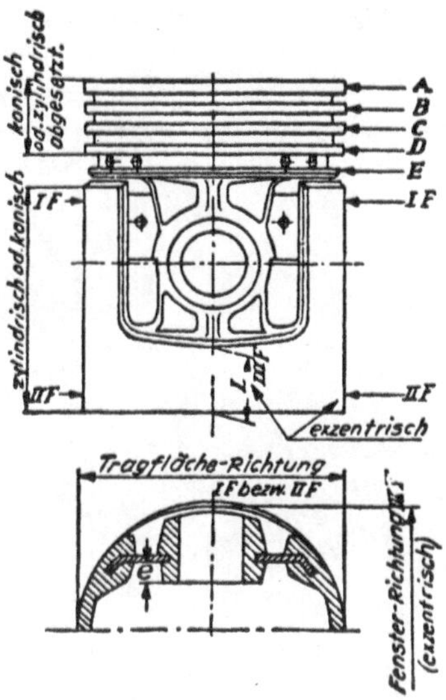

Bild 25. Kolbenspiel bei Invar-Kolben

Beispiel:

Kolben 80 Durchm. Alusil
Maß A: 0,28 mm kleiner als Zyl.-Durchm.
Maß D: 0,16 mm kleiner als Zyl.-Durchm

Spiel in der Ringpartie:

konisch oder zylindrisch abgestuft von A bis D / Durchm. E 1 mm kleiner als Zyl.-Durchm.

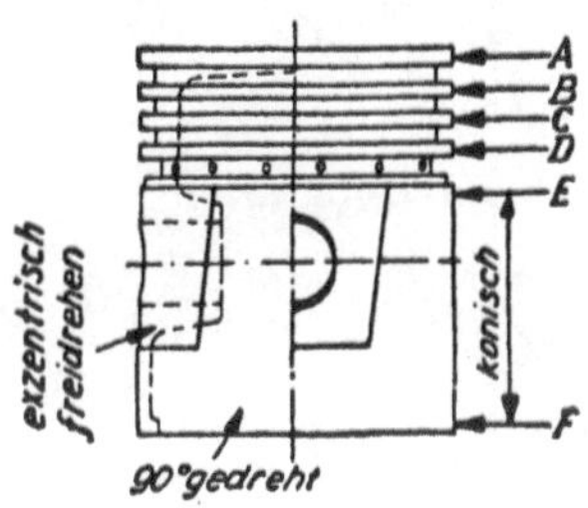

Bild 26. Kolbenspiel bei Aluminium-Silizium- und Aluminium-Kupfer-Kolben

Zyl. Ø	60 bis 69	70 bis 79	80 bis 89	90 bis 99	100 bis 109	110 bis 119	60 bis 69	70 bis 79	80 bis 89	90 bis 99	100 bis 109	110 bis 119	60 bis 69	70 bis 79	80 bis 89	90 bis 99	100 bis 109	110 bis 119
Kolben-Maß	Invar-Kolben						Aluminium-Silizium-Kolben[1])						Aluminium-Kupfer-Kolben[2])					
A	0,30	0,35	0,40	0,45	0,50	0,55	0,22	0,25	0,28	0,32	0,35	0,40	0,30	0,35	0,40	0,45	0,50	0,55
B	0,25	0,30	0,33	0,38	0,42	0,45	0,16	0,18	0,20	0,22	0,24	0,28	0,24	0,28	0,32	0,36	0,40	0,44
C	0,22	0,25	0,28	0,32	0,36	0,39	0,14	0,16	0,18	0,20	0,22	0,25	0,20	0,24	0,27	0,30	0,34	0,37
D	0,20	0,22	0,25	0,28	0,30	0,33	0,12	0,14	0,16	0,18	0,20	0,23	0,17	0,20	0,22	0,25	0,27	0,30
E	ca. 1 mm kleiner als Zyl. Ø						0,09	0,11	0,12	0,14	0,15	0,17	0,12	0,15	0,16	0,18	0,19	0,22
							0,06	0,07	0,08	0,09	—	—	0,06	0,07	0,08	0,09	0,10	0,11
IF	0,04	0,045	0,05	0,06	0,07	0,08	0,07	0,08	0,09	0,10	0,11	0,12	0,09	0,11	0,12	0,13	0,15	0,17
							0,04	0,05	0,06	0,07	—	—	0,03	0,04	0,05	0,06	0,07	0,08
IIF	wie *IF* oder konisch ÷ 0,01 bis 0,04						Die oberen Werte gelten jeweils für ungeschlitzten Schaft, die unteren für MEC-Kolben und *T*-Schlitz						Die oberen Werte gelten für ungeschlitzten Schaft, die unteren für geschlitzten Schaft					
IIIF	Auf Länge *L* — 0,02 bis 0,05 von *IF*																	

[1]) Hierzu gehören Legierung: EC 124, KS 245, Alusil. [2]) Hierzu gehören Legierung Bohnalite, Y, Elektron ZS 32.

Haltbarkeit gewährleistet ist. Ausführungsarten der Armierung zeigt Bild 31.

Kolbenringe. Sie sollen abdichten ohne den Zylinder anzugreifen, keine Abnutzung aufweisen und durch ihren Anpreßdruck geringsten Widerstand erzeugen. Schleudergußeisen, jeder Ring einzeln gegossen, ergibt gute Erfolge.

Wichtig ist die Einhaltung der Passung für die Ringnute und den Ring. Sie muß „feingedreht" sein, der Ring nicht nur geschliffen (in seiner Breite) sondern unbedingt geläppt. Das Spiel des Ringes in der Nute soll

höchstens 0,03 mm,
mindestens 0,015 mm betragen.

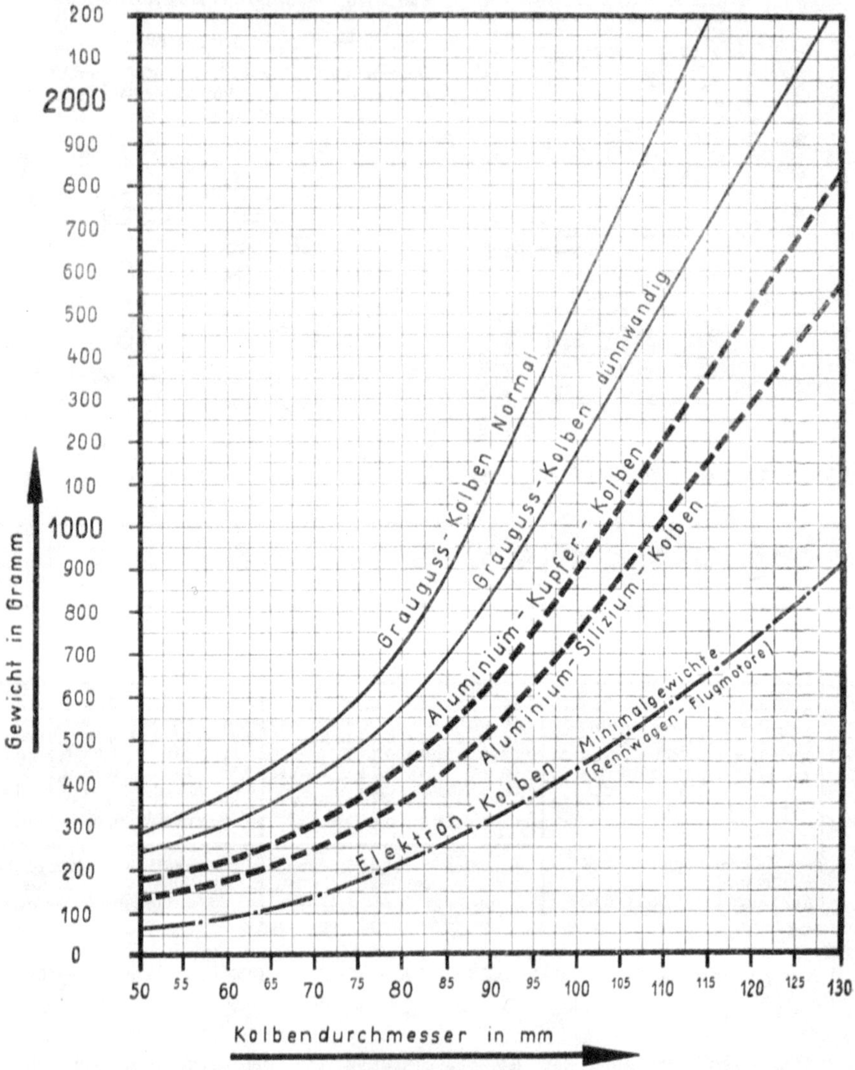

Bild 27. Kolbengewichte

Der oberste Ring, der heißer wird, darf bis zu höchstens 0,01 mm mehr Spiel haben.

Die Schlitzbreite bei schrägem oder geradem Schlitz darf in eingebautem Zustande 0,2 mm nicht übersteigen. Der gerade Schlitz ist vorzuziehen, da er den Kolbenring nicht dreht. Ringquerschnitte siehe Bild 32 und 33.

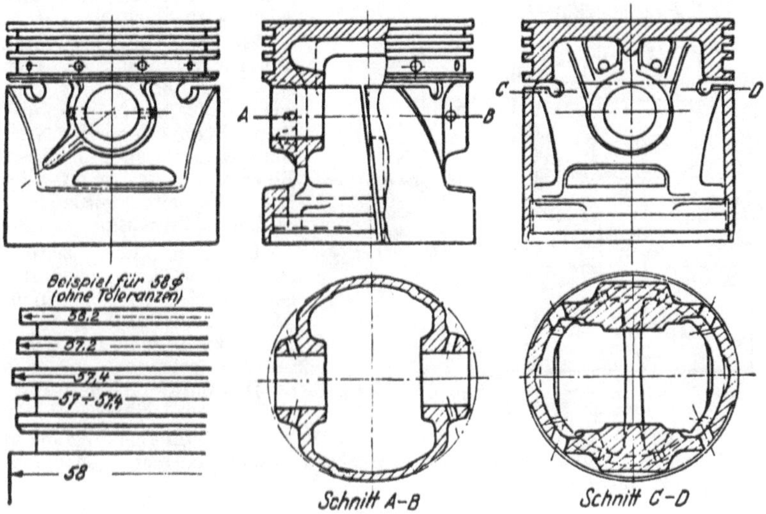

Bild 28. Schlitzmantel-Kolben bewährtester Konstruktion

Für ältere, schon etwas ausgelaufene Zylinderlaufbahnen können konische Kolbenringe (Bild 34) in den Kolben eingepaßt werden, die ein Ausschleifen des Zylinders

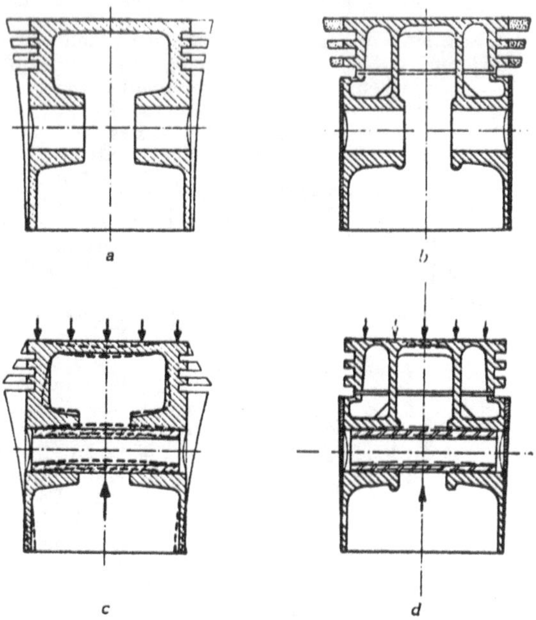

Bild 29. Prinzip des MEC-Röhrenkolbens
a Deformation des normalen glattschaftigen Kolbens durch die Wärmeausdehnung
b MEC-Röhrenkolben mit Schaft, unbeeinflußt durch die Wärmeausdehnung des Kolbenbodens
c Deformation des normalen glattschaftigen Kolbens durch die Kraftübertragung
d MEC-Röhrenkolben, unbeeinflußt am Schaft durch die Kraftübertragung

Bild 29. MEC-Kolben rechts, zu glattschaftigen Kolben links

erübrigen, den Ölverbrauch vermindern und noch lange Zeit den Motor in wirtschaftlichem Betriebe halten. Diese Konus-Kolbenringe federn durch ihre Schlitze in der Breite und dichten hierdurch außerordentlich gut ab.

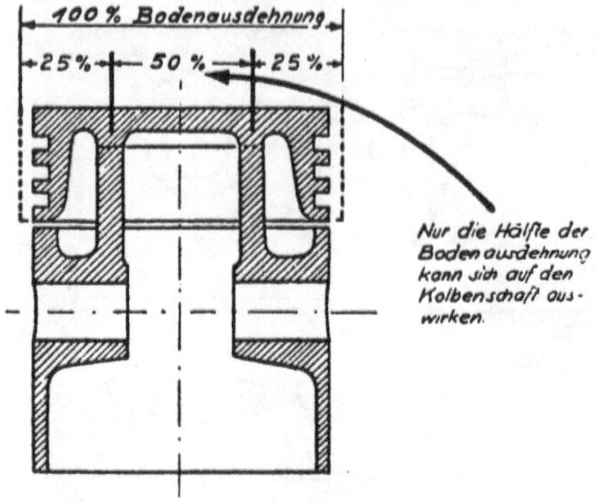

Bild 30. MEC-Kolben

Es sind zum Abdichten drei Ringe erforderlich, dazu ein Ölabstreifring mit entsprechender Kante und Nute. Siehe Bild 35. Von der Nute soll das abgestreifte Öl durch Bohrungen ins Innere des Kolbens geleitet werden, wo es den Kolben kühlt.

Die Ringe sollen schmal sein, 2,5 bis 3,5 mm, sie tragen dann besser. Gegebenenfalls können auch in einer Nute zwei schmale Ringe untergebracht werden, man erhält dann vier Abdichtungsringe in zwei Nuten.

Pleuelstange. Länge: nicht unter 3,5 · Kurbelhalbmesser, im Mittel 4 · Kurbelhalbmesser. Gewicht so niedrig wie möglich.

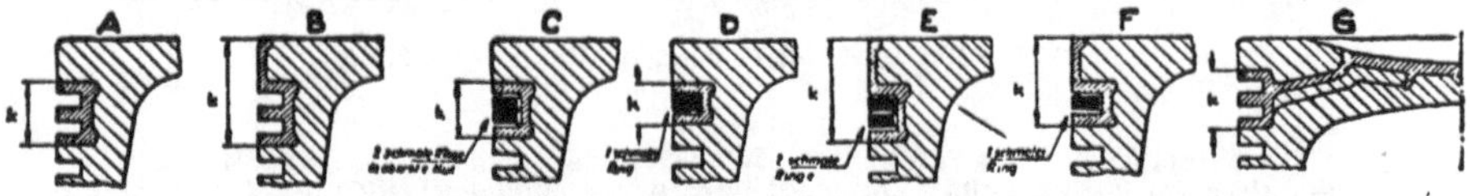

Bild 31. Armierte Ringnuten DRP. und AP. der Elektronmetall Cannstatt

Sie ist sehr starken Wechselbeanspruchungen ausgesetzt und ihre Berechnung auf folgende Belastungsarten durchzuführen:

Knicken — durch Verbrennungsdruck,
Druck — durch Verbrennungsdruck,
Zug — durch Massenkräfte des Kolbens,
Biegung — durch die Massenkräfte der Stange selbst.

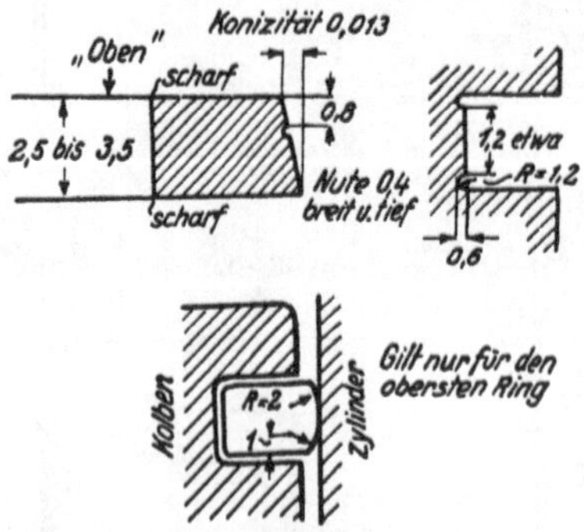

Bild 32 und 33. Kolbenring- und Nuten-Querschnitt.

Für Knickungsrechnungen sind die Formeln für an beiden Enden nicht fest eingespannte Stangen zu verwenden.

Infolge der starken Wechselbeanspruchungen ist ein Baustoff von hoher Schwingungsfestigkeit zu verwenden. Vergütungsstahl, also höher gekohlter Stahl, etwa 0,35 bis 0,4 % Kohlenstoff, gegebenenfalls mit Mangan, Chrom und Silizium legiert, reicht aus, wenn er auf 70 bis 80 kg/mm² Festigkeit vergütet wird. Absolute Rissefreiheit und Vermeidung jeglicher Kerbwirkung Bedingung. Deshalb, und auch um leichter zu bauen, werden vielfach die Pleuelstangenschrauben in einem Stück mit der Stange im Gesenk geschmiedet, siehe Bild 36. Denn gerade die Einsenkungen für den Schraubenkopf oder die Mutter sind gefährlich. Außerdem wird der Kopf kleiner im Durchmesser.

Querschnitt der Stange am besten I-förmig, da hierbei eine gute Übertragung des Druckes auf das Lager erfolgt. — Kreuzförmiger Querschnitt erfordert stärkere Augenwandungen und somit größeres Gewicht, sonst hält die Lagermetall-Ausgießung nicht. — Runder Querschnitt ist leicht,

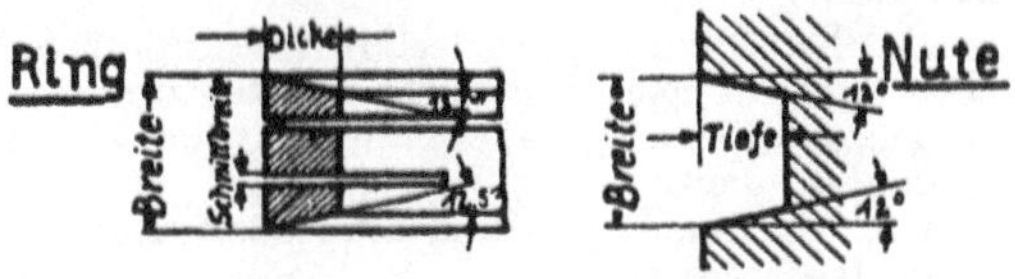

Bild 34. Konischer Kolbenring und dazugehörige Nute

jedoch sehr teuer in der Bearbeitung, denn die kleinste Dreh- oder Bohrriefe kann zum Bruche führen. Sorgfältigste Bearbeitung erforderlich.

Leichtmetall-Pleuelstangen werden infolge ihrer ungeeigneten Schwingungsfestigkeit nur noch selten angewendet.

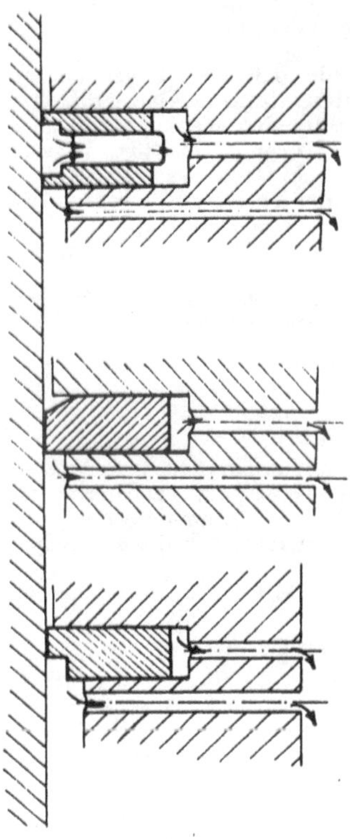

Bild 35. Ölabstreifer

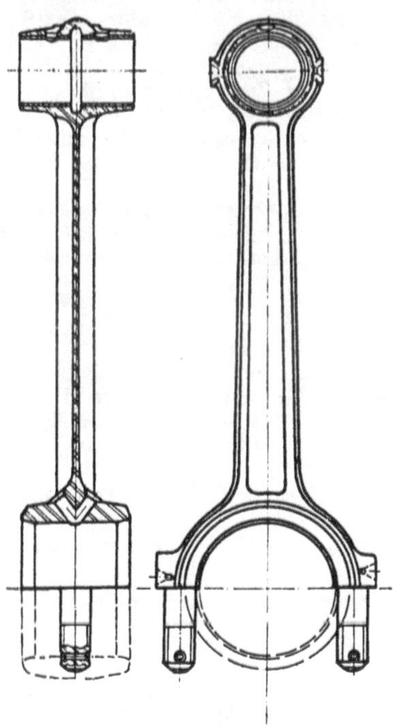

Bild 36. Pleuelstange mit angeschmiedeten Schrauben

Ihren Vorteil der besseren Wärmeabfuhr wiegen die anderen Nachteile nicht auf, auch ist kaum eine nennenswerte Gewichtsverminderung vorhanden.

Kurbelwelle.

Belastung durch:

Verbrennungsdruck,
Massenkräfte der Triebwerksteile und
eigene kritische Schwingungen.

Zur Verminderung dieser Kräfte erforderlich:

Starke, biegungsfreie Ausführung.

Beste Auswuchtung, dynamisch.

Schwingungsdämpfung durch Gestaltung und Anbringen von Schwingungsdämpfer.

Baustoff mit höchster Schwingungsfestigkeit erforderlich, hart und zäh. oder Lagerstellen gehärtet nach verschiedenen Verfahren.

Neuerdings gegossene Kurbelwellen mit sehr harter Oberfläche und hoher Schwingungsfestigkeit.

Entwurf erfolgt von den Lager- und Pleuelzapfen aus durch Flächendruckbestimmung, dieser ist:

im Pleuellager 65—100 kg/cm^2,
im Lager 40— 80 kg/cm^2.

Großer Durchmesser der Lager- und Pleuelzapfen ist vorteilhaft, sie werden ausgebohrt zur Schmierung und Erleichterung.

Länge des Pleuellagers 0,8 d bis $\frac{1}{2}$ des Zylinderdurchmessers.

Länge der Hauptlager ist verschieden.

Das Schwungradlager wird 1,5 bis 2 d, die mittleren Lager werden 0,4 bis 0,8 d mit Ausnahme des mittelsten, das infolge der benachbarten, gleichgerichteten Kurbeln und der daherrührenden Massenkräfte (also doppelte Lagerbelastung) länger sein muß, und zwar 0,8 bis 1,6 d, je nach dem Platz. Zu lang dürfen die Lager nicht gemacht werden, wegen Kantenpressung durch Durchbiegung der Welle und der Folgeerscheinungen. Das Lager am Antrieb für Nockenwelle usw. soll auch um etwa 0,25 d länger sein als die kürzesten mittleren Lager, sofern der Antrieb nicht am Schwungradende erfolgt.

Der Verbrennungsdruck bei Vergasermaschinen beträgt ca. 30 atm. Hiervon gehen die Massenkräfte entsprechend der jeweiligen Drehzahl ab.

Die Massenkräfte errechnen sich aus

$$p = \left(\frac{n}{30}\right)^2 \cdot G_0 \cdot r \cdot (1 \pm \lambda),$$

wobei p je cm^2 Kolbenfläche gerechnet und G_0 das Gewicht vom Kolben vollständig und der Hälfte des Pleuelstangen-Gewichtes ist. Hierbei ist vorausgesetzt, daß das große Auge der Pleuelstange als umlaufende Masse der Kurbelwelle angesehen und mit dieser ausgewuchtet resp. ausgeglichen wird.

Die jeweilige Kolbengeschwindigkeit v bei φ Kurbelwinkel in m/s ist:

$$v = r \cdot \omega \cdot \left(\sin\varphi \pm \frac{1}{2}\,\frac{r}{l} \cdot \sin 2\varphi\right).$$

Mittlere Kolbengeschwindigkeit ist

$$v_m = \frac{s \cdot n}{30}.$$

Die jeweilige Kolbenbeschleunigung b in m/s^2 ist

$$b = r \cdot \omega^2 \cdot \left(\cos\varphi \pm \frac{r}{l} \cdot \cos 2\varphi\right).$$

\+ gilt für den Kolbenabwärtslauf
— gilt für den Kolbenaufwärtslauf,
r ist der Kurbelhalbmesser,
ω die Winkelgeschwindigkeit $= \frac{\pi \cdot n}{30}$,

$$r \cdot \omega = 1{,}57 \cdot v_m.$$

Es ist zweckmäßig, sich die Kräfte an der Kurbelwelle in den Totpunkten aufzuskizzieren, um ein klares Bild über ihre Belastung zu erhalten (siehe Bild 37). Rechenfehler werden hierdurch leicht vermieden.

Schwingungen.

1. Biegeschwingungen sind erkennbar durch ein stetiges dröhnendes Geräusch im Motor, das mit zunehmender Drehzahl zunimmt. Besonders beim Gaswegnehmen tritt es stärker auf, denn dann fehlt die dämpfende Wirkung des Verbrennungsdruckes, siehe Bild 37, so daß alle Massenkräfte wirken und stärkste Verbiegung hervorrufen. Mehrere Kurbelkröpfungen zwischen zwei Lagern ergeben stärkere Durchbiegung und größere Schwingungsamplitude. Deshalb sind nur zweimal gelagerte Kurbelwellen nie biegungsschwingungsfrei und solche Motoren nie geräuschlos, da auch Lagerklopfen durch die Biegungsschwingungen hervorgerufen wird. Am ungünstigsten ist hierbei der 4-Zylinder-Boxer-Motor mit 2mal gelagerter Kurbelwelle, der die größten Durchbiegungen der Welle infolge seiner ungünstig liegenden Massenkräfte und des hierbei zusätzlichen Verbrennungsdruckes aufweist. (Mache Schema entsprechend Bild 37 für einen solchen Motor und es ist ersichtlich.)

Gegenmittel: Erleichterung von Pleuelstangen und Kolben, Gehäuseverstärkung, um es am Mitschwingen zu verhindern, und stärkere Kurbelwelle. Voller Erfolg jedoch nur durch Vermehrung der Lagerungen der Kurbelwelle.

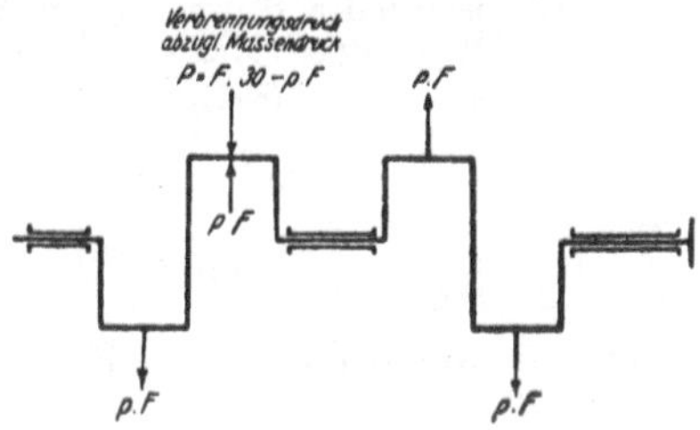

Bild 37. Belastung einer 4-Zyl. Kurbelwelle

2. Drehschwingungen können durch wirksame Mittel günstig verändert oder aus dem Betriebsdrehzahlbereich entfernt werden.

Die Berechnungen sind schwierig und lang, es soll hier auf die Arbeiten von Dr.-Ing. E. Lehr, Ernst August Wedemeyer und Dr.-Ing. L. Zipperer hingewiesen werden. Ferner hat Schwaiger in seinem Buch Entwerfen und Berechnen von neuzeitlichen Nutzkraftwagen eine übersichtliche leichte Darstellung gebracht und mit handlichen Kurven belegt. Auch Dr.-Ing. Walter Benz hat in der ATZ 1930 und 1934 erleichternde Berechnungsmethoden und Tafeln veröffentlicht. Hier soll nur kurz auf Wichtigstes hingewiesen werden.

Entstehung: Die Kurbelwelle mit allen Pleuelstangen und Kolben kann man sich als Ersatzmasse auf ein kleineres, in der Mitte der Kurbelwelle liegendes Schwungrad zusammengedrängt vorstellen. Die Verbindungswelle mit dem Durchmesser der Hauptlager zum gewöhnlichen Schwungrad verdreht sich bei periodisch wirkenden Kräften am kleinen, gedachten Schwungrade und es entsteht ein schwingendes System mit ihm eigentümlicher Schwingungszahl, die von dem Trägheitsmomente der beiden Schwungräder und der Federkonstanten des Wellenstückes abhängt. Diese Federkonstante ist der Ausgangspunkt der Berechnungen.

Sie beträgt

$$c_r = \frac{J \cdot G}{L_{red}}.$$

Es ist J = das polare Trägheitsmoment des Wellenquerschnittes,
G = der Gleitmodul des Kurbelwellenstahles, ca. $8 \cdot 10^5$.

L_{red} richtet sich nach dem Anteil der Kröpfungen und der Hauptlagerzapfen an der Verdrehung. Sind die einzelnen Durchmesser der zentralgelegenen Kurbelwellenstücke nicht gleich groß, dann muß die natürliche Länge L_0 dieser einzelnen Abschnitte in $L_r = L_0 \cdot \frac{J_d}{J_0}$ umgeformt werden. Bei gleicher Größe wird $L_0 = L_r$. Die Summe aller L_r ergibt L_{r_s}. Die reduzierte Länge einer Kröpfung ist dann

$$L_{red\,K} = \frac{L_i - L_{rs}}{\text{Zylinderzahl}} \text{ in cm.}$$

Die ideelle Länge L_i ist

$$L_i = \frac{J_{d\,polar} \cdot G \cdot \vartheta}{10000} \text{ in cm.}$$

ϑ ist der Verdrehwinkel einer Welle vom Durchmesser d bei einem Drehmoment von 10000 cm/kg.

Die Eigenschwingungszahl je Minute ist jetzt

$$n_e = \frac{30}{\pi}\sqrt{\frac{c_r}{\Theta_{red}}}.$$

Θ_{red} = reduziertes Trägheitsmoment

$$\Theta_{red} = \frac{\Theta_1 \cdot \Theta_2}{\Theta_1 + \Theta_2} \text{ in cm/kg/sek}^2.$$

$$\Theta_1 = \frac{\text{Schwungradkranzgewicht} \times \text{Schwerpunkthalbmesser}}{981}$$

Θ_2 = Trägheitsmoment der ganzen Kurbelwelle einschließlich umlaufenden Pleuelanteil und dem halben Wert der hin- und hergehenden Massen auf den Kurbelzapfen reduziert.

$$\Theta_2 = \text{Zylinderzahl} \cdot (\Theta_{Triebwerk} + \Theta_{Kröpfung}),$$

$$\Theta_{Tr} = \left(\frac{H}{2}\right)^2 \cdot \left[m_{rot} + \frac{1}{2}\, m_{osz} + m_{Kolben}\right],$$

$$H = \text{Hub}; \qquad m = \text{Masse} = \frac{G}{9{,}81}.$$

Die Gewichtswerte für die Pleuelstangen werden gefunden aus:

$$G_{rot} = \frac{G_{Pleuel} \cdot a}{\lambda} \text{ in kg},$$

$$G_{osz} = \frac{G_{Pleuel} \cdot (\lambda - a)}{\lambda} \text{ in kg}.$$

a = Schwerpunktabstand vom kleinen Pleuelauge,
λ = Pleuellänge : Hub.

Θ_{Kr} setzt sich zusammen aus

$$\Theta_{Kurbelzapfen} \text{ und } 2 \cdot \Theta_{Kurbelarm},$$

$$\Theta_{Zapfen} = m_{Zapfen} \cdot \left[\left(\frac{H}{2}\right)^2 + \frac{R^2 + r^2}{2}\right],$$

R = großer; r = kleiner Zapfenhalbmesser.

$$\Theta_{Arm} = m_{Arm} \cdot \left[\left(\frac{H}{4}\right)^2 + \frac{a^2 + b^2}{4}\right],$$

a = große, b = kleine Halbachse des elliptischen Armes.

Die Harmonischen zu n_e bestimmt man, indem man n_e durch 2, 4, 6, 8 bei Vierzylindermotoren und durch 1,5, 3, 4,5, 6, 7,5 9 dividiert. Beträgt also $n_e = 12000$, so ist kritische Drehschwingung vorhanden bei Vierzylindermotoren bei

$$n_{Motor} = \frac{12000}{2} = 6000,$$

$$\frac{12000}{4} = 3000,$$

$$\frac{12000}{6} = 2000 \quad \text{usw.},$$

beim Sechszylindermotor bei

$$n_{Motor} = \frac{12000}{1,5} = 8000,$$

$$\frac{12000}{3} = 4000,$$

$$\frac{12000}{4,5} = 2660 \quad \text{usw.}$$

Schädlich und empfindbar sind nur die ersten drei. Sie können durch Schwingungsdämpfer oder auch durch elastische Motoraufhängung gedämpft werden, so daß sie kaum in Erscheinung treten.

Jedoch muß die durch die Drehschwingungen in der Kurbelwelle auftretende höhere Materialbeanspruchung berücksichtigt, besser beseitigt werden. Dieses kann erfolgen durch Vergrößerung des elastischen Widerstandes

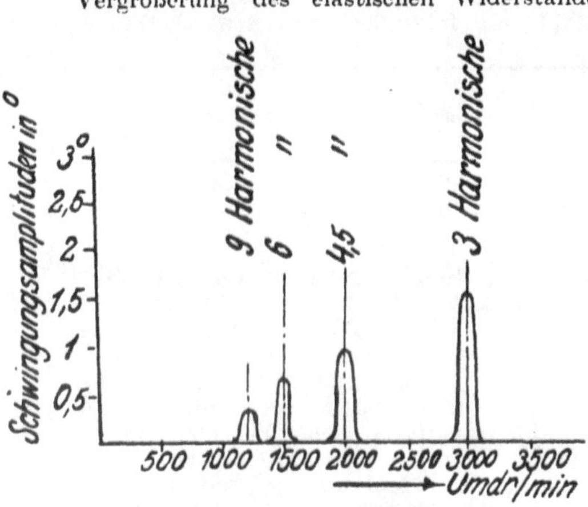

Bild 38. Resonanz-Ausschläge

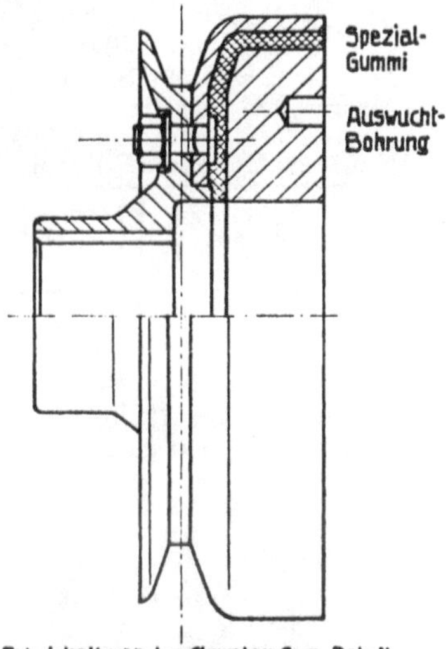

Bild 39. Schwingungsdämpfer

der Kurbelwelle durch Verstärkung der Zapfen und Verbreiterung der Arme, oder Herabsetzung der Gewichte der umlaufenden Massen. Beides ergibt eine Erhöhung von n_e, wodurch zwar eine höhere Schwingungszahl, aber geringere Ausschläge erzeugt werden. Es werden dann auch nur die Harmonischen der höheren Ordnung Resonanz erzeugen.

Die errechneten Resonanzausschläge bei einem Sechszylindermotor bei einer Eigenschwingungszahl von $n_e = 9000$ zeigt Bild 38. Man sieht, daß erhebliche Winkelgrade, bis zu $1,5^0$ in beiden Richtungen, also insgesamt 3^0 Verdrehung in die Welle bei der 3. Harmonischen hineinkommen.

Schwingungsdämpfer. Es gibt:

Mechanische Dämpfer,
Reibungsdämpfer und
Schwungmassendämpfer.

Erstere sind fast vollständig verschwunden. Sie bewegten eine Masse, die durch ihre Bewegungsart eine Dämpfung der Drehschwingungen, oder auch ihre Verlagerung bewirkten. Sie sind kompliziert und erfordern einen besonderen Antrieb (Lancester).

Die Reibungsdämpfer sind im A.-H. 13 Seite 698 u. f. ausführlich behandelt.

Einen Schwungmassendämpfer (Chrysler) zeigt Bild 39. Er ist mit der Ventilator-Antriebsscheibe verbunden. Durch das Adhäsivverfahren, bei dem zwei Stahl- oder Metallteile unter Zwischenlage von Gummi verbunden sind, ist eine solche einfache Konstruktion möglich. Die Art des Gummis, seine Härte und Elastizität muß durch Versuche bestimmt werden. Dieser Schwingungsdämpfer bedarf keinerlei Wartung, er ist ferner unveränderlich.

Kurbelwellenbaustoffe. Bedingungen: Hohe Schwingungsfestigkeit. Große Härte an den Lagerzapfen. Einfache Bearbeitbarkeit einschließlich der Rohstoff-Formung.

Stahlarten: Vergütungsstahl mit Chrom und Nickel legiert, etwa VCN 15 der Din-Norm bis 120 kg/cm² vergütet. Manganstahl (Amerika) mit folgender Legierung:

Kohlenstoff	0,35—0,40,	Phosphor	0,03	im Maximum.
Mangan	0,70—0,90,	Schwefel	0,05	,, ,,
Silizium	0,07—0,15,			

Gehärtete Wellen aus Vergütungsstahl nach dem Doppel-Duro-Härteverfahren[1]) der Deutschen Edelstahlwerke in Krefeld. Verwendet wird ein besonderer Chrom-Molybdän-Stahl mit folgenden mittleren Qualitätsziffern (Marke BSF-Duro).

Zustand	Streckgrenze kg/mm²	Festigkeit kg/mm²	Dehnung $l = 5\,d$ %	Dehnung $l = 10\,d$ %	Einschnürung %	Kerbzähigkeit mkg/cm²
geglüht	50—60	65— 75	23—19	16—13	65—55	17
zäh vergütet . . .	60—75	80— 90	19—16	13—11	65—55	15
zähhart vergütet .	70—85	90—100	17—15	12—10	60—50	12

Die äußere Härte beträgt 70 bis 80 Grad Shore, das entspricht etwa 45 bis 52 Rockwell C oder 200 bis 210 kg/cm² Zugfestigkeit. Im Kern beträgt die Zugfestigkeit dann 80 bis 100 kg/cm². Arme bleiben ungehärtet, lediglich die Lagerstellen erhalten eine Härte, siehe Bild 40.

Bild 40. Doppel-Duro-Härteverfahren

Gegossene Kurbelwellen (Ford). Bei seinen 1934er Modellen benutzt Ford in USA. in steigendem Maße gegossene Kurbel- und Nockenwellen[2]). Anfang 1934 wurden täglich etwa 1800 Motore mit neuen Kurbelwellen ausgerüstet, in wenigen Wochen sollten es sämtliche Motoren sein[3]).

Die wichtigsten Gründe für die Einführung dieser Kurbelwellen ist die Verringerung der Anzahl der Arbeitsgänge. Diese konnten von 62 bei den geschmiedeten auf 54 bei den gegossenen Kurbelwellen herabgesetzt werden. Insbesondere ist das Kaltrichten der fertigen bzw. der getemperten Kurbelwellen weggefallen, da diese Kurbelwellen, wenn sie gerade gegossen wurden, auch während der Wärmebehandlung gerade bleiben. Ein Verziehen oder Werfen der Gußstücke würde unweigerlich Ausschuß zur Folge haben, da sie nur 0,8 mm Bearbeitungszugabe besitzen.

Der Werkstoff dieser Kurbelwellen hat die folgende Zusammensetzung:

C	1,25—1,40%	S	1,90—2,10%	Chr	0,35—0,40%
Mn	0,50—0,60%	Cu	2,50—2,75%.)	Ph	0,10% höchstens
				S	0,06% höchstens

[1]) DRP. 412225.

[2]) Autom. Ind. 17. März 1934. S. 330—332. Vgl. auch ATZ 24 (1932) S. 590, und 1 (1934) S. 11.

[3]) Inzwischen werden bei Ford sämtliche Kurbelwellen gegossen.

Man kann den Werkstoff also als einen hochkohlenstoff- und kupferhaltigen Chromsilizium-Stahlguß bezeichnen. Als Rohstoff dienen 40% Stahlschrott, den Rest bilden Legierungsbestandteile, Rückschmelzen und Roheisen. Graugußschrott wird nicht verwendet. Jede Gußcharge wird kurz vor dem Gießen durch optische Pyrometer auf genaue Einhaltung der Temperatur geprüft. Jeder Gußtrog dient für drei Gußformen, die je vier Kurbelwellen aufnehmen. Vier Kurbelwellen werden in einem Bündel gegossen.

Nach dem Gießen bleiben die Gußformen noch einige Zeit auf dem Förderband, um genügend zu kühlen. Dann wird der Sand entfernt und die Gußstücke untersucht. Die folgende Wärmebehandlung zum Entfernen innerer Spannungen hat folgende Reihenfolge:

1. Erwärmen auf 900° C . . . . . 20 Minuten.
2. Abkühlen auf 540° C . . . . . 1 Stunde 30 Minuten
3. Erwärmen auf 760° C . . . . . 9 Minuten.
4. Langsamkühlen auf 370° C . . . in etwa 2 Stunden.
5. Abkühlen in der Luft auf Raumtemperatur.

Nach dem Gießen hat die Kurbelwelle eine Kugeldruckhärte von 340 bis 360 kg/mm², sie wird durch das Tempern auf 286 bis 321 kg/mm² an der fertigen Kurbelwelle herabgesetzt. Der Durchschnitt ist 300 kg/mm².

In Deutschland ist das „Mechanite"-Verfahren zur Herstellung von gegossenen Kurbelwellen und Nockenwellen von der Firma A. Stotz, Stuttgart, in Lizenz übernommen.

Antrieb der Nockenwelle und der Nebenapparate. Er erfolgt durch Stirnräder mit schrägen Zähnen. Hierbei breite Zähne mit kleiner Teilung verwenden.

$$b = \sim 3 \cdot t\,.$$

Das Rad auf der Nockenwelle wird aus geräuschdämpfendem Material, Novotext, Turbax usw. hergestellt. Die anderen Räder aus gehärtetem Stahl.

Werden Ketten verwendet, Zahn- oder Rollenketten, dann ist unbedingt eine Spannrolle vorzusehen. Bei Motoren mit Kopfsteuerung findet man am häufigsten Kettenantrieb, die breite Zahnkette, oder die doppelte bis vierfache Rollenkette (Duplex-, Triplex- und Quadruplex-Rollenketten von Wippermann jr. A.-G.).

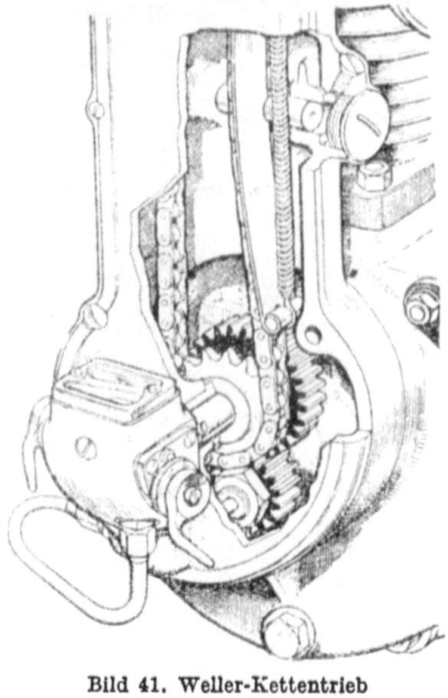

Bild 41. Weller-Kettentrieb

Das Schwingen der Kette muß durch entsprechende Spannung verhindert werden. Auch Motoren mit obenliegender Nockenwelle, die zum Antrieb eine sogenannte Königswelle hatten, Bild 56, S. 747 des A.-H., 13. Aufl., erhalten jetzt häufig Ketten zum Antriebe. Interessant ist hier der Weller-Trieb, nach seinem Konstrukteur Weller so benannt. Siehe Bild 41.

Nachdem AJS 1927 als erste Fabrik ihre Königswellen-Motore mit Kettenantrieb nach Weller-Patenten ausgerüstet hatte, hörte man von dieser geistreichen und vielversprechenden Anordnung nur noch wenig. Nunmehr wendet laut „Motor Cycle" auch Levis den Weller-Trieb an, der sich dadurch auszeichnet, daß das Spannen der Triebkette und das Verhindern des Auftretens von Schwingungen in der Kraftübertragung durch eine flexible Auflaufschiene bewirkt wird, die der Kette gestattet, ihre durch die inneren und äußeren Kräfte bestimmte natürliche Lage einzunehmen.

b) Zweitakt-Benzinmotoren

Herbert Zabinski, Dipl.-Ing. Berlin

Die auf empirische Resultate angewiesene, an Kompromisse gebundene Kunst der Zweitaktkonstrukteure wendet ihre ganze Energie weiterhin den Spül- und Ladevorgängen zu.

Bekanntlich geht es beim Zweitakter ja darum, die kurze Zeitspanne, während der der Arbeitskolben das letzte Wegstück gegen den unteren Totpunkt hin zurücklegt und die des anschließenden Beginns der Kompressionsperiode richtig zu nützen, um die verbrannten Gase aus dem Zylinder zu

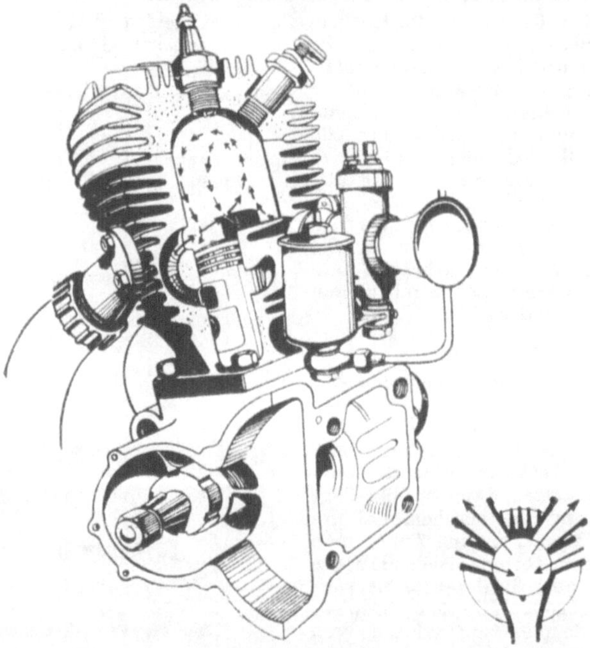

Bild 1. Schema der DKW-Umkehrspülung

entfernen und an ihre Stelle frisches Gemisch — bei Dieselmotoren Luft — einzuführen. Praktisch muß mit der Frischladung begonnen werden, bevor noch die verbrannten Gase richtig abströmen konnten. Das eingeblasene Frischgas (bzw. die Spülluft) soll die Abgase, ohne sich mit ihnen zu vermengen, aus dem Zylinder verdrängen. Das ist natürlich nur mehr oder minder vollkommen zu erreichen. Wird mit Schwung und Energie gespült und geladen, so jagt man einen Teil des Frischgases mit zum Auspuff hinaus. Bei zögernder Einführung der zur Spülung und Ladung bestimmten Gasmengen wiederum bleiben zuviel schädliche Reste im Zylinder. Hier das richtige Mittelmaß zu erzielen —, das eben ist die Kunst, die viel Experimentierarbeit erfordert.

Die verschiedenen Zylinder- und Kolbenformen, Spül- und Ladametho-

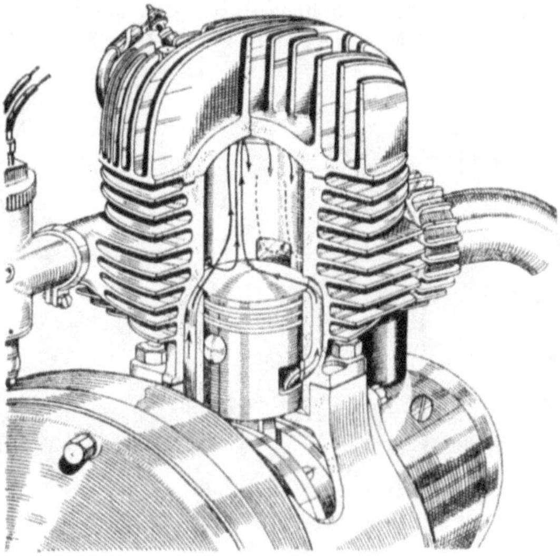

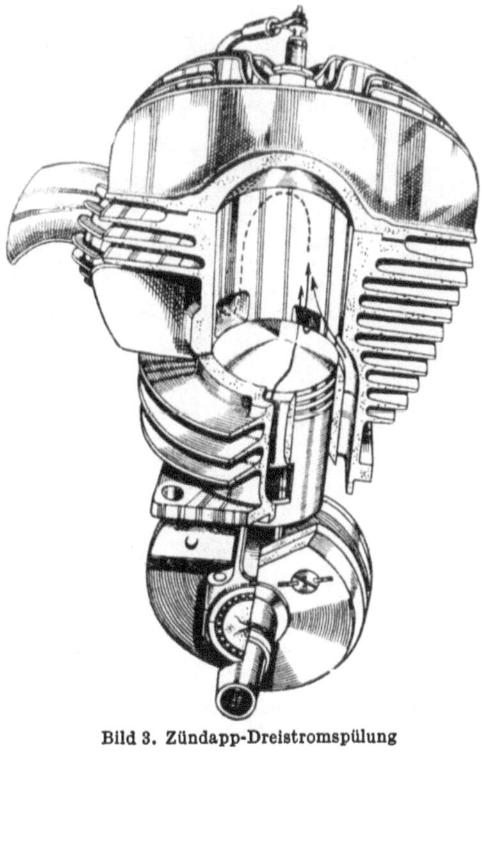

Bild 3. Zündapp-Dreistromspülung

den, im wesentlichen gekennzeichnet durch das Dreikanal-System mit Querspülung, konnten zwar den Zweitakter zuverlässig und betriebssicher

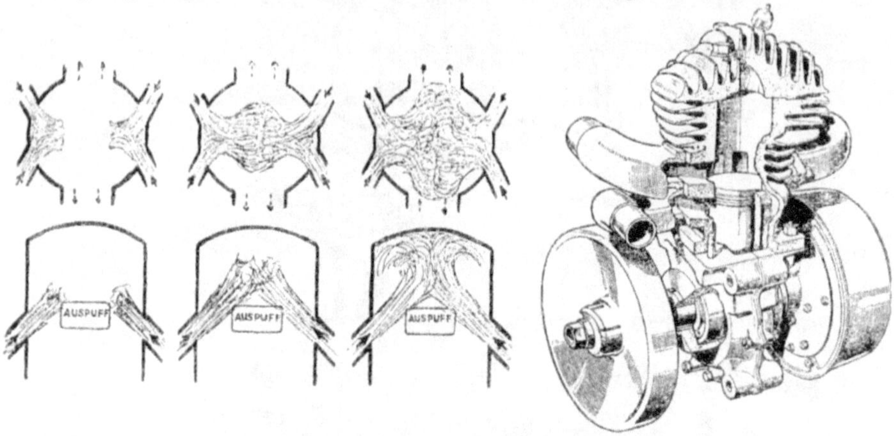

Bild 4. Schema der Villiers-Kreuzstromspülung

machen, konnten auch die Frischgasverluste reduzieren und den Motor im niedrigen Drehzahlbereich zu leidlich regelmäßiger Zündung bringen – .

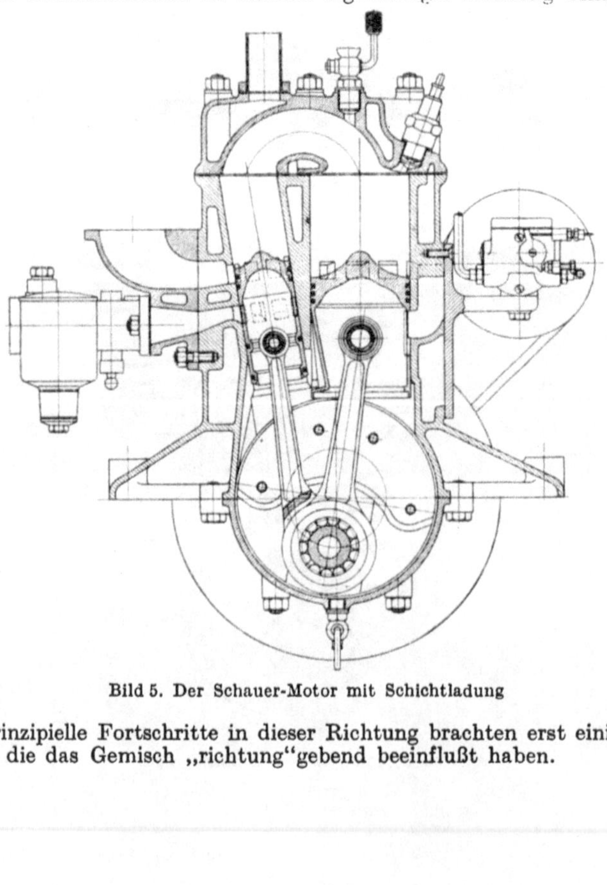

Bild 5. Der Schauer-Motor mit Schichtladung

aber prinzipielle Fortschritte in dieser Richtung brachten erst einige Verfahren, die das Gemisch „richtung"gebend beeinflußt haben.

Da ist (Bild 1) die DKW-Umkehrspülung nach Prof. Schnürle. Der Gemischweg innerhalb des Zylinders vom Einlaß zum Auslaß ist aus der Abbildung ersichtlich; es geht deutlich daraus hervor, in welcher Weise der konzentrierte Frischgasstrom hier die Reinigung des Verbrennungsraums von den verbrannten Gasen besorgt, ohne sich in nennenswertem Umfang mit ihnen zu mischen. Selbstverständlich steigt dabei der Füllungsgrad bzw. die Leistung. Tausende von DKW-Motoren haben es bewiesen.

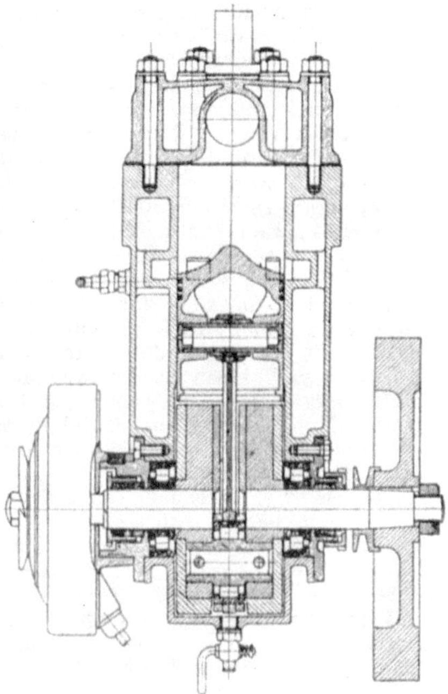

„Dreistrom-Spülung" nennen die Zündapp-Werke ihr Spülsystem. Lehnt sich die DKW-Umkehrspülung in einer dem Vergasermotor angepaßten Art an die bekannte MAN-Großdieselspülung an, so ist die Zündappmethode ähnlich der Funktion eines Azetylenbrenners. Die Gasströme treffen winklig aufeinander mit dem Ergebnis, daß sie sich zu einem resultierenden Gasstrom vereinigen, der weder die Richtung des einen noch die des anderen hat. Zündapp läßt drei Gasströme so aufeinanderprallen, daß sie sich ohne Zuhilfenahme einer Kolben-Ablenknase gegen den Zylinderkopf zuwenden und die verbrannten Gase vor sich hertreiben (Bild 2, 3).

In starker Anlehnung an die genannten Systeme entstand die „Kreuzstrom-Spülung" von Villiers (Bild 4). Wie die Schemazeichnungen dar-

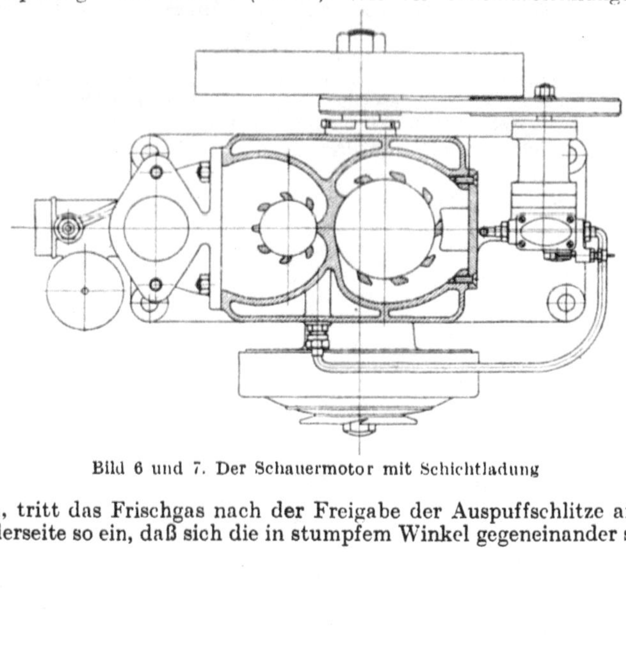

Bild 6 und 7. Der Schauermotor mit Schichtladung

stellen, tritt das Frischgas nach der Freigabe der Auspuffschlitze an jeder Zylinderseite so ein, daß sich die in stumpfem Winkel gegeneinander stoßenden und in ihrer Strömungsrichtung steil nach oben geführten Gasströme unter Wirbelbildung vereinigen, zunächst den Zylinderkopf und, ihre Richtung umkehrend, dann auch den übrigen Teil des Zylindes ausfüllen. Die vier Frischgas-Kanäle und die zwei Auspuffschlitze sind völlig symmetrisch über den Umfang verteilt, damit eine gleichmäßige Zylindertemperatur gewährleistet wird.

Stellt also das Villiers-Verfahren eine deutliche Kombination aus dem DKW- und Zündappsystem dar, so liegt in ihm bereits gleichzeitig eine Andeutung von der Funktion des Schauer-Motors, in dem das Gemisch nicht mehr absolut radial in den Zylinder einströmt. Beim Schauer-Motor (Bild 5, 6, 7) wird das vorverdichtete Gemisch durch schräggestellte Schlitze sogar annähernd tangential in den Verbrennungsraum eingeführt; dadurch entsteht im Einlaßzylinder ein raschrotierender Ring aus Frischgas, in dem die verbrannten Gase als nicht mitrotierender Kern eingeschlossen sind. Je mehr Frischgas einströmt, desto dicker wird die „Wandung" des rotierenden Gemischringes, so daß auf die den Ringkern bildenden verbrannten Gase ein radialer Druck ausgeübt wird, der sie zwingt, in axialer Richtung nach einer Öffnung in der Mitte des Zylinderkopfes abzufließen. Von dort gelangen sie in einen zweiten Zylinder mit kleinerer Bohrung, der die Auspuffschlitze trägt. Der Schauer-Motor kennzeichnet sich also als Doppelkolben-Motor mit U-förmiger Zylinderanordnung, dessen Einlaßzylinder den erforderlichen (großen) Leistungsdurchmesser besitzt, während der zweite nur gerade so weit aufgebohrt ist, daß er genügend großen Auspuffschlitzen Platz bietet. Funktionell dient der große Zylinder zur Aufnahme einer rotierenden Ladung, hingegen kann man den engen Auspuffzylinder und den ungefähr ebenso dimensionierten Überström-Kanal (im Zylinderkopf), der gleichzeitig Kompressionsraum ist, als die in den Motor hineinragende, tote Ecken vermeidende Auspuffleitung ansprechen. Die schnelle Rotation des Frischgasringes im Einlaßzylinder bewirkt, daß während der Ladeperiode so gut wie keine Vermischung mit den verbrannten Gasen entsteht, und daß infolgedessen Brennstoffverluste vermieden werden, die bei anderen früheren Systemen durch Vermischen und Mitreißen in die Auspuffleitung entstanden.

Im Prinzip unterscheidet sich der Schauer-Motor von den Zweitaktern durchschnittlicher Bauart also dadurch, daß während der Ladeperiode auf dynamischem Wege unter Ausnutzung der Strömungsenergie eine Trennung der Frischgasladung von den verbrannten Gasen erreicht wird, d. h. eine Schichtladung entsteht und die verbrannten Gase durch den in der Wandung dicker werdenden rotierenden Gemischring aus dem Arbeitszylinder herausgedrängt, während sie bei anderen Zweitaktern durch die einströmende Frischgasladung unter mehr oder weniger starker Vermischung bekanntlich herausgespült werden.

c) Fahrzeug-Dieselmotoren

Karl Schwaiger, Dipl.-Ing. Gaggenau/Baden

I. Allgemeines

Als man im Jahre 1929 mit dem wirklichen Serienbau von Leichtdieselmotoren begann, zeigte sich bald eine Reihe von Betriebsschwierigkeiten, die in den weiten Abnehmerkreisen rasch bekannt wurden. Die von allen Käuferschichten damals geübte Zurückhaltung war deshalb durchaus verständlich. Nur den unbeirrbaren Anstrengungen konstruktiver und wirtschaftlicher Art der hauptsächlichsten Verfechter des Fahrzeugdieselgedankens, unter denen besonders die Firmen Daimler-Benz A.-G., MAN,

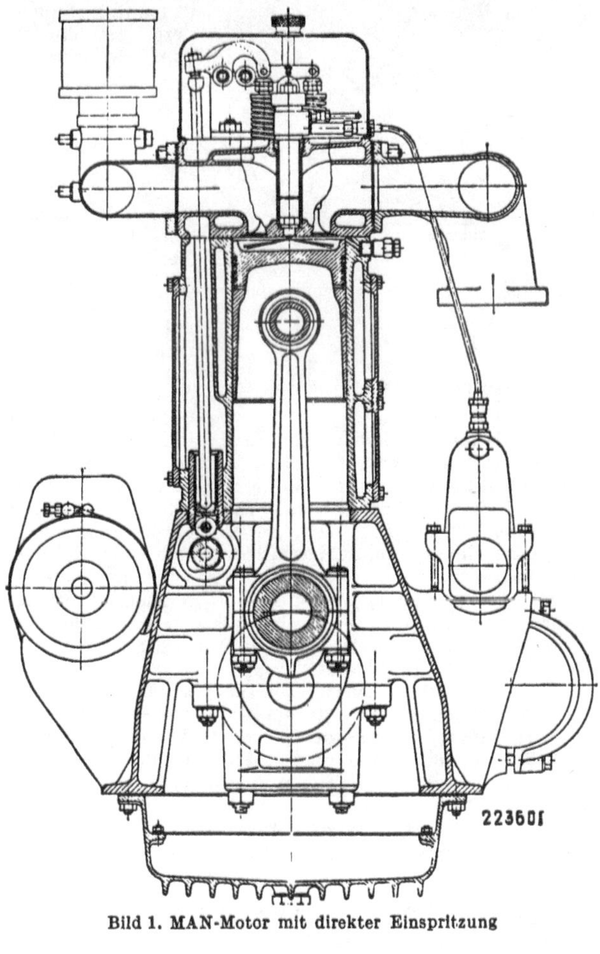

Bild 1. MAN-Motor mit direkter Einspritzung

Junkers, Bosch u. a. hervorzuheben sind, ist es zu danken, daß die neuartigen mechanischen und thermischen Probleme, die mit dem Entstehen des Diesel-Schnelläufers auftauchten, zu einer überraschend schnellen und befriedigenden Lösung gebracht werden konnten. Von da ab begann erst die eigentliche Ausbreitung des Dieselkraftwagens, nachdem Rückschläge nicht mehr zu fürchten waren. Zu Beginn des Jahres 1935 war der Weltbestand an Dieselkraftfahrzeugen nach vorsichtiger Schätzung schon auf rund 30000 Einheiten angewachsen. Man hat nunmehr auch in den Vereinigten Staaten die wirtschaftlichen Vorteile des Dieselbetriebes erkannt, weshalb einige der überseeischen Motorenwerke wie Budda, Herkules, Waukesha usw. jetzt Leichtdiesel in Serie bauen. Künftig wird man also mit einer noch schnelleren Zunahme dieser Motorenart rechnen dürfen.

Beim Wirtschaftswagen läßt sich somit ganz allgemein eine fühlbare Abwanderung von der Qualitätskalorie (Benzin, Benzol) zum weniger hochwertigen Brennstoff (Gasöl, Braunkohlenteeröl, Schieferöl usw.) beobachten. Es liegt deshalb die Frage nahe, ob sich außer dem echten Dieselmotor (Hochdruckmotor) auch noch andere Brennkraftmaschinen zum Betrieb mit dem billigen Schweröl eignen, beispielsweise die Nieder- und die Mitteldruckmotoren mit äußerer oder innerer Gemischbildung.

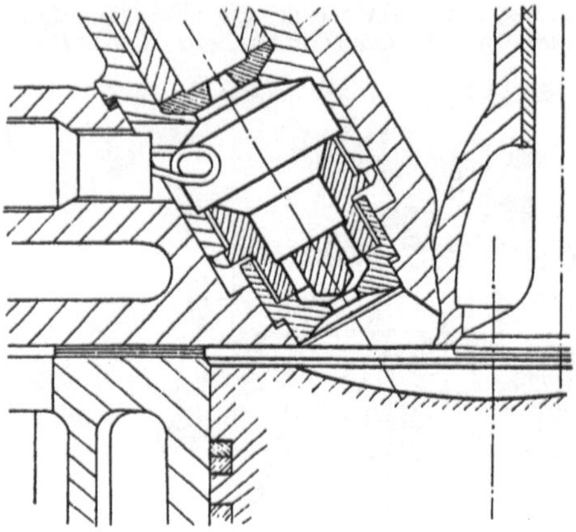

Bild 2. Daimler-Benz-Vorkammer

Mit Niederdruckmotoren, bei denen die Gemischbildung außerhalb des Verdichtungsraumes im Vergaser erfolgte, wurden schon früher zahlreiche Schwerölbetriebsversuche unternommen. Durch die überraschenden Erfolge des Fahrzeugdieselmotors angeregt, traten die berüchtigten „Rohöl"-Vergaser wieder mehr in Erscheinung. Eine mengenmäßige Ersparnis kann bei dieser Betriebsart nicht erzielt werden, deshalb trifft man Rohölvergaser auch nur in solchen Ländern an, die durch Zollgesetze usw. den natürlichen Preisabstand zwischen Gasöl und Benzin noch um ein Vielfaches zuungunsten des Letzteren vergrößert haben. Es ist nicht erforderlich, näher auf den Rohölvergaser einzugehen, nachdem theoretisch[1]) und durch die Praxis längst nachgewiesen wurde, daß ein erfolgversprechender Dauerbetrieb mit Schweröl durch äußere Gemischbildung nicht möglich ist. In der Tat befaßt sich auch keine namhafte Firma mehr mit diesen Problemen und die Rohölvergaser findet man nur in älteren, wertlosen Benzinlastwagen als nachträglich eingebaute Behelfsausrüstung.

Der einzige Niederdruckmotor für Schwerölbetrieb, der bessere Betriebsergebnisse erzielen konnte, stammt bemerkenswerterweise von dem Dieselpionier Hesselman. Dieser Motor arbeitet aber mit innerer Gemischbildung, so daß die beim Rohölvergasersystem unausbleiblichen Kondensatbildungen mit nachfolgender Schmierölverdünnung auf ein Mindestmaß zurückgeführt werden konnten. Er besitzt ein Verdichtungsverhältnis von max. nur 1 : 5,5. Die Sauerstoffkonzentration der Ladung ist somit gering, was sich in einer schlechteren Brennstoffausnutzung bemerkbar machen

[1]) A. E. Thiemann, Kraftstoffe, Verbrennung und Schweröl-Vergasermotoren (Verlag Schmidt & Co. 1928).

muß. Außerdem arbeitet der Hesselmanmotor mit Fremdzündung (Magnet), weil die Verdichtungswärme der Luftladung bei $\varepsilon = 5{,}5$ nicht im entferntesten an die Selbstzündungstemperatur des Gasöls heranreicht. Man hat also mit einer Entflammung des Gemisches von einem Punkt (Zündkerze) aus zu rechnen, von dem die Zündwelle sich über den Verbrennungsraum ausbreitet. Das noch nicht verbrannte Gemisch wird, ähnlich wie bei einem Benzinmotor, von der Flammenfront in den Raum getrieben, der dem Ausgangspunkt der Zündung gegenüberliegt. Durch den Druckanstieg im Zylinder und infolge Strahlung aus dem brennenden Teil des Gemisches entsteht eine so starke Temperaturerhöhung der noch unverbrannten Gemischreste, daß sie ihre Selbstentzündungstemperatur erreichen können und dann plötzlich in ihrer Gesamtheit zur Entflammung kommen, wenn infolge eines zu großen ε (deshalb nicht über 5,5) die Verdichtungswärme schon zu hoch war (Zündungsklopfen). Wegen der Unmöglichkeit einer wesentlichen Erhöhung des Kompressionsverhältnisses ist der Hesselmanmotor bezüglich Leistungsausnutzung gegenüber dem Dieselmotor (Hochdruckmaschine) stets benachteiligt, ganz abgesehen von der für den Fahrzeugbetrieb nicht ausreichenden Regulierfähigkeit und dem hohen Gestehungspreis (Magnetzündanlage und Dieselpumpe mit Düsen).

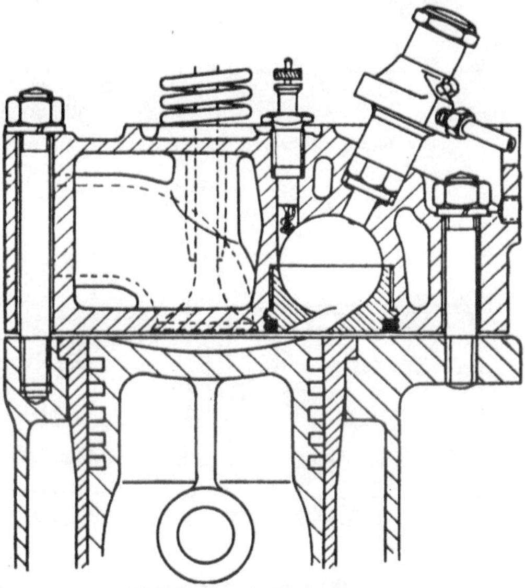

Bild 3. Ricardo-Vorkammer

Man kann immer wieder Versuche beobachten, auch die Mitteldruckmotoren für den Fahrzeugbetrieb brauchbar zu machen. Abgesehen von der Empfindlichkeit dieser Motorenart gegen Belastungs- und Drehzahl-Schwankungen bereitet insbesondere auch die mangelnde Betriebsbereitschaft (Aufheizen des Glühkopfes) Schwierigkeiten. Das Verdichtungsverhältnis beträgt bei dieser Bauart $\varepsilon = 10$ bis 12. Die Verdichtungswärme ist somit nicht ausreichend, um den eingespritzten Brennstoff zur Entzündung zu bringen. Die fehlende Wärmemenge wird dadurch ersetzt, daß man einen Teil des Brennraumes während des Betriebes vom Kühlwasser unbenetzt läßt, damit diese Stellen eine Temperatur von etwa 450^0 annehmen können. In der nächsten Umgebung dieser heißen Flächen nimmt durch Strahlung und Wärmeleitung die Verdichtungsluft eine entsprechend höhere Temperatur an, die so stark anwachsen muß, daß Selbstzündung des Brennstoffes in diesen heißen Luftzonen erfolgen kann. Von dort aus tritt dann ähnlich wie beim Motor mit Fremdzündung die Zündwelle ihren Weg durch den Brennraum an. Der Glühkopf dient also lediglich zur regionalen Überhöhung der Verdichtungswärme. Man ist deshalb berechtigt, von einem Motor mit Hilfs- oder Servo-Zündung zu sprechen.

II. Die verschiedenen Diesel-Arten

Das gemeinsame Kennzeichen aller Diesel-Maschinen ist die Entflammung des Brennstoffes durch eine während des Verdichtungstaktes bis zu seiner Entzündungstemperatur erhitzten Luftladung. Man findet deshalb für diese Motorenart die Bezeichnung „Kompressionszünder“. Das Diesel-Verfahren läßt sich nur bei innerer Gemischbildung anwenden. Nachdem

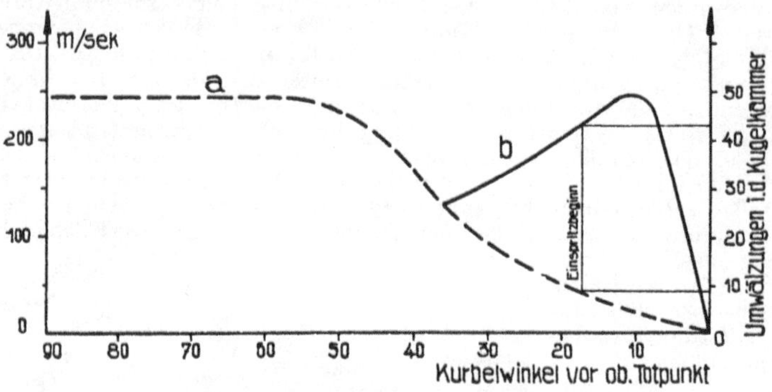

Bild 4. Strömungsverhältnisse in der Herkules-Vorkammer

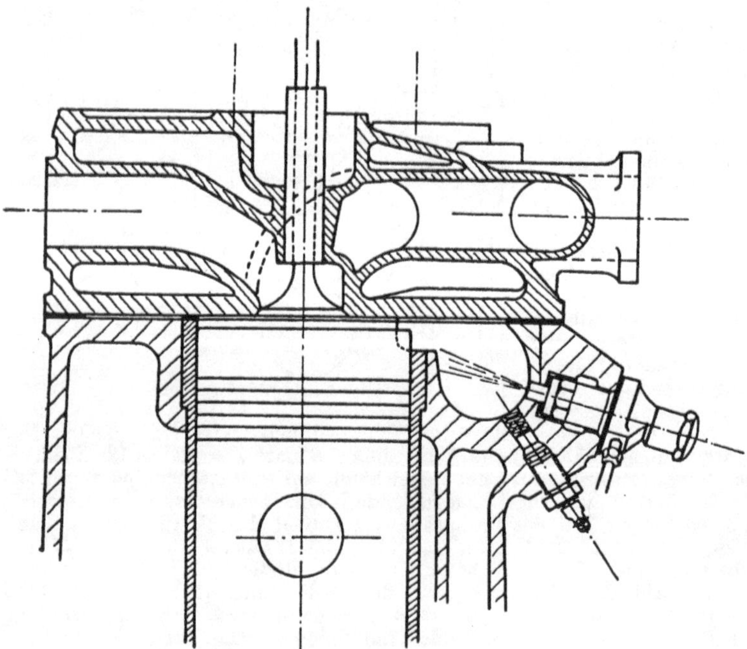

Bild 5. Herkules-Vorkammer

für eine solche Gemischbildung nur sehr kurze Zeitspannen (wenige Kurbelwinkel-Grade) zur Verfügung stehen, müssen besondere Hilfsmittel angewendet werden, von deren Wahl es abhängt, in welche der beiden Hauptgruppen von Dieselmotoren eine bestimmte Maschine einzugliedern ist.

Man unterscheidet:

a) Dieselmotoren mit einheitlichem und

b) Dieselmotoren mit zerklüftetem Verdichtungsraum.

Bei der Gemischbildung hat man danach zu streben, daß der Brennstoff möglichst fein zerstäubt wird (Mikromischung) und dieser feine Ölstaub über den Brennraum gleichmäßig zur Verteilung kommt (Makromischung). Die besten Mischungsverhältnisse erhält man unzweifelhaft beim klassischen Dieselmotor mit Lufteinblasung. Für den Fahrzeugbetrieb kann diese Motorenart aber wegen des kostspieligen, betriebsempfindlichen Mehrstufen-Luftpressers nicht in Frage kommen. Von den Maschinen der Baugruppe a konnte nur der Motor mit direkter Einspritzung des Brenn-

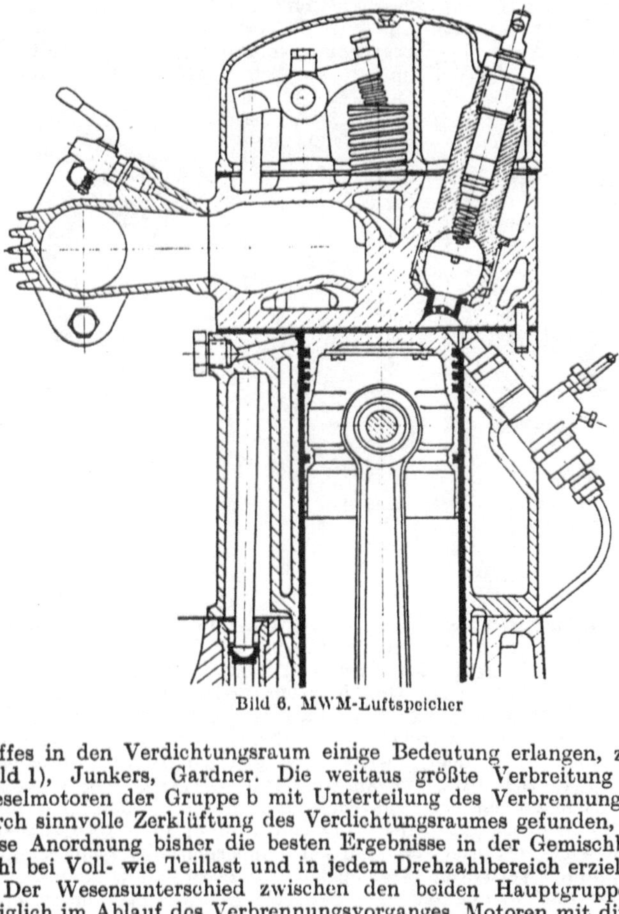

Bild 6. MWM-Luftspeicher

stoffes in den Verdichtungsraum einige Bedeutung erlangen, z. B. MAN (Bild 1), Junkers, Gardner. Die weitaus größte Verbreitung haben die Dieselmotoren der Gruppe b mit Unterteilung des Verbrennungsvorganges durch sinnvolle Zerklüftung des Verdichtungsraumes gefunden, weil durch diese Anordnung bisher die besten Ergebnisse in der Gemischbildung sowohl bei Voll- wie Teillast und in jedem Drehzahlbereich erzielbar waren.

Der Wesensunterschied zwischen den beiden Hauptgruppen besteht lediglich im Ablauf des Verbrennungsvorganges. Motoren mit direkter Einspritzung haben normalerweise eine strahlenförmige Verteilung des Brennstoffes aufzuweisen (Mehrlochdüse). Die erste Zündung kann nur in Strahlrichtung, und zwar in einem Abstand von der Düsenmündung, die dem Zündverzug entspricht, entstehen. Es ist durchaus möglich, daß jeder Brennstoffstrahl ungefähr gleichzeitig einen Zündfleck erzeugt. Von diesen Zündstellen aus schreitet dann die Zündwelle fort, aber viel rascher als beim Niederdruckmotor, weil ja infolge des hohen Kompressionsverhältnisses der Wärmezustand der Luftladung für die Selbstzündung des Brennstoffes von Anfang an günstiger ist und die Sauerstoffkonzentration ein Vielfaches von dem bei Niederdruckmotoren möglichen Höchstwert beträgt. Mit Rücksicht auf die Schnelligkeit des Verbrennungsablaufes ist es bei jedem Dieselmotor erforderlich, dafür zu sorgen, daß zu Beginn der Einspritzung nur verhältnismäßig wenig Brennstoff in den Zylinder gelangt. Er muß aber gleichzeitig sehr fein zerstäubt sein, damit kleiner Zündverzug erreicht wird. Der Hauptteil des pro Hub einzuspritzenden Brennstoffes soll erst in den Zylinder gelangen, wenn dort schon ein Zündfleck entstanden ist. Es wird dadurch vermieden, daß die Gesamtheit des eingespritzten Treibstoffes schlagartig zur Verbrennung kommt, ein Zustand, den man unter dem Namen „Dieselklopfen" kennt.

Für einen Motor der Baugruppe b (z. B. Vorkammer-Diesel) ergibt sich dagegen folgender Ablauf des Verbrennungsvorganges. Das gesamte Brennstoffquantum wird in die Vorkammer eingespritzt, wobei sich aber nur ein

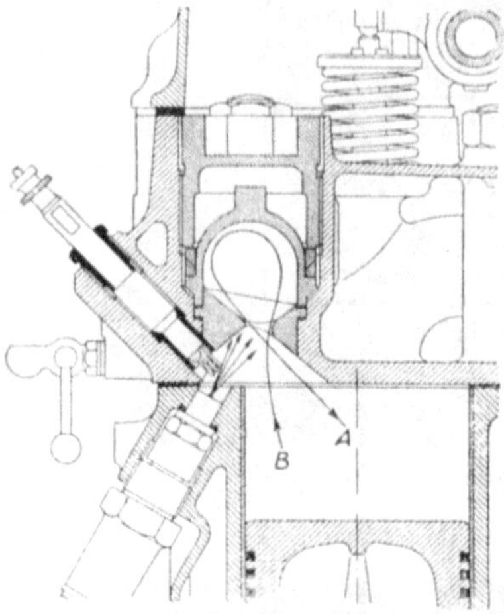

Bild 7. Saurer-Luftspeicher

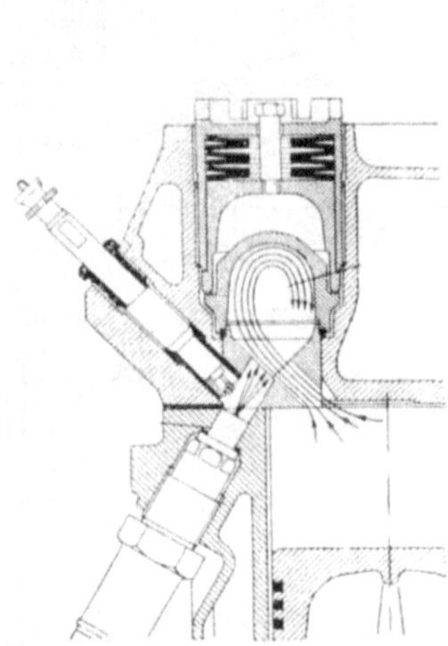

Bild 8. Saurer-Vorkammer

bestimmter Anteil entzünden kann. Der entstehende Überdruck wird dazu herangezogen, den restlichen Brennstoff aus der Vorkammer herauszublasen. Es tritt dabei ein ähnlich günstiger Zerstäubungs- und Verteilungseffekt im Hauptraum ein wie beim Kompressor-Diesel. Die Vorkammermaschine hat deshalb im Gegensatz zum Dieselmotor mit direkter Einspritzung auch bei Teillast und geringer Drehzahl noch eine hervorragende Gemischbildung[1]). Von dem jeweils eingespritzten Brennstoffquantum kommt stets gleichviel in der Vorkammer selbst zur Verbrennung. Der zur Einblasung der restlichen, noch unverbrannten Ölmenge in den Hauptraum erforderliche Überdruck ist in der Vorkammer somit immer vorhanden.

Es ist bei einer gut durchgebildeten Vorkammermaschine nicht erforderlich, ein bestimmtes Verhältnis zwischen dem Kammerinhalt und dem Hauptverbrennungsraum einzuhalten, aber man bleibt mit dem Kammerinhalt über $^1/_3$ des Verdichtungsraumes, damit auch bei großer Belastung noch genügend Ausblaßenergie entwickelt werden kann. Manche Konstrukteure gehen mit dem Vorkammerinhalt bis zu dem aus baulichen Gründen möglichen Höchstmaß von etwa 75% (Abstand des Kolbenbodens gegen Zylinderkopf im oberen Totpunkt mindestens 1,5 mm) und haben damit Erfolg.

[1]) K. Schwaiger, Einzelheiten über das Vorkammerverfahren, ATZ (1934) S. 422.

Ausschlaggebend für einen guten Wirkungsgrad der Vorkammer ist aber die richtige Wahl des Durchgangsquerschnittes zwischen Kammer und Hauptraum. Die Drosselung darf an dieser Stelle nicht so groß sein, daß die Füllung des Nebenraumes mit Frischluft während des Kompressionstaktes verringert oder verschleppt wird. Andererseits muß die Gesamtquerschnittsfläche des Vorkammerhalses klein genug ausgeführt sein, damit ein

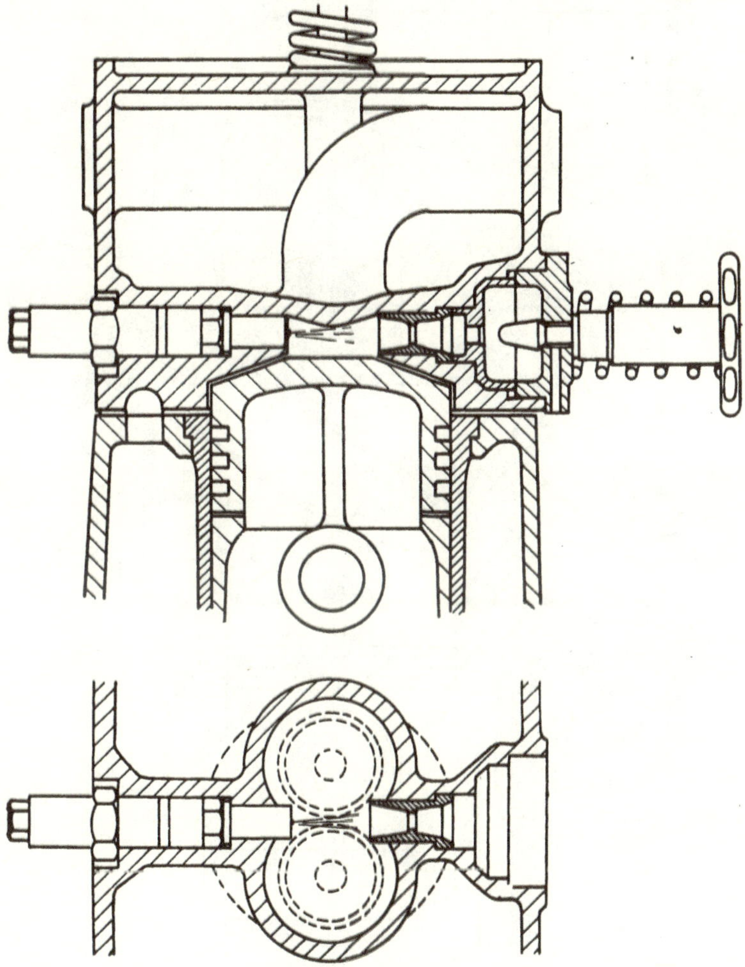

Bild 9. Lanova-Luftspeicher

Höchstwert für Verteilung und Zerstäubung erreicht werden kann. Während des Verdichtungstaktes entsteht durch die Drosselung des Überströmkanals ein Temperaturabfall der in die Vorkammer einströmenden Luft. Bildet man den Überströmkanal durch Spaltisolierung gegenüber der gekühlten Zylinderwand so aus, daß er als Wärmespeicher wirkt, dann läßt sich der schädliche Temperaturabfall während des Lufteintrittes in die Vorkammer fast ganz ausgleichen. In Bild 2 ist ein solcher Wärmespeicher mit Unterteilung des Luftstromes in mehrere dünne Strahlen und dadurch besonders guter Aufheizung der Luft gezeigt, während bei Bild 3 die Vorkammerluft in Form eines geschlossenen dicken Strahls (weniger wirksam) durch den aufgeheizten Kanal geführt wird. Die letzte Anordnung stammt von R. Ricardo und soll gleichzeitig durch die tangentiale Anordnung des Überströmkanals eine kreisende Bewegung der Vorkammerluft während des

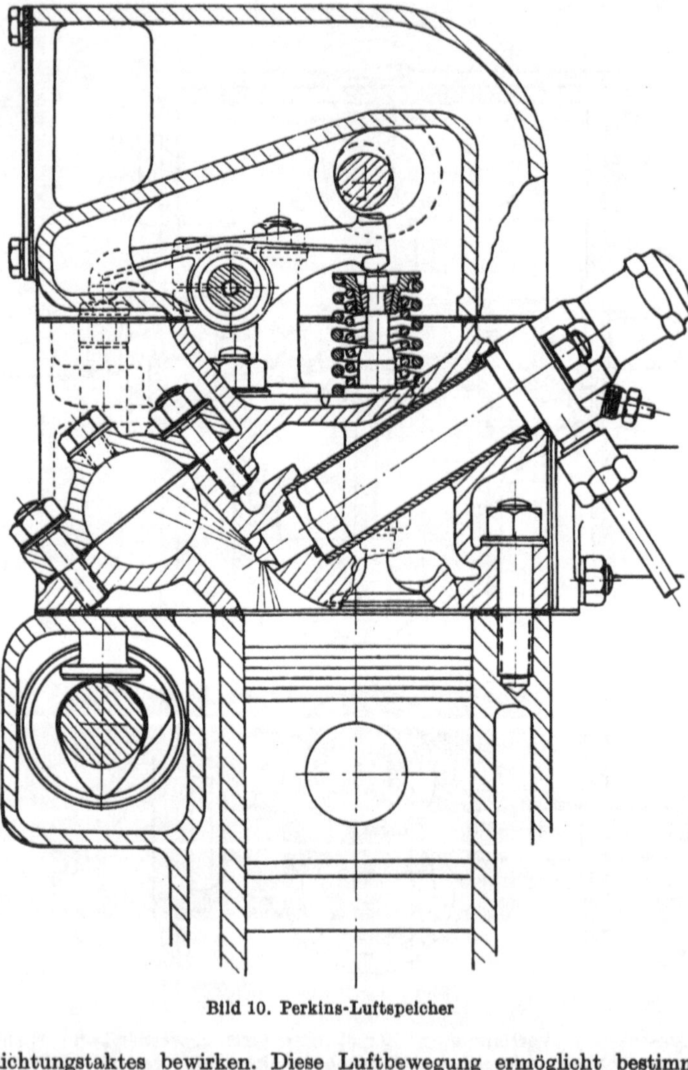

Bild 10. Perkins-Luftspeicher

Verdichtungstaktes bewirken. Diese Luftbewegung ermöglicht bestimmt eine gute Vermischung von Luft und Brennstoff, kann aber, wie die Kurve *a* in Bild 4 zeigt, nicht in dem gewünschten Maße erreicht werden, denn die Umwälzungsgeschwindigkeit des Luftwirbels in der Vorkammer ist ungefähr proportional der Kolbengeschwindigkeit. Eine Verbesserung dieser Verhältnisse wird durch die in Bild 5 dargestellte Anordnung geschaffen. Dort überschneidet der Kolbenboden den Überströmkanal der Vorkammer, so daß durch stetige Querschnittsverengung ein Ausgleich nach Art der Kurve *b* in Bild 4 erfolgt[1]).

Die Vorteile des Vorkammersystems für den Fahrzeugbetrieb wurden schon sehr frühzeitig erkannt und es ist deshalb verständlich, wenn eine

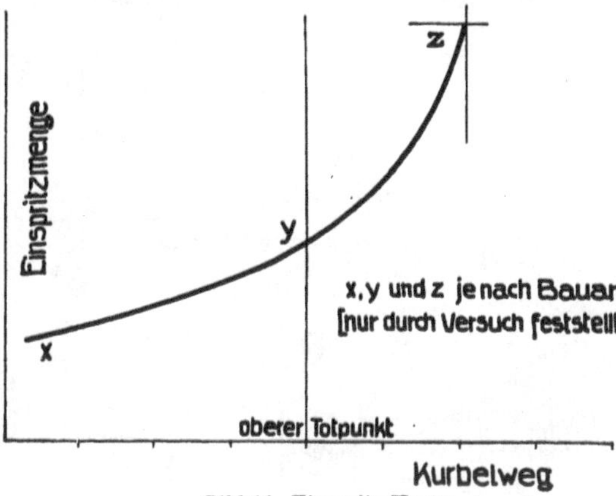

Bild 11. Einspritz-Kurve

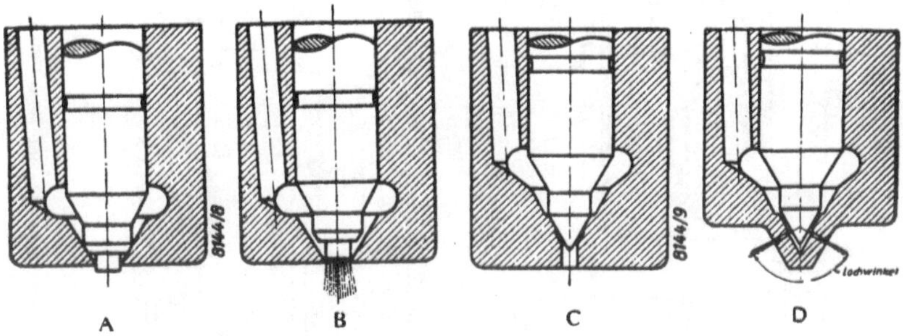

Bild 12. Bosch-Düsen

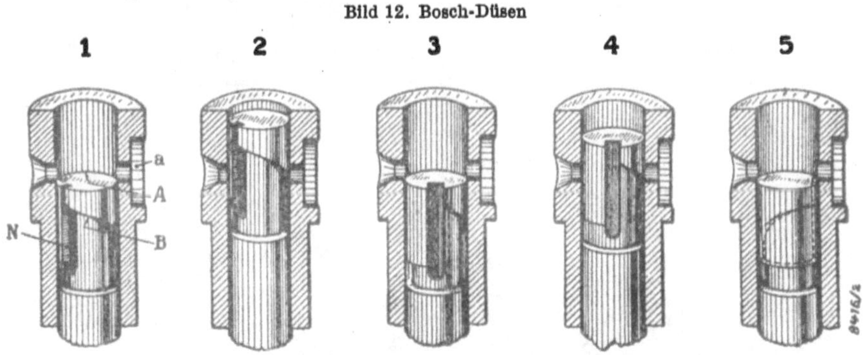

Bild 13. Regelkante der Bosch-Pumpe

Reihe von Konstruktionen entstand, die ihrem Wesen nach nur eine Umgehung des bekannten Vorkammer-Pionier-Patentes Nr. 230517 darstellen. Ein grundsätzlicher Unterschied in verbrennungstechnischer Hinsicht besteht beispielsweise zwischen Vorkammer- und Luftspeichermotoren nicht;

[1]) Automotive Industries, 16. 9. 1933 S. 338 u. f.

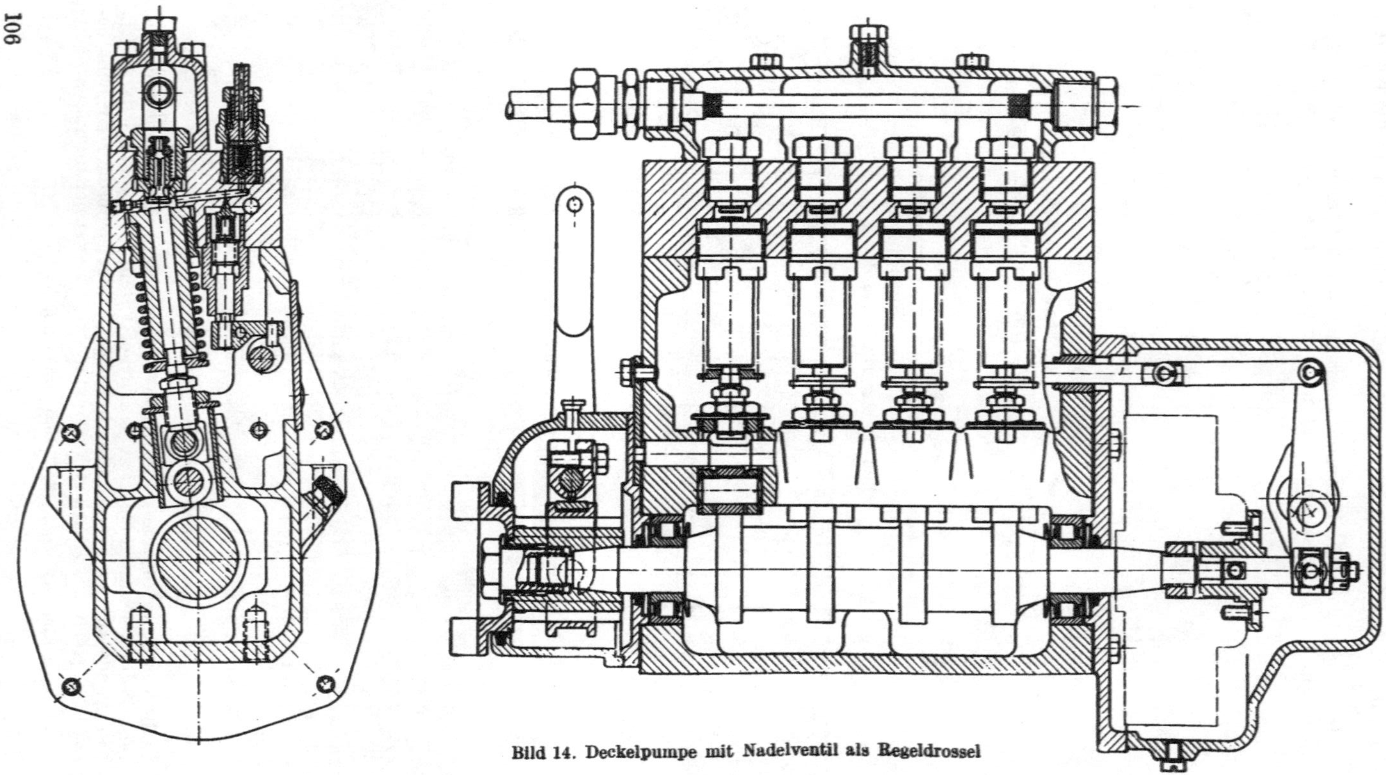

Bild 14. Deckelpumpe mit Nadelventil als Regeldrossel

der Verbrennungsvorgang ist wie bei jedem Diesel mit zerklüftetem Verbrennungsraum unterteilt, es entzündet sich ein mehr oder weniger großes Quantum des Treibstoffes im Nebenraum. In den allermeisten Fällen wird auch bei Luftspeichermaschinen die erste Zündung in der Kammer erfolgen (Bild 6, 7, 9). Dadurch, daß der Brennstoff vom Hauptraum aus (mindestens teilweise) erst in den Luftspeicher hineingespritzt wird, um sich dort zu entzünden, und als Verbrennungsprodukt wieder herausgetrieben zu werden, wird viel Wärme ungenützt an das Kühlwasser verlorengehen. Man kann sichere Schlüsse auf den erreichbaren thermischen Wirkungsgrad eines Dieselmotors ziehen, wenn man den Weg des Brennstoffes verfolgt, den er zurückzulegen hat vom Beginn der Einspritzung (über alle Aggregatzustände) bis zum Beginn des Auspufftaktes. Je länger und je wechselvoller dieser Weg gestaltet ist, um so höher muß der Wärmeverlust und somit auch der spezifische Brennstoffverbrauch ansteigen[1]).

Nach Ablauf des Vorkammer-Schutzrechtes im Jahre 1932 zeigte sich eine gewisse Abkehr von den Luftspeichermaschinen. Beispielsweise entstand durch leichte Umgestaltung des Überströmkanals aus dem Luftspeicher- (Bild 7) ein Vorkammermotor (Bild 8). Diese Veränderung brachte nicht nur eine Leistungssteigerung, sondern auch Verringerung des spezifischen Brennstoffverbrauches. Bei einer anderen bekannten Luftspeichermaschine wurden versuchsweise die serienmäßigen Düsen im Luftspeicher selbst angeordnet, und zwar so, daß der Brennstoff in axsialer Richtung wie bei der normalen Vorkammer hindurchgespritzt wird. Es zeigte sich sofort eine Zunahme des mittleren Druckes von 5,5 auf 6,5 kg/cm^2 und eine entsprechende Brennstoffersparnis.

Dem Vorkammermotor wird als Nachteil angerechnet, daß er im durchkälteten Zustand schlechter anspringt, als ein Dieselmotor mit direkter Einspritzung. Es hängt dies mit der schon beschriebenen Abkühlung der Verdichtungsluft beim Überströmen in die Vorkammer zusammen, weil der als Wärmespeicher ausgebildete Überströmkanal zu Beginn des Betriebes noch keinen Wärmeausgleich herbeiführen kann. Man ordnet deshalb in der Vorkammer gewöhnlich eine elektrische Glühkerze an, die wenigstens in der Umgebung der bei eingeschaltetem Strom weißglühenden Drahtspirale, die Differenz zwischen der Untertemperatur des Luftinhalts der Vorkammer und der Selbstzündungstemperatur des Brennstoffes ausgleicht. Mit solchen Glühkerzen wurden (nach anfänglichen Schwierigkeiten) sehr brauchbare Resultate erzielt; sie können heute als vollwertiges Konstruktionselement angesprochen werden. Die Ausführung ist sowohl ein- wie zweipolig zuverlässig möglich.

Um das Anlassen zu erleichtern und trotzdem auf die Vorteile des Vorkammerverfahrens nicht ganz verzichten zu müssen, hat die englische Firma Perkins eine Anordnung nach Bild 10 getroffen. Die Hälfte des Brennstoffes wird direkt in den Hauptraum gespritzt, während der andere Strahl der Zweilochdüse in den Nebenraum gerichtet ist. Die Betriebsergebnisse, besonders das Anlassen, sind als günstig zu bezeichnen. Nachteilig könnte höchstens ein übermäßiges Aufheizen der Düsenmündung werden, weil die heißen Verbrennungsgase auf ihrem Weg vom Neben- zum Hauptraum mit großer Geschwindigkeit an der Düse vorbeiströmen müssen.

III. Konstruktiver Aufbau

In mechanischer Beziehung traten zu Beginn der Entwicklung des Fahrzeug-Dieselmotors in der Hauptsache Störungen am Triebwerk auf. Man hat ganz allgemein mit zu niederen Spitzendrücken während des Arbeitstaktes gerechnet, so daß die bekannten Schwierigkeiten mit Lagern, Kolben und Kurbelwellen im wesentlichen auf diesen irrtümlichen Ausgangspunkt der konstruktiven Überlegungen zurückzuführen waren. Zwischen-

[1]) K. Schwaiger, ATZ (1934) S. 424.

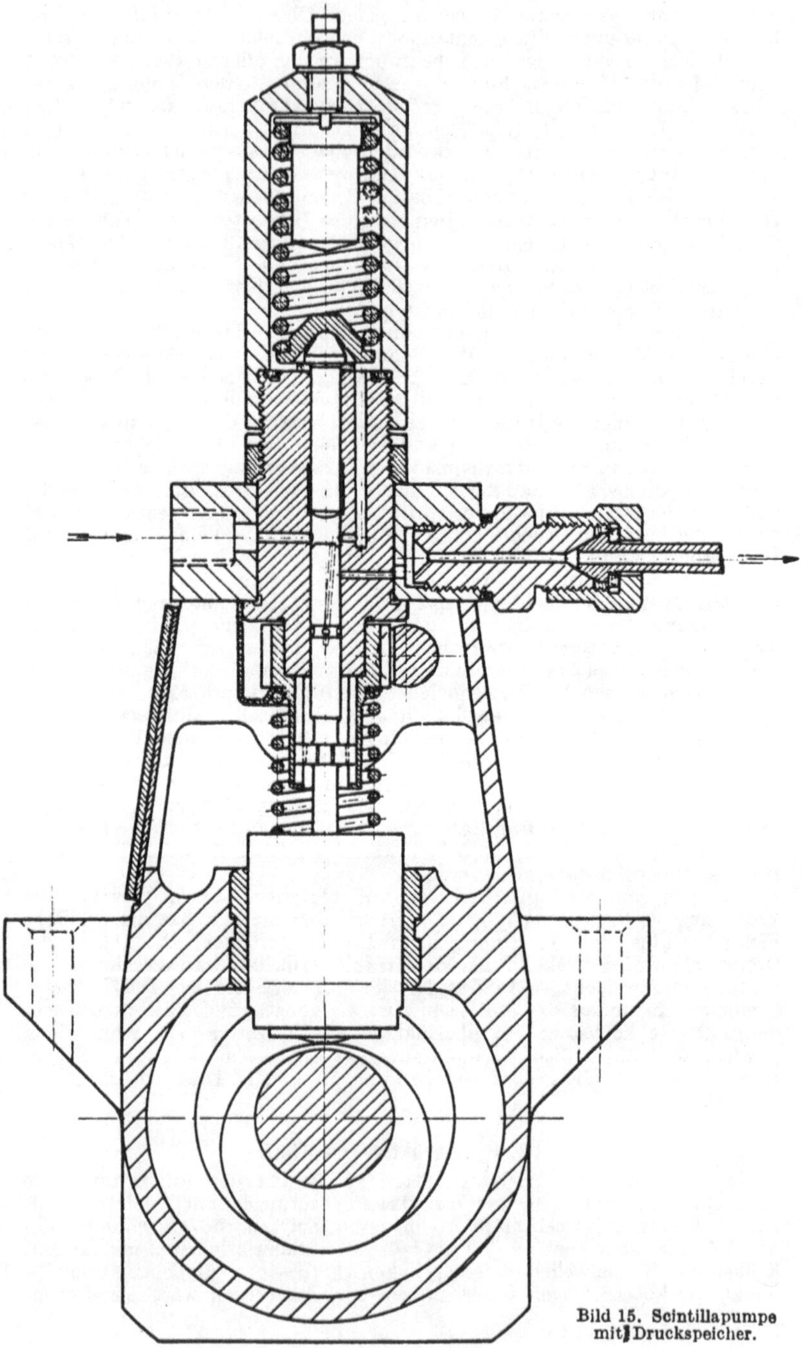

Bild 15. Scintillapumpe mit Druckspeicher.

zeitlich hat man aus dem Indikatordiagramm gelernt, daß der Verbrennungsdruck beim Dieselmotor fast doppelt so hoch liegt wie bei der Vergasermaschine und hat in der Bemessung der Einzelteile des Triebwerks auf diese spät erkannte Tatsache Rücksicht genommen.

Zu der Lagerfrage muß bemerkt werden, daß es nicht möglich ist, derart große Lagerabmessungen vorzusehen, wie sie sein müßten, wenn die Erfahrungswerte des Vergaserbetriebes zugrunde gelegt werden. Den höheren Drücken entsprechend müßten ja die Lagerstellen eines Dieselmotors ungefähr doppelt so groß sein. Bei keiner Maschine, die zum Antrieb von Fahrzeugen Verwendung finden soll, können aber derart große Lagerstellen untergebracht werden. Man ist deshalb gezwungen, die Lagerung selbst, unter Verwendung besonderer Materialien, widerstandsfähiger zu gestalten. Durch die höhere spezifische Lagerbelastung entsteht auch eine größere Lagertemperatur bei gleicher Vergleichsdrehzahl. Weißmetall, auch in seiner besten Legierung, besitzt keine ausreichende Warmfestigkeit, um diese erhöhte Lagertemperatur dauerhaft auszuhalten. Es wird bei den auftretenden hohen Lagertemperaturen, die zwischen 100 und 130° C im Dauerbetrieb liegen können, sehr spröde und neigt zur Rißbildung. In die feinen Spalten und unter die Lagermetallschicht wird das Schmieröl während des Arbeitstaktes hineingepreßt. Die Folge davon ist ein allmähliches Loslösen von ganzen Weißmetallplatten, die sich im Laufe des weiteren Betriebes gegenseitig verschieben und beim Übereinandergleiten ein Heißlaufen des Lagers verursachen. Man hat in den bleihaltigen Lagermetall-Legierungen auf Cu-Basis ein Material mit ausreichend hoher Warmfestigkeit gefunden. Auch die Verarbeitbarkeit ist ähnlich günstig wie bei gutem Weißmetall.

Es ist selbstverständlich, daß dem widerstandsfähigeren Material der Lagerbüchsen auch ein verschleißfesterer Kurbelzapfen gegenübergestellt werden muß. Am wirksamsten und dauerhaftesten ist naturgemäß die Einsatzhärtung der Lagerzapfen. Man hat aber auch sehr gute Erfolge mit dem von den Deutschen Edelstahlwerken Krefeld ausgearbeiteten Doppel-Duro-Verfahren erzielt, das allerdings an eine bestimmte Chrom-Molybdänstahl-Sorte gebunden, aber ganz bedeutend billiger als Einsatzhärtung ist.

Mit Rücksicht auf die hohen Explosionsdrücke dürfte es auch zweckmäßig sein, den Abstand zwischen zwei Lagern möglichst klein zu halten, weil sonst übermäßig hohe Materialspannungen hauptsächlich in den Hohlkehlen zwischen Hubzapfen und Kurbelwellenschenkeln auftreten. Aus diesem Grunde ist es unvorteilhaft, zwischen zwei Hauptlagern der Kurbelwelle zwei Pleuellager anzuordnen, was beim Benzinmotor bekanntlich mit keinerlei Risiken verbunden ist.

Ein Bauelement, das im Laufe der Fahrzeug-Diesel-Entwicklung sehr starken Wandlungen unterworfen war, ist der Kolben. Ursprünglich wagte man nur Graugußkolben einzubauen, weil die Leichtmetallkolben als nicht genügend widerstandsfähig gegen die harten Dieselschläge angesehen wurden. In der Tat haben auch die ersten Leichtmetallkolben nicht ganz befriedigt, weil man auch bei diesem Konstruktionsteil nicht gleich mit den wirklichen Höchstdrücken rechnen konnte. Systematische Verstärkungen brachten aber grundlegende Besserung. Heute ist der Leichtmetallkolben im schnellaufenden Dieselmotor eine Notwendigkeit, schon in wärmetechnischer Hinsicht. Bei den verschiedenen Diesel-Bauarten wird stets ein gewisser Teil des Brennstoffes gegen den Kolbenboden geschleudert und in seiner unmittelbaren Nähe zur Verbrennung gebracht. Es entsteht dadurch eine sehr starke partielle Überhitzung des Materials. Leichtmetall ist infolge seiner guten Wärmeleitfähigkeit in der Lage, diese Wärmepunkte bis zu einem Grad auszugleichen, der keine Gefahr zur Wärmerißbildung (wie beim Graugußkolben) mehr birgt.

Zur schadlosen Ableitung der Kolbenbodenwärme ist ein bestimmter Fließquerschnitt erforderlich; man ist deshalb an bewährte Normen gehalten, beispielsweise soll die gesamte Kolbenlänge mindestens 1,5 mal so groß sein, wie der Kolbendurchmesser. Der Kolbenbolzen wird gewöhnlich in halber Kolbenhöhe angebracht. Bei kürzeren Kolben kann man für einen störungsfreien Abfluß der Bodenwärme über die Ringpartie nicht mehr garantieren (Festbrennen der Kolbenringe).

Die Abnutzung der Zylinderwand hängt in gewissem Sinne auch mit der Kolbenauswahl zusammen. Es ist weniger das Kolbenmaterial, was den Verschleißfaktor beeinflußt, als vielmehr die Einbautoleranz. Je geringer

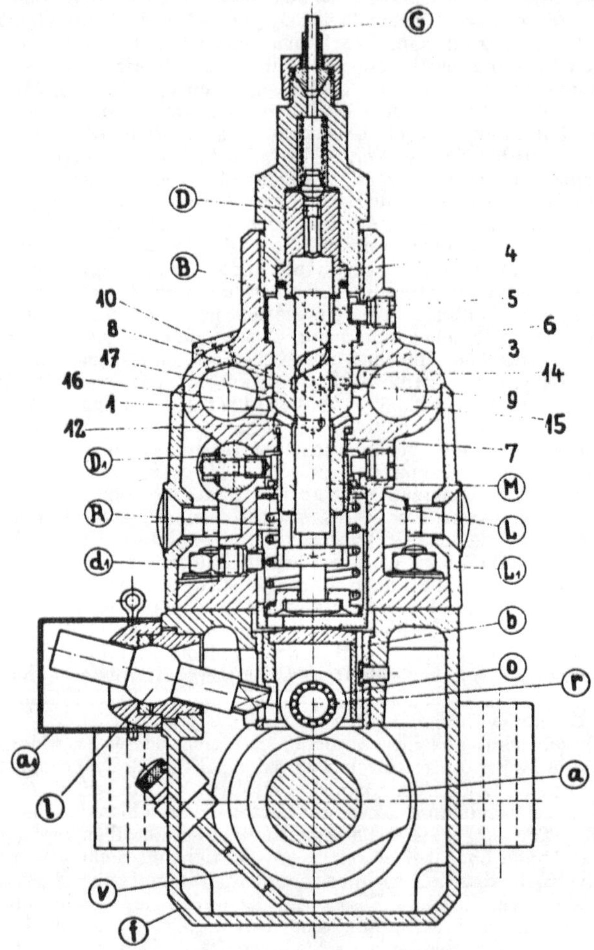

Bild 16. Simms-Gleichstrompumpe.

das Spiel zwischen Kolbenschaft und Zylinder gehalten werden kann, um so länger wird bei gleichen Betriebsverhältnissen eine Zylinderwand halten. Die Hauptabnutzung tritt stets in der obersten Kolbenstellung ein. Die Ursache für diese Erscheinung ist in dem Kolbenkippen im oberen Totpunkt während des Explosionstaktes zu suchen[1]). Man war lange Zeit der Ansicht,

[1]) K. Schwaiger, Entwerfen und Berechnen neuzeitlicher Nutzkraftwagenmotoren (Verlag Krayn 1934) S. 59 u. f.

daß die Abnutzung eine Funktion der absoluten Kolbengeschwindigkeit sei. Dies trifft aber nach neuesten Untersuchungen nicht zu, es wurde vielmehr von Le Mesurier und Stansfield[1]) nachgewiesen, daß eine Abhängigkeit der Verschleißquote lediglich von Drehzahl und mittlerem nutzbaren Kolbendruck besteht. Je größer beide Faktoren sind, desto schneller nutzen sich bei gleichen Materialien die Innenflächen der Zylinder ab, wenn auch die mittlere Kolbengeschwindigkeit noch innerhalb der früher willkürlich aufgestellten Grenze von 10 m/sek bleibt.

Zu den anfänglichen Diesel-Schwierigkeiten gehört auch das Anlassen. Bei Motoren mit direkter Einspritzung konnte man von vornherein die günstigsten Ergebnisse erwarten. Es gab dabei auch keinerlei Anstände, solange der Startvorgang bei genügend hoher Außentemperatur erfolgte; sobald aber die angesaugte Frischluft mehrere Kältegrade aufweist, kann bei der verhältnismäßig kleinen Anlaß-Drehzahl die Lufttemperatur, wie sie zur Kompressionszündung erforderlich ist, nicht mehr erreicht werden. Man muß sich deshalb dazu entschließen, das Verdichtungsverhältnis etwas über $\varepsilon = 13$ zu erhöhen. Erschwerend wirkt noch der Umstand, daß in der Kälte das Schmieröl höhere Viskositätsgrade annimmt. Hierdurch tritt eine wesentliche Erhöhung des Drehwiderstandes ein. Der Anlasser kann deshalb bei durchkälteter Maschine den Motor nicht mehr auf die erforderliche Anlaß-Drehzahl bringen, selbst wenn er für Außentemperaturen von über 0° C noch gut ausreichend ist[2]). Man half sich in vielen Fällen dadurch, daß man dünnflüssiges Schmieröl für die kalte Jahreszeit verwendet hat. Dabei entstehen aber ungünstige Einwirkungen auf die Lagerung, auch der Zylinderverschleiß steigt. Wirksame Abhilfe kann nur Kompressionserhöhung und Verwendung eines stärkeren Anlassers schaffen.

Bei Motoren mit zerklüftetem Brennraum hat man von vornherein Starterleichterungen eingebaut. Man verzichtete auf übermäßige Kompressionserhöhung und hat, wie schon im Abschnitt II erwähnt, Glühspiralen angeordnet, die durch die Anlaßbatterie vor der Betätigung des Starters zum Glühen gebracht wurden. Die fehlende Verdichtungswärme konnte so beim Anlassen des kalten Motors auf bequeme Art ersetzt werden. Bei nicht zweckmäßiger Anordnung der Glüspirale trat während des Dauerbetriebes durch die Verbrennungsgase eine Überhitzung ein, die zum Abbrand des Glühdrahtes führte. Bei richtiger Wahl des Platzes für die Glühkerze ist dieses einfache aber nützliche Organ in seiner Lebensdauer nicht beeinträchtigt.

Im Zusammenhang mit den anfänglichen Anlaßschwierigkeiten wurde eine Vorrichtung entwickelt, mit der eine vorübergehende Verminderung der Kompressionshöhe zu ermöglichen war. Man ging von der Überlegung aus, daß der Dieselmotor leichter in Gang zu bringen sei, wenn zuerst bei ausgeschalteter Verdichtung die Drehzahl möglichst hoch getrieben wird. Schaltet man dann plötzlich auf volle Kompression und maximale Brennstoffzufuhr um, dann sollte der Motor sofort anspringen. Diese Versuche haben beim Fahrzeug-Diesel-Motor nie zum Erfolg geführt, weil die Schwungradenergie hierbei, mit Rücksicht auf die Forderung nach rascher Beschleunigung und Verzögerung der Fahrzeugbewegung, niemals so hoch sein darf, wie es zur Durchführung des Anlaßvorganges mit Dekompressionsvorrichtung erforderlich wäre. Es ist deshalb zwecklos, eine solche Hilfseinrichtung konstruktiv vorzusehen.

IV. Einspritz-Pumpen und -Düsen

Um eine möglichst weitgehende Ausnutzung des Brennstoff-Wärmewertes zur Leistungsentwicklung im Dieselmotor zu erreichen, ist die richtige Wahl der Einspritzcharakteristik ebenso wichtig, wie eine zweckmäßige

[1]) Le Mesurier und Stansfield, Some Observations on Fuel for Heavy Oil Engines (1934) S. 15.
[2]) H. Vogel, Schmiermittel für Automobil- und Flugmotoren, ATZ 1934, S. 478.

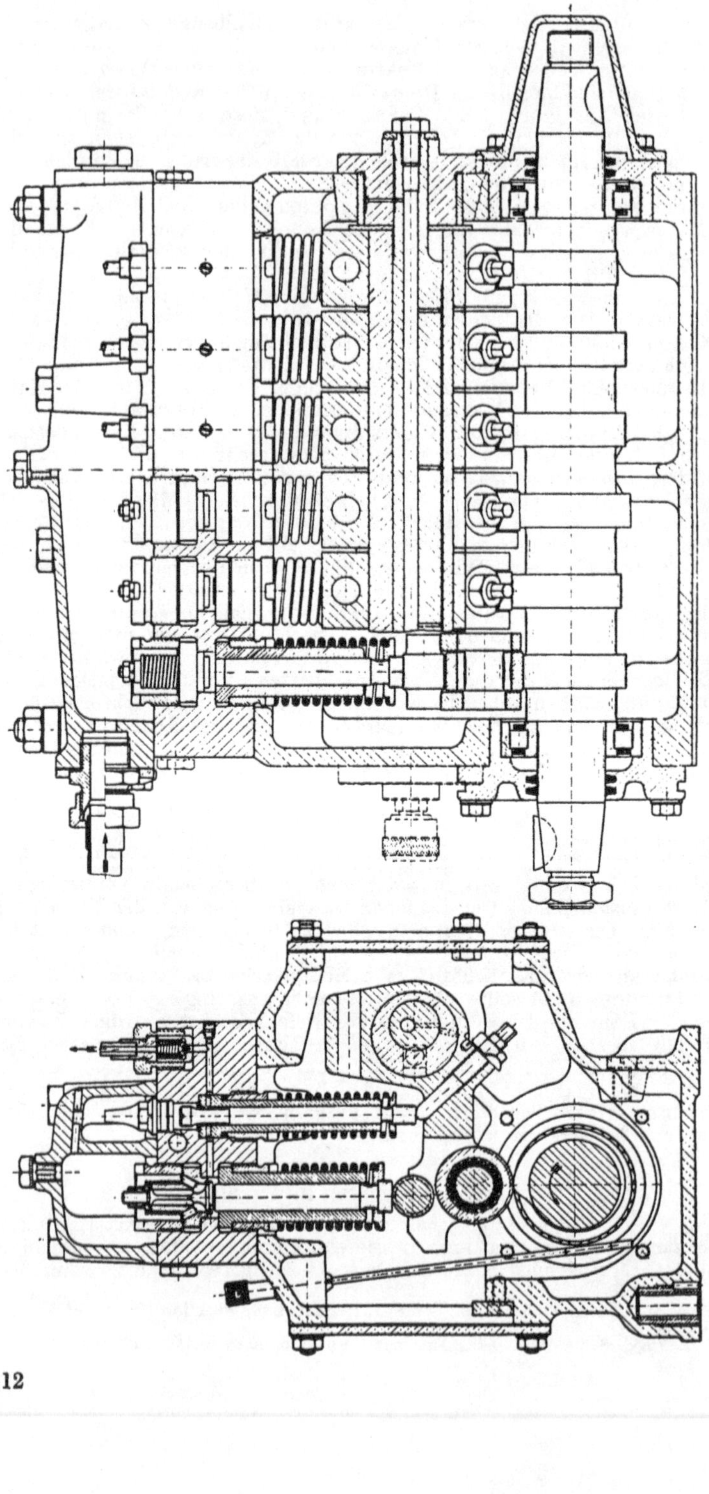

Bild 17. Deckel-Pumpe mit gesteuertem Rückströmventil.

Ausbildung des Brenn- und Zündraumes. Der Einspritzvorgang hängt zu gleichen Teilen von der Pumpen- und Düsenkonstruktion ab. Es soll zu Beginn der Einspritzung nur eine verhältnismäßig kleine Brennstoffmenge in sehr fein verteiltem Zustand in den Brennraum gelangen. Wenn dort für eine genügende Höhe der Verdichtungstemperatur Sorge getragen ist, wird nach Ablauf der Zeit für den unvermeidlichen chemischen Zündverzug (etwa $^{1}/_{1000}$ sek) dieses kleine Brennstoffquantum zur Entzündung kommen. Die Entflammung kann dabei ohne Nachteile plötzlich erfolgen. Da es sich ja nur um geringe Ölmengen handelt, wird kein Dieselklopfen hörbar sein. Während dieses Vorganges war aber die Brennstoffzufuhr nicht unterbrochen, sondern sie hat stetig zugenommen, so daß in der Zeiteinheit immer mehr und mehr Treiböl in den Brennraum gelangt (Bild 11). Dieser nachströmende Brennstoff, der erst im Zylinder ankommt, wenn schon von dem voreingespritzten Brennstoff Flammenherde vorhanden sind, braucht

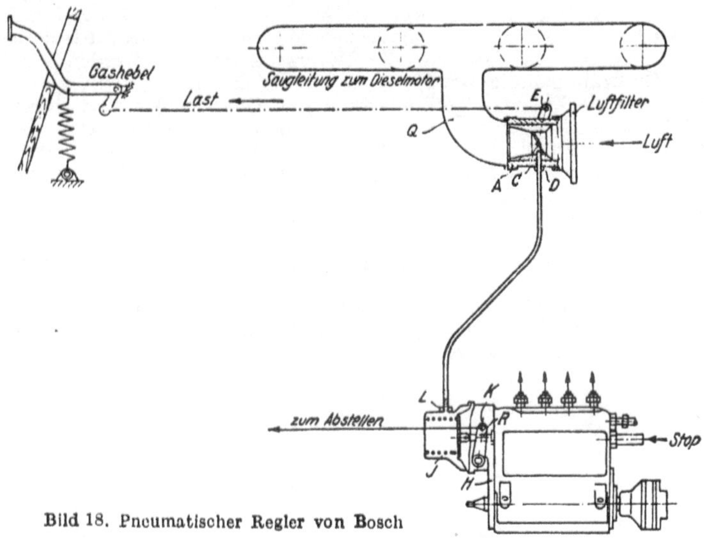

Bild 18. Pneumatischer Regler von Bosch

nicht so stark zerstäubt zu sein, weil infolge des großen Temperaturanstieges bei der Vorverbrennung die Entzündung des nachgespritzten Brennstoffes verhältnismäßig leichter ist.

Man hat lange Zeit versucht, die erforderliche Spritzcharakteristik nach Bild 11 mit Hilfe besonderer Nockenformen zu erzielen. Die Ergebnisse waren aber nie ganz befriedigend, weil die bewegten Massen (Stößel, Kolben, Feder usw.) im Vergleich zu dem pro Hub eingespritzten Brennstoffquantum übermäßig groß waren. Die Firma Bosch ist deshalb in letzter Zeit bei Zapfendüsen (Bild 12 A und B) dazu übergegangen, die Durchflußmenge zu Beginn der Einspritzung mit Hilfe besonders geformter Zapfen zu drosseln. Der dabei angewendete sehr feine Ringspalt erzeugt gleichzeitig beste Zerstäubung. Beim weiteren Öffnen der Düsennadel werden die Austrittsquerschnitte immer größer, so daß auch die in den Zylinder gelangende Brennstoffmenge stetig zunehmen kann.

Durch die Erfolge des Fahrzeug-Diesel-Motors wurden verschiedene Unternehmungen ermutigt, den Bau von Einspritzpumpen aufzunehmen. Es kamen die verschiedensten Systeme auf den Markt. Am bekanntesten sind neben

der Bosch-Pumpe mit Regelkante am Kolben (Bild 13)
die Deckel-Pumpe mit Drosselregelung (Bild 14),
die Scintilla-Pumpe mit Druckspeicher (Bild 15),
die Deutz-Pumpe mit veränderlichem Hub (Schrägnocken),
die Simms-Pumpe (Gleichstromsystem) (Bild 16),
die Deckel-Pumpe mit gesteuertem Rückströmventil für höchste Einspritzdrücke bis zu 1000 atm (Bild 17).

Die Bosch-Einspritzpumpe hat die weiteste Verbreitung gefunden. Sie ist neuerdings auch in einer kleineren Ausführung lieferbar, die zur Verwendung bei Personenwagen-Diesel-Motoren gedacht ist. Der Regler dieser Kleinpumpe besteht aus einer federbelasteten Membrane, die vom Unterdruck des Ansaugrohres gesteuert wird (Bild 18). Die Einströmöffnung des Saugrohres ist als Venturi-Düse ausgebildet und mit einer Drosselklappe versehen. Durch Betätigung der letzteren wird das zur Bewegung der Reglermembrane erforderliche Vacuum erzeugt. Man könnte annehmen, daß durch die teilweise Abdrosselung der Luftzufuhr der Füllungsgrad des Motors fällt. Dies trifft aber nicht zu, weil ja durch die Verringerung des Luftspaltes an der Drosselklappe die Drehzahl des Motors herabgesetzt werden soll. Bei kleiner Drehzahl benötigt der Motor aber in der Zeiteinheit weniger Ansaugluft, so daß die Zylinder trotz des verengten Querschnitts noch ihre volle Luftfüllung pro Saughub erhalten. Der Hauptvorteil dieses pneumatischen Reglers ist neben einfacher Bauart und geringem Platzbedarf, die Abregelung jeder mit der Drosselklappe eingestellten Drehzahl; während die normalen Fliehkraftregler nur eine bestimmte Leerlaufdrehzahl halten, und gegen „Überdrehen“ des Motors schützen (Maximal- und Minimal-Regler). Gute Erfahrungen haben die Firma Bosch veranlaßt, diese beachtenswerte Neuerung auch auf die größeren Pumpen-Typen zu übertragen.

Die Wirkungsweise der verschiedenen Pumpen läßt sich aus den zugehörigen Bildern ohne weiteres ersehen, so daß auf eine nähere Beschreibung verzichtet werden kann.

d) Schalldämpfer

In den letzten Jahren sind umfangreiche Forschungsarbeiten ausgeführt worden, um die Entstehung des Auspuffgeräusches näher zu untersuchen und um hieraus nähere Folgerungen für günstige Schalldämpferbauarten zu ziehen. Wenn auch zur Zeit die Ergebnisse dieser Untersuchungen noch nicht vollen Eingang in die Praxis gefunden haben, so bildeten sie doch bereits vielfach den Anlaß, die Schalldämpfungen zu verbessern.

Die Forschungsarbeit „Schalldämpfer für Automobilmotoren[1]“ von Dr.-Ing. Alfred Kauffmann und Dr.-Ing. Ulrich Schmidt, die in der Versuchsanstalt für Kraftfahrzeuge der technischen Hochschule Berlin ausgeführt wurde, kommt zu folgenden Feststellungen. Wegen näherer Einzelheiten muß auf die Arbeit selbst verwiesen werden.

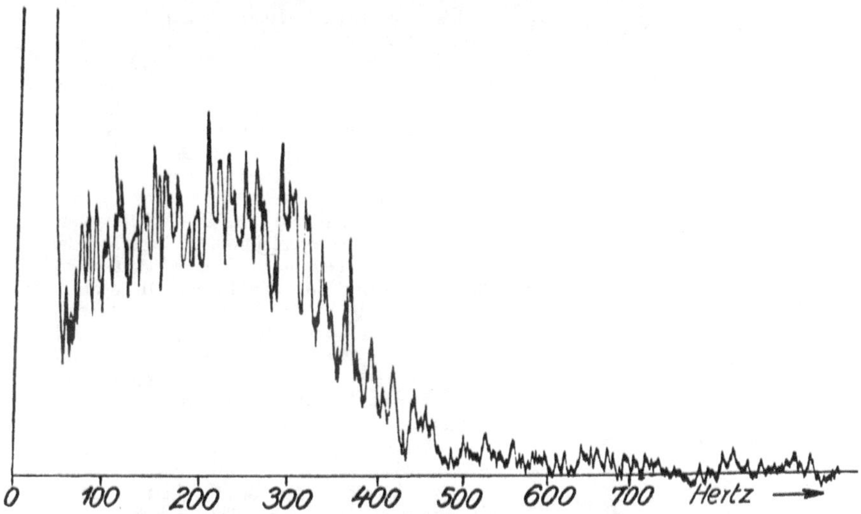

Bild 1. Frequenz-Analyse des Auspuffgeräusches ohne Auspuffanlage. Bereich der tiefen Frequenzen, $n = 1600$ U/min, etwa 25% Motorbelastung (nach Schmidt).

Das Auspuffgeräusch eines Verbrennungsmotors hat seinen Ursprung in dem Ausschub der Abgase aus den Zylindern. Die Größe dieses Geräusches ist von der Belastung und der Drehzahl des Motors abhängig. Nach einem Verfahren von Prof. Dr. E. Meyer vom Heinrich-Hertz-Institut, Berlin, wurden selbsttätige Frequenzanalysen des Auspuffgeräusches (ohne Schalldämpfer) durchgeführt. Hierbei ergab sich, daß zwei getrennte Frequenzgruppen im Auspuffgeräusch vorhanden sind. Die Gruppe tiefer Frequenzen (in den untersuchten Fällen zwischen 25—700 Hertz [2]) liegend, Bild 1), wird durch die Eigenschwingung des durch Zylinder und Ventilspalt dargestellten akustischen Schwingungskreises erzeugt. Lage und Umfang dieser Schwingungen lassen sich

[1]) Verlag von M. Krayn, Berlin W 35, 1932. Weitere neuere Forschungen über Auspuffdämpfung. K. W. Wagner, Fortschritte in der Geräuschforschung und Lärmabwehr. Z. VDI., 79 (1935) Nr. 18, M. Kluge, ATZ, 36 (1935) S. 192 und 244, H. Martin, Z. VDI., 78 (1934) S. 1257.

[2]) 1 Hertz = Einheit der Frequenz, Anzahl der vollen Schwingungen je Sekunde. 1 Phon = Einheit der Lautstärke für einen Ton von 1000 Hertz ist die Anzahl der Phon gleich dem „Empfindungsniveau“. Die letztere Bezeichnung kennzeichnet den Abstand der Schalldruck-Amplitude von der Amplitude des Schwellwertes für den betreffenden Ton. Der Schwellwert wird vom Ohr gerade noch wahrgenommen. Die normale Unterhaltungssprache liegt zwischen 58 und 62 Phon.

aus den Konstruktionsgrößen des Schwingungskreises errechnen. Neben der Gruppe tiefer Frequenzen, die sich durch ein brummendes Geräusch bemerkbar macht, sind im Auspuff auch höhere Frequenzen bemerkbar, die sich als ein zischendes Geräusch vernehmen lassen. Ihr Gebiet reicht von ungefähr 3000 bis 8000 Hertz (Bild 2). Sie fällt in das Gebiet größter Ohrempfindlichkeit, d. h. es genügen kleine Amplituden um starke Geräuschempfindungen zu erzeugen. Diese Geräusche lassen sich durch Bildung von Wirbeln beim Austritt der Abgase aus dem Ringspalt des Auslaßventiles erklären.

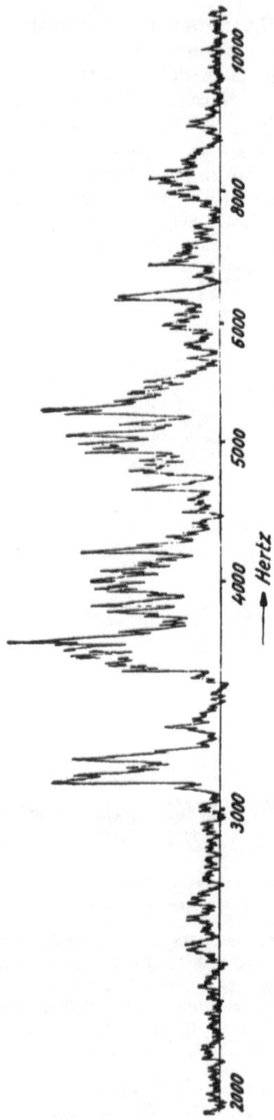

Bild 2. Frequenz-Analyse des Auspuffgeräusches ohne Auspuffanlage, Bereich der hohen Frequenzen (nach Schmidt)

Weiterhin erfährt die Druckwelle im Auspuffrohr, durch das die Abgase und der Schall weitergeleitet werden, verschiedene Veränderungen. Die Eigentöne des Auspuffrohres, die in den Bereich der Erregerfrequenzen fallen, werden bei jeder Motorbelastung und Drehzahl durch Resonanz in besonderer Stärke erregt. Die Frequenz der Eigentöne ändert sich mit der Belastung und der Drehzahl der Maschine. Bei bestimmten Motordrehzahlen werden durch phasengleiche Stoßerregung einzelne Eigentöne besonders stark hervorgehoben.

Für die Beurteilung der Dämpfung kann die objektive oder subjektive Dämpfung bzw. die Schall- oder Lautstärke des Auspuffgeräusches bewertet werden. Bei dem einen objektiven Verfahren wird mittels eines Membranventiles der manometrische Schalldruck im Endquerschnitt des Auspuffrohres gemessen. Ein elektrisches Meßgerät zeigt den galvanometrischen Mittelwert des Schalldruckes im Schallfeld an. Die beiden Verfahren ergaben vergleichbare Werte. Bei dem manometrischen Verfahren wird sogar der Einfluß der Nebengeräusche ausgeschaltet. Für subjektive Messungen am einfachsten und am besten geeignet ist der Geräuschmesser von Barkhausen[1]). Es handelt sich hierbei um einen Vergleich eines reinen Tones von 1000 Hertz mit dem Auspuffgeräusch. Nur ein geübter Beobachter kann brauchbare Meßwerte erzielen. Aus einer großen Reihe Versuche hat sich ein mittlerer Fehler von etwa 6 Phon ergeben. Infolgedessen ist die objektive Messung wegen ihrer größeren Genauigkeit vorzuziehen. Die Messung auf dem Prüfstand ist der Messung auf der Straße vorzuziehen. Bei Messungen im Schallfeld eines fahrenden Kraftfahrzeuges ist die dauernde Änderung der Richtung und Entfernung der Schallquelle gegenüber der Meßstelle und die Art ihrer Umgebung von störendem Einfluß. In die Ausführungsanweisung zur Reichs-Straßenverkehrsordnung vom 29. Sept. 1934 sind auch erstmalig Bestimmungen über die Messung der Fahrgeräusche und der Schallzeichen von Kraftfahrzeugen aufgenommen worden:

Die Messung muß bei Vollbelastung des Motors und bei einer Geschwindigkeit von 40 km je Stunde (soweit diese nicht erreichbar ist, die Höchstgeschwindigkeit) erfolgen, und zwar seitlich in 7 Meter Entfernung von der Mittellinie der Fahrzeugspur. Das Fahrgeräusch darf 85 Phon nicht übersteigen. Die Vollbelastung des Motors kann

[1]) ATH 13. Aufl. S. 94/95.

durch Beschleunigung, Bremsen, Anhängen von Schleppfahrzeugen oder in ähnlicher Weise erreicht werden.

Zur Feststellung des Fahrgeräusches von Kraftfahrzeugen, deren Auspuffgeräusche eine erkennbare Richtwirkung haben, muß eine weitere Messung bei stehendem Fahrzeug und bei vorübergehender voller Öffnung der Drosselklappe in 20 Meter Entfernung vom Ende des Auspuffrohrs in dessen Verlängerung erfolgen.

Die Messungen sind auf freiem Platz mit möglichst glatter Oberfläche durchzuführen. Hindernisse (Bäume, Sträucher und dergleichen), die durch Reflexion oder Absorption des Schalls störend wirken können, müssen von der Schallquelle mindestens doppelt so weit entfernt sein wie der Schallempfänger.

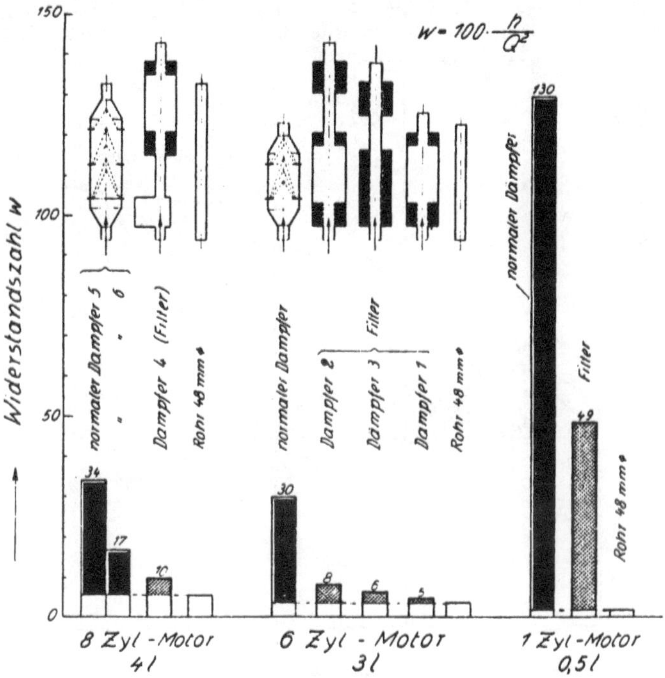

Bild 3. Widerstandszahlen von Schalldämpfern (nach Kauffmann)

Aus der erwähnten Forschungsarbeit schälen sich auch die Anforderungen an einen guten Schalldämpfer, der das Auspuffgeräusch wirklich dämpfen soll, heraus. Vor allen Dingen muß er auf die im Auspuffgeräusch enthaltenen Frequenzen abgestimmt sein. So kann ein Schalldämpfer an einem Motor eine sehr gute Dämpfung ergeben, dagegen an einem anderen Motor vielleicht schlecht dämpfen. Ebenso ist die Prüfung eines Schalldämpfers bis jetzt nur am Motor möglich und muß an jeder Motortype neu ausgeführt werden, d. h. Schalldämpfer und Motor gehören zusammen.

Bewertet muß der Dämpfer werden hinsichtlich

1. Strömungswiderstand bzw. Gegendruck im ganzen Drehzahlbereich,
2. Dämpfung.

Beide Untersuchungen gehören zusammen und haben sich zu ergänzen. An Stelle des Gegendruckes kann auch der Leistungsverlust angegeben werden.

Bild 3 veranschaulicht die Widerstandszahl verschiedener Schalldämpfer für verschiedene Motoren, 8-, 6- und 1-Zylinder, von verschiedener Hubvolumengröße. Die Schalldämpferbauarten sind über den Widerstandszahlen skizzenhaft wiedergegeben. Schalldämpfer *5* und *6*, die zu den Versuchen am 8- und 6-Zylindermotor verwendet wurden, sind normale Schalldämpfer (vgl. ATH 13. Aufl. Bild 2 S. 661, Schalldämpfer Adler Standard 6). Die Schalldämpfer bestehen aus einer Querschnittserweiterung, in die eine Anzahl kegeliger Siebe eingebaut ist. Die Anzahl der Löcher in den Sieben und der Durchmesser der Löcher ist so gewählt, daß bei noch ausreichender Dämpfung eine möglichst geringe Drosselung des Abgasstromes erreicht wird. Beide Schalldämpfer *5* und *6* hatten einen größten Durchmesser von 150 mm, die Gesamtlänge war 695 bzw. 485 mm. Die Schalldämpfer *1*, *2*, *3* und *4* waren neuentwickelte Bauarten, sog. Filter. Die Bezeichnung Filter wurde deshalb gewählt, weil diese Ein-

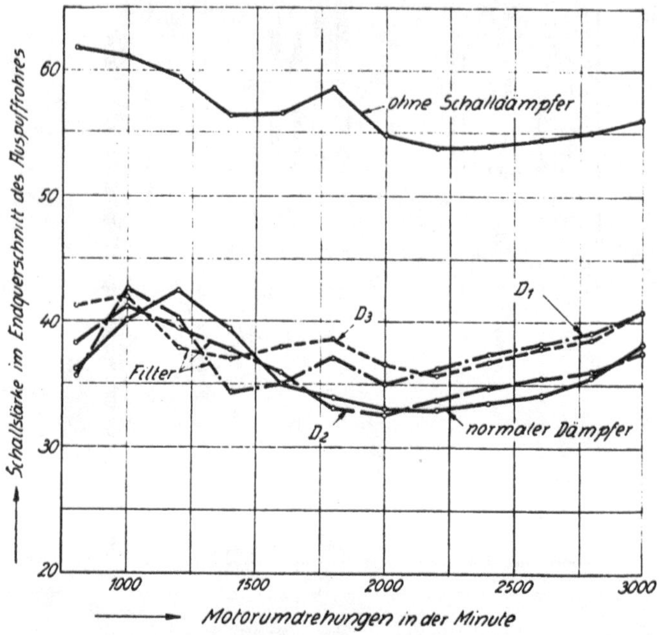

Bild 4. Schallstärke im Endquerschnitt des Auspuffrohres bei Motorvolleistung eines 6 Zylindermotors (nach Kauffmann).

richtungen gestatten, aus einem beliebigen Frequenzgemisch ein oder mehrere Frequenzen auszusieben. Hierbei wird den übrigen Frequenzen oder einem überlagerten Gleichstrom (Strom der Abgase) kein vergrößerter Widerstand in den Weg gesetzt. Die Filter bestehen aus Querschnittserweiterungen und sog. Absorptionsdämpfern. In beiden Fällen tritt eine Querschnittsverengung, die eine Drosselung verursacht, wie bei üblichen Bauarten nicht auf. Vielmehr besitzen auch die Absorptionsdämpfer einen Durchgang, der dem lichten Durchmesser des Auspuffrohres entspricht. Die Dämpfung der Schallwellen wird dadurch hervorgerufen, daß die Abgase durch Sieb- oder Gazerohre geleitet werden (Erhöhung der Reibung). Damit die Gase nicht austreten können, ist der Absorptionsdämpfer durch ein Schutzrohr umgeben, der Zwischenraum ist durch einen porösen Werkstoff gefüllt. Filter *1* besteht aus einem Rohr von 155 mm Innendurchmesser, das vorn und hinten einen Absorptionsdämpfer von 155 bzw. 80 mm Länge besitzt; Filter *2* entspricht Filter *1*, es wurde nur in bestimmtem Abstand ein Absorptionsfilter von 250 mm Länge angeschlossen.

Filter *3* besteht aus zwei Absorptionsdämpfern von 155 mm Außendurchmesser und 500 bzw. 250 mm Länge, die durch ein Rohrstück von 530 mm Länge verbunden sind. Bei Filter *4* ist vor das Filter *1* eine senkrecht liegende Rohrerweiterung von 155 mm Durchmesser und 60 bzw. 195 mm Abstand der Wandung von der Rohrmitte eingeschaltet. Dämpfer *1* enthält im Absorptionsteil Rohre aus Drahtgaze mit einer freien Fläche von 64%, während Dämpfer *3* Siebrohre aus gelochtem Blech mit nur 35% freier Fläche hat. Drahtgazerohr ist akustisch günstiger, ergibt aber größeren Strömungswiderstand. Der Strömungswiderstand ergibt sich aus der bekannten Formel für das Druckgefälle, sie wurde hier vereinfacht zu $W = 100 \frac{h}{Q^2}$, worin h die Druckhöhe in mm Wassersäule und Q in l/sek = durchströmende Luftmenge. Diese Vereinfachung konnte getroffen werden, da für alle Versuche Luft gleichen Zustandes, also auch gleicher Dichte benutzt wurde.

Man erkennt in Bild 3 die ganz wesentliche Verringerung des Widerstandes bei den Filterbauarten.

In Bild 4 sind die Schallstärken in Abhängigkeit von der Motordrehzahl für die verschiedenen Schalldämpfer bzw. ohne Schalldämpfung gezeigt. Objektiv sind alle Bauarten annähernd gleichwertig.

Schalldämpferbauarten

Bild 5a u. b zeigt den Wema-Abgas-Schalldämpfer. Die vom Motor kommenden Gase treten bei 1 zunächst in einen zur Hälfte mit Löchern versehenen Raum *A* ein, der die Aufgabe hat, die Spitzen der Abgasschwankungen zum Verschwinden zu bringen. Die teils durch die Lochung, teils durch die vordere Öffnung dieses Raumes fließenden Gase

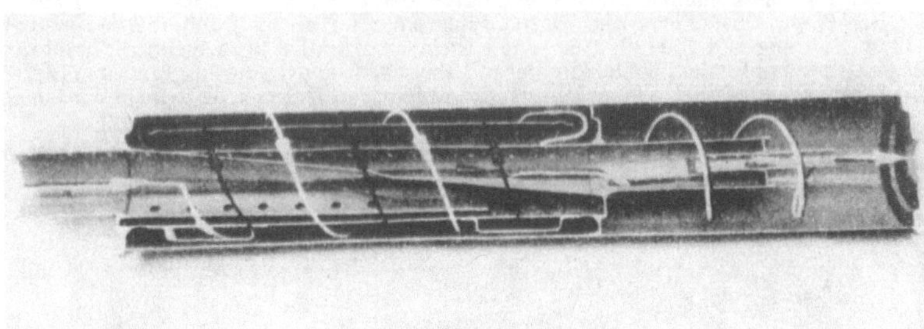

a) Schnitt

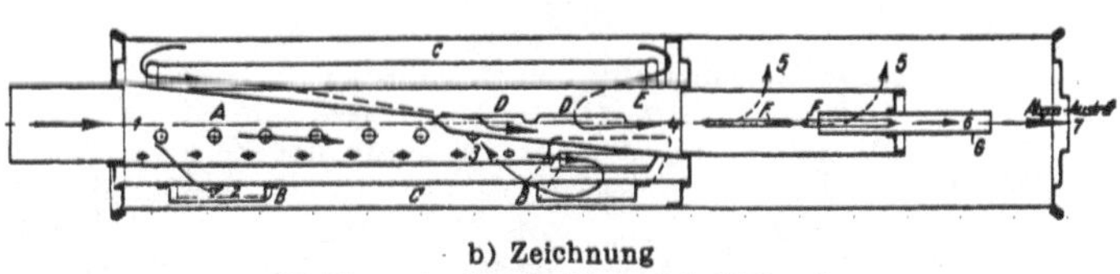

b) Zeichnung

Bild 5a u. b. Wema-Abgas-Schalldämpfer

teilen sich hierauf mittels schräggestellter Düsen *B* in zwei Ströme *2* und *3*. Diese beiden Ströme fließen im Wirbelraum *C* spiralförmig in gleichem Drehsinn, jedoch entgegengesetzt gerichtet ineinander, wodurch ein weiches und federnd wirkendes Verwirbeln der Teilströme eine gegenseitige Energievernichtung und damit eine Aufhebung der Druckschwankungen erfolgt. Von hier aus gelangen die Abgase durch weitere spaltförmige Düsen *D* in den Ausgleichraum *E* und strömen in Richtung *4* zu den ebenfalls spaltförmig ausgebildeten Düsen *F*. Die aus letzteren austretenden Gasbänder 5 strömen zusammen mit dem von der Rohrdüse *G* kommenden Teilstrom 6 durch die

Auslaßöffnung bei 7 ins Freie. Das Volumen der einzelnen, durch Düsen bzw. Löcher in Verbindung stehenden Räume ist den jeweiligen Verhältnissen derart angepaßt, daß eine Dämpfung derjenigen Frequenzbereiche der Abgasschwingungen erfolgt, die durch Verwirbelung und Reibung allein noch nicht erfaßt wurden.

Die Länge des Auspuff- bzw. Endrohres wird nach Möglichkeit (Unterbringung im Fahrgestell) dem Einzelfall angepaßt. Die herstellende Firma hat Normalmaße für Kraftrad- und Personenwagen-Schalldämpfer festgelegt.

Ähnliche Grundsätze sind beim Schalldämpfer der Chevrolet-Master-Modelle beachtet worden (Bild 6).

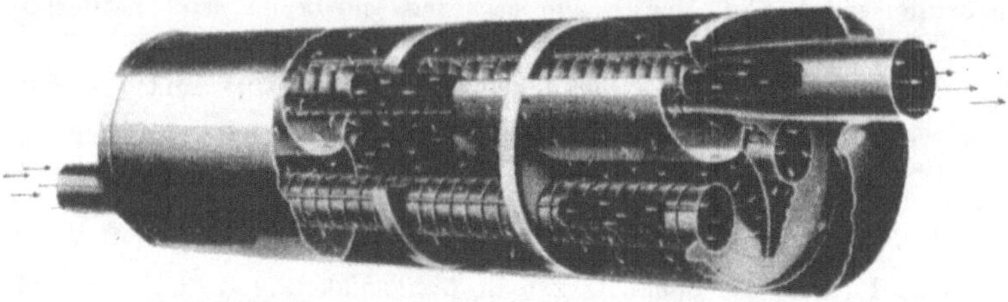

Bild 6. Schalldämpfer Chevrolet Master-Modell 1934

Nach Prinzip der reinen Absorptionsdämpfer arbeitet der Defag-Burgeß-Schalldämpfer (Bild 7). Dieser erhält im allgemeinen eine glatte zylindrische Form mit einem durchgehenden Siebrohr, ohne jede Drosselung. Der Kopf-Außendurchmesser wird im allgemeinen = 2 × Leitungsdurchmesser gewählt. Die Topflänge soll mindestens 20 × Leitungsaußendurchmesser sein. Zu der Topflänge kommen an beiden Seiten Stutzen von normal 50 mm Länge, in die die Leitungen etwa 40 mm tief einzuschieben sind. Die herstellende Firma hat ebenfalls normale Schalldämpfergrößen entwickelt. Das Siebrohr des Schalldämpfers ist von durchlässiger Stahl- oder Glaswolle umgeben.

Bild 8 veranschaulicht ein Versuchsdiagramm an einem 6 Zylinder-Motor von 95 mm Bohrung und 100 mm Hub. Die gestrichelten Linien kennzeichnen die Motorleistungen bei normalem Schalldämpfer mit Zwischenwänden, die ausgezogenen Linien die entsprechenden Werte beim Burgeß-Schalldämpfer. Das gleiche Prinzip wird auch für Ansaugschalldämpfer vorgeschlagen.

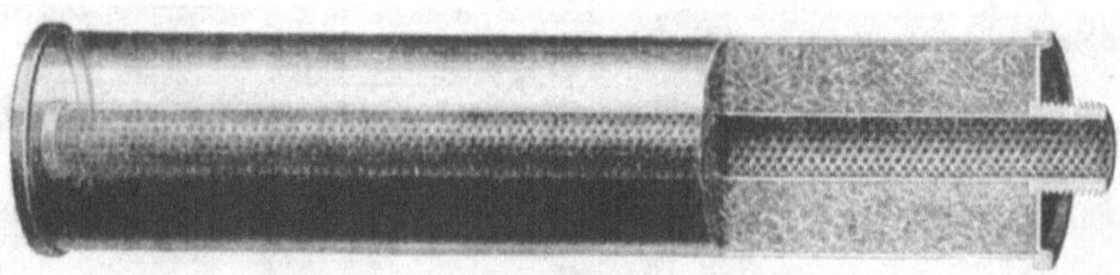

Bild 7. Defag-Burgess-Schalldämpfer

Wie in dem Forschungsbericht Kauffmann-Ulrich (siehe S. 115) hingewiesen, setzen sich die feinen Hohlräume in den Absorptionsdämpfern durch den Schmutz (Ruß) der Abgase im Laufe der Zeit zu. Die Siebe oder Netze müssen deshalb in bestimmten Abständen gereinigt werden.

Eine Weiterentwicklung der Schalldämpfer-Bauarten scheint der Walker-Schalldämpfer[1]) (Bild 9) zu bringen. Er schaltet vor das Siebrohr eine Erweiterung mit anschließendem kleinen Drosselkegel[2]), der jedoch weder eine Richtungsänderung noch eine wesentliche Querschnittsverminderung bringt. Beachtenswert ist auch, daß der Kanal zwischen Außenrohr und Siebtopf nicht mit porösem Werkstoff gefüllt ist.

Die neuartigen Bauweisen konnten wegen der Schwierigkeiten, die die Unterbringung im Fahrgestell bereitete, sich noch nicht genügend einführen.

---

[1]) Walker Manufacturing Co, Racine, Wisconsin.

[2]) Wahrscheinlich zum Abscheiden von Öldämpfen u. dgl. Eine derartige Vorkammer wird z. T. auch an den Schalldämpfern nach Bild 7 angewandt.

Sehr erwünscht wäre eine Normung der Anschlüsse, Halter und sonstigen Befestigungen, sofern man nicht eine Normung der Schalldämpfer und ihrer Anschlußmaße aus technischen Gründen (Anpassung des Schalldämpfersystems an die Betriebsbedingungen des Motors, siehe oben) durchführen kann. Aber nicht nur diese Schalldämpferanlagen,

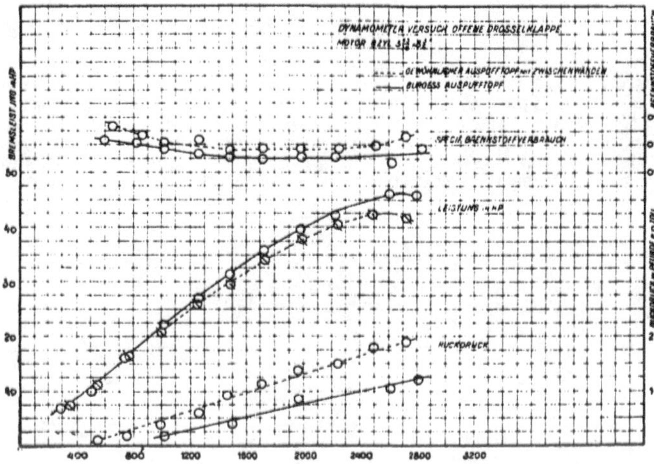

Bild 8. Leistungsvergleich zwischen normalem Schalldämpfer und einem Schalldämpfer nach Bild 7

sondern auch Anlagen mit durchaus normalen Abmessungen lassen sich in manchen Fällen, z. B. Niederrahmenfahrgestellen, schwer einbauen. Die

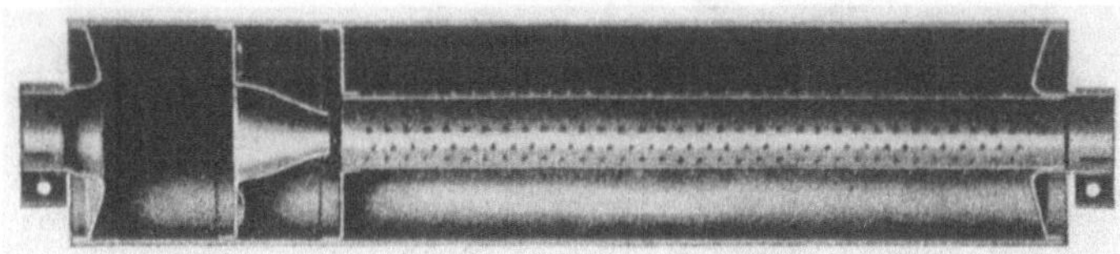

Bild 9. Walker-Schalldämpfer

hierbei notwendigen Rohrkrümmungen und anderen Maßnahmen vergrößern die Abgasdrosselung und setzen die Dämpfungswirkung herab. Vielfach kann sogar nicht einmal das Auspuffrohr strömungstechnisch einwandfrei geführt werden, sofern die gesetzlich festgelegte Bodenfreiheit von 190 mm bei Fahrzeugen bis 1½ l, 200 mm bis 3 l beachtet wird.

e) Neuere Kraftstoffpumpen

Während bei der *AC*-Kraftstoffpumpe (vgl. ATH, 13. Aufl., S. 642, Bild 23) die Antriebsvorrichtung und Pumpe neben dem Filter und Behälter liegt, ist bei der Amac-Kraftstoffpumpe (Bild 1) der Behälter unter der Pumpe angeordnet. Der Antrieb ist nahezu der gleiche wie bei der AC-Pumpe, der Pumpenhebel *C* wird durch einen Kreisnocken *B* betätigt, der auf der Nockenwelle *A* des Motors angeordnet ist. Hebel *C* ist um Punkt *D* drehbar und wird gegen den Kreisnocken durch eine Feder *V* angedrückt. Der Hebel *C* kann deshalb nur den Stößel *E* anheben. Stößel *E* betätigt

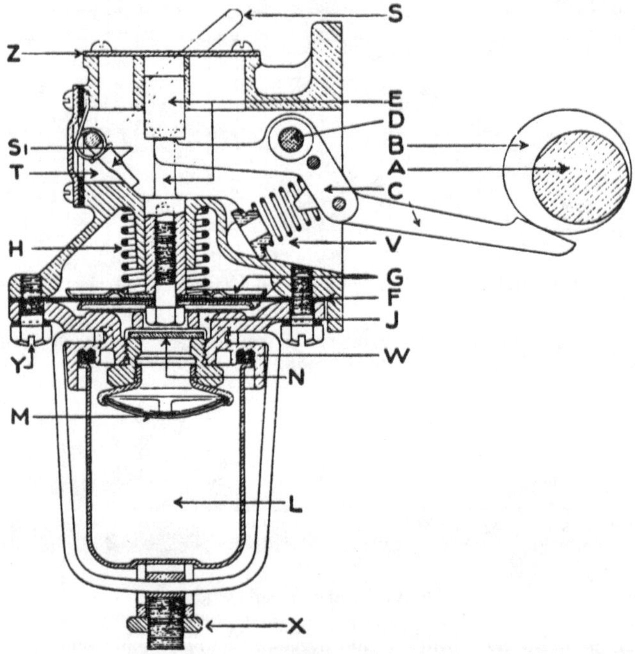

Bild 1. Amac-Kraftstoffpumpe

Membrane *F*, die aus vier fest miteinander verbundenen Lagen eines Sonderstoffes besteht, der gegenüber allen bekannten Kraftstoffen widerstandsfähig ist. Die Membrane *F* ist zu beiden Seiten durch Metallscheiben *G* abgestützt. Der Kraftstoff gelangt in das Filtergefäß *L*, wo sich die Unreinlichkeiten absetzen. Über Filter *M* gelangt der Kraftstoff durch das große Klappenventil *N* in Kammer *J* und von hier zur Vergaserleitung, vor die ein Kugel-Rückschlagventil, betätigt durch Schwerkraft, eingeschaltet ist. Ist der Schwimmerbehälter des Vergasers mit Kraftstoff gefüllt, so kann der Nockenhebel *C* den auf 150 g bemessenen Widerstand der Feder *F* nicht überwinden, er schwingt durch das vordere Zwischengelenk frei. In dem Maß, wie sich der Vergaser entleert, beginnt auch die Pumpe zu arbeiten. Sie liefert 35 l je Stunde bei einer Motordrehzahl von 500 U/min und 57 l je Stunde bei höheren Drehzahlen, sie genügt also den höchsten Anforderungen.

Die elektromagnetische Tecalemit-Membranpumpe (Bild 2) besteht aus einem Pumpenkörper mit Flansch, einem obenliegenden sichtbaren Filter unter Glasglocke. Ein- und Ausfluß und zwei Anschlüssen. Im Pumpenkörper befindet sich eine elektromagnetische Spule, die eine Membrane zum Einsaugen und Ausstoßen betätigt. Beim Einschalten des Kontaktes wird ein elektromagnetisches Feld erzeugt, das einen im Pumpenkörper angeordneten Kolben nach unten zieht. Der Kolben ist mit einer Membrane verbunden, wodurch Kraftstoff in den Filter gesaugt wird. In der unteren Totlage wird der Kontakt unterbrochen, so daß das elektromagnetische Feld gestört wird. Eine Druckfeder stößt den Kolben nach oben, wodurch die Membrane den Kraftstoff unter Druck ausstößt. Danach wird der Kontakt wieder hergestellt und die Arbeitsweise beginnt von neuem. Die Membranpumpe (Bild 2) kann auch nachträglich eingebaut werden. Die Höchstförderung der Pumpe ist 45 l je Stunde, etwa das Doppelte, was ein Motor bei höchster Beanspruchung gebraucht (ein Kraftstoffmangel kann also nie eintreten). Der Druck in der Pumpe beträgt etwa 95 mm Quecksilbersäule. Der Kraftstoff durchströmt nur kurze Metallkanäle und ist daher nur geringe Zeit mit dem erwärmten Metall in Verbindung. Die Anordnung des Filters und der Glasglocke über dem Pumpenkörper hat den Vorteil, daß auch bei starker Erwärmung des Motors und der Wärmestrahlung die Pumpe gut arbeitet. Auch bei Stillstand des Motors wird die in der Pumpe befindliche Flüssigkeit erwärmt und bereits vergast. Bei Wiederinbetriebsetzung beginnt die Pumpe sofort zu arbeiten und erzeugt einen Unterdruck, wodurch der Kraftstoff rasch in die Glocke einströmt. Beim Starten, selbst in der kalten Jahreszeit, ist eine sofortige Förderung vorhanden.

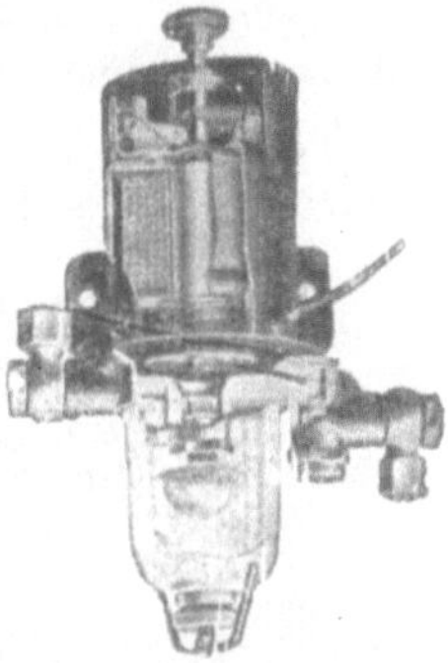

Bild 2. Tecalemit-Membranpumpe

Am Kraftwagen mit Kraftstoffpumpen hat sich in den letzten Jahren eine merkwürdige Erscheinung häufiger bemerkbar gemacht, daß besonders bei alkoholgemischten Fahrzeugen die Kraftstofförderung versagte. Nach einer bestimmten Zeit, nachdem die Kraftstoffpumpe erkaltet war, setzte die Förderung wieder ein. Die Ursache dieses Schadens ist, daß sich Benzindampf in der Kraftstoffleitung infolge der durch längeren Betrieb erhöhten Temperatur entwickelt hatte. Hierdurch wurde die Kraftstoffzufuhr unterbrochen (vapor lock).

Als Abhilfe wird neben konstruktiven Maßnahmen auch der Einbau von mechanischen Entgasern empfohlen.

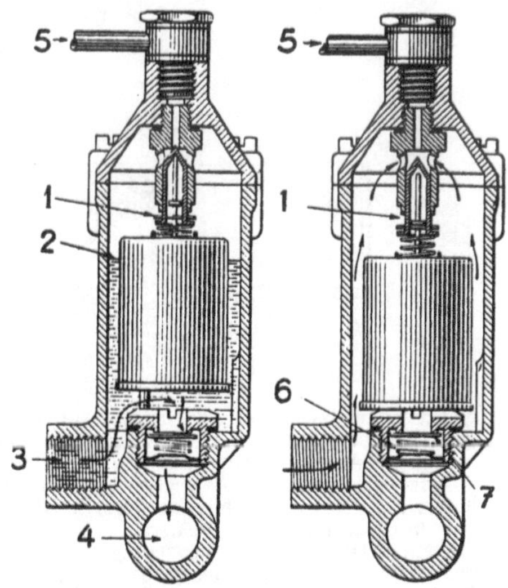

Bild 3a u. b. Mechanischer Entgaser (Tekalemit). a) Normaler Betriebszustand. b) Gasgefüllt, Abblasen des Gases.

Der zylindrische Apparat (Bild 3a und b) wird zwischen Pumpe und Vergaser angebracht, am besten am Eingang des Vergasers. Im Innern befindet sich ein Schwimmer *2*, der eine Nadel *1* betätigt. Die Nadel öffnet oder schließt die Verbindung *5* des Apparates mit der Ansaugleitung des Motors. Der Eintritt der Flüssigkeit, die von der Pumpe kommt, erfolgt bei *3* und der Austritt zum Vergaser bei *4*. Ein normalerweise offenes Ventil *7* ist in die Leitung zum Vergaser zwischengeschaltet. Wenn die Kraftstoffzufuhr zum Motor regelmäßig funktioniert, ist der Apparat mit Kraftstoff gefüllt, wie dies Bild 3a zeigt. Der Schwimmer, der nach oben steigt, hebt die Nadel, und die Verbindung mit dem Ansaugrohr des Motors ist dadurch abgestellt. Die Flüssigkeit fließt direkt zum Vergaser durch die Öffnungen 3 und 4. Wenn die Zufuhr aufhört oder sich beträchtlich vermindert, sinkt der Schwimmer, die Nadel sinkt ebenfalls und das Innere des Apparates steht mit dem Ansaugrohr des Motors in Verbindung. Die Flüssigkeitsdämpfe werden schnellstens aufgesogen, und die Benzinzufuhr zum Vergaser findet unverzüglich wieder statt. Die Nadel ist durch eine Feder mit dem Schwimmer verbunden, um sie unempfindlich gegen klein Niveauschwankungen zu machen. Das Ventil 7 schließt sich im Augenblick der Füllung der Benzinleitungen und verhindert Lufteintritt vom Vergaser. Der Entgaser beseitigt nicht nur Störungen im Zufluß, sondern sichert selbsttätig die Kraftstoffzufuhr nach Kraftstoffmangel oder nach einer Reparatur. 8 bis 10 Umdrehungen des Motors genügen, um den Wagen fahrbereit zu machen.

Weitere Bauarten elektromagnetischer Kraftstoffpumpen sind die Walex-Petrolift-Luftpumpe (Autoprodukt G. m. b. H.), die Guiot-Pumpe (in Deutschland von der Defag hergestellt) und die doppeltwirkende Kraftstoffpumpe von Stewart-Warner, die auch die Bildung von Benzindampf (vapor lock) verhindert[1]).

Kraftstoffmeßgerät mit elektrischer Übertragung

Das Meßgerät (Bild 4) besteht aus dem Tankgerät (Geber) und dem Anzeigegerät (Empfänger). Beide Geräte sind miteinander sowie mit der Fahrzeugbatterie und dem elektrischen Schalter durch eine elektrische Leitung verbunden. Im Behälter befindet sich ein an einem Hebel angelenkter Korkschwimmer. Die Hebelbewegung wird durch ein Winkelgetriebe und eine Spindel auf einen Schleifkontakt übertragen, der sich mit

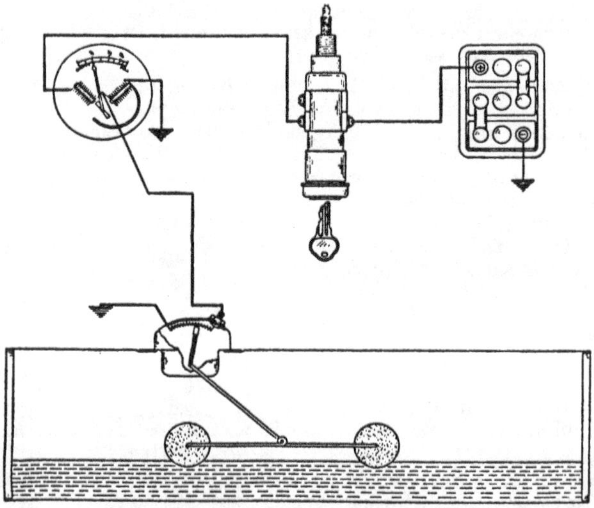

Bild 4. Elektrisch betätigte Kraftstoffuhr

einem Widerstand in einem Gehäuse auf dem Behälter befindet. Die Bewegung des Schleifkontaktes ändert den Widerstand. Das Anzeigegerät ist ein Strommesser besonderer Ausführung und Eichung. Die üblichen Spannungsschwankungen der Fahrzeugbatterie können die Anzeigegenauigkeit nicht beeinflussen. Das Anzeigegerät wird in die Schalttafel eingesetzt und durch Klemmbügel befestigt.

Durch Bewegung des Schleifkontaktes verändert sich der Widerstand und damit die Stromstärke, deren Veränderung das Anzeigegerät genau einzeigt. Die Einteilung der Skala auf dem Zifferblatt hat der Form des Kraftstoffbehälters zu entsprechen. Man kann sie so wählen, daß bei Nullstellung des Zeigers noch eine kleine Kraftstoffreserve vorhanden ist. Der Stromverbrauch beträgt etwa 1,2 Watt je Betriebsstunde. Eine Stromentnahme erfolgt nur wenn die Lichtmaschine die Batterie auffüllt, da bei stehendem Motor das Meßgerät ausgeschaltet ist. Damit Schwankungen im Flüssigkeitsspiegel keinen Einfluß auf die Messung haben, soll die Achse des Schwimmers möglichst parallel zur Achse des Behälters liegen. Der Schwimmer soll dabei in Fahrtrichtung des Wagens ausschwingen. Das Gerät wird für 6- und 12 Volt-Spannung und für Einbaudurchmesser von 52 und 60 mm geliefert.

---

[1]) Genaue Beschreibung dieser Pumpe in Automotive Industries v. 10. 9. 1932.

Kraftstoffreiniger

An Stelle der Kraftstoffreiniger mit Gazefilter (s. ATH, 13. Aufl., S. 639) werden jetzt vielfach sogenannte Schlitzfilter verwendet. Die Firma Elektronmetall liefert ein solches Filter mit Querschlitzen nach den

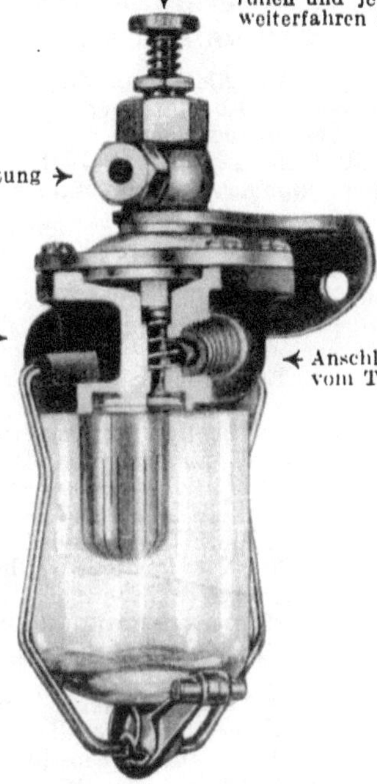

Bild 5. Defag-Guiot-Sicherheitsfilter

Patenten der Auto-Strain-Cleaners, die Guiot-Pumpe und das Guiot-Sicherheitsfilter sind mit einem Schlitzfilter mit Längsschlitzen ausgerüstet.

Das Defag-Guiot-Sicherheitsfilter sperrt bei fehlendem Öldruck bzw. Fehlern in der Ölleitung den Kraftstoffzufluß ab (Bild 5). Der Öldruck wirkt auf eine Plattenfeder, die, sobald der Öldruck nachläßt, den Zufluß in das Filter durch ein federbelastetes Ventil unterbricht.

f) Lagerungen für Verbrennungsmotoren und Lagermetalle[1])

Für die Automobil- und Dieselmotorenindustrie kamen bis vor mehreren Jahren hier in Deutschland für die Lagerung der Kurbelwellen eigentlich nur drei Metalle in Frage, und zwar

die Legierung WM 80 F nach dem DIN-Blatt 1703,

die EK-Legierung der Eßlinger Maschinenfabrik mit etwa 80% Zinngehalt und

die Legierung der Glyco-Metallwerke, früher mit ca. 82% und heute mit 86% Zinngehalt.

Neben diesen Legierungen trifft man, wenn auch in vereinzelten Fällen, nur auf Hoyt-Metall. Diese Legierung kommt aus dem Auslande und ist der Zinngehalt um 90% herum.

Wir sehen also, daß diese Legierungen sämtlich auf der Zinnbasis hergestellt sind.

Nun hat sich aber seit ungefähr 1920 ein Lagermetall mit sehr guten lagertechnischen Eigenschaften einen Platz im Motorenbau erobert, bei welchem die Legierungsbasis Blei ist. Die charakteristische Eigenschaft dieses Metalles ist der Graphitgehalt desselben. Es ist unter dem Namen „Gittermetall" im Handel und wird von dem Braunschweiger Hüttenwerk hergestellt. Die Rohstoffe dieser Metalle werden in der Hauptsache hier im Inlande gewonnen. Durch den Graphitgehalt, den heute gegenüber früher weit besseren Ausgießverfahren und der gut durchgebildeten Schmierung ist das Gittermetall den vorgenannten Zinnlegierungen vollkommen gleichwertig.

Wie aus dem letzten Satz schon hervorgeht, kommt es, um eine gute Lagerung zu erhalten, aber auf das Lagermetall nicht allein an, sondern die Verarbeitung, Bearbeitung und Schmierung der Lager müssen bei den heute außergewöhnlich hohen Anforderungen, die an die Lager gestellt werden, auch außergewöhnlich gut sein.

Die Verarbeitung des Lagermetalles.

Grundbedingung bei der Verarbeitung des Lagermetalles ist, daß die Lagerausgießerei genau so sorgfältig überwacht wird, wie etwa die Härterei. Um in der Lagerausgießerei stets gleichmäßige und gute Ausgüsse zu bekommen, müssen die Temperaturen in möglichst kleinen Grenzen genau eingehalten werden. Das Pyrometer oder aber sogar der Temperaturregler darf auf keinen Fall fehlen. Sämtliche Gießgeräte sollen peinlichst sauber gehalten werden. Vor allen Dingen sollen die Lötwasserbehälter aus irdenen Gefäßen bestehen und muß das Lötwasser in demselben des öfteren erneuert werden. Die Lager oder Pleuelstangen werden nun an den Stellen, wo eine Verzinnung nicht notwendig ist, mit Schlemmkreide oder einer Graphitmischung eingestrichen und dann in ein Zinnbad getaucht. Diese Verzinnung ist gegenüber früheren Verfahren überaus wirtschaftlich und hat außerdem noch den Vorteil, daß die Lager zugleich, wie verlangt, angewärmt werden. Die für eine gute Bindung erforderliche Zusammensetzung des Zinnbades soll 80% Zinn und 20% Blei haben. Durch eine ganze Reihe angestellter Versuche ist festgestellt, daß die Verzinnung mit reinem Bankazinn nicht so gut ist, wie bei einem Zinnbad obiger Zusammensetzung. Um das Warum zu erläutern, mangelt es hier für diese Ausführungen an Platz.

[1]) Freundlichst zur Verfügung gestellt von Dir. E. Meier, Braunschweig.

Die drei üblichen Ausgießverfahren sollen nachstehend schematisch dargestellt werden.

Bild 1 zeigt eine gewöhnliche Handausgießvorrichtung. Es können natürlich auf einen beliebig langen Winkel mehrere solcher Ausgießvorrichtungen angebracht werden.

Bild 2. Hier haben wir eine Schleudergußeinrichtung. Die Spannscheibe B ist fest auf der Welle C, wird mit Spannkreuz F angezogen oder gelockert, um das Lager einzuspannen oder aber herauszunehmen. Die Bolzen D, drei Stück, betätigen durch das Spannkreuz F die Spannung mit Scheibe C. Die Einsätze E sind je nach dem Durchmesser des Lagers auswechselbar. Ist die Maschine in Betrieb gesetzt, dann wird das einfließende Metall so lange an die Wandung des Lagers geschleudert, bis dasselbe gefüllt ist und dann bei der Bohrung des Einsatzes E heraustritt.

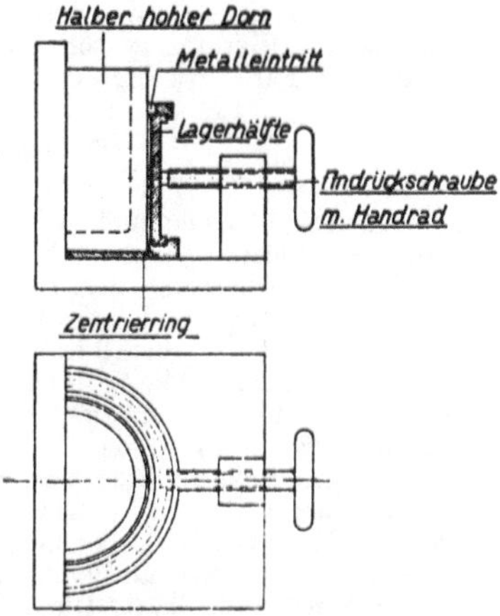

Bild 1. Handausgießvorrichtung

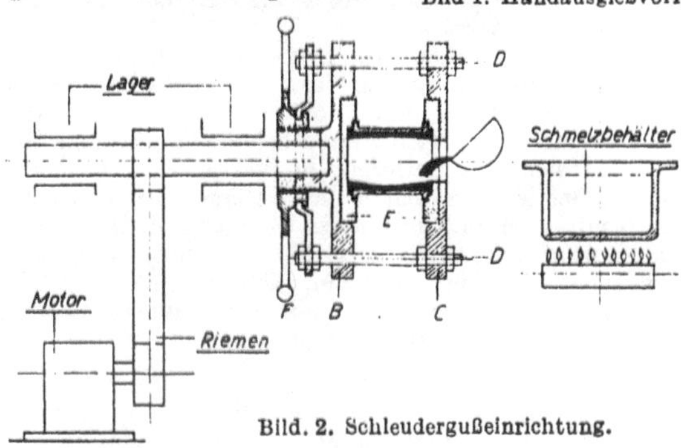

Bild. 2. Schleudergußeinrichtung.

Als drittes Verfahren kommt das in Bild 3 gezeigte in Frage. Es ist das sog. Spritzen oder richtiger das Gießen unter Druck. A ist der Schmelzbehälter mit eingegossenem Preßzylinder B. Die Form, bestehend aus dem Winkel H, dem Dorn E, dem unteren Einsatz F, dem oberen F und der Lagerschale G, die auf die Düse D gedrückt wird. Die Einsätze F haben die Aussparungen zur Aufnahme der Lagerschalen und sind sowohl wie der halbe Dorn leicht auswechselbar. Der Preßkolben C, der in Anfangsstellung steht, wird nach oben bewegt, verschließt die Schlitze J und drückt das im Preßzylinder befindliche Metall in die Lagerschale. Das Metall erkaltet unter Druck. Die Bearbeitungszugabe kann, wenn die Zentrierung gut ist, bis auf 0,5 mm herabgedrückt werden.

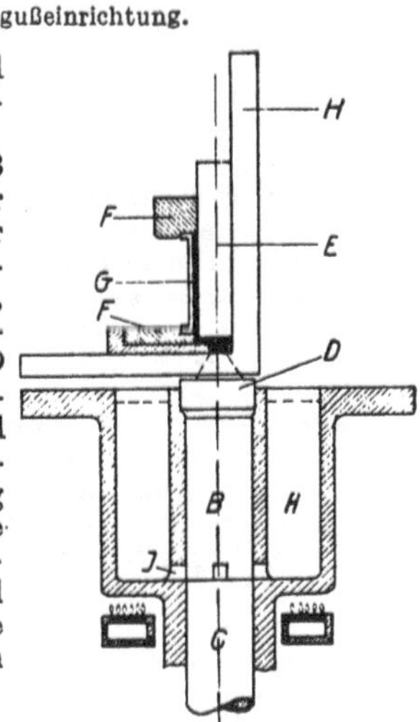

Bild 3. Ausgießen unter Druck (Spritzen)

Ehe auf die Bearbeitung eingegangen wird, soll noch kurz erwähnt werden, daß den Rotguß- oder Bronzestützschalen vorteilhaft einige

Prozente Blei beim Gießen derselben zugesetzt werden sollten, da bei diesem Material die Bindung zwischen Lagermetall und Stützschale weit besser ist, als in dem Falle, wo dieses nicht gemacht wird.

Bearbeitung der Lager

In neuerer Zeit hat die Bearbeitung der Lager sehr große Fortschritte gemacht. Es soll hier nicht die gesamte Lagerbearbeitung besprochen werden, denn diese ist mehr oder weniger bekannt, sondern es soll lediglich die Fertigbearbeitung der Lagerbohrungen behandelt werden, da diese ja für den Lauf des Lagers ausschlaggebend ist. In früherer Zeit wurde das Lagern der Motore durch Einschaben vorgenommen. Abgesehen von der Unwirtschaftlichkeit dieser Bearbeitungsart, traten vielfach beim Einlaufen der Motore Versager in den Lagern auf, welche darauf zurückzuführen waren, daß einmal die Lagerung zu stramm war, das andere Mal aber Metallteilchen mitgerissen wurden, die das Lager ebenfalls zerstörten.

In neuerer Zeit werden Pleuelstangen fest zusammengeschraubt, auf einem Feinbohrwerk sauber maßhaltig, d. h. mit Übermaß für die erforderliche Ölluft gebohrt und ohne an der Bohrung noch etwas zu schaben, in den Motor eingebaut. Die so hergestellten Bohrungen garantieren eine Flächenauflage, wie sie durch Räumen oder Reiben, geschweige denn durch Schaben niemals erreicht wird.

Bei Lagerung der Gehäuse war es natürlich anfänglich schwieriger, diese Bearbeitungsart einzuführen, da ja die einzelnen Lagerzapfen in ihren Durchmessern doch wesentlich voneinander abwichen. Hier wurde oder wird auch jetzt noch in vielen Fällen mit der Mehrfachreibahle gearbeitet. Bei einigen Firmen der Automobilindustrie sind nun aber auch schon Bohrwerke in Betrieb, bei denen das Gehäuse mit den fest eingespannten Hauptlagern mit einer Bohrstange, in welcher sich entsprechend der Anzahl Hauptlager eine gleiche Anzahl Stähle befinden, ausgebohrt werden. Das Bohren braucht durchaus nicht mit Diamanten geschehen, sondern gut geschliffene Widiastähle erzeugen genau die glatte Bohrung. Ein Nachpassen oder Nachschaben ist nicht notwendig.

Schmierung

Die Art der Schmierung soll hier nicht behandelt werden, da ja genügend Erfahrungen vorhanden sind. Viel Unklarheit herrscht aber immer noch bezüglich der Ausführung der Schmiernuten. Es sollte eigentlich nie der Grundsatz vernachlässigt werden:

„In der am meisten belasteten Lagerhälfte keine Nut und in dem weniger belasteten Teil nur soweit, wie es notwendig ist, das Schmiermittel an die Stellen zu fördern, wo es die Funktion der Schmierung aufnehmen soll."

Jede Lagerfläche, die durch Nuten oder Kanäle unterbrochen ist, kann nie so hoch beansprucht werden, als wenn dies nicht der Fall wäre. Dieses liegt aber etwa nicht nur daran, daß ein Teil der tragenden Fläche fortgenommen wird und hierdurch die spezifische Lagerbelastung höher wird, sondern durch die Unterteilung der Lagerfläche wird auch der Ölfilm unterteilt und wird hierdurch weniger widerstandsfähig gegen Verdrängung.

Es sollen also an den am wenigsten belasteten Stellen des Lagers schlanke, nicht zu tiefe Öltaschen möglichst tangential zur Bohrung verlaufend, eingearbeitet werden, denn diese Anordnung fördert die Ölfilmbildung ganz erheblich und nur in dem weniger belasteten Teil der Bohrung ist eine Ölzuführungsnut einzubringen, die das Schmiermittel an diese sog. Fasen heranzubringen hat (siehe Bild 4).

In Bild 5 ist eine 4-Zylinder-Kurbelwelle dargestellt, um hier die Anordnung der Fasen und Nuten in den Kurbelwellenlagern und den Pleuellagern zu zeigen. Der Übersichtlichkeit wegen sind die Bohrungen in der Kurbelwelle fortgelassen.

Die scharfe Fortentwicklung im Motoren- und Dieselmotorenbau führte dazu, daß auch außergewöhnliche Anforderungen an das Konstruktionsmaterial gestellt wurden. Die Bestrebungen, Motore mit hohen Leistungen, aber niedrigem Gewicht zu bauen, führten gerade bei den Fahrzeugdieselmotoren vielfach zu Ermüdungsbrüchen bei verschiedenen Konstruktionselementen. Die Lager, die schon bezüglich Flächenpressung und Umfangsgeschwindigkeit fast an der Grenze der Belastungsmöglichkeit waren, wurden aber durch die zusätzlichen Belastungen, welche durch falsche Bemessung der Kurbelwelle entstanden, wie in Bild 6 gezeigt ist, zerstört.

Mit den normalen Lagerausführungen waren diese auftretenden Störungen nicht zu beheben.

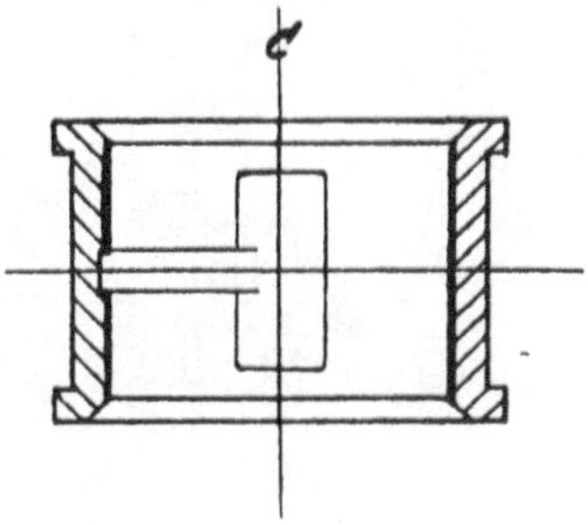

Bild 4. Richtige Schmiernuten

Es finden für diese hohen Beanspruchungen drei Lagerarten Verwendung:

Ausführung 1: Als Grundschale wird Bleibronze verwendet, als Ausgußmaterial Gittermetall, aber nur 0,3 bis 0,5 mm stark.

Die charakteristischen Merkmale dieser Ausführung sind:

„Gute Dämpfungseigenschaft der Bleibronze, scharfes Anliegen an Gehäuse- oder Pleuelbohrung, dadurch gute Wärmeableitung, infolge des Bleigehaltes ganz hervorragende Eigenschaften mit dem Ausgußmaterial zu verbinden und als letztes ganz geringe Möglichkeit des Einstauchens des dünnen Ausgusses und hieraus folgend eine längere Lebensdauer."

Diese Lagerausführung kann für sämtliche Kurbelwellen, ob gehärtet oder ungehärtet, Verwendung finden.

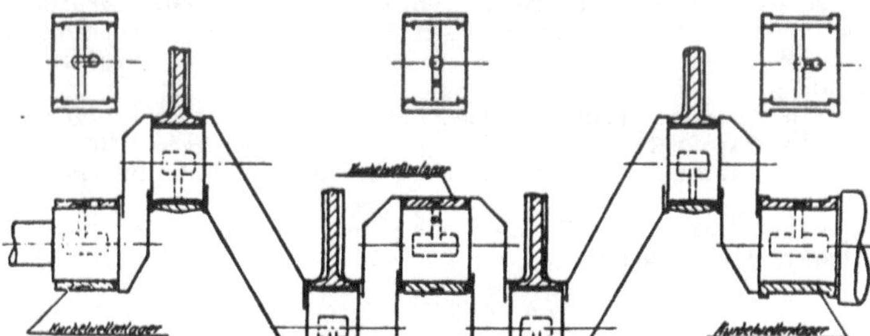

Bild 5. Nuten- und Fasenausführung eines 3mal gelagerten 4 Zylinder-Motor

Ausführung 2: Das Lager besteht aus massiver Bleibronze, also ohne Ausguß. Dieses Lager hält höchsten Beanspruchungen stand, kann aber nur für gehärtete Wellen verwendet werden, möglichst auch nur für im Einsatz gehärtete oder nach dem Nitrierverfahren gehärtete Wellen. Für reichliche Schmierung und gute Filtrierung des Öles muß unbedingt gesorgt werden, da die Gleiteigenschaften der Bleibronze nicht so gut sind wie bei Lagern mit einem Ausguß, und außerdem die geringste Verschmutzung des Öles die Welle und das Lager angreift, also rissig werden läßt.

Ausführung 3: Diese Lagerausführung hat auch, wie Ausführung 2, die Lauffläche aus Bleibronze. Die Stützschale besteht aber aus Stahl, Die Ausführung ist also genau so, wie ein normales Weißmetall-Lager; der Unterschied besteht aber darin, daß die Stahlschale statt mit Weißmetall, mit Bleibronze ausgefüttert ist. Für diese Ausführung gilt dasselbe wie für Ausführung 2.

Der Vorteil gegenüber der zweiten Ausführung ist der, daß eine weiche Bleibronze Verwendung finden kann, und daß weiter die Lager schwächer ausgeführt werden können, weil die Stahlstützschale dem Lager genügend Festigkeit bietet.

Der Nachteil der beiden letzten Lagerausführungen hat sich vielfach bei der Reparatur herausgestellt, und zwar vornehmlich bei Doppel-Duro

Bild 6. Durch Überlastung zerstörte Lager eines Dieselmotors

gehärteten Wellen. Muß schon das Bleibronzelager, wenn dasselbe direkt auf der Welle läuft, also ohne den dünnen Ausguß, sehr genau aufgepaßt werden, sonst entsteht schon beim Einlauf Riefenbildung, dann zeigt sich erst recht, wenn die Welle nachgeschliffen wird und nicht mehr die Oberflächenhärte hat, wie bei der Neufabrikation, daß das Bleibronzelager die Wellen angreift. Es ist also nach diesen Ausführungen dem Konstrukteur möglich, die Lagerausführung, die für seinen Motor die günstigste ist, auszuwählen.

Wirtschaftlich, bezüglich der Preise haben wir folgende Großanordnung:

Lagerausführung 2 ist etwas billiger als die normale Lagerausführung.

Lagerausführung 1 durch Einbringung des dünnen Metallfutters etwas teuerer.

Lagerausführung 3 etwa 2½ bis 3 mal so teuer als die früheren normalen Lagerausführungen.

Getriebe

H. Zabinski, Dipl.-Ing. Berlin

An den Umwälzungen, die im Kraftfahrzeugbau während der letzten Jahre vor sich gingen, hat das Wechselgetriebe wesentlichen Anteil genommen. Allgemein betrachtet lassen sich die Neuerungen auf diesem Gebiete mit drei Worten charakterisieren: Laufruhe, Schalterleichterung, Freilauf. Einen konstruktiven Generalnenner zu finden, ist schon bedeutend schwerer. Denn das Streben zu verfeinerten Lösungen hat nicht davor zurückgeschreckt, ältere Konstruktionselemente neu zu beleben und damit eine technische Mannigfaltigkeit hervorzubringen, die sich kaum noch in artgemäßer Begrenzung unterteilen läßt.

Wenn man von den Grundtypen ausgeht, die sich international durchgesetzt haben, dem ZF-Aphontyp, dem Warner- und General-Motors-Typ (Bild 1), so ist kurz und kritisch zu bemerken, daß zwar der Warner-Typ die weiteste Verbreitung gefunden hat (Ford, Citroen, Hudson u. a.), daß aber die General-Motors-Konstruktion größere technische Vorzüge aufweist, weil die ruhigen Gänge an den Getriebewandungen liegen und deshalb Wellendurchbiegungen die Laufruhe weniger stören. In Deutschland vertreten Opel und die Maschinenfabrik Prometheus (mit dem Silent-Getriebe) diesen Typ. Er mag etwas umständlich anmuten (Bild 2), weil zum Einrücken der beiden ruhigen Gänge eine Klauenmuffe unter den Rädern des ersten und zweiten Ganges hindurch verschoben werden muß, aber er bietet — auch fabrikatorisch — nicht die geringsten Schwierigkeiten.

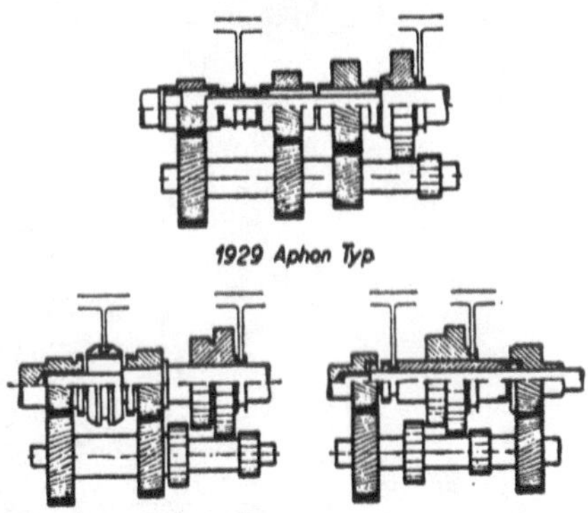

Bild 1. Die drei Grundtypen laufruhiger Getriebe

Alle drei Typen, deren prinzipieller Aufbau als bekannt vorausgesetzt werden muß, finden sich heute mit der unumgänglichen Synchronisierung. Sie erfolgt beim Aphongetriebe bekanntermaßen durch Lamellen, die im Innern der Räder untergebracht sind (Bild 3), bei den anderen Typen durch Konuskupplungen (Bild 4).

Laufruhe, Schalterleichterung und Freilauf sind, obwohl klarumrissene Begriffe, in Ursache und Wirkung so eng miteinander verkettet, daß ihre Betrachtung sich nicht am Detail halten kann. Das ZF-Panaphon-Getriebe mit geschliffenen Schraubenrädern in allen Gängen und das ZF-Synchro-Spiralgetriebe (Bild 5) mit oder ohne Freilauf, das neue Chrysler-Getriebe (eine Kombination aus Warner- und Spiralgetriebe), die General-Motors-Konstruktion mit angeblocktem, einteiligem Freilauf (Bild 6) —, das sind so differenzierte Übergangsstufen, daß man ihnen bestenfalls noch den jetzt unentbehrlichen Freilauf als gemeinsames Kennzeichen geben kann.

Nur in seiner Anordnung hinter dem Getriebe (die heute übliche Bauart) bedeutet der Freilauf ein wichtiges Mittel zur Schalterleichterung. Er muß jederzeit blockierbar sein und zwangläufig beim Ausrücken der Kupplung freigemacht, beim Einrücken wieder gesperrt werden. In dieser notwendigen

Eigenschaft hat er nicht mehr das Aussehen eines simplen Klemmrollen-Freilaufs. Die Rollen werden jetzt paarweise verwendet, die eine Rolle besorgt die Freilaufwirkung, die andere (zusammen mit der ersten) die Sperrung nach beiden Drehrichtungen. Durch einen verdrehbaren Käfig wird Freigabe und Klemmen der Sperrollen gesteuert, durch einen anderen Käfig dafür gesorgt, daß sich die Rollen gegeneinander nicht verbeißen

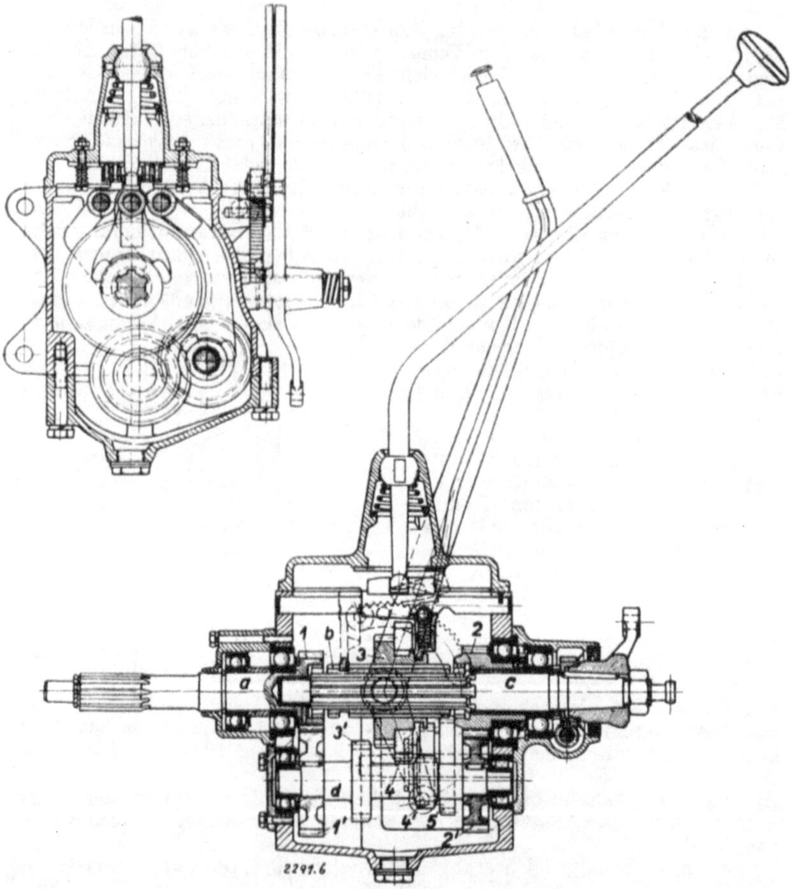

Bild 2. Das Prometheus-Silent-Getriebe

können. Damit das Blockieren stoßfrei erfolgt, muß durch eine Synchronisierung für den Drehzahlausgleich zwischen der Kardanwelle und den rotierenden Getriebeteilen gesorgt werden. Eine Konuskupplung beim Auskuppeln und eine Konusbremse beim Einkuppeln, mit dem Freilauf organisch vereinigt, erledigen diese Funktion (Bild 7). Das ganze System, im ZF-Tetraphon-Getriebe kombiniert (Bild 8), ermöglicht es, bei Leerlauf und im direkten Gang das Mitlaufen eines Räderpaares zu vermeiden und den Durchschnitts-Wirkungsgrad des Getriebes zu steigern. —

Schalterleichterung als ausgesprochener Fahrkomfort leitet hinüber zum selbstschaltenden Getriebe. Wieder erscheinen hier Konstruktionen auf sehr verschiedener Grundlage. Das mit Vorwähler an der Lenksäule zu betätigende **Reo-Getriebe** (Bild 9) arbeitet in folgender Weise:

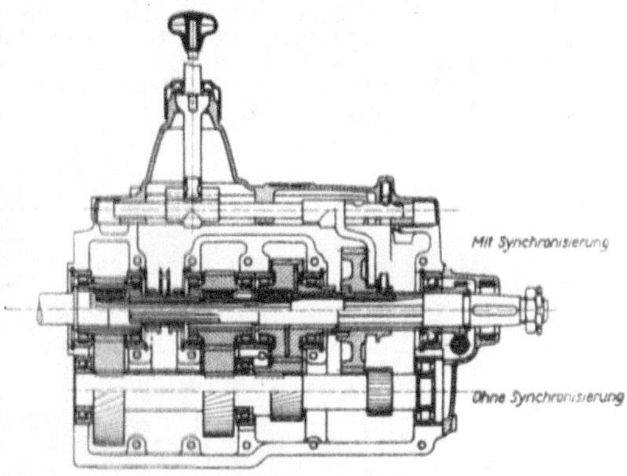

Bild 3. Aphon-Getriebe mit Lamellen-Synchronisierung

Ein Schalthebel am Instrumentenbrett betätigt die links im Bilde sichtbaren Räderpaare in üblicher Weise. Beim Schalten des Rades V auf der Hauptwelle gleiten auch die Räder der Vorgelegewelle *W* mit nach links. Eingriff erfolgt aber nur zwischen *V* und *X*, wodurch die Drehbewegung in die Keilwelle und auf das kleine Rad *P* übertragen wird. Das Rad *P* treibt wiederum ein innenverzahntes Rad *R* und *R* auf gleiche Weise das Rad *Q* (s. Querschnitt-Zeichnung). *Q* ist mit der Kardanwelle gekuppelt und arbeitet also auf die Hinterachse. — Zwischen *Q* und der äußeren Trommel *S* sind acht Fliehgewichte *K* angeordnet, die sich bei einer (der Motordrehzahl entsprechenden) Wagengeschwindigkeit von etwa 24 km/h nach außen zu bewegen; dadurch wird die Vielplattenkupplung *F* über die Druckplatte *G* stoßfrei ein-

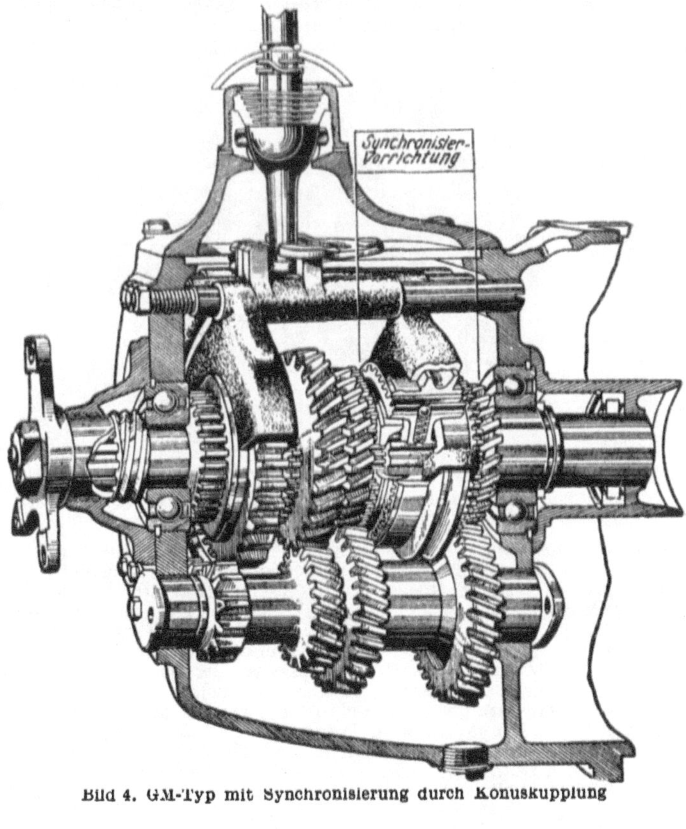

Bild 4. GM-Typ mit Synchronisierung durch Konuskupplung

gerückt. Das selbsttätig schaltende Getriebe läuft dann mit der Keilwelle mit um, ohne daß eine Übersetzung dazwischen geschaltet ist. Man fährt also im direkten Gang. Wenn aber die Wagengeschwindigkeit unter 16 km/h sinkt, fallen die Fliehgewichte nach innen zu, kuppeln aus und man fährt wieder mit Zwischenrädern. Ist der kleinste Gang des Schaltgetriebes eingerückt (die Schaltwelle *W* ist dann mit *X* im Eingriff und das zweite Rad mit *V*), dann schaltet der automatische Teil bei ungefähr 24 km/h ebenfalls auf direkten Antrieb, wobei natürlich die Räder des Schaltgetriebes die Übersetzung bestimmen.

Bild 5. Das ZF-Synchro-Spiralgetriebe

Ein anderes selbstschaltendes Getriebe, gleichfalls amerikanischer Herkunft, ist das von der M a c a l l a n Co., Boston, herausgebrachte Dreiganggetriebe (Bild 10), bei dem das Schalten in einen höheren Gang allein durch kurzzeitiges Zurücknehmen des Gaspedals und Rückwärtsschalten durch Auskuppeln möglich ist. Neuartig an diesem

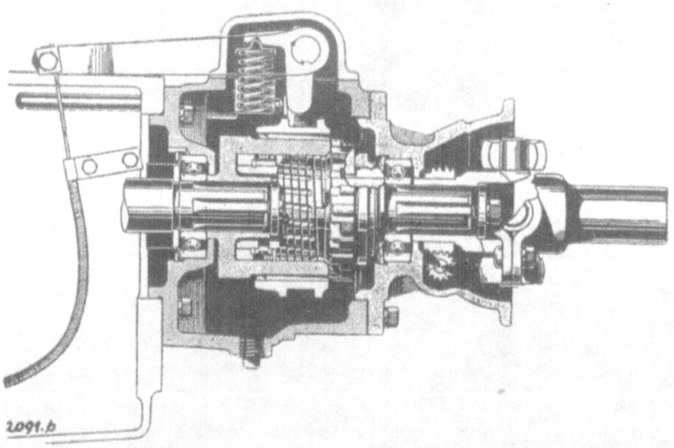

Bild 6. Angeblockter, einteiliger GM-Freilauf (Chevrolet)

Getriebe ist vor allem der „Drehmomentausgleich". Innerhalb des zu einer Art Trommel ausgeformten, auf der Triebwelle aufgekeilten Zahnrades *A* befindet sich die Scheibe *C*, die sich frei auf der Welle *1* bzw. *2* drehen kann. Zwischen *A* und *C* lassen sich, vom Rade *B* kommend, sechs Ansätze erkennen und zwischen ihnen wiederum die Rollen *r*. Die Kurven auf der Außenfläche von *C* ermöglichen das Einklemmen der Rollen zwischen *A* und *C*. Im ganzen Getriebe sind zwei derartige Mechanismen (für den direkten und für den zweiten Gang) vorgesehen; der erste Gang hat Freilaufkupplung. — Innerhalb eines jeden „Ausgleichers" befindet sich eine gewundene Schraubenfeder *p*, die dazu dient, die Rollen im Normalfall aus der Klemmstellung zu drücken. *1* ist die Haupt- und *2* die Zwischenwelle, *Y* der „Ausgleicher" für den direkten und *W* für den zweiten Gang. Die Räder *3* und *4* brauchen nicht (wie in der Zeichnung) gleichen Durchmesser zu haben. *5* und *6* sind in ihren Systemen die angetriebenen Räder und bilden den zweiten Gang, die Räder *7* und *8* den ersten Gang.

Von *8* aus wird über die Rollen *10* die Freilaufkupplung angetrieben, und wenn *6* mit höherer Drehzahl als *8* rotiert, läuft *8* leer. Die mit Außennuten versehene Büchse *11* auf der Hauptwelle kann durch die Klauenkupplung *19* mit *6* und mit *12* (für Rückwärtsgang) gekuppelt werden. Zu diesem Zweck wird an der Spritzwand oder Lenksäule ein kleiner Bedienungshebel angebracht. Im hinteren Ende der Büchse *11* ist

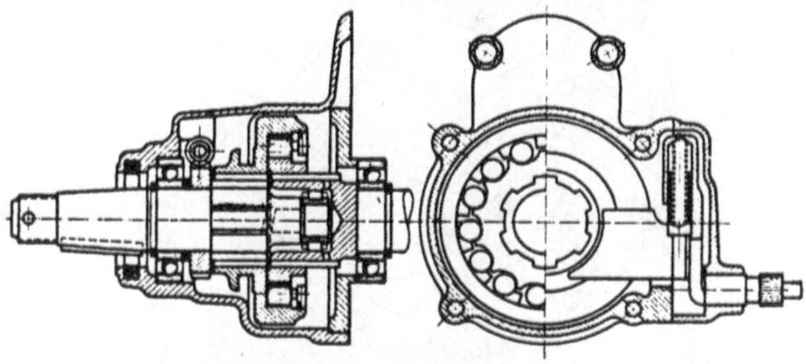

Bild 7. Der blockierbare ZF-Freilauf mit Konuskupplung und Konusbremse

die Freilaufkupplung *25* eingebaut; solange die Welle *1* schneller als die Büchse *11* rotiert, findet keine Mitnahme statt, andernfalls sind beide gekuppelt. Der Sinn dieser Einrichtung ist, daß der Motor auch als Bremse im direkten Gang benutzt werden

Bild 8. ZF-Tetraphon-Getriebe

kann, außerdem dient sie zum Synchronisieren, wenn der Fahrer Gas wegnimmt. Beim Wiedergasgeben wird der Ausgleicher *Y* auch wirksam, wenn vorher der zweite Gang eingeschaltet war. Aber der wertvollste Vorteil dieses Getriebes liegt wohl darin, daß auch das Rückwärtsschalten der Gänge (von oben nach unten) automatisch im richtigen Augenblick erfolgt. —

Bevor wir auf die neuerdings wieder häufiger erscheinenden Planetengetriebe zu sprechen kommen, seien hier zwei Typen eingeschaltet, die die alten Ideengänge des Reibradgetriebes wieder aufleben lassen.

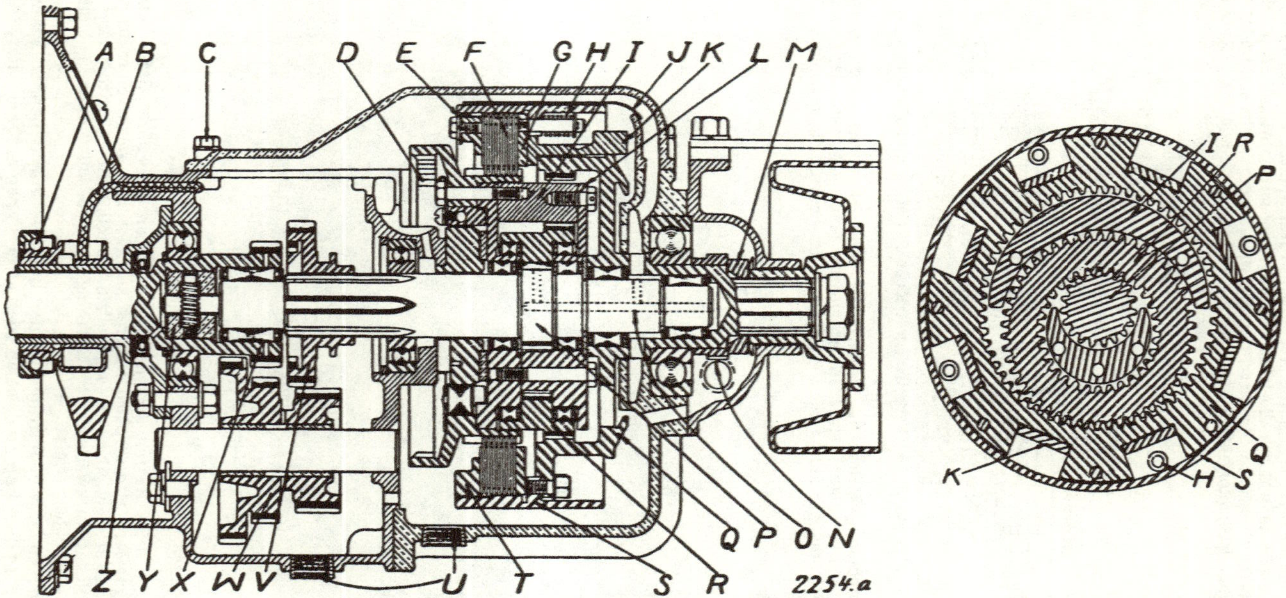

Bild 9. Das selbstschaltende Reo-Getriebe

D innere Trommel, *F* Vielplatten-Kupplung, *G* Druckplatte, *H* Rückzugfeder, *I* Gegengewicht, *J* Ölfangblech, *K* Fliehgewicht, *P* Rad auf Keilwelle, *Q* Hauptantriebsrad des selbsttätigen Getriebes, *R* umlaufendes inneres Rad, *S* äußere Trommel, *V* Schaltrad, *W* Räder auf Zwischenwelle, *X* Hauptrad des Schaltgetriebes

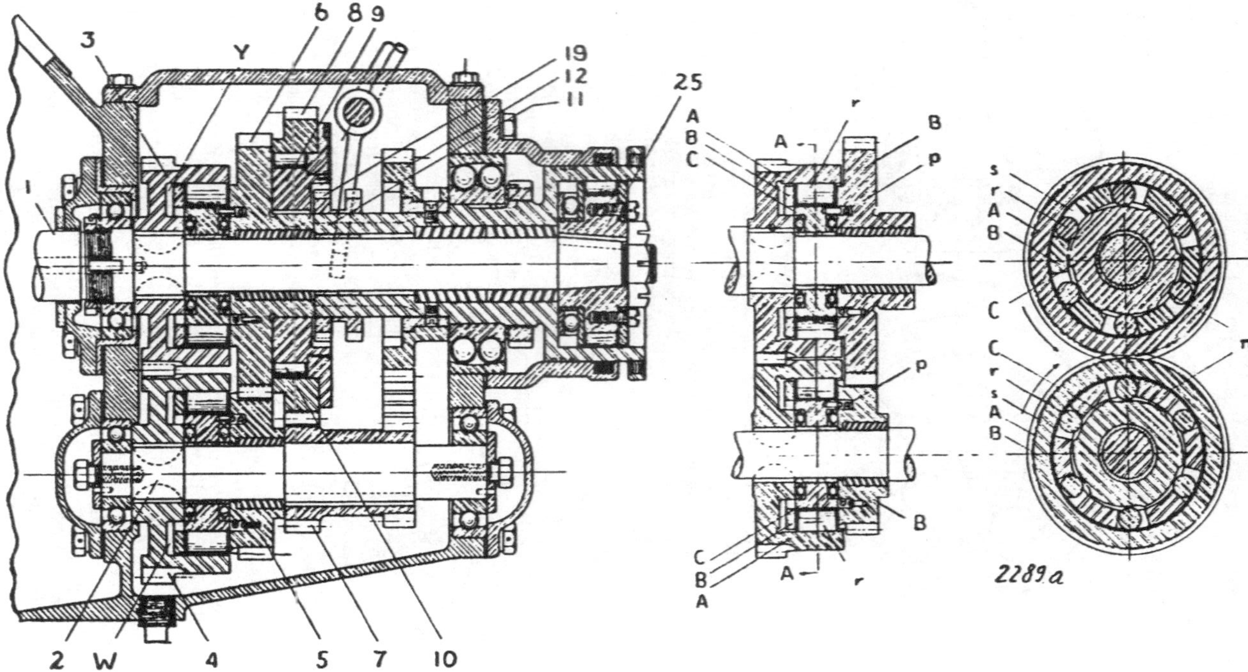

Bild 10. Das selbstschaltende Macallan-Getriebe

Da ist zunächst das von der Knorr-Bremse-A.-G. hergestellte Zadow-Getriebe (Bild 11). Es will die Nachteile des Zahntriebes unter Vervollkommnung des ursprünglichen Reibrad-Gedankens dadurch vermeiden, daß der Andruck der Rollen von der zu übertragenden Kraft erzeugt wird und ihr verhältnisgleich bleibt. Da die entstehende Reibung vom Andruck und der praktisch unveränderlichen Reibungszahl abhängt, kann das Getriebe nie zum Gleiten kommen. Zwischen den konzentrischen Laufringen *a* und *b* sind zwei Reihen von Laufrollen *d* und *e* lose eingelegt. Um nun eine Kraftübertragung zu ermöglichen, sind zwei oder mehrere Druckrollen *c* so gelagert, daß sie um je einen gegenüber der Getriebeachse exzentrischen Drehpunkt A, A_1

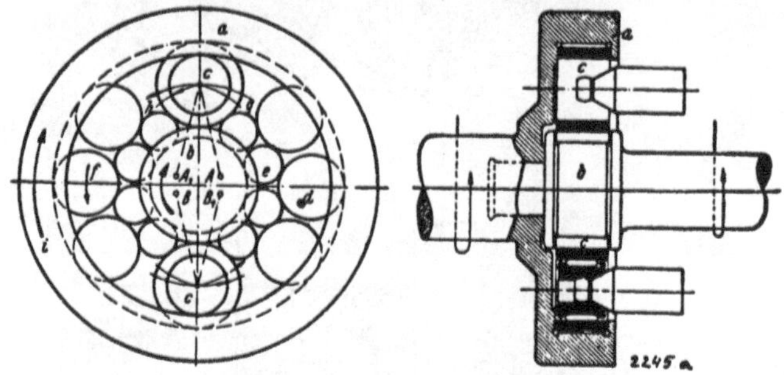

Bild 11. Zadow-Reibradgetriebe

und B, B_1 zwangläufig eine Schwenkbewegung ausführen können, wobei eine Pressung der Rollen unter sich und gegen die Laufflächen hervorgerufen wird, und die Rollen sich aufeinander abwälzen. Bleibt das Rollensystem örtlich stehen, so wird die eingeleitete Drehzahl und Kraft im Verhältnis der Laufring-Durchmesser übersetzt. Die Anpressung ändert sich hierbei mit dem zu übertragenden Moment. Diese Abhängigkeit zwischen Anpressungsdruck und Drehmoment wird dadurch erreicht, daß die erwähnte Schwenkung der Druckrollen, die in einem besonderen Rahmen gelagert sind, durch die Laufrollen *d* und *e* selbst eingeleitet wird. Wirkt an der äußeren Laufbahn ein Drehmoment im Sinne des Pfeiles *i*, so werden die Laufrollen eine entgegengesetzte Drehrichtung im Sinne des Pfeiles *f* ausführen, die die Druckrollen um ihren exzentrischen Drehpunkt *A* schwenken läßt. Durch die zum Mittelpunkt des Getriebes gerichtete Bewegung der Druckrollen werden die Laufrollen an die Abwälzflächen gepreßt. Das ganze System zeigt bestechende Vorteile durch seinen einfachen Aufbau und vor allem durch seine geringen Abmessungen.

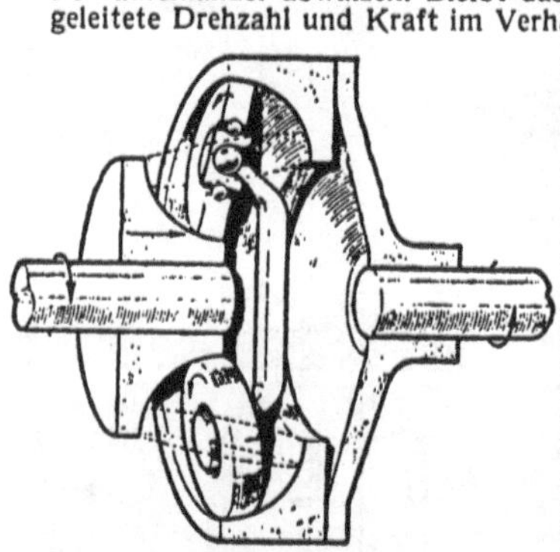

Bild 12a.
Prinzip des Hayes-Reibradgetriebes

Ebenso interessant, wenn auch im Aufbau zunächst vielleicht befremdend, ist das englische Hayes-Reibradgetriebe (Bild 12a und b). Bei ihm sitzt auf der antreibenden und auf der angetriebenen Welle je eine Stahlscheibe, deren einander zugewandte Flächen so profiliert sind, daß sie einen Hohlraum von Kreisringform einschließen. Innerhalb dieses Kreisringes befinden sich Stahlrollen, die die Drehbewegung der antreibenden Scheibe durch Reibung auf die angetriebene Scheibe —, die sich dann im umgekehrten Richtungssinne drehen muß —, übertragen. Die Stahlrollen sind auf einem nicht mitrotierenden Tragstern so gelagert, daß sie neben ihrer Drehbewegung noch eine Schwenkbewegung ausführen können, derart, daß sich der Neigungswinkel ihrer Drehebene gegenüber der Drehebene des ganzen Systems ändert. Je nach ihrer Neigung rollen sie also auf den beiden profilierten Scheiben in unterschiedlichen Kreislinien ab; und nur, wenn ihre Drehebenen senkrecht zur Drehebene des Gesamtsystems stehen, werden beide Scheiben unter denselben radialen Abständen berührt. In dieser Stellung, in der also die Abrollkreise beider Scheiben gleich groß sind, findet keine Geschwindigkeitsänderung zwischen antreibender und angetriebener Scheibe statt, das Getriebe läuft sozusagen im „direkten Gang". Hingegen führen bei allen anderen

Stellungen der Reibrollen die beiden Hauptscheiben Relativbewegungen gegeneinander aus, deren Größe abhängig vom Radius der Abrollkreise ist; die übertragenen Drehmomente verhalten sich entsprechend direkt proportional den Radien der Berührungskreise. (Maximales Übersetzungsverhältnis $\frac{r_i}{r_a}$, wenn die Drehebene der Reibrollen parallel zur Drehebene des Systems steht.) In seiner konstruktiven

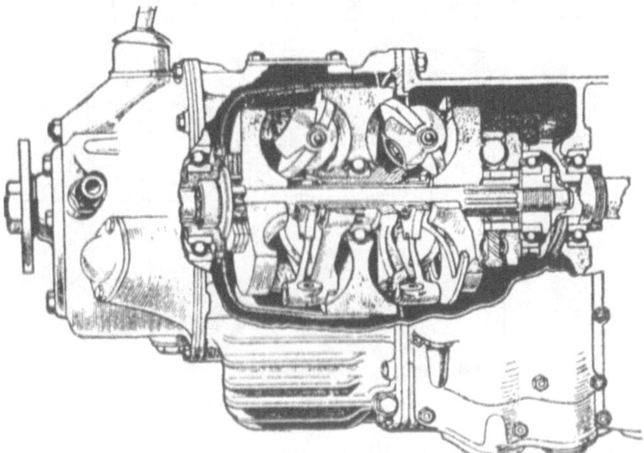

Bild 12b. Das Hayes-Getriebe

Durchbildung ist das Getriebe ziemlich kompliziert. So sind beispielsweise auf der antreibenden Welle zwei Scheiben vorhanden, die durch Federdruck gegen die Reibrollen und damit gegen die Scheibe der angetriebenen Welle gepreßt werden. Jeder der beiden Rollensterne trägt drei Rollen, deren Achsen durch axiale Verschiebung einer Muffe geschwenkt werden. Das Übersetzungsverhältnis läßt sich in den Grenzen von 4 : 1 (kleinster Gang) bis 1 : 1,7 (Schnellgang) kontinuierlich ändern, der Rückwärtsgang erfolgt über ein hinter dem eigentlichen Reibradgetriebe liegendes einfaches Zahnradgetriebe. Das Ganze läuft in Öl, ohne daß ein Gleiten der Scheiben und Reibrollen eintreten soll. Die Steuerung der Reibrollen-Neigungswinkel erfolgt hydraulisch durch einen Kolben, dessen Druck einerseits beeinflußt wird von der Drehzahl einer im Getriebegehäuse befindlichen und von der angetriebenen Welle aus betätigten Zahnradölpumpe, andererseits von einem besonderen Steuerventil, das mit dem Gaspedal in Verbindung steht. Beide Faktoren ergeben in ihrem Zusammenwirken den Effekt, daß sich das Übersetzungsverhältnis des Getriebes jeweils selbsttätig dem Rollwiderstand des Fahrzeugs anpaßt. —

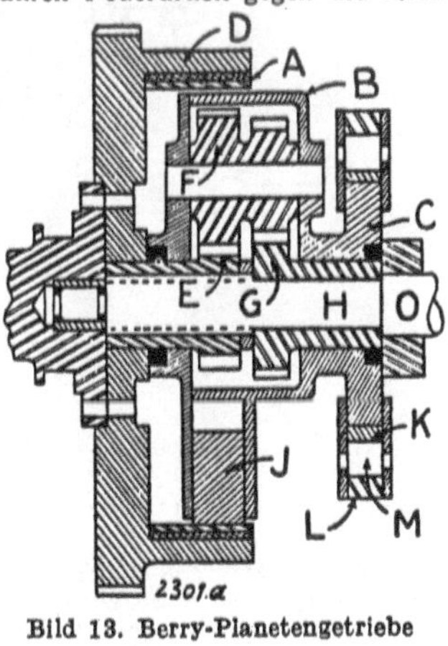

Bild 13. Berry-Planetengetriebe

Nun zum **Planetengetriebe**. Wer an die zwölf Millionen „Lizzies" denkt, deren Planetentrieb ein Quell ungetrübter Freude für jeden Ford-Fahrer war, wird sich nicht wundern, daß Ford selbst sich 1933 wieder ein derartiges Getriebe patentieren ließ, dessen Neuerung in der Art der Bremsen und ihrer Betätigung liegt. Die Bremsscheiben besitzen nämlich konische Rillen, in die entsprechende Backen durch Federn gepreßt werden. Die

Federn sind normalerweise entspannt und erhalten ihre Spannung bei Betätigung durch Nocken, die ihrerseits vom Schalthebel aus verschoben werden können.

In Verbindung mit Fliehkraft-Kupplungen (ähnlich Reo, s. o.) verdienen noch zwei andere amerikanische Planetengetriebe Beachtung: die Berry-Konstruktion und das „Mono Drive" genannte Getriebe der Magill-Weinsheimer Co., Chicago. Bei Berry (Bild 13) ist auf das Planetengehäuse B die Fliehkraftkupplung A montiert;

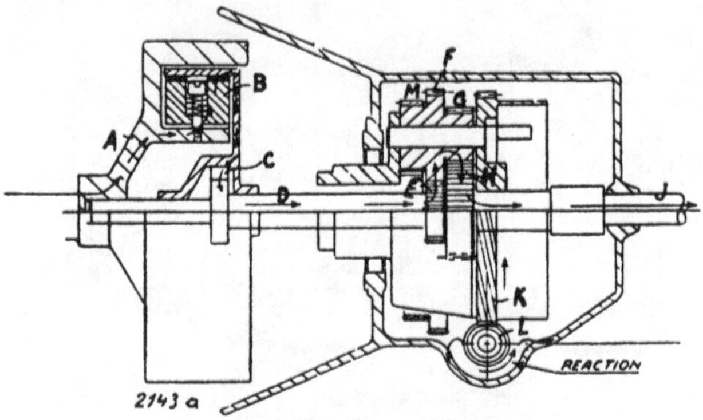

Bild 14a. Das Mono-Drive-Planetengetriebe im 1. Gang

außerdem trägt B die nur in einer Bremsrichtung wirksame Bremse C, die vom Gaspedal aus betätigt werden kann. Wenn sich das Gehäuse B dreht, liegen die Teile der Fliehkraft-Kupplung A durch Wirkung der Gewichte J in der Trommel D fest an. Beim Anfahren tritt der Fahrer das Gaspedal herunter und bremst dabei gleichzeitig das Planetengehäuse B durch die Bremse C fest. Der Antrieb erfolgt dann durch das

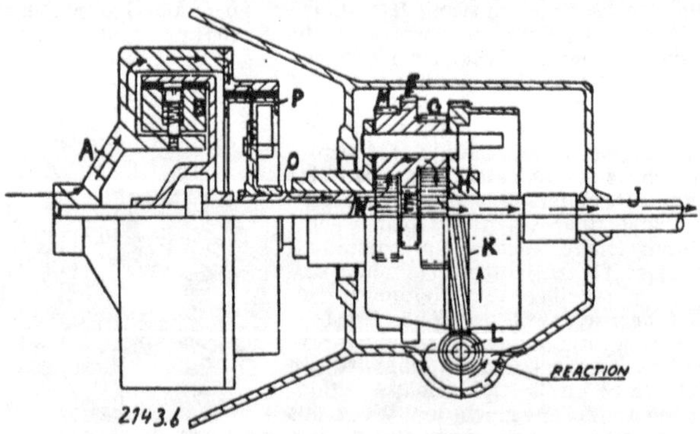

Bild 14b. Das Mono-Drive-Planetengetriebe im 2. Gang

Ritzel E von der Welle H über die Räder G und F hinweg. Wenn der Fahrer nun das Gaspedal etwas nachläßt, wird C gelöst und das Planetengehäuse beginnt zu rotieren. Die Folge davon ist wieder, daß die Fliehkraftkupplung A einrückt und die übrigen Teile D, A, B, F, G und H zusammen umlaufen. Wird jetzt das Gaspedal durchgetreten, so ist die Bremse C unwirksam, weil sich alle Teile in gleicher Richtung und gleich schnell drehen. Wenn das zum Durchziehen des Wagens erforderliche Drehmoment größer wird, so fällt die Drehzahl ab und die Fliehkraftkupplung A löst sich. Wiedergasgeben stellt dann den Anfahrzustand her. Das Getriebe kann mit normalem Dreiganggetriebe kombiniert werden. Dann hat das Fahrzeug sechs Geschwindigkeiten. Wird das Berry-Getriebe aber für sich allein verwandt, so ist ein zusätzlicher Rückwärtsgang erforderlich, der durch besonderen Hebel zu schalten wäre.

Beim Mono-Drive-Getriebe (Bild 14a—d) wird das Vorwärtsschalten durch flüchtiges Loslassen des Gaspedals bewirkt, wenn gewisse Motordrehzahlen erreicht sind. Es ist auch möglich, vom ersten in den direkten Gang zu schalten, und man kann im zweiten Gang z. B. auch über 60 km/h fahren, ohne vorher umzuschalten. Das Rückwärtsschalten erfolgt selbsttätig bei Unterschreiten von etwa 17 km/h und in den ersten Gang bei etwa 9 km/h. Ein Hilfsfußhebel ist zum Rückwärtsschalten in gebirgigem Gelände vorgesehen, wenn bei höheren Geschwindigkeiten aus dem direkten in den zweiten Gang umgeschaltet werden soll. Außer den beiden Kupplungen im

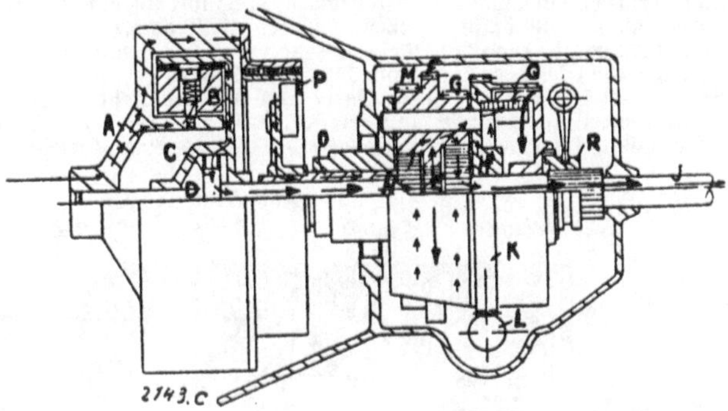

Bild 14c. Das Mono-Drive-Planetengetriebe im direkten Gang

Getriebe existiert keine weitere Kupplung zwischen Motor und Getriebe. Im ersten Gang (Bild 14a) wird bei niedergetretenem Gaspedal die Fliehkraftkupplung *B* vom Schwungrad *A* beschleunigt und das Drehmoment über die Freilaufkupplung *C* in die Welle *D* übertragen. Von dem mit ihr verbundenen Rad *E* geht es durch die Umlaufräder des Planetengetriebes in das auf der Kardanwelle *J* sitzende Rad *H*. Die

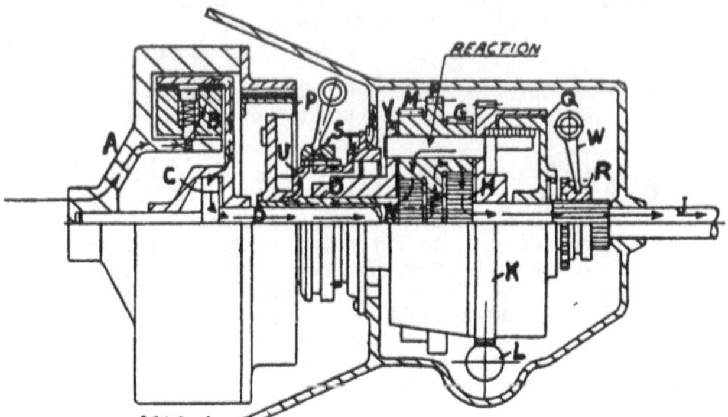

Bild 14d. Das Mono-Drive-Planetengetriebe im Rückwärtsgang

Reaktion des Planetengetriebes überträgt sich vom Rade *K* auf die Querwelle *L*, auf der sich eine Haltekupplung befindet, die die Reaktion dem Gehäuse mitteilt. Das dritte Rad *M* auf der Planetenwelle kämmt mit einem Rade *N* auf der Hohlwelle *O*, die ihrerseits die Welle *D* umgibt (Bild 14b). Auf dem einen Ende der Hohlwelle *O* sitzt eine zweite Kupplung *P*, die beim Überschreiten einer gewissen Drehzahl (entsprechend eben etwa 17 km/h) durch Fliehkraft wirksam wird. Wenn zwischen *E* und *N* eine Untersetzung 2 : 1 besteht, treibt die Kupplung *B*, während *P* gleitet. Denn die Kupplung *P* ist so eingerichtet, daß sie nicht allmählich, sondern plötzlich (durch Verriegelung) in Funktion tritt. Wenn nun nach Einrücken von *P* das Gas kurze Zeit weggenommen wird, wirkt die Freilaufkupplung *C*, und die Kupplung *B* kommt außer Eingriff, während *P* für den zweiten Gang im Eingriff bleibt. Das Planetengetriebe ist also dabei bisher noch nicht zur Wirkung gekommen. — Bild 14c zeigt das Getriebe im direkten Gang. Nimmt man bei eingerücktem zweitem Gang Gas weg, so wird das Rad *H* treibend und die Reaktionskräfte des Planetengetriebes wirken umgekehrt. Da in der Querwelle *L* eine Freilaufkupplung ist, wird sich der ganze Planetentrieb *K* im gleichen Sinne wie *H*, nur schneller, drehen. Dadurch dehnt sich die Federbandkupplung *Q* aus und verbindet den Mitnehmer des Planetengetriebes mit der treibenden Trommel. (Die starken Pfeile in Bild 14c deuten den Weg der Kraftübertragung an). Will man vom direkten in den zweiten Gang schalten, ohne daß die Wagengeschwindigkeit absinken soll, so ist mit einem besonderen Schalthebel die Klauenkupplung *R* auszurücken, wodurch die Trommel außer Eingriff mit der Kardanwelle kommt. Auch der Rückwärtsgang muß von Hand geschaltet werden (Bild 14d). Wenn die Gleitkupplung *S* mit Rad *U* in Eingriff gebracht wird, kann sich die Welle *D* und das Rad *N* nicht mehr relativ zum Gehäuse drehen. Das Einkuppeln von *S* hat die Auskupplung von *R* und der Freilaufkupplung auf der Querwelle zur Folge. Dadurch wird das Planetengetriebe wirksam und das Rad *M* dreht sich um das

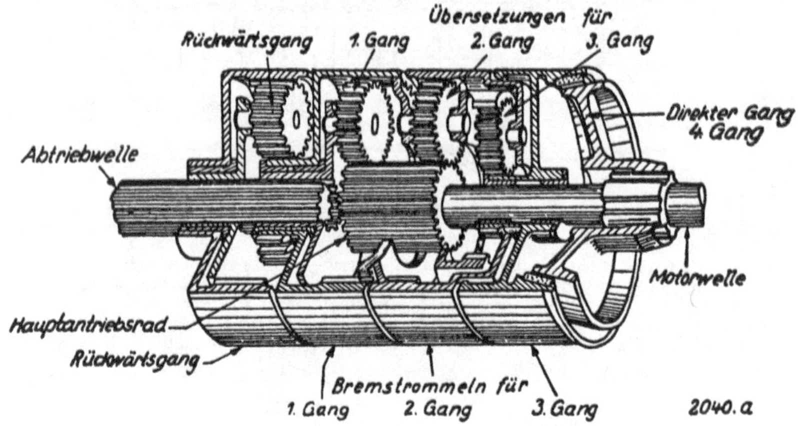

Bild 15a. Der aus vier Trommeln bestehende, walzenförmige Planetenräder-Kasten des Wilson-Getriebes

stillstehende *N*, das die Reaktion dann aufnimmt. In Leerlaufstellung sind alle Kupplungen (*S*, *R* und die auf der Welle *L*) außer Eingriff. — Eine sinn- und aussichtsreiche Konstruktion, die sich durchaus noch vereinfachen läßt.

Die weitaus größte Verbreitung unter den neueren Planetengetrieben hat das Wilson-Getriebe gefunden. Rund ein Dutzend Automobilwerke von Weltruf (darunter Isotta-Fraschini, Morris, Talbot, British Daimler usw.) bauen es heute in ihre Serienwagen ein. Seinem Aufbau nach ist dieses Getriebe ein zusammengesetztes Umlaufräder-Getriebe. Es besitzt neben einem direkten Antrieb für den höchsten Gang drei Vorwärts- und eine Rückwärtsschaltstufe. Sämtliche Getrieberäder sind dauernd im Eingriff; die indirekten Stufen oder Gänge des Getriebes werden durch Anziehen von Bremsen, die auf vier Trommeln (Bild 15a) angeordnet sind, zur Wirkung gebracht. Jede Trommel enthält ein Umlaufräder-Getriebe. Durch einen kleinen Hebel am Lenkrad wird die Schaltstufe „vorgewählt". Durch nachfolgendes Treten und Loslassen eines Fußhebels, der an Stelle des üblichen Kupplungspedals tritt, wird die vorgewählte Stufe, unabhängig von der bisherigen Schaltung eingestellt. Dabei ist es unmöglich, daß zwei Schaltstufen auf einmal gewählt und geschaltet werden; das Getriebe ist also „fool proof". Im Schemabild 15b sind die Schaltstufen durch die Ziffern *1*, *2*, *3*, *4* und *R* gekennzeichnet. — 1. Gang. Beachtet man zunächst nicht den Rückwärtsgang *R*, so erkennt man, daß das Sonnenrad S_1 mit der Motorwelle fest verbunden ist. Die zugehörigen Planetenräder P_1 sind durch den Steg O_1 zusammengefaßt, der in fester Verbindung mit der Antriebswelle steht. Außen befindet sich die Trommel A_1. Wird diese Trommel, während die anderen Trommeln des Getriebes frei umlaufen können, festgebremst, so rotiert der Steg O_1 frei, angetrieben durch die Planetenräder. — 2. Gang. Das Sonnenrad S_2 für den zweiten Gang ist wie das des ersten Ganges mit der Motorwelle fest verbunden. Die zugehörigen Planetenräder P_2 besitzen einen Steg O_2, der in fester Verbindung mit A_1 steht. Wird jetzt Bremse A_1 gelüftet und Bremse A_2 angezogen, so rotieren die Räder P_2 mit ihrem Steg O_2 und nehmen Außenring A_1 mit, der über die Räder P_1 und den Steg O_1 die Abtriebswelle antreibt. Gegenüber dem ersten Gang erhält Steg O_1 jetzt eine größere Geschwindigkeit, infolgedessen ist jetzt auch die Untersetzung kleiner. — 3. Gang. Der dritte Gang ist mit dem zweiten gekuppelt, und zwar ist Außenring A_3 mit dem Steg O_2 verbunden. Ferner sind die Planetenräder P_3 durch Steg O_3 am Außenring A_2 befestigt. Das frei umlaufende Sonnenrad S_3 trägt eine Außenbremse B_3; wird sie angezogen, während die Trommeln A_2 und A_1 umlaufen können, so wird gleichzeitig Sonnenrad S_3 festgehalten. Der Antrieb vom Motor erfolgt über Sonnenrad S_2, Planetenräder P_2, Steg O_2 auf Außenring A_3. Dadurch werden die Umlaufräder P_3 in Drehung versetzt; da S_3 feststeht, dreht sich Steg O_3 und erteilt dem Außenring A_2 eine zusätzliche Drehbewegung. Die Weiterübertragung der Bewegung ist die gleiche wie beim zweiten Gang. Die Geschwindigkeit wird jetzt gesteigert, die Untersetzung ist weiterhin verringert. — 4. Gang. Beim vierten, dem direkten Gang, laufen alle Bandbremsen frei. Die mit dem Sonnenrad verbundene Kupplungshälfte C_3 ist mit Kupplungshälfte C_4 gepaart. Daher laufen sämtliche Sonnenräder jetzt mit Motorgeschwindigkeit um. Was wiederum zur Folge hat, daß sämtliche Umlaufgetriebe als Block mit gleicher Drehzahl rotieren und diese Drehzahl auch auf Steg O_1 und die Abtriebswelle übertragen. — Rückwärtsgang. Um diese Getriebestellung zu verstehen, ist es am besten, das Getriebe von der Antriebsseite zu betrachten. Die

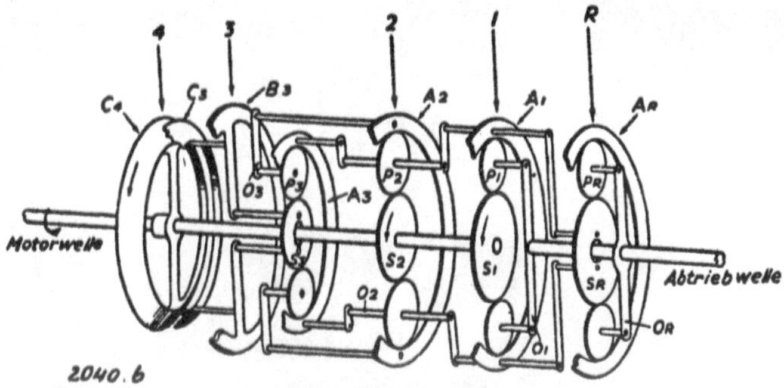

Bild 15b. Schematische Darstellung der Schaltstufen des Wilson-Getriebes

Abtriebswelle trägt sowohl Steg O_1 als auch Steg $O_R \cdot A_R$ wird durch Bremse festgehalten, A_1 ist frei, jedoch mit dem Sonnenrad S_R gekuppelt. Da Außenring A_1 das Sonnenrad S_R mitnimmt, dreht dieses sich in gleicher Richtung wie die Abtriebswelle, jedoch mit etwas größerer Geschwindigkeit. So überholt der Ring A_1 den Steg O_1, wodurch das Sonnenrad S_1 und die Motorwelle in umgekehrter Drehrichtung bewegt werden. Denken wir uns jetzt Abtrieb mit Antrieb vertauscht, so erkennen wir, daß durch Bremsen von A_R das Getriebe rückwärts läuft. — Die Bremseinrichtungen (Bild 15c—e) im Getriebe sind so gebaut, daß die Radlager keiner großen Belastung ausgesetzt sind. Jede Bremse besteht aus einem vollumschließenden Innenbremsring, der durch Gelenk und Zugstange am Getriebegehäuse befestigt ist. Der Innenring wird von einem Außenring umschlossen, der ebenfalls mit dem Gehäuse durch eine Stange fest verbunden ist, und zwar ist diese Stange gerade in entgegengesetzter Richtung zur Zugstange des Innenbremsringes angeordnet. Da auf die Trommel somit zwei in entgegengesetzter Richtung wirkende Kräfte am gleichen Halbmesser angreifen, wird das Lager von jedem Drehmoment entlastet. Die Gangwählereinrichtung ist mit der interessanteste Teil an diesem Getriebe. Jedes der vier Planetengetriebe bildet eine Einheit für sich. Die Betätigung der Bremsen, die das Schalten der Gänge bewirkt, erfolgt durch eine Nockenwelle, die so gestaltet ist, daß nie zwei Bremsen gleichzeitig festgehalten werden können. Die Nockenwelle wird durch den kleinen Vorwählerhebel am Lenkrad gedreht. Bei praktischen Fahrversuchen wurde beobachtet, daß die Schaltpausen gegenüber normalen Schubgetrieben wesentlich geringer ausfallen, so daß ein mit Wilson-Getriebe ausgestatteter Wagen zu höheren Anfahrgeschwindigkeiten kommt. —

Auf dem Wege zum vollautomatischen, stufenlosen Idealgetriebe, dem heute vielleicht das Flüssigkeitsgetriebe schon am nächsten kommt, liegen einige Konstruktionen, die ihren mechanischen Teil mit einem pneumatischen oder hydraulischen Servo-Aggregat kombinieren. Zu den pneumatischen Konstruktionen zählt die nach dem System Anhalt-Jander ausgebildete Unterdruckschaltung der Knorr-Bremse A. G., — zu den hydraulischen eine in England bereits praktisch erprobte Konstruktion des Franzosen Sensaud de Lavaud. Es sind sehr brauchbare, aber bewußte Zwischenlösungen, deren Charakter sich nirgends verleugnen will.

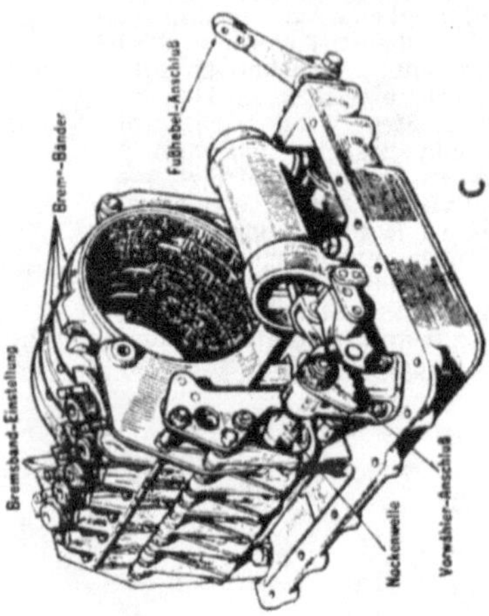

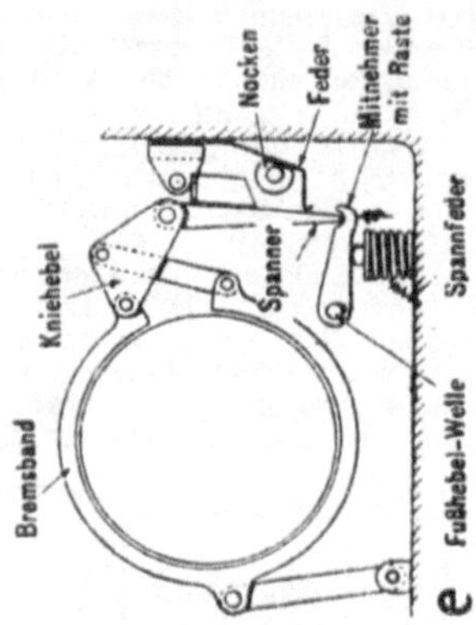

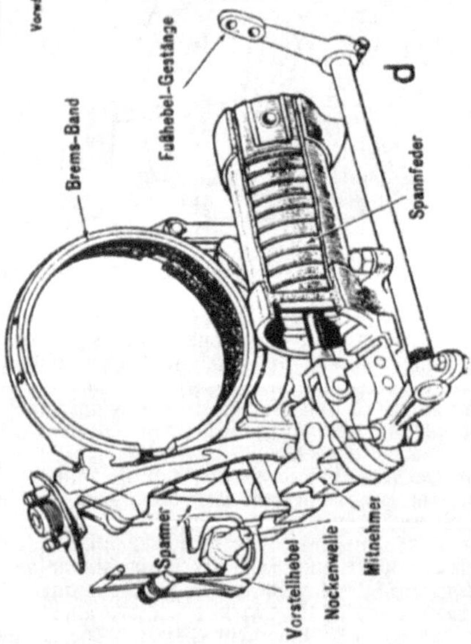

Bild 15c. Planetenräder-Kasten des Wilson-Getriebes mit Bremsbändern und Schaltmechanismus fertig montiert.
Bild 15d. Der Schaltapparat des Wilson-Getriebes
Bild 15e. Schaltschema des Wilson-Getriebes

Der Vorwähler am Lenkrad verdreht die Nockenwelle derart, daß der durch eine Drahtfeder angedrückte Verstellhebel den Spanner des vorgewählten Ganges über die zugehörige Raste des Mitnehmers stellt und gleichzeitig den Spanner des noch benützten Ganges sozusagen entsichert. Beim Durchtreten des Fußhebels wird der Mitnehmer nach unten geklappt und der bisher nach oben gedrückte, jedoch entsicherte Spanner schnappt nach außen. Beim Zurückgehen des Fußhebels in seine Ruhelage wird der Mitnehmer durch die große Spannfeder wieder nach oben gedrückt bzw. gekippt; er faßt den vorgewählten Spanner und dieser zieht das Bremsband des zugehörigen Ganges an.

Während, wie eben erwähnt, hydraulische Kupplungen bzw. Servo-Apparaturen durchaus nicht gerade zu den seltenen Fällen der modernen Getriebetechnik gehören — allerdings, auch das wurde angedeutet, mit Mechanik vereinigt —, liegt das reine Flüssigkeitsgetriebe erst in sehr vereinzelten Ausführungsformen für den Kraftfahrzeugbau vor. Eine, bisher vielleicht die vollkommenste, sei davon herausgegriffen: das Trilok-Getriebe (Bild 16).

Es vereinigt erstmalig die beiden bekannten Grundtypen hydrodynamischer Übertragungseinrichtungen — den Drehmomentwandler und die Kupplung — nach dem Föttinger-Prinzip in einem einzigen geschlossenen Getriebekreislauf. Ein Pumpenrad P, ein Turbinenrad T und ein weiteres Schaufelrad S bilden den Flüssigkeitskreislauf. Diese Räder sind so angeordnet, daß sich die umlaufende Arbeitsflüssigkeit unter möglichster Vermeidung aller Reibungs- und Strömungsverluste unmittelbar aus dem einen Rad in das nächstfolgende ergießt. Das Pumpenrad *P* ist über die Welle W_p mit dem Antriebsmotor verbunden, während das Turbinenrad *T* auf der Antriebswelle W_s befestigt ist. Der ganze Getriebekreislauf ist in einem feststehenden Gehäuse *B* gelagert, das gleichzeitig als Behälter für die Arbeitsflüssigkeit dient. Eine kleine Rückförderpumpe *R* hält den Getriebekreislauf stets unter einem geringen Überdruck gefüllt. Die verschiedene Arbeitsweise des Trilok-Getriebes, einerseits als Drehmomentwandler (für den Anfahrvorgang, die Beschleunigungsperiode und die Bergfahrt), andererseits als hydrodynamische Kupplung (bei Normalfahrt) wird dadurch erreicht, daß das Schaufelrad *S* seine Funktion innerhalb des Kreislaufs nach Bedarf wechselt. Im ersten Falle dient es als feststehendes Leitrad und bewirkt die Drehmoment-Übersetzung; im zweiten Falle wird es mit der Abtriebswelle W_s ge-

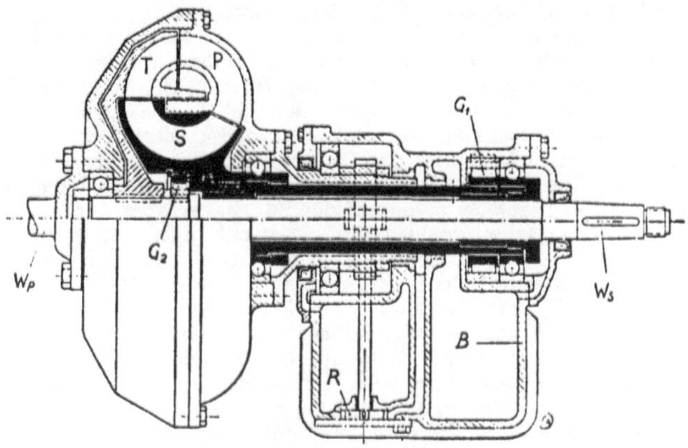

Bild 16. Längsschnitt durch ein Trilok-Flüssigkeitsgetriebe

kuppelt, läuft als Turbinenrad und unterstützt das eigentliche Turbinenrad *T*. Unter Ausnützung innerer Strömungsvorgänge des Getriebes konnte erreicht werden, daß die Umschaltung von Wandler- auf Kupplungsbetrieb und umgekehrt jeweils im richtigen Zeitpunkt vollkommen automatisch erfolgt. Das Schaufelrad *S* wurde zu diesem Zwecke so ausgebildet, daß es sich rückwärts, d. h. entgegen dem Drehsinn des Getriebes zu bewegen sucht, sobald die Drehmoment-Belastung auf der Abtriebsseite das Antriebsdrehmoment übersteigt und infolgedessen Wandler-Betrieb erforderlich macht, während es im Kupplungsbetrieb ohne Momentwandlung sehr schnell im gleichen Drehsinn mit der Antriebs- und Abtriebswelle mitzulaufen strebt. Ein Freilauf-Gesperre G_1, zwischen der das Rad *S* tragenden Hohlwelle und dem festen Gehäuse *B*, hält nun das Schaufelrad *S* fest, sobald es sich rückwärts bewegen will, und befähigt es dadurch, als feststehender Leitapparat zu wirken (Wandler-Betrieb). Ein zweites Gesperre G_2 kuppelt das Rad *S* an die Abtriebswelle, sobald es diese vorwärts drehend zu überholen sucht, und zwingt es dadurch, als Turbine mitzuarbeiten (Kupplungsbetrieb). Das Rad *S* kuppelt sich also selbst je nach den Erfordernissen mit dem festen Gehäuse *B* oder der Abtriebswelle W_s. Die Übersetzung des Anlaufdrehmoments, die in Normalausführung mit 1 : 4,5 angegeben wird, kann durch entsprechende Erweiterung der prinzipiellen Anordnung auf 1 : 7 und mehr gesteigert werden.

Schwingachsen

H. Zabinski, Dipl.-Ing. Berlin

Der von Deutschland ausgehende Impuls zur Schwingachse, zu unabhängig gefederten Rädern und achsloser Radaufhängung hat in der gesamten automobilbauenden Welt ein imponierendes Echo gefunden. Wenn uns auf anderen Gebieten unserer technischen Evolution das Ausland großenteils nur bedächtig folgte, hier, bei der Schwingachse, hat sich die Erkenntnis des Fortschritts auf breitester Grundlage durchgesetzt.

Was vor wenigen Jahren noch über die Schwingachse, über Einzelradfederung und achslose Radaufhängung geschrieben wurde, bedarf heute wesentlicher Ergänzungen. Die ersten ausgeführten Schwingachsen (Tatra, Sizaire-Frères, Rumpler usw.) waren in der Mehrzahl Pendelachsen, deren Eigentümlichkeit es ist, daß sich ihre Spur beim Durchfedern der Räder sehr stark ändert; zwangläufig damit verbunden ist ein kräftiges Walken der Bereifung. Dadurch klingen zwar die Federschwingungen rasch ab und der Wagen liegt relativ ruhig auf der Fahrbahn, aber nur so lange, wie die Bereifung eben schwingungsdämpfend wirkt, d. h. genügend Haftung auf der Fahrbahn findet. Dieser schon bei Glatteis, nassem Asphalt usw. illusorische Vorzug wird jedoch zum schwerwiegenden Nachteil, wenn man bedenkt, daß bei Spurveränderung — und jede Bodenunebenheit bedeutet für die Pendelachse eine Spurveränderung — bereits eine viel kleinere Querkraft das Fahrzeug zum Schleudern bringen kann als ohne Spurveränderung dazu erforderlich wäre (ruhende Reibung contra gleitende Reibung). Je größer die Spurveränderung, bezogen auf den Durchfederungsweg der Räder, ist, desto mehr verringert sich also die Schleudersicherheit des Fahrzeugs auf schlüpfriger Straße.

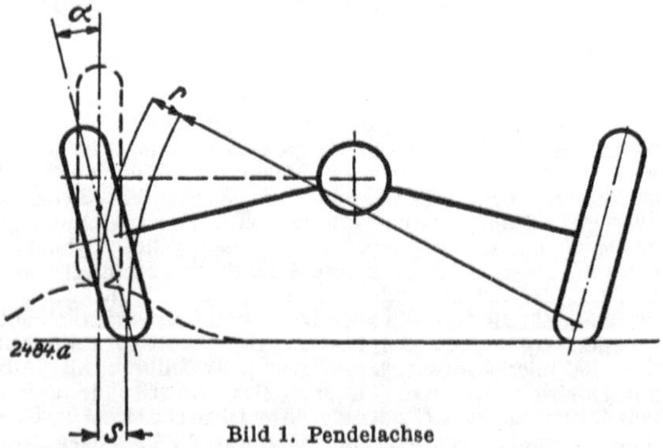

Bild 1. Pendelachse

α Veränderung des Sturzes; *s* Veränderung der Spur; *r* Veränderung des Abstands der Bodenberührungspunkte

Direkt und indirekt ergeben sich daraus drei Forderungen:

1. Die Spur des Schwingachsfahrzeugs darf sich beim Überfahren von Bodenunebenheiten nicht ändern,

Anmerkung des Herausgebers: Manche Konstruktionen legten das Schwergewicht auf die Hinterachse und machten diese zur Schwingachse — unter Belassung der starren Vorderachse. Vorteile wurden dadurch nur ganz geringe erreicht. Die Vorderachse als wichtigstes, richtunggebendes Organ muß aber stets am Boden bleiben, bei jeder Straßenbeschaffenheit, und nie darf auch nur während eines geringen Bruchteils einer Sekunde das Richtunggebende versagen. Das ist aber der Fall, solange eine starre Achse vorn verwendet wird, und deshalb ist es erforderlich, daß vor allem die Vorderachse beste Straßenfestigkeit erhält, was nur durch unabhängig gefederte Räder möglich ist.

2. die Kinematik des achslos aufgehängten Rades bzw. der Schwingachse ist so auszubilden, daß sich der Radsturz beim Durchfedern nicht ändert, da-

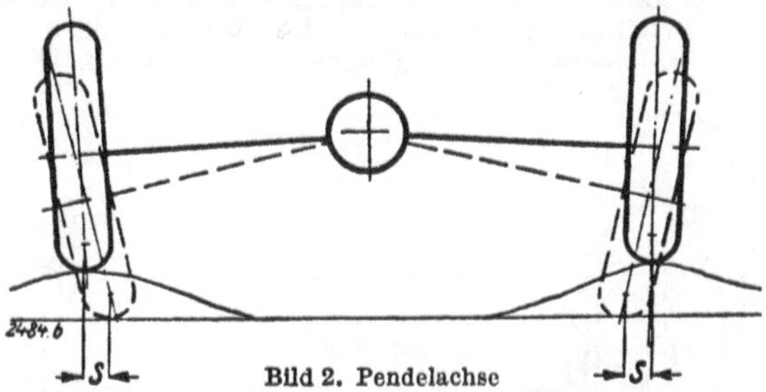

Bild 2. Pendelachse

$s = r$ (Spurveränderung = Veränderung des Abstandes der Bodenberührungspunkte)

mit die gyroskopischen Schwingungen, d. h. das Flattern der gelenkten Räder unter dem Einfluß des Kreiseleffekts unmittelbar vermieden wird,

3. die Bewegungsbedingungen der Räder müssen so sein, daß der Radeinschlag beim Durchfedern davon unberührt bleibt.

Wie verhalten sich die einzelnen Systeme bzw. die als maßgeblich anerkannten Schwingachskonstruktionen zu diesen Grundforderungen?

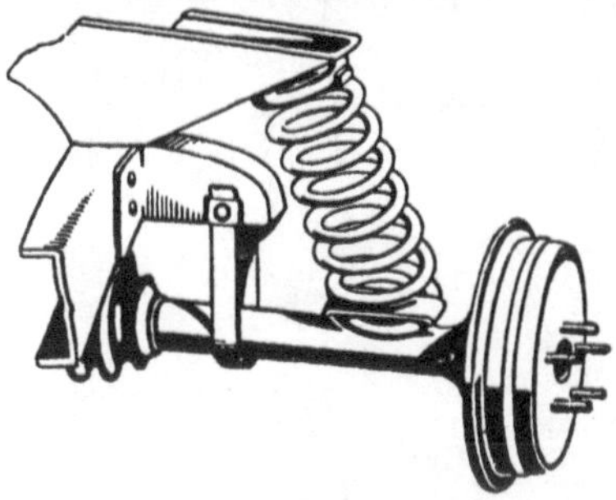

Bild 3. Antriebs-Pendelachse mit Schraubenfederung (MB 130)

Bild 4. Lenkrad-Gelenkglied-Achse (System Baker) mit Längsblattfederung (Hudson-Essex)

Die Pendelachse

Bei der klassischen Pendelachse muß das durchfedernde Rad seitlich aus seiner bisherigen Fahrtrichtung abweichen, gleichgültig, ob nur ein

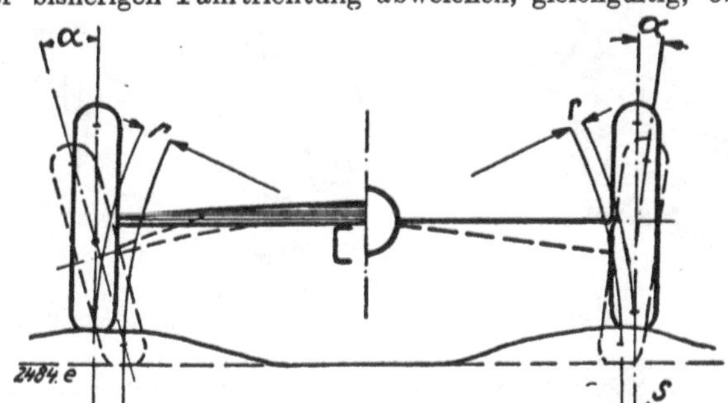

Bild 5.

Linke Bildhälfte: Einfache Querfederung

Rechte Bildhälfte: Pendelachse

Beide Hälften bei gleicher Durchfederung. Die achslose Radaufhängung an einfacher Querfeder zeigt sich bezüglich Veränderung der Spur(s), des Sturzes (α) und des Abstandes der Bodenberührungspunkte (r) ungünstiger als die Pendelachse.

Rad allein (Bild 1) oder beide Räder gleichzeitig (Bild 2) durchfedern. Hier gibt es also Spurveränderung; sie ist mit der Abstandsveränderung der Bodenberührungspunkte gleichbedeutend. Aber auch der Radsturz ist bei der Pendelachse variabel; an ungelenkten (Hinter-) Rädern wirkt sich dieser Mangel allerdings weniger erheblich aus, weil da kein Flattern auftreten und die erhöhte Beanspruchung der Radlagerungen durch entsprechende Dimensionierung aufgenommen werden kann. Was drittens

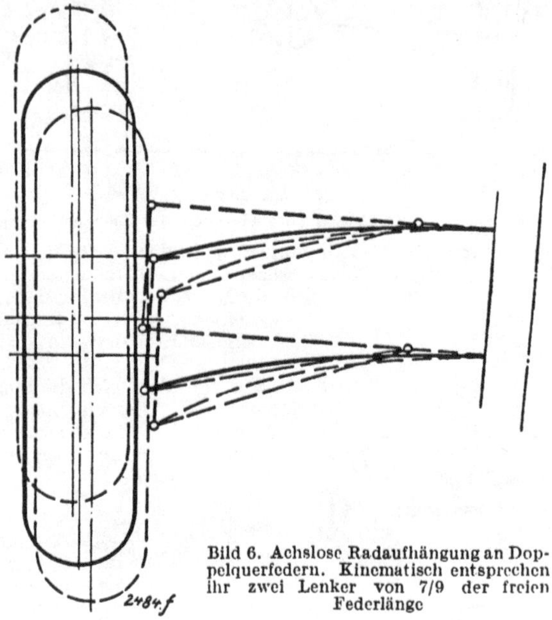

Bild 6. Achslose Radaufhängung an Doppelquerfedern. Kinematisch entsprechen ihr zwei Lenker von 7/9 der freien Federlänge

die Unveränderlichkeit des Radeinschlags anbetrifft, so läßt sie sich bei der Pendelachse ohne weiteres durch eine geteilte Spurstange erreichen.

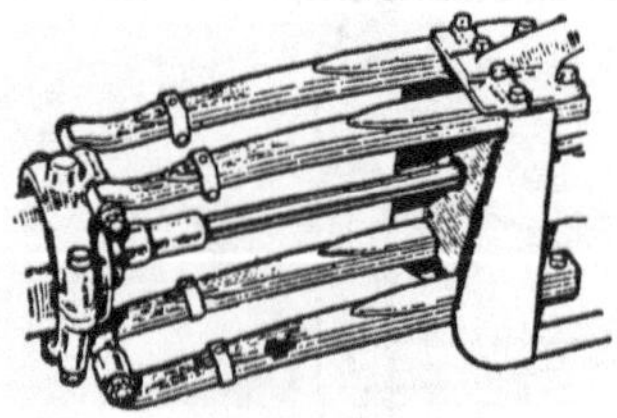

Bild 7. Quer-Blattfederanordnung ohne Lenker bei BSA

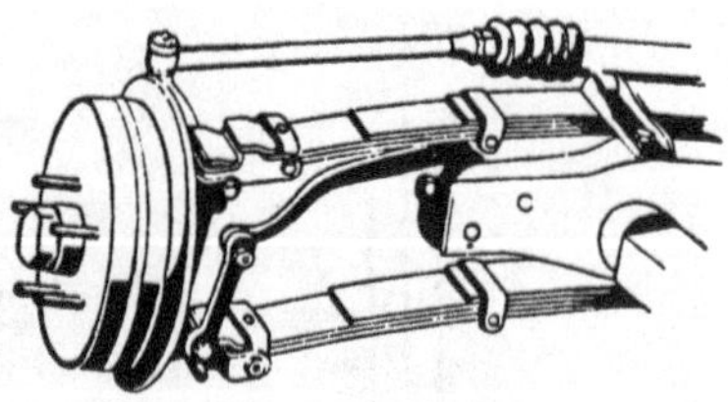

Bild 8. Normale Doppelquerfeder-Anordnung (Mercedes-Benz)

In diese Rubrik gehören neben den längstbekannten (z. T. oben erwähnten) Vorkämpfern der Schwingachse aus der deutschen und austrodeutschen Schule der 3/20-PS-BMW, die Mercedes-Benz-Modelle MB 130, MB 170 usw. mit ihren Hinterachsen (Bild 3). Sinngemäß aber auch außerdem die Baker-Achse (Bild 4), bei der das Mittelstück einer normalen (Vorder-) Achse durch zwei übereinander angeordnete Gelenkglieder ersetzt ist und die Längsfedern etwas zurückgenommen wurden. Hudson-Essex verwendet diesen Typ, der zwar keine unabhängige Radbewegung zuläßt, aber infolge seines reduzierten Hebelarms nach Art der Pendelachse immer noch der achslosen Radaufhängung an einfacher Querfeder vorzuziehen ist. Die Beanspruchung der Gelenke in der Parallelogrammführung ist allerdings recht hoch.

Achslose Radaufhängung an einfacher Querfeder

Die Veränderungen des Sturzes und der Spur sind hier noch größer als bei der Pendelachse (Bild 5). Die Folge ist eine unbestreitbare Tendenz der Vorderräder zum Flattern und Schleuderneigung auf schlüpfriger Straße. Da die Kinematik der an einer einzigen Blattfeder aufgehängten Räder in keiner Weise zwangläufig ist, so können unter dem Einfluß der z. B. beim Kurvenfahren auftretenden Querkräfte weitere erhebliche Abweichungen von Sturz und Spur eintreten, so daß auch die Unveränder-

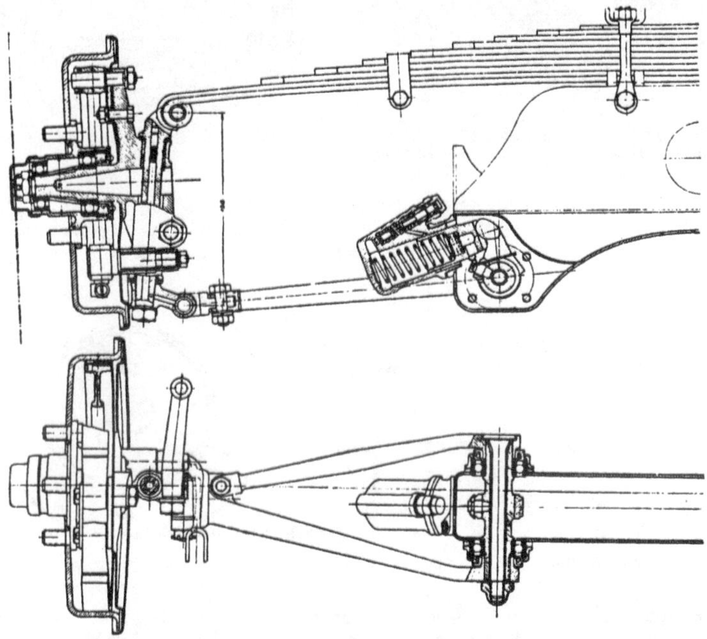

Bild 9. Aufhängung der Lenkräder bei BMW (1,2 Liter-Typ)

lichkeit des Radeinschlags bis zu einem gewissen Grade illusorisch wird. Außerdem kann sich die einfache Querfeder unter der Einwirkung von Brems- und Beschleunigungsmomenten verhältnismäßig stark verdrehen, wodurch sich wiederum der Vorlauf der Räder ändert und die Lenkung unsicher wird.

Eine achslose Radaufhängung an einfacher Querfeder findet sich, von vereinzelten unbedeutenden Ausnahmen abgesehen, nur noch bei älteren BMW-Typen.

Achslose Radaufhängung an mehreren Querfeldern

Kinematisch entspricht die achslose Doppelquerfederung etwa der Radaufhängung an zwei Lenkern, wobei die Feder einem Lenker von $^7/_9$ der freien Federlänge gleichzusetzen ist (Bild 6). Die Bewegungen des an zwei oder mehr (auch drei bis vier) Querfedern gelagerten Rades sind zweifellos weniger willkürlich als bei Verwendung einer einfachen Querfeder; sie sind aber infolge der Federelastizität nicht so zwangläufig wie bei einer Radaufhängung an Lenkern. Es können also durch Querkräfte beim Kurvenfahren und durch Brems- und Beschleunigungsmomente (diese nur bei angetriebenen Rädern) geringe zusätzliche Veränderungen der Spur, des Sturzes und Vorlaufs eintreten, die auch auf die Korrektheit der Lenkung von (wenn auch geringfügigem) Einfluß sein können.

Diese von vielen französischen Firmen und auch von Engländern (Bild 7) benutzte Bauart vertreten deutscherseits eine ganze Reihe von

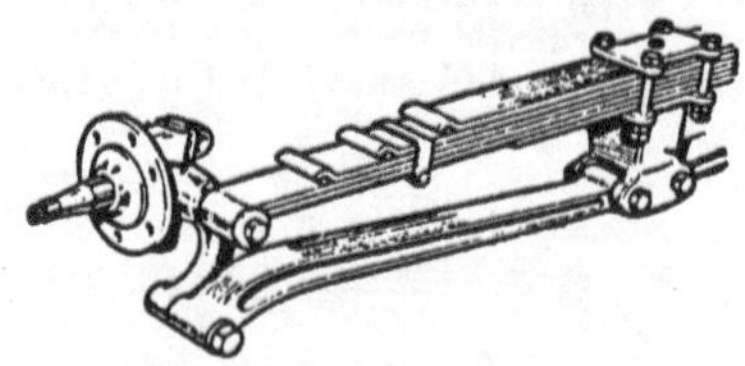

Bild 10. In Querlenker aufgeteilte Achse mit darüberliegender Querfeder (Peugeot)

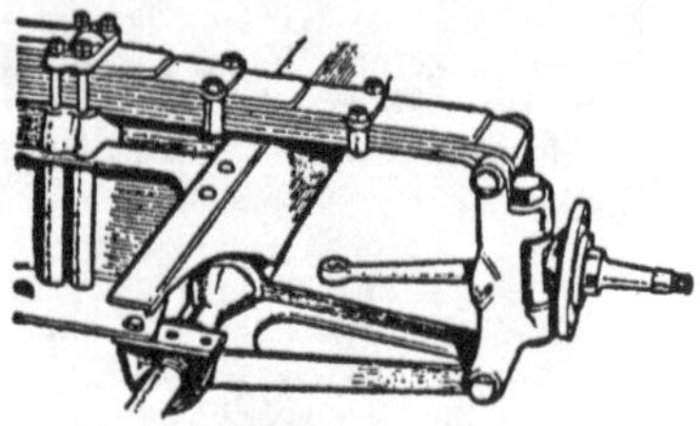

Bild 11. Querfeder und Lenker bei Alvis

Werken, unter denen hier Röhr, Stoewer (mit drei Federn beim 1,4-l-Typ) und Mercedes genannt sein sollen (Bild 8). Die Anordnung von zwei Querfedern in der Horizontalen (BMW) ist zwar im Hinblick auf die aufzu-

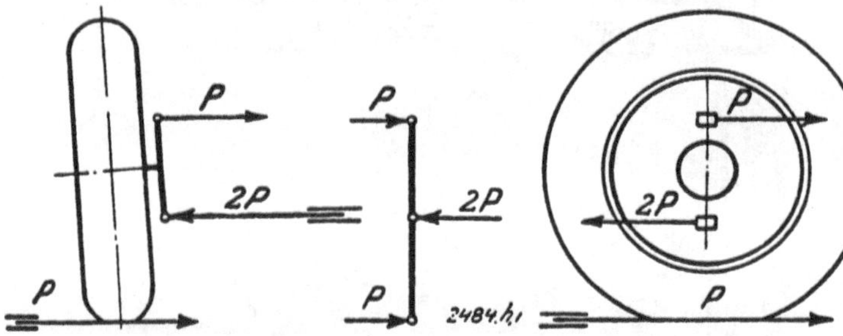

Bild 12. Belastungsschema für das obere und untere Rad-Querlager

nehmenden Brems- und Beschleunigungsmomente stabiler als eine einfache Querfeder, verliert aber die übrigen Nachteile der einfachen Bauart (siehe oben) erst, wenn noch ein Lenker hinzutritt (Skoda). Oder, wie eben bei Stoewer, eine dritte Feder in vertikaler Ebene. Man kommt von derart aufgehängten Antriebsrädern heute im allgemeinen wieder ab, nachdem Spiral- und Stabfeder sich als einwandfreie Federelemente erwiesen haben.

Querfeder und Lenker

Eine weitverbreitete Bauart, gleichzeitig der durchaus selbständige Übergang zur Doppellenkerkonstruktion, deren kinematischen Bedingungen sie entspricht. Die Bewegung der durchfedernden Räder erfolgt annähernd zwangläufig besonders dann, wenn die Querfeder oben liegt (BMW-1,2-l Bild 9, Peugeot Bild 10, Alvis Bild 11). Die Beanspruchungen der unteren Radführung sowohl durch Querkräfte als auch durch Brems- oder Beschleunigungsmomente sind, wie aus Bild 12 hervorgeht, etwa doppelt so groß wie die der oberen Radführung. Sinngemäß wird man also die größeren Beanspruchungen mit dem Organ, das man ohne weiteres entsprechend ausbilden kann, aufnehmen, d. h. mit dem Lenker, und ihn unten anordnen. Eine besondere, in Längsrichtung schwingende Stütze zur Aufnahme der Brems- und Beschleunigungsreaktionen (Bild 13) bedeutet praktisch kaum mehr als ein weit auseinandergezogener Gabellenker.

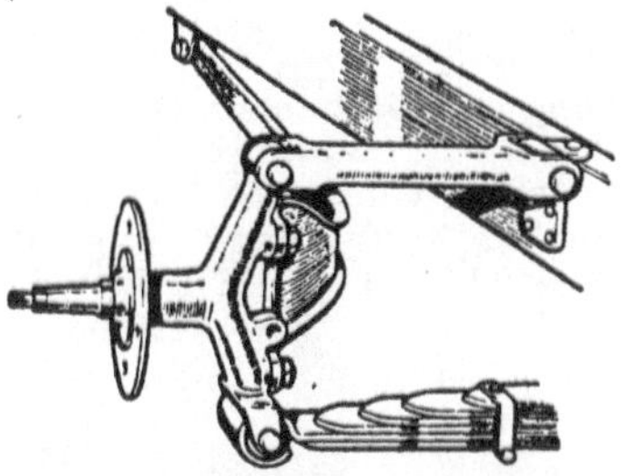

Bild 13. Durch Querblattfeder gehaltener Längs- und Querlenker bei Sunbeam

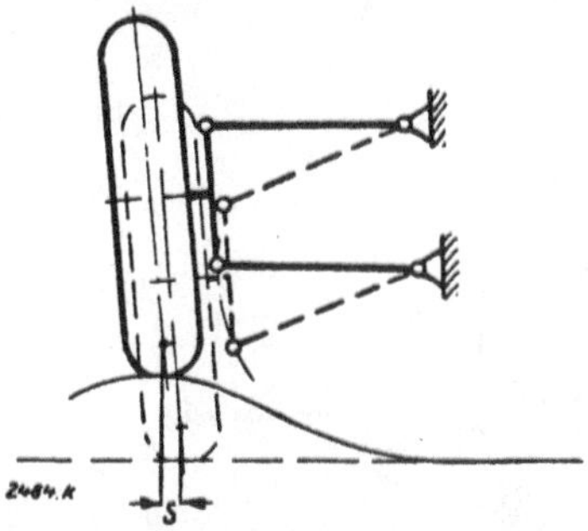

Bild 14. Doppellenker in Parallelogramm-Anordnung (s = Spurveränderung)

Achslose Radaufhängung an Doppellenkern

Werden die Lenker parallelogrammartig angeordnet (Bild 14), so bleibt der Sturz unverändert. Die Spur ändert sich dagegen, und zwar um so mehr, je größer der für einen bestimmten Durchfederungsweg nötige Ausschlag der Lenker ist. Korrekte Lenkung ist ohne weiteres möglich: die

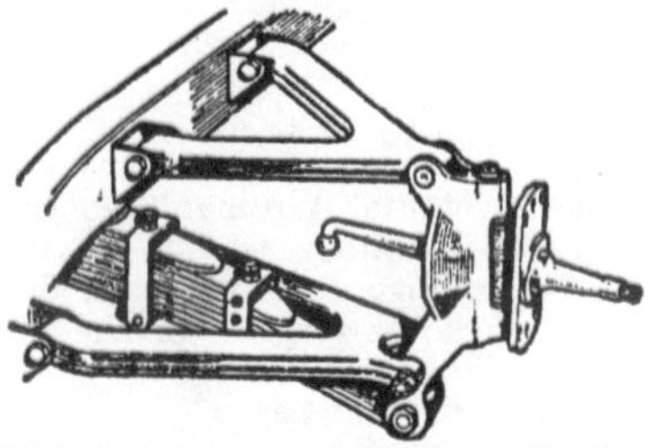

Bild 15. Querarmparallelogramm mit Querblattfeder-Abstützung bei Delage

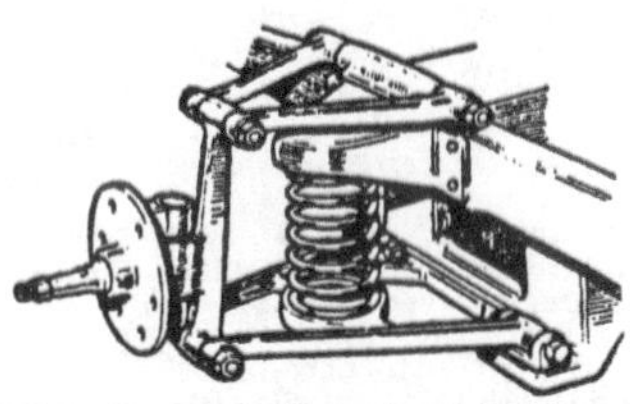

Bild 16. Doppellenker mit Schraubenfeder-Abstützung (Mercedes, Buick usw.)

Spurstange muß geteilt werden, die Halbspurstangen müssen ebenso lang sein wie die Lenker.

Weicht man von der Parallelogrammaufhängung ab, entweder, indem man die Lenker verschieden lang macht oder indem man den Augenabstand am Rad und am Rahmen verschieden groß wählt, so hat man es in der Hand, die Spurveränderung zu beeinflussen, d. h. sie zu verringern. Allerdings muß man dafür dann eine Veränderung des Sturzes in Kauf nehmen. Die Lösung des Dilemmas liegt im Kompromiß; dazu ist erforderlich, daß der untere Lenker etwas länger ist als der obere oder daß der Augenabstand am Rahmen etwas größer ist als am Rad (Audi, MB 290) oder — als drittes — eine Kombination aus beiden Möglichkeiten. Auch bei ungleichen Lenkern, gleichgültig, ob sie quergefedert (Bild 15) oder schraubengefedert (Bild 16) abgestützt sind, läßt sich durch Verwendung einer geteilten Spurstange immer eine einwandfreie, von der Durchfederung unbeeinflußte Lenkung erzielen. Aber ein allgemeingültiges Rezept für die Bemessung der Lenker gibt es natürlich nicht. Denn ein Lenkersystem, das in einer bestimmten Bewegungsphase seiner Aufgabe durchaus gerecht wird, wird es in einer anderen Bewegungsphase unter Umständen gar nicht mehr tun (Bild 17). Durch richtige Anpassung der Federn an das Wagengewicht,

d. h. durch genaue Bemessung des Federweges muß also die Bewegung des Lenkersystems auf die ihm gemäße Bewegungsphase beschränkt bleiben.

Parallel geführte Räder

Bei Konstruktionen dieser Art (Bild 18) bleiben Spur und Sturz beim Durchfedern vollkommen unverändert. Das System hat aber den Nachteil, daß es nicht möglich ist, eine von der Durchfederung gänzlich unbeeinflußte Lenkung zu schaffen. Bei parallel geführten gelenkten Rädern müßte die Spurstange theoretisch unendlich lang sein. Aus dieser Erwägung heraus ist eine geteilte Spurstange noch ungünstiger als eine ungeteilte. Wo man also gelenkte Räder parallel führen will (Bild 19), pflegt man die Spurstange ungeteilt und die Lenkschubstange möglichst lang zu machen.

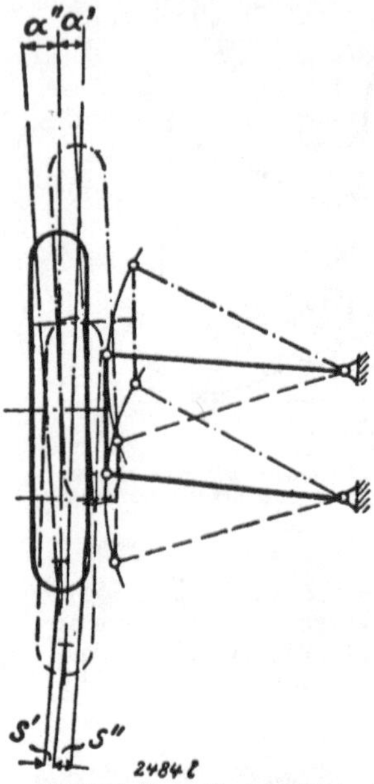

Bild 17. Doppellenker, Abstand der Augen am Chassis größer als am Rad.
In der ersten Bewegungsphase ist die Spurveränderung (s') und die Sturzveränderung (α') sehr klein. In der zweiten Bewegungsphase sind Spurveränderung (s'') und Sturzveränderung (α'') viel größer. Die Durchfederung darf sich deshalb nur über die erste Bewegungsphase erstrecken

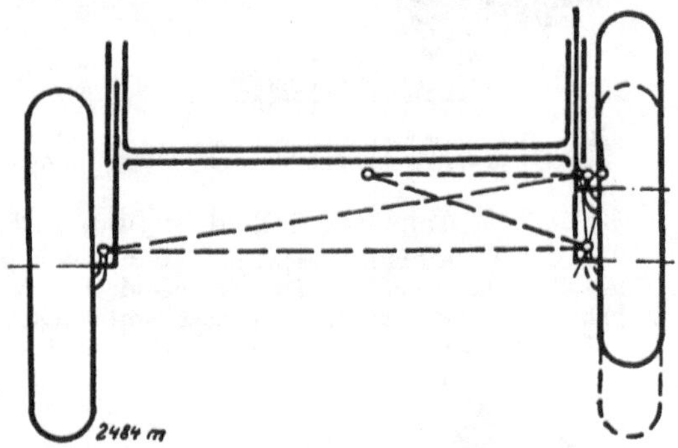

Bild 18. Parallel geführte Räder

Die Kurbelachse

Bei einer Kurbelachse weichen die durchfedernden Räder seitlich nicht aus ihrer bisherigen Fahrtrichtung ab, obgleich sich der Bodenberührungsabstand ändert, wenn nur ein Rad durchfedert (Bild 20). Federn beide Räder gleichzeitig und gleichmäßig durch, so ändert sich der Abstand der Bodenberührungspunkte nicht. Man kann also bei dieser Schwingachskonstruktion — und ebenso bei allen anderen, die eine ähnliche Radbewegung aufweisen — nicht von Spurveränderung sprechen, denn die Bahn, in der das durchfedernde Rad über die Bodenunebenheit läuft, liegt genau über der Bahn, die das Rad auf ebener Straße durchlaufen haben würde. Das Rad hat also keine Veranlassung, beim Durchfedern seine Straßenhaftung zu verlieren. Die Verhältnisse ändern sich nur geringfügig, wenn der Chassisrahmen beim Durchfedern des Rades eine seitliche Neigung erfährt. Die hierdurch bedingte seitliche Abweichung des Rades aus seiner geraden Bahn ist jedoch so minimal, daß sie vernachlässigt werden kann, weil sie nicht ausreicht, um die

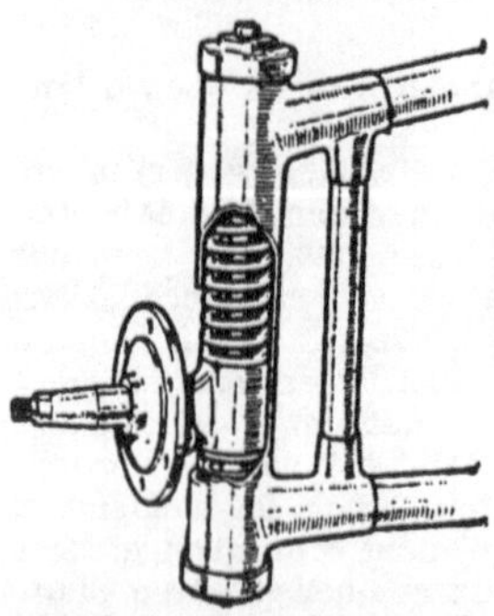

Bild 19. Parallel geführte Vorderräder bei Lancia mit durch Schraubenfedern abgestütztem, hülsengeführtem Kolben

Haftung des Rades zu beeinträchtigen: die hier theoretisch eintretende Spurveränderung kommt also praktisch überhaupt nicht zur Auswirkung. Bei keiner Schwingachskonstruktion ist die theoretische Spurveränderung jedenfalls kleiner.

Die Kurbelachse kann mit einfacher und mit Zwillingskurbel ausgeführt werden. Beide Varianten garantieren für die Unveränderlichkeit

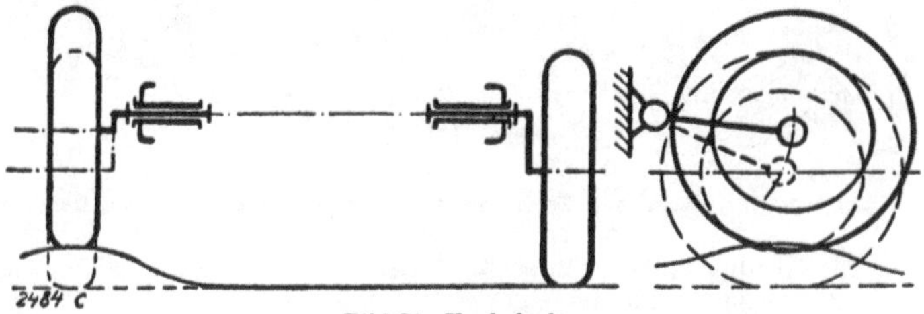

Bild 20. Kurbelachse

von Spur und Sturz. Die Kurbelachse ist heute keine Seltenheit mehr. Stoewer verwendet sie, die NAG stattete den Voran-Typ damit aus und schließlich ist auch das „Knie“ bei Chevrolet, Pontiac und Opel (Bild 21) nichts anderes als eine simple Kurbelachse. In Verbindung mit der Torsionsfederung, eine hinsichtlich Einfachheit und Bedürfnislosigkeit in der Wartung ideale Kombination, ergibt sich theoretisch der Nachteil, daß die Bewegung der Räder nicht genau in einer senkrechten Längsebene erfolgt. Die durch die Anordnung der Torsionsstäbe begründete Abweichung beträgt aber nur wenige Grad und hat praktisch absolut keine nachteiligen Folgen.

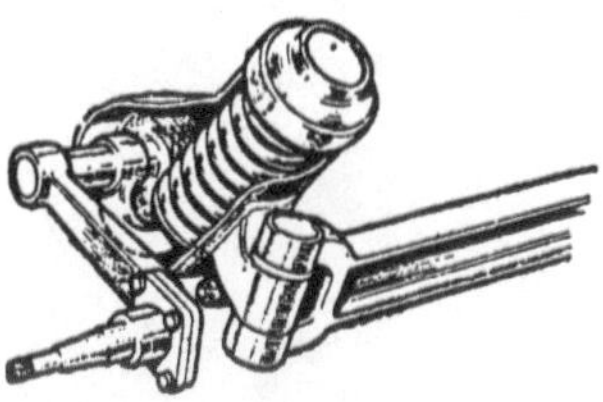

Bild 21. Kurbelachse mit Hebelfederung, System Dubonnet (Opel, Pontiac, Chevrolet)

Bei der Zwillingskurbel hingegen schwingen die Räder präzis in einer senkrechten Längsebene (Bild 22), so daß ihre Bewegung auch theoretisch vollkommen exakt ist —, sogar für gelenkte Räder, weil sich der Vorlauf nicht ändert. Überhaupt scheint die Lenkung hier auf den ersten Blick die gleichen Schwierig-

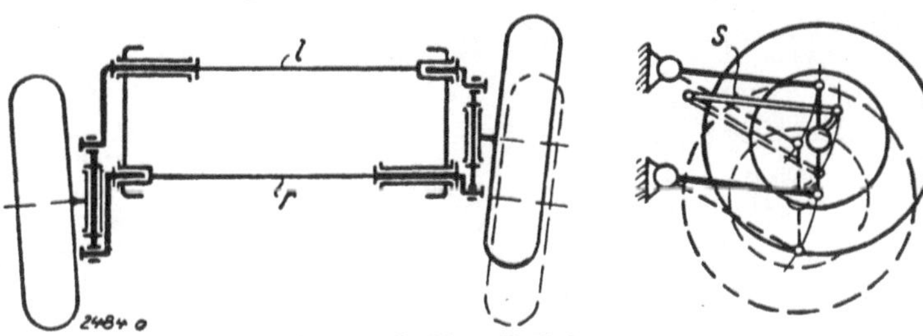

Bild 22. Zwillings-Kurbelachse.
l = Torsionsfederstab für das linke Rad, r = Torsionsfederstab für das rechte Rad

keiten zu bieten wie bei parallelgeführten Rädern. Aber offensichtlich nur dann, wenn man zur Betätigung des Radeinschlags eine Spurstange, d. h. ein quer zur Fahrrichtung liegendes und sich bewegendes Gestänge wählt. Bei der Kurbelachse bietet sich jedoch die Möglichkeit, durch ein Gestänge, das mit dem Kurbelradius im gleichen Sinne wie die Kurbel schwingt, eine einwandfreie und von der Durchfederung unbeeinflußte

Lenkung zu schaffen. Wesentlich ist dabei nur, daß die Querprojektion der Lenkschubstangen der Kurbellänge entspricht und in gleicher Richtung wie die Kurbel verläuft. Bei Beachtung dieses Grundsatzes ergibt

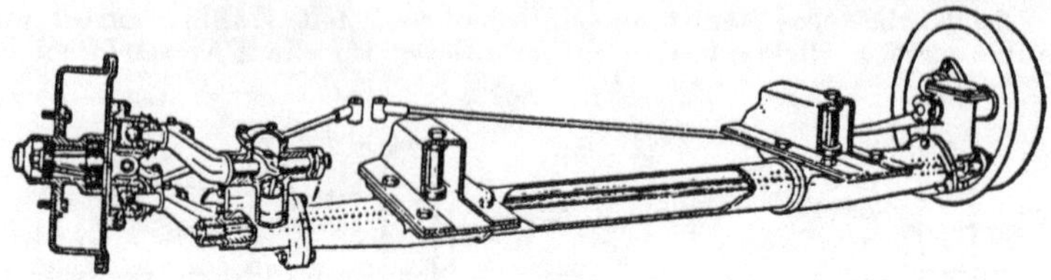

Bild 23. Zwillings-Kurbelachse mit Torsionsstabfederung bei Mathis (System Dr. Porsche)

sich für die Zwillingskurbel (Bild 23, Konstruktion Dr. Porsche) eine auch theoretisch nahezu vollkommen korrekte Lenkung.

Alles in allem nähert sich die Zwillingskurbelachse in Verbindung mit der Torsionsstabfederung (siehe Abschnitt „Federung, Stabfedern") am ehesten dem Ideal der Schwingachse.

Vorderradantrieb

H. Zabinski, Dipl.-Ing. Berlin

Man braucht sich nur an die Quantität der Erscheinungsformen zu halten, um festzustellen, daß das Thema „Vorderradantrieb" während der letzten Jahre an Aktualität nicht nur nichts verloren, sondern ständig

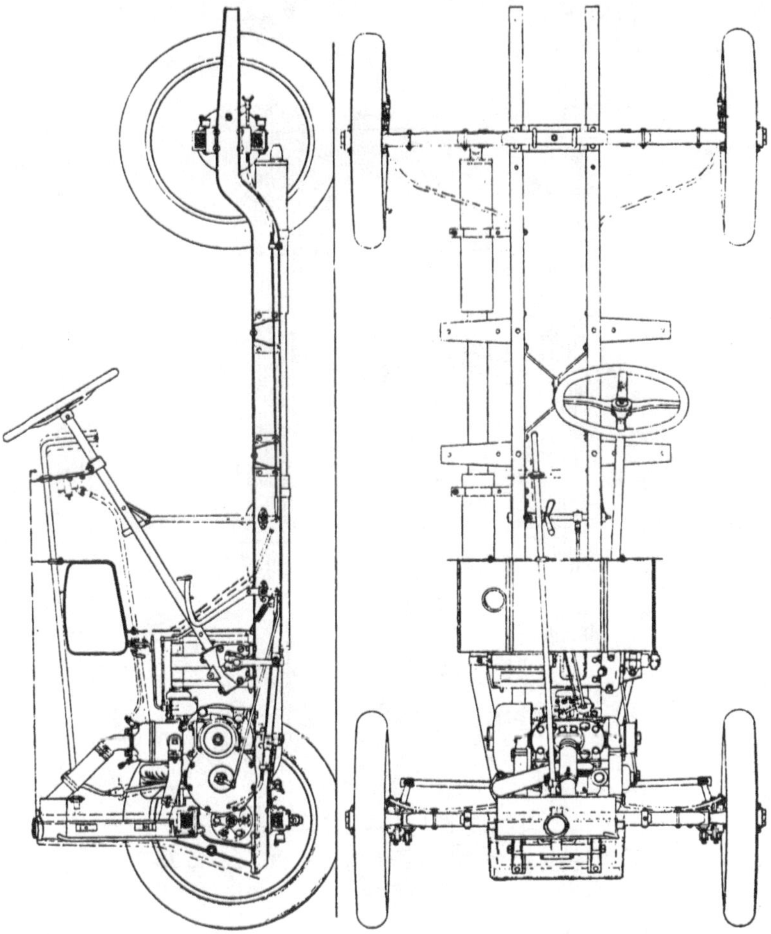

Bild 1. Die Urform des DKW-Fronttrieb-Fahrgestells.

gewonnen hat, und daß diese Bauart sich innerhalb der internationalen Automobiltechnik einen starken, immer noch wachsenden Anteil sichern konnte.

Freilich ist die Verlustliste groß, und von den zahllosen Pionieren sind viele verschwunden. Ihr Verdienst aber, der Idee die lebensnotwendigen

Impulse gegeben zu haben, lebt heute in einer ganzen Reihe von Konstruktionen fort, die die Krisis überwunden haben und sich als vollwertige

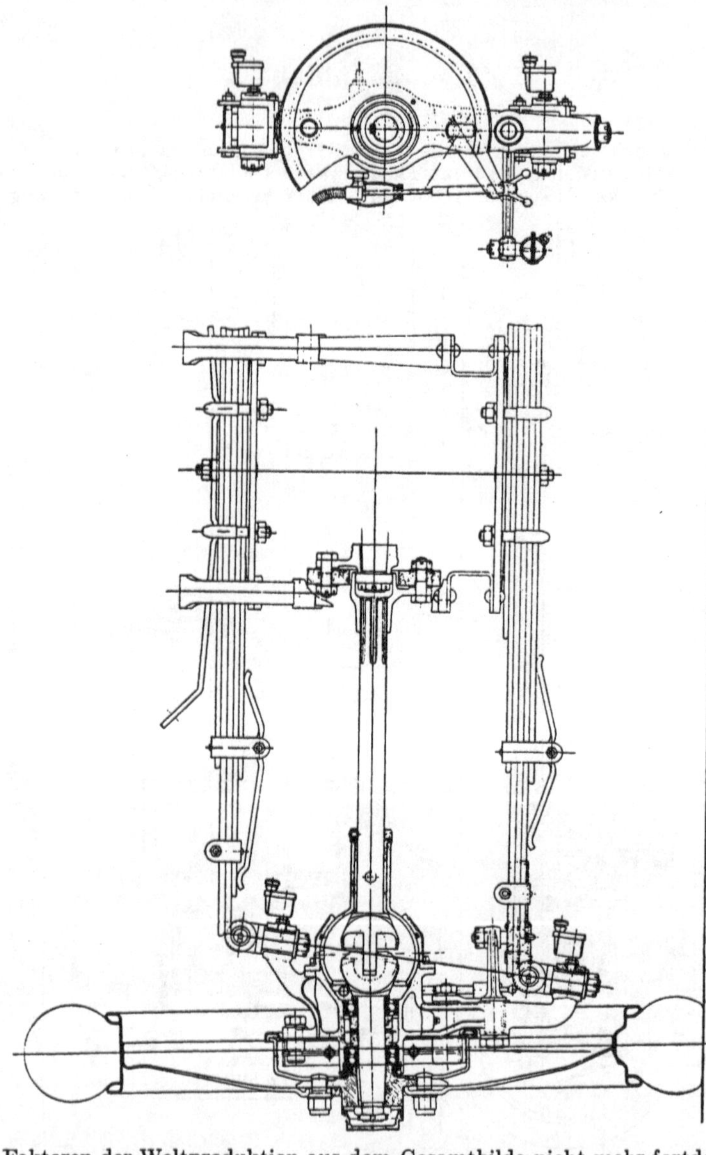

Bild 2. Die erste DKW-Fronttriebachse

Faktoren der Weltproduktion aus dem Gesamtbilde nicht mehr fortdenken lassen.

Konstruktiv hat sich am Vorderradantrieb während der letzten Jahre — im Prinzip wenigstens — nicht viel geändert. Nachdem man erkannte, wo die charakteristischen Fehlerquellen saßen, nachdem das Doppelgelenk wenigstens radseitig als unentbehrlich, die Parallelogrammfederung als konsequenteste Radaufhängung und die traditionelle Folge der Teilelemente vom Motor zum Quertrieb als natürliche Gegebenheit zu betrachten war, hat sich die Vorderradantriebs-Konstruktion so ziemlich auf eine große Linie festgelegt. Wobei es fast gleichgültig ist, ob diese oder jene Gelenke Verwendung finden, ob das Getriebe vor oder hinter dem Quertrieb oder (wie beim neuen Chenard & Walcker) vor und hinter dem Quertrieb sitzt. Das z. B. sind Experimente mit der verkürzten Baulänge, wie sie (aus den bekannten theoretischen Gründen) existieren, solange es über-

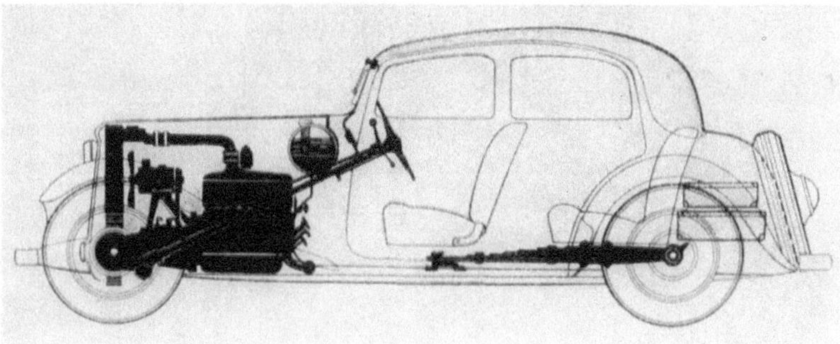

Bild 3. Die Gesamtanlage des Adler-„Trumpf"

haupt einen Vorderradantrieb gibt. Das Ende gerade dieser Entwicklung läßt sich mit ziemlicher Genauigkeit voraussagen: es liegt beim kleinen Fronttrieb in der Motorqueranordnung und beim größeren im Doppel-

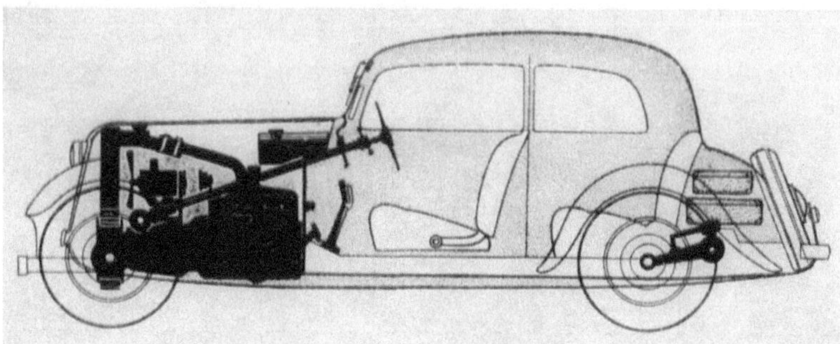

Bild 4. Adler-„Trumpf-Junior"

boxer- oder V-Motor, die Kürze, niederen Schwerpunkt und Horizontallage der Schwingungsebene miteinander vereinigen.

Die Motorqueranordnung, die wir von DKW (Bild 1, 2) her kennen, besagt, daß die Kurbelwellenmitte parallel zu den Radachsen, die Getriebewellen parallel zur Kurbelwelle laufen; für den Radantrieb sind also nur Stirnräder erforderlich, die Kupplung sitzt auf der Getriebewelle und der Motor arbeitet über Rollenketten (im Ölbad) auf das Getriebe. Diese Anordnung, wie gesagt, gestattet beim Entwurf eine beliebige Höhenlage des Aggregats entsprechend der gewünschten Bodenfreiheit.

Wieweit überhaupt die Gesamtentwicklung von der einzelner Elemente abhängig ist, zeigt ein Vergleich der beiden Adler-Typen „Trumpf" und „Trumpf-Junior" (Bild 3, 4). Der „Trumpf", als 1,5- und 1,7-l gebaut,

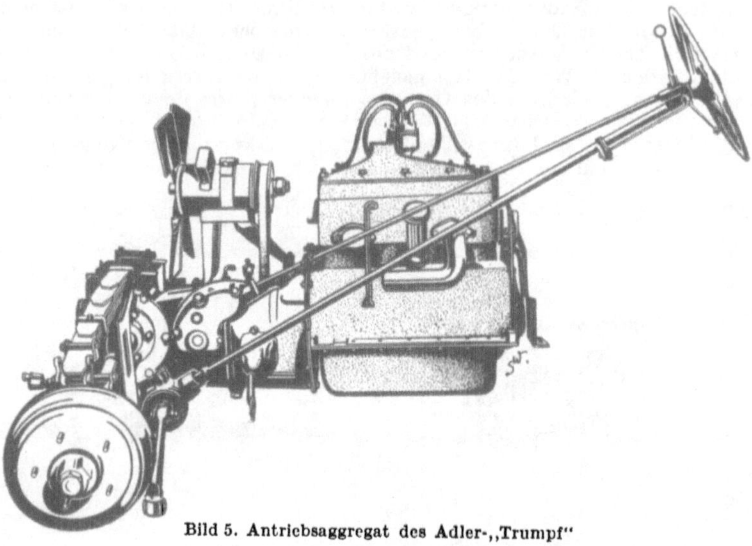

Bild 5. Antriebsaggregat des Adler-„Trumpf"

Bild 6. Vorderradantrieb und -aufhängung bei Audi

hat direkte Lenkung (Bild 5) und eine am Rahmen angeschlagene hintere Auslegerblattfeder in Wagenlängsrichtung. Der „Trumpf-Junior" mit geteilter indirekter Lenkung und hinterer torsionsstabgefederter Kurbelachse baut etwas niedriger, obwohl sich, von diesen Einzelheiten abgesehen, die

Bild 7. Fahrgestell des Stoewer-V 8

Fahrgestelle sonst ziemlich gleichen und im Aufbau des eigentlichen Antriebsaggregats bei beiden Typen eine fast photographisch-getreue Homogenität herrscht. Die Rahmen dieser Fahrzeuge sind Seite 195 und 196 gezeigt.

Die Audi-Konstruktion (Bild 6) ist durch Verwendung des Reihensechszylinders im Verhältnis zum Radstand und zur karossablen Nutzlänge etwas lang geraten; auch sonst wirkt das aus einem prachtvollen

Motor und einer guten Schwingachse kombinierte Aggregat ziemlich kompakt und nicht gerade sehr organisch. Besonders im Vergleich zu den

Bild 8. Antriebsblock des Stoewer-V 8

Adler-Typen fällt das auf, die hinreißend in ihrer einfachen, eleganten Linienführung und konstruktiv so fein gegliedert sind, daß auch für Schal-

Bild 9. Vorderradantrieb und -aufhängung beim Stoewer-V 8 (Man beachte die querliegenden Flüssigkeits-Stoßdämpfer)

tung, Lenkung und Federung natürlich wirkende Dispositionen gefunden wurden. Dazu kommt bei Adler als besondere Note eine teilweise Trennung von Karosserie und Fahrgestell, die die Erstellung jeder Aufbauform ermöglicht —, und Adler gibt prachtvolle Aufbauten. Kein Wunder also, daß neben Rosengart sich auch Fiat und Morris die Lizenz dafür gesichert haben.

Beinahe parallel zu Adler läuft die Entwicklung bei Stoewer. Auch Stoewer fing mit einer Konstruktion an, die sich (wie Adler auf Röhr)

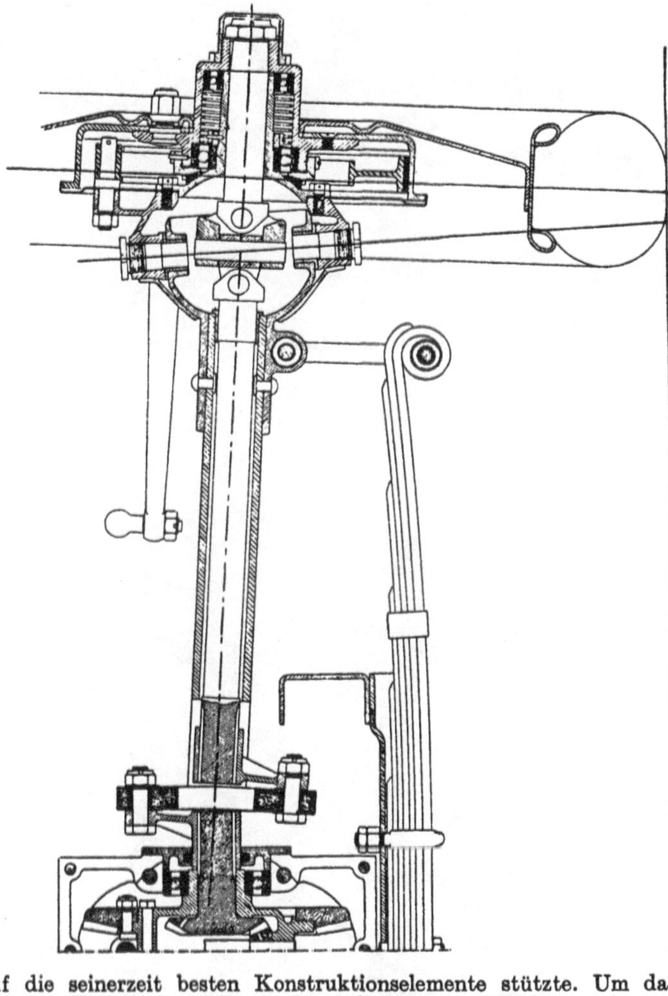

Bild 10. Derby-Vorderradantrieb

auf die seinerzeit besten Konstruktionselemente stützte. Um dann im weiteren Verlauf ebenfalls zur Kurbelhinterachse (Bild 7) und — das ist für Stoewer markant — zum V-Motor (Bild 8) zu kommen. Der V-Motor bedeutet gleichzeitig Tieferlegung des Schwerpunktes und Verkürzung der Baulänge. Fehlgeschlagen ist allerdings Stoewers Versuch, den Reihenvierzylinder durch einen Vierzylinder in V-Form zu ersetzen. So daß man, nach dem heutigen Stande der Motorentechnik, zu dem Schluß kommt, den einfachen, preiswerten, hochentwickelten Reihenvierzylinder für Frontantriebe mittlerer Größe zu nehmen. Die Kraftübertragung und Radaufhängung bei Stoewer (Bild 9) weist keine Besonderheiten auf, wenn man von den querliegenden Flüssigkeitsstoßdämpfern absieht. —

Bild 11. Frontansicht des Citroën-Vorderradantriebs

Mit dem obenerwähnten Chenard & Walker sei die ansehnliche Reihe französischer Konstruktionen eingeleitet, die heute noch (oder wieder)

Bild 12. Antriebsblock des Citroën „7"

auf dem Markte sind. In Frankreich, wo man vielleicht am meisten mit dem Vorderradantrieb herumexperimentierte, hat der Begriff Vorderradantrieb seinen modisch-problematischen Charakter am längsten behalten. Chenard & Walker bauen heute ein sehr hübsches Fahrgestell (nach Adler); die Konstruktion verwendet Bendix-Gelenke, ein geteiltes Getriebe (siehe

Bild 13. Friktionsstoßdämpfer und Torsionsstabfederung bei Citroën

oben) und arbeitet mit einer großenteils offenverlegten Schaltung; ziemlich mißraten ist z. B. der Ventilatorantrieb, der sozusagen durch dick und dünn geht. Wenig überzeugend und in manchen Details geradezu

Bild 14. Aufhängung der Trieblenkräder bei Citroën

verfehlt ist der Derby-Frontantrieb (Bild 10) mit einem am Differentialgehäuse breit angelenkten Pendelachsrohr und kugelförmig ausgebildetem Achskopf, in dem das äußere Achsrohrende als Kalotte eingebettet ist. Mit biegsamen Gelenkscheiben und radseitig doppeltem Kardan sowie Querfedern, die unter dem Rahmen angeordnet sind. —

Weit besser schon wirkt der 2-l-Donnet, der vorn das obligate Querfederparallelogramm, Tracta-Gelenke und hinten zwei am Rahmen angeschlagene Halbelliptikfedern verwendet. Und eine saubere Bastelkonstruktion aus Fordteilen ist auch der „Tracford“, ein bißchen unbeholfen, mechanikerhaft, aber klar disponiert und von Verständnis für die speziellen Erfordernisse zeugend. Schließlich als letzte Neuheit: — Citroën (Bild 11).

„Citroën löst das Problem des Vorderradantriebs“ — das war mehr als Propaganda: ein glücklicher Wurf, eine technische Leistung, ein ganz großer Publikumserfolg. Citroën hat seine gesamte Fabrikation auf Vorderradantrieb umgestellt. Seine Konstruktion ist ein selbständig von Grund auf entwickelter Typ. Die Karosserie, um mit dem Auffallendsten anzufangen, ist vollkommen selbsttragend ausgebildet, aus Blech kunstvoll gezogen und elektrisch geschweißt. Die Hinterachse wird geschleppt, Stabfederung und eine Art Querstabilisierung sorgen für gute Bodenhaftung. Der Motor ist mit Getriebe, Quertrieb und Vorderschwingachse in üblicher Fronttriebbauart verblockt (Bild 12). Nur liegt das Getriebe ausnahmsweise vollkommen vor dem Quertrieb, wo es gut gekühlt ist; dadurch hört man es auch weniger, der Block baut kürzer, der Radstand reduziert sich bzw. die Nutzlänge wird größer. Motorkraftübertragung durch Spicer-Doppelgelenke über Wellen, die als Fettbehälter dienen. Der Citroën-Block läßt sich horizontal aus dem vorn gegabelten Wagenkörper herausfahren (s. Seite 198 bis 201); Federung der vorderen Einzelradaufhängung durch Stabfedern (Bild 13), die in der Wurzel des Wagenkörpers, an der Spritzwand angeschlagen sind, so daß die Zinken der Gabelung von Torsionsbeanspruchungen ziemlich frei sein müssen. Recht kompliziert, aber technisch richtig die Lenkung (Bild 14): eine schräge Steuersäule, Schneckenbetätigung, je ein horizontaler Lenker links und rechts, der rechte durch eine Teilspurstange geschleppt, und von den Hebeln erst Schublenker zu den Achsköpfen.

Citroëns Vorderradantrieb gehört zu den kontinentalen Spitzenleistungen der letzten Jahre, seine Konstruktion hat der Idee einen lebhaften Auftrieb gegeben.

Federung

Paul Grodzinski, Dipl.-Ing. Berlin

Die normale Wagenfeder hat bisher eine Reihe von Aufgaben in sich vereinigt, die jetzt nach und nach getrennten Organen übertragen werden, nämlich

1. Federung,
2. Federdämpfung,
3. Führung der Räder,
4. Aufnahme von Schubkräften.

Damit greift eine andere Betrachtung des Federproblems Platz und es tauchen als Kraftwagenfederungen neue Lösungen auf. Die Blattfedern mit ihrer schwer kontrollierbaren Reibung werden durch Schraubenfedern oder Stabfedern ersetzt, die keine Reibung, also auch keine Reibungsdämpfung besitzen. An Stelle der schwierig kontrollierbaren Reibung zwischen den Blattfederschichten treten jetzt Schwingungsbremsen (Stoßdämpfer siehe S. 175), die früher nur als zusätzliche Teile Anwendung fanden. Ferner wird die Feder von der Führung der Räder durch Lenker und Pendelachsen entlastet, so daß ihr nur die eigentliche Federungsarbeit verbleibt.

Blattfeder-Aufhängungen

Im folgenden seien eine Reihe Verbesserungen beschrieben, die in den letzten Jahren hinsichtlich der Federaufhängung bekannt wurden. Die Federlaschen werden vielfach nach vorn verlegt, während sich die nur drehbare feste Aufhängung hinten befindet. Man beobachtet bei dieser Anordnung eine bessere Dämpfung der Radschwingungen (Shimmy); vgl. auch ATH, 13. Aufl., S. 388.

Federbolzen werden häufig in zylindrischen Gummilagern, auch Silentblock, aufgenommen (vgl. Abschnitt „Gummi als Baustoff", S. 17).

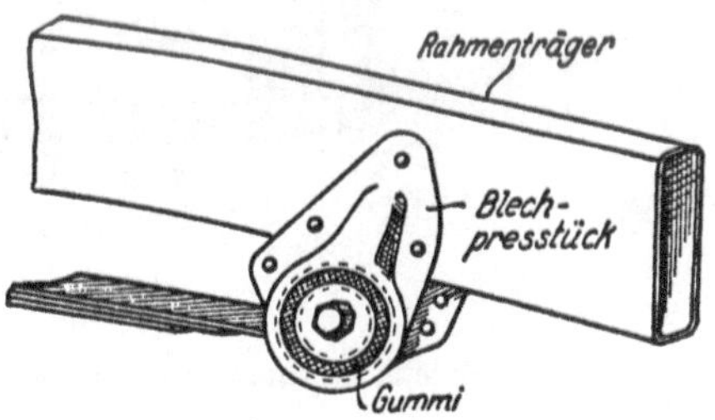

Bild 1. Federbolzen in Gummi gelagert

Bild 1 zeigt eine Ausführung an einem französischen Kraftwagen, der Gummi-Block dient zugleich zur Dämpfung von Shimmy.

Bei den Mecano-Federgehängen (Bild 2) sind die Federbolzen nicht mehr glatt, sondern mit einem Gewinde versehen, das in ein Muttergewinde in der Federbuchse paßt. Sowohl die Buchse als auch der Bolzen ist gehärtet. Diese Neuerung hat mehrere Vorteile. Durch das Gewinde ist die gesamte tragende Lagerlänge wesentlich vergrößert. Der spezifische Flächendruck ist also vermindert und es ist eine verringerte Abnutzung zu erwarten. Auch nach längerer Arbeitsdauer wird ein übermäßiges Endspiel vermieden, da jeder Gewindegang einen Teil des Enddruckes aufnimmt. Ein Klappern und ein Geräusch kann nicht auftreten. Jeder Gewindegang bildet eine Ölkammer, die das Schmiermittel lange Zeit festhält. Bei jeder Schwingbewegung tritt allerdings eine geringfügige seitliche Bewegung ein, diese wird jedoch durch elastische Zwischenlagen gedämpft. Es sind eine Reihe verschiedener Konstruktionen entwickelt worden. Bei der Anordnung Bild 2 ruht der Federbolzen in kegeligen Zapfen in der durch einen Zugbolzen zusammengehaltenen Federlasche. Bei einer anderen Anordnung wird die Federlasche durch einen U-Armbolzen ersetzt. In das Auge am

Rahmen und das eigentliche Federauge werden Buchsen eingezogen, die innen und außen Gewinde tragen. Die Buchse trägt vorn einen Druckschmierkopf, der etwa alle 3000 km zu schmieren ist.

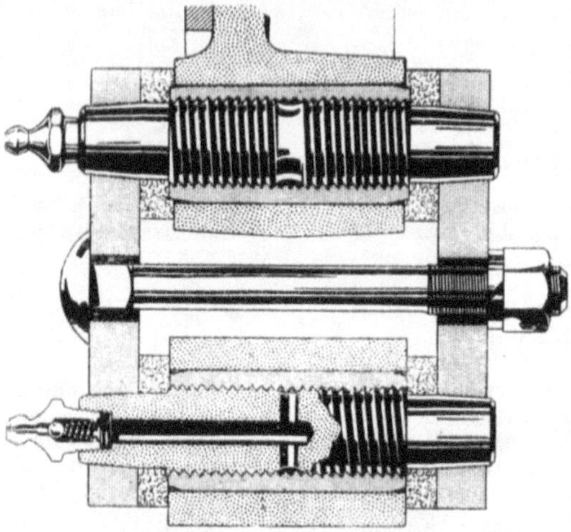

Bild 2. Mecano-Federgehänge, Federbolzen und Federauge mit Gewinde versehen, zweiteilige Lasche, angewendet am Chevrolet-Wagen

Eine dritte Möglichkeit ist, den auf seiner ganzen Länge mit Gewinde versehenen Federbolzen zu beiden Seiten in einer Gabel zu fassen, die ebenfalls mit Buchsen versehen wird, die Innen- und Außengewinde tragen. Die Buchsen lassen sich leicht ein- und ausschrauben. Auch für die Schwingarme von Schwingachsen wird dieses Maschinenelement empfohlen.

Der höchstbeanspruchte Teil der Blattfedern ist das F e d e r a u g e. Es wird häufig nicht nur senkrecht, sondern auch auf Verwindung beansprucht. Dem ist der elastische Federwerkstoff nicht gewachsen. Es wird deshalb eine Sicherheitsplatte vorgeschlagen, die, wie Bild 3 zeigt, das Federblatt von oben umfaßt. Während eine Firma für dieses Blatt unmittelbar das oberste Federblatt benutzt, verwendet eine andere Firma nur eine Auflage, die auf

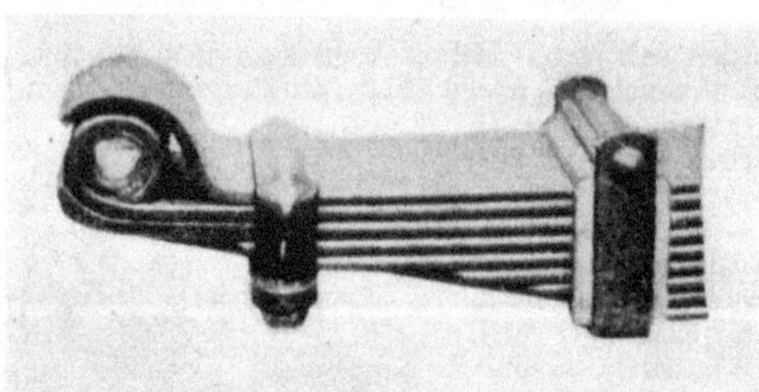

Bild 3. Sicherheitsplatte für das Federauge einer Blattfeder

das oberste, als Auge ausgebildete Federblatt aufgelegt und mittels eines Federbügels befestigt wird. Diese Art der Federsicherung hat sich besonders bei Doppeldeck-Autobussen in England bewährt.

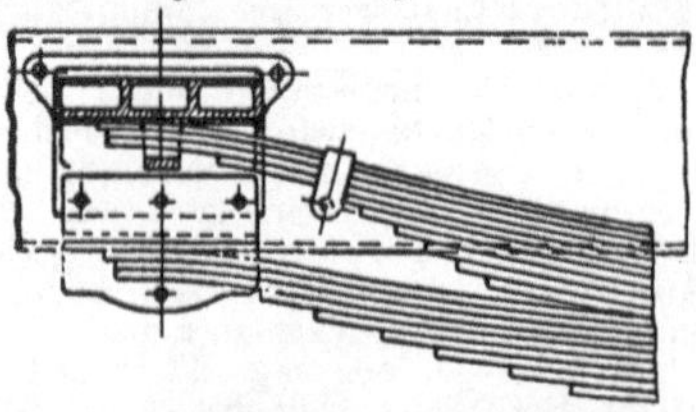

Bild 4. Doppelgleitlager

Für Lastkraftwagen und Omnibusse haben sich Gleitfedern bewährt, bei denen die glatten Federenden unter geschmierten Flächen liegen. Da die Federlänge sich bei Belastung verkürzt, so entsteht nahezu eine gleichmäßige Federung über das gesamte Belastungsbereich. Die einfache Gleitfeder (siehe ATH, 13. Aufl., S. 629, Bild 65) ist von der Kraftverkehrsgesellschaft Sachsen dadurch verbessert worden, daß die Feder an ihren Enden in mehrere Pakete unterteilt wurde. Es entstand so die Doppelgleitfeder (Bild 4) und die Stufengleitfeder (Bild 5).

Es werden alle Anstrengungen unternommen, um die Blattfedern wieder den erhöhten Anforderungen entsprechend geeignet zu machen. In Amerika ist ein Institut gegründet worden, das neue Anordnungen von Blattfedern

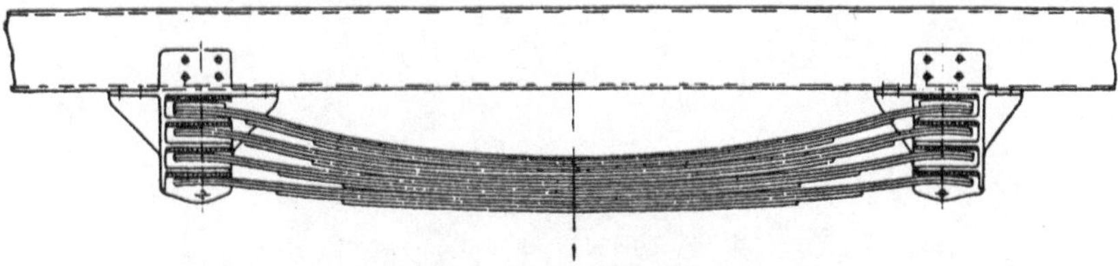

Bild 5. Stufengleitfeder

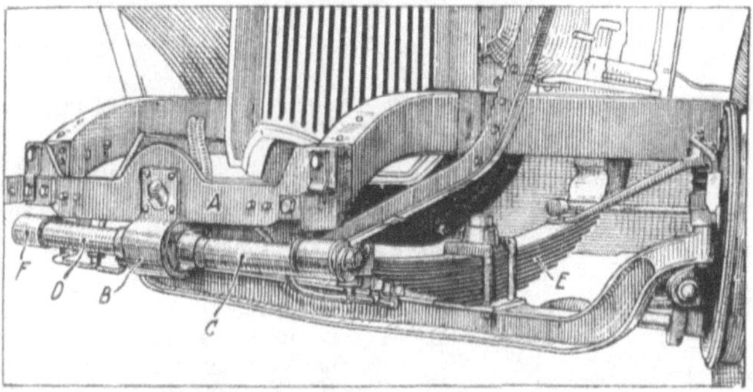

Bild 6. Federaufhängung am Panhard-Levassor Sechszylinder
A fester Querträger ,*B* Lagerbock mit Gummihülse, *C* und *D* Balancier-Hebel, *F* Federauge, *E* Halbfedern

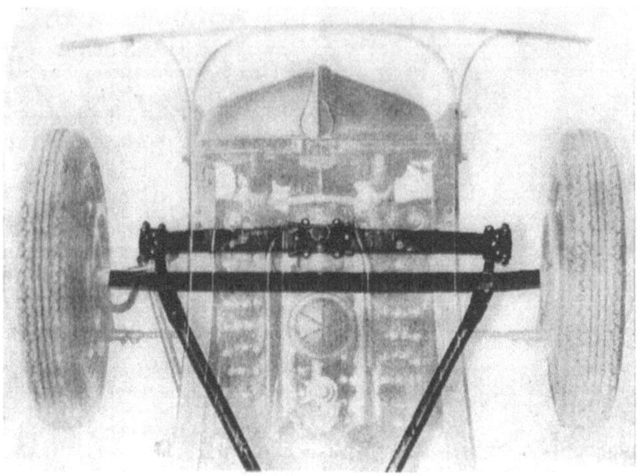

Bild 7. Anordnung der Querfeder vor der Vorderachse am Ford-V 8

erprobt hat und sie nunmehr für die Serienfabrikation vorschlägt (Automotive-Industries). Bemerkenswert ist, daß die 1935er Chrysler Plymouth, ebenso wie die von Dodge wieder mit einer Blattfeder-Vorderradaufhängung versehen werden.

Einen Weg, um die Blattfederung zu verbessern, weist Panhard-Levassor. Die Vorderfederhände sind durch einen Rohrträger verbunden, der pendelnd in Rahmenmitte in einer Gummihülse aufgehängt ist (Bild 6).

Bild 8. Vordere Schwingachse des Mercedes-Benz 3,8 l Schraubenfedern gegen unteren Federarm drückend

Um den Rahmen tiefer zu legen hat Ford bei seinem V 8-Modell die vordere Querfeder nicht mehr über der Vorderachse angebracht, sie vielmehr vor die Achse verlegt (Bild 7). Die Achslenker sind über die Vorderachse hinaus verlängert und an ihren Enden mit Federhänden ausgerüstet. Die Laufruhe der Vorderachse ist verbessert und der Motor konnte etwas weiter vorverlegt werden, wodurch die Hintersitze vor der Hinterachse liegen können.

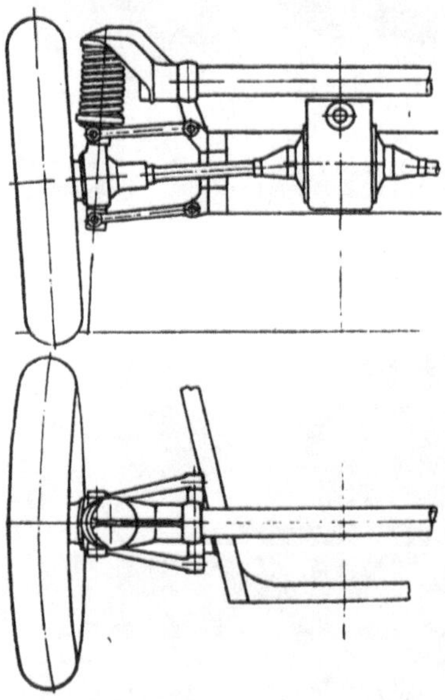

Bild 9. Schraubenfeder unmittelbar auf den Radträger wirkend

Schraubenfeder-Aufhängungen

Obwohl die Anwendung der Schraubenfedern (abgesehen von der Schraubenfederung am kleinen Hanomag nach Art der Eisenbahnwagenfedern) erst neueren Ursprunges ist, haben sich schon eine Reihe Bauarten herausgebildet.

a) Parallelgeführte Räder.

Eine parallele Radführung wurde zuerst von Lancia angewandt. Hier war die Schraubenfeder in einem am Rahmen befestigten Rohr untergebracht.

b) Einzelradaufhängung in Schwingarmen quer zur Fahrtrichtung.

Bei diesen Radaufhängungen findet man bei deutschen Wagen die Schraubenfeder meist über dem unteren Schwingarm (z. B. Mercedes-Benz, Bild 8), während die Anordnung über dem oberen Arm selten ist (NAG-Voran Bild 9)[1]). Hier sind zwei Federn ineinander angeordnet, die so abgestimmt sind, daß die zweite Feder erst zu arbeiten beginnt, wenn die Durchfederung einen bestimmten Wert erreicht hat. Das ergibt eine günstige Federung bei verschiedenen Wagenbelastungen. Recht geschickt ist eine von Mercedes-Benz gewählte Anordnung, bei der der obere Schwingarm über den festen Drehpunkt hinaus verlängert ist und an seinem kurzen Ende die Feder trägt. (Bild 10, Mercedes-Benz Typ 290.) Die Massen der Feder und des Rades erhalten

[1]) Vgl. ATZ 1934 Heft 10, S. 271.

so entgegengesetzte Bewegungsrichtung, wodurch die ungefederten Massen beträchtlich herabgesetzt werden.

Bei diesen Anordnungen ist zu beachten, daß der Federweg stets kleiner als der Radweg ist, infolgedessen sind auch die auf die Feder wirkenden Kräfte entsprechend größer als die Radbelastungen.

c) Einzelradaufhängung in Schwingarmen parallel zur Fahrtrichtung. Diese Art der Radaufhängung ermöglicht bekanntlich bei Hindernissen ein Ausweichen der Räder in Wagenlängsrichtung.

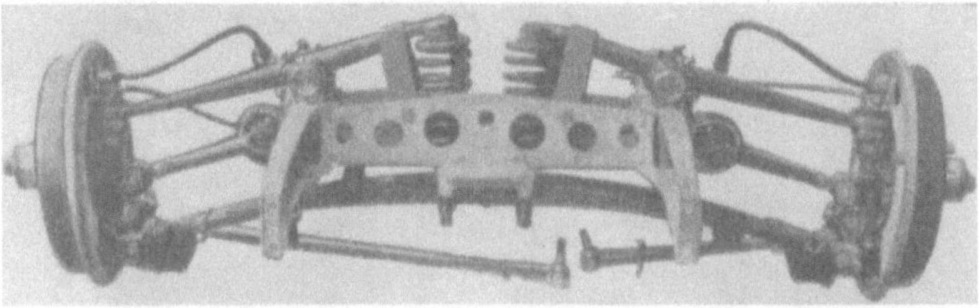

Bild 10. Vordere Schwingachse des Mercedes-Benz 2,9 l Schraubenfedern mit verlängertem oberen Schwingarm verbunden. Unterer Lenker durch Blattfeder gebildet

Bild 11 zeigt die Hinterradfederung am NAG-Voran 1934. Das Rad ist an einem Schwingarm aufgehängt, in dessen Verlängerung die doppelte Schraubenfeder liegt. Die rechts liegenden Stoßdämpfer sind für die voll entlastete Feder eingezeichnet, im Betriebszustand ist der von den Stoßdämpferhebel eingeschlossene Winkel weniger stumpf.

Weitergehende Vorschläge über eine zusätzliche Horizontalfederung bei Schwingarmen in Längsrichtung des Wagens macht H. Morgenroth in ATZ 1933, Heft 16, S. 413.

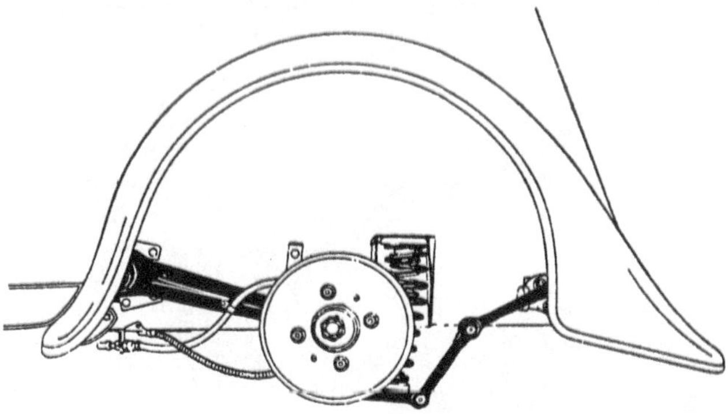

Bild 11. Hinterradfederung NAG-Voran

Am Singer 11 (Bild 12) wird für die Vorderradfederung das Armstrong-Prinzip angewendet. Es sind zwei etwas gekröpfte Schwinghebel vorgesehen, die in den Rohrstreben am Vorderradende des Rahmens in langen Gleitlagern und die sich etwa bis zu ein Drittel der Rahmenbreite erstrecken, gelagert sind. Die beiden Schwinghebel sind am vorderen Ende durch eine Querstange (Parallelkurbel) verbunden. Das untere Verbindungsauge trägt den Lenkzapfen. Beide Schwinghebel besitzen winkelartige Verlängerungen. Der untere Winkelhebel trägt den Führungszapfen mit der Endscheibe, während der obere Winkelhebel gegen die vordere Endscheibe der Schraubenfeder drückt. Geht jetzt das Rad über ein Hindernis und werden die Schwinghebel angehoben, so geht der untere Hebel nach links, der obere aber nach rechts; die Feder wird also zusammengedrückt. Durch die gegenläufige Bewegung werden die unabgefederten Massen verringert. Zwischen Rahmen und Schwinghebel ist noch ein hydraulischer Stoßdämpfer eingebaut.

Bei der von Dubonnet entwickelten, und von Opel und Chevrolet angewendeten Vorderradfederung, macht das Federgehäuse die Lenkbewegungen mit, die Räderfedern jedoch einzeln an Lenkern in Wagenlängsachse (bei Chevrolet ist ein ungleicharmiger Doppellenker verwendet). Infolgedessen kann, da das Lenkgestänge an den

Bild 12. Vorderradfederung am Singer 11

Radbewegungen unbeteiligt ist, hier eine ungeteilte Spurstange verwendet werden. Ein besonderer Vorteil ist, daß die nicht abgefederten Massen verringert sind.

Bei der Opel-Vorderradführung (Bild 13 und 14) ist das Federgehäuse drehbar um die als Faustachse ausgebildete vordere Rohrachse angeordnet. Ein im Federgehäuse

Bild 13. Opel-Vorderradfederung, Anordnung am Rohr

in Rollenlagern drehbarer Schwingarm dient als Radträger. Innen trägt er einen kurzen Kipphebel, der auf die waagerecht liegende Schraubenfeder wirkt. Innerhalb der Feder liegt der hydraulische Stoßdämpfer.

Bei der Chevrolet-Vorderradführung ist das hier schrägstehende Federgehäuse schwenkbar an dem als Kastenträger ausgebildeten Rahmenquerträger angebracht. Der im Vordergehäuse drehbar gelagerte Schwingarm, der als Radträger dient, betätigt durch einen Winkelhebel, die hier aus einer dünneren und dickeren Feder zusammengesetzte Doppelfeder, geführt durch teleskopartig ineinanderschiebbare Führungsbuchsen. Ein kleiner Doppelhebel betätigt die seitwärts liegenden Stoßdämpfer, von denen der obere die Aufwärts-, der untere die Abwärtsbewegung des Rades dämpft. Unterhalb des eigentlichen Schwingarmes liegt ein weiterer Führungsarm, der rund $^4/_5$ Länge des oberen Armes hat. Er dient zur besseren Führung (angenäherte Parallelführung) und verhindert die Drehung der Bremsankerplatte an den Rädern.

Die Federgehäuse in den Anordnungen von Opel und Chevrolet sind staubdicht gekapselt und mit einem Sonderöl gefüllt.

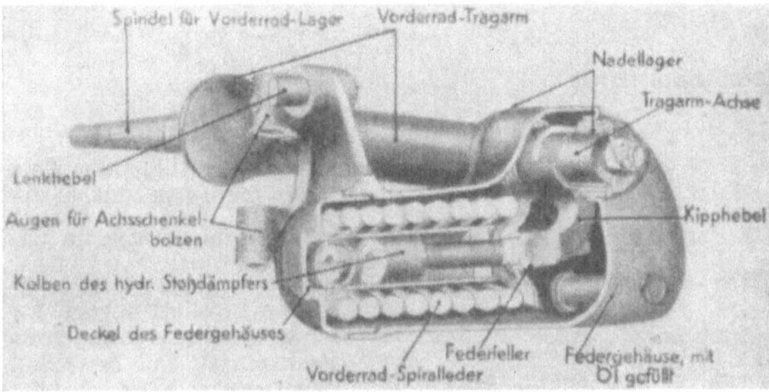

Bild 14. Schnitt durch die Opel-Vorderradfederung

Berechnung der Schrauben- (Druck-) Federn

Für die Berechnung von Schraubenfedern sind vom Deutschen Normenausschuß Richtlinien bearbeitet worden (Arbeitsausschuß für Federn, Obmann Prof. Dr. Ing. Kutzbach), die noch nicht endgültig vorliegen (DIN-Entwurf E 2075). Obgleich diese Berechnungen nur für Handelsschraubenfedern gedacht sind, lassen sie sich sinngemäß auch für die Berechnung der Schraubenfedern zur Fahrgestellfederung anwenden.

Im folgenden bezeichnen

d = Drahtdurchmesser in mm,
D_m = mittlerer Windungsdurchmesser der Feder in mm,
i = Anzahl der Windungen,
i_f = Anzahl der wirksamen Federwindungen,
f = Federung einer wirksamen Federwindung in mm,
F = Gesamtfederung der Feder in mm ($F = i_f \cdot f$),
P = Federtragkraft in kg,
k_d = Verdrehungsspannung in kg/mm²,
k_{di} = ideelle Verdrehungsspannung der Feder infolge zusätzlicher Zug- und Druckspannungen durch die Krümmung der Gänge in kg/mm² [nach Göhner, Z. d. VDI. Bd. 76 (1932) S. 269 und ATZ 37 (1934) S. 624].
G = Gleitmaß in kg/cm²,
H = Ganghöhe in mm.

Dann bestehen folgende Beziehungen:

1. $k_d = \frac{8}{\pi}\left(\frac{D_m}{d}\right)\cdot\frac{P}{d^2}$ in kg/cm², wenn d in cm, kg/mm², wenn d in mm,

hierzu tritt noch ein Zuschlag für die Krümmung der Gänge k_{di},

2. P_{1000} = Federkraft in kg, bei k_d = 1000 kg/cm² bzw. 10 kg/mm²,

3. $f = \frac{F}{i_f} = \frac{8}{G}\left(\frac{D_m}{d}\right)^3\cdot\frac{P}{D}$ in cm P in kg, d in cm,

4. $c = \frac{f}{P}$ = Federung in cm je Windung für die Krafteinheit,

5. Federsteigung $\frac{H}{d} = 1 + \frac{\pi \cdot k_d}{G}\left(\frac{D_m}{d}\right)^2$,

6. Ganghöhe $H = d + f_{\max}$ in mm,

7. zusammengedrückte Länge[1]) $L_{\min} = (i - 1)\,d + \frac{d}{2} = (i - 0{,}5)\,d$,

bzw. $L_{\min} = (i_f + 1)\,d + \frac{d}{2} = (i_f + 1{,}5)\,d$,

8. ungespannte Länge $L_0 = L_{\min} + i_f \cdot f_{\max}$.

Zahlenwerte und Festigkeitszahlen

Die Drahtdurchmesser d sind möglichst nach der Reihe der Normungszahlen DIN 323 zu stufen. Weitergehende Normungsvorschläge, und zwar für das Formverhältnis $\frac{D_m}{d}$ und Windungszahl i_f finden sich im DIN-Entwurf 2075 (DIN-Mitteilungen 1933 S. N 3). Die obigen Bezeichnungen sind diesem Entwurf angeglichen; dieser enthält eine recht brauchbare Rechentafel. Für den Gleitmodul (Gleitmaß) G kann als Mittelwert von 750000 und 850000 800000 kg/cm² angewendet werden. Die Federsteigung H ist so zu bemessen, daß bei völlig zusammengedrückter Feder der Werkstoff mit nicht mehr als $k_{d\,\max} = 8000$ kg/cm² beansprucht wird, die Feder sich also im Betrieb nicht setzen kann. Für normale Drehbeanspruchung kann für einen vergüteten Federwerkstoff ein $k_d = 4900$ kg/cm² eingesetzt werden.

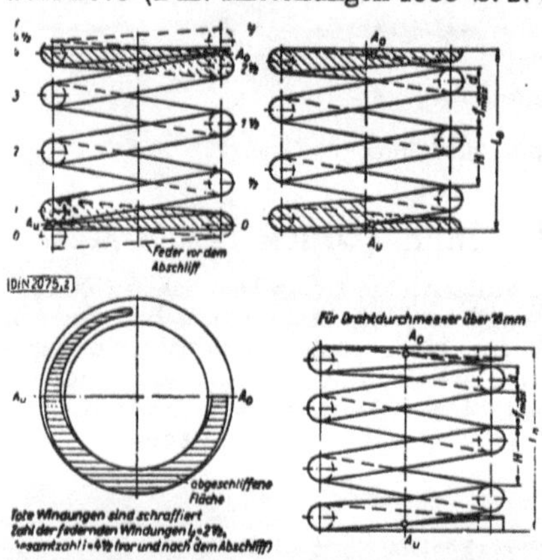

Bild 15. Schematische Darstellung zur Berechnung der Windungen von Schraubenfedern

Berechnungsgang. Man nimmt einen passenden mittleren Durchmesser D_m an und ermittelt bei gegebener Belastung P und k_d, den Drahtdurchmesser d aus Formel 1. Mit Hilfe von Formel 2 ergibt sich die Federung je Windung. Formel 5 und 6 liefern Federsteigung und Ganghöhe. Aus diesen Werten errechnet man den Steigungswinkel bei unbelasteter Feder und kann nach ATZ 24/1934 S. 624 den Wert k_d kontrollieren. (Ferner Prüfung auf Eigenschwingungszahl siehe S. 174.)

Stabfederung

Die neueste und erfolgversprechendste Art der rein elastischen Federung ist die Stabfederung, bei der ein elastischer Federstab auf Verdrehung (Torsion) beansprucht wird. Das eine Ende des Stabes wird fest eingespannt und das andere Ende in einer Rundlingspaarung verdreht, für die Verkürzung des Stabes durch die Verdrehung muß ein Längenausgleich meist

[1]) In der Regel wird an den Enden je eine tote Windung abgebogen, und an die federnden Windungen so angelegt, daß das Drahtende bei den Punkten A_o und A_u (Bild 15) die vorhergehende Windung berührt. Die Drahtenden werden dann bis auf eine Enddicke von $d/4$ abgeschliffen. Bei Drahtdicken über 16 mm können die Enden rechteckig ausgeschmiedet sein.

in Form einer Kerbzahnnabe, die gleichzeitig zur Einstellung dient, getroffen werden.

Für die Federstäbe wird nach Mertz[1]) ein vergüteter Federwerkstoff, der eine normale Drehbeanspruchung von $k_d = 4900\ \mathrm{kg/cm^2}$ verträgt, verwendet. Die Höchstbeanspruchung soll $k_{d\,\max} = 8000\ \mathrm{kg/cm^2}$ nicht übersteigen.

Der erforderliche Durchmesser, die Länge und die Federung der Stäbe ergibt sich aus der bekannten Federungsformel[2])

$$d = \sqrt[3]{\frac{16 \cdot P \cdot r}{\pi \cdot k_d}} = \sqrt[3]{\frac{P \cdot r}{960}}$$

hierbei ist r = Halbmesser des Radschwingarmes in Zentimeter, P die am Schwingarm angreifende Kraft in Kilogramm = Radbelastung vermindert

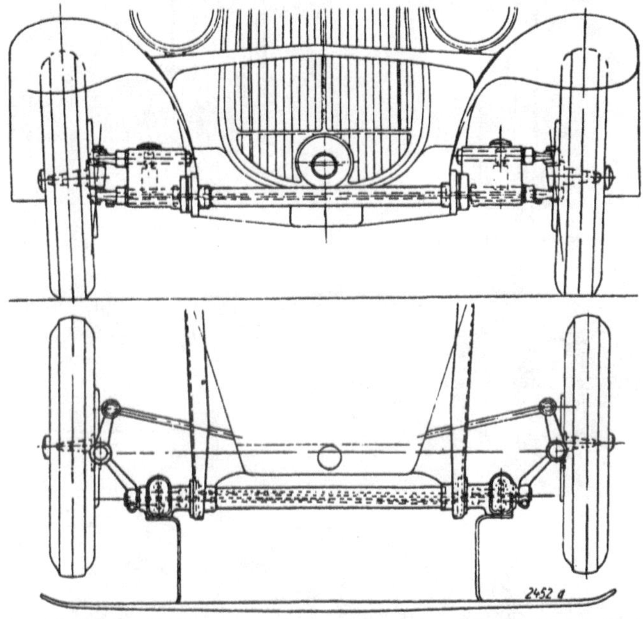

Bild 16. Ansicht der Stabfederung mit Lenkern in Wagenlängsebene nach Dr. Porsche

um das Eigengewicht des Rades einschließlich Bremse, Lenkhebel sowie Gewichtsanteile der Spurstangen und Schwinghebel.

Die Länge l des Federstabes wird so lang als möglich gewählt, entweder nahezu der Spurweite oder bei längsliegenden Federn nahezu gleich oder ein Bruchteil der Rahmenlänge. Daraus läßt sich dann unter Benutzung des ermittelten Werkes d die spezifische Federung ermitteln.

$$f_s = \frac{f}{P} = \frac{32 \cdot l \cdot r^2}{\pi \cdot G \cdot d^4} = \frac{1{,}26 \cdot l \cdot r^2}{d^4 \cdot 10^5},$$

wobei der Gleitmodul $G = 8{,}1 \cdot 10^5$ ist.

Zur Bestimmung der höchsten Torsionsbeanspruchung benutzt man

$$k_{d\,\max} = \frac{k_d \cdot P_{\max}}{P} \quad \text{und} \quad P_{\max} = P + \frac{s}{f_s},$$

[1]) Automobiltechnische Zeitschr. 1934 Heft 7, S. 188.

[2]) Hütte, 26. Aufl. Bd. I S. 669.

worin s der Weg des Rades von der Normalstellung bis zur obersten Grenzlage ist. Dabei ist Voraussetzung, daß der Schwingarm um eine etwa waagerechte Mittellage schwingt.

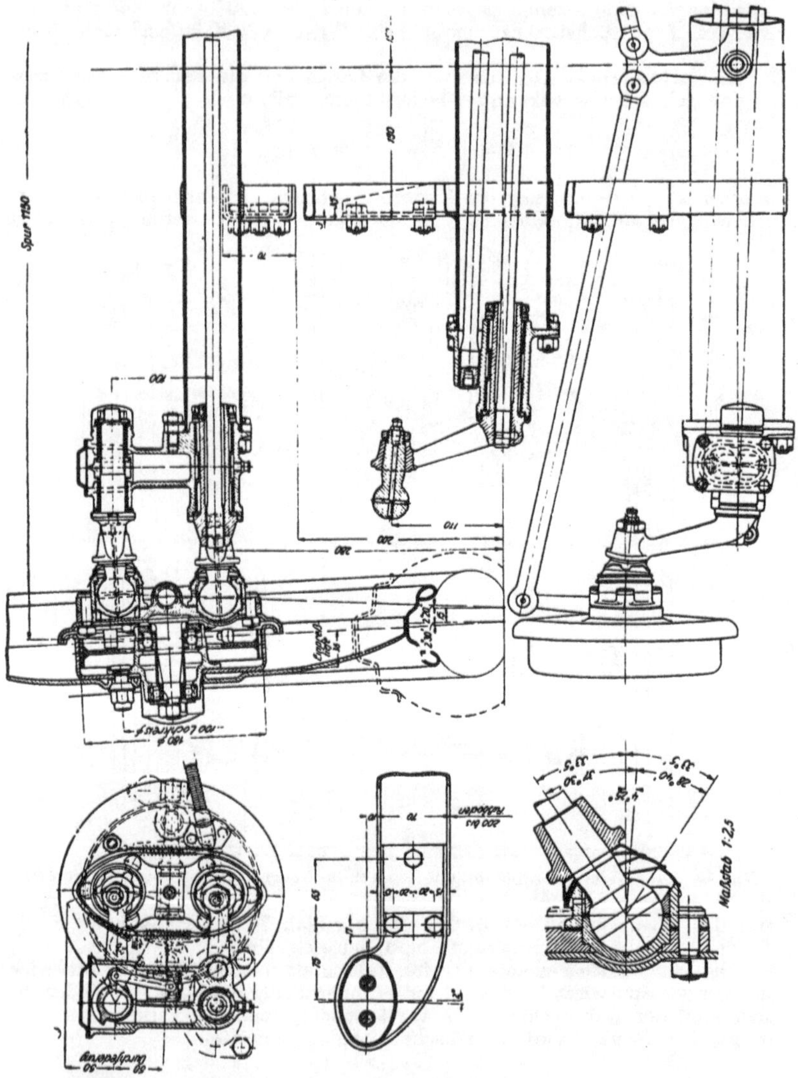

Bild 17. Schnitt durch die Stabfederung Bild 16

Ein Bild, ob die Federung richtig abgestimmt ist, gibt die Schwingungszeit der ungedämpften Feder $t = 2\pi\sqrt{\frac{f}{g}}$, worin $g = 9{,}81$ m/sek^2. Die Schwingungszeit soll etwa 0,65 sek betragen ($f \approx 0{,}1$ m).

Die Stabfedern können auf einfache Weise gekapselt werden, und unterliegen keiner Abnutzung oder Beeinträchtigung ihres Gebrauches. Versuche in der Materialprüfungsanstalt der Technischen Hochschule Stuttgart haben gezeigt, daß Federstäbe im Mittel etwa 200000 Vollausschläge vertragen, ehe sie brechen. Bei einem Federstabbruch bleibt das Fahrzeug völlig in der Gewalt des Führers. Die Stäbe können meist leicht ausgewechselt werden.

Bild 16 und 17 zeigen eine Vorderachsfederung mit Parallellenkern in Fahrtrichtung des Wagens und Federstäben (Konstruktion Dr. Porsche). Die Torsionsstäbe sind an beiden Seiten mit Kerbverzahnung versehen (angestaucht). Die Stäbe für beide Seiten liegen schräg nebeneinander und sind jeweils an der gegenüberliegenden Seite verankert. Dadurch, daß sich die Zähnezahlen der Kerbverzahnungen um vier unterscheiden ($z_1 = z_2 - 4$) ergibt sich eine noniusartige Feineinstellung mit dem kleinsten Verstellwinkel $\alpha = \frac{360^\circ}{z_1 \cdot z_2}$. Die Radlenker und Federstäbe sind mit einem organisch eingebauten Stoßdämpfer versehen (vgl. auch Bild auf S. 154).

2. Federdämpfung

Die Fahrannehmlichkeit hängt nicht nur von der Elastizität (Federung) der Wagenfeder, sondern in gleichem Maße auch von der schnellen (aperiodischen) Dämpfung der erzwungenen Schwingung ab.

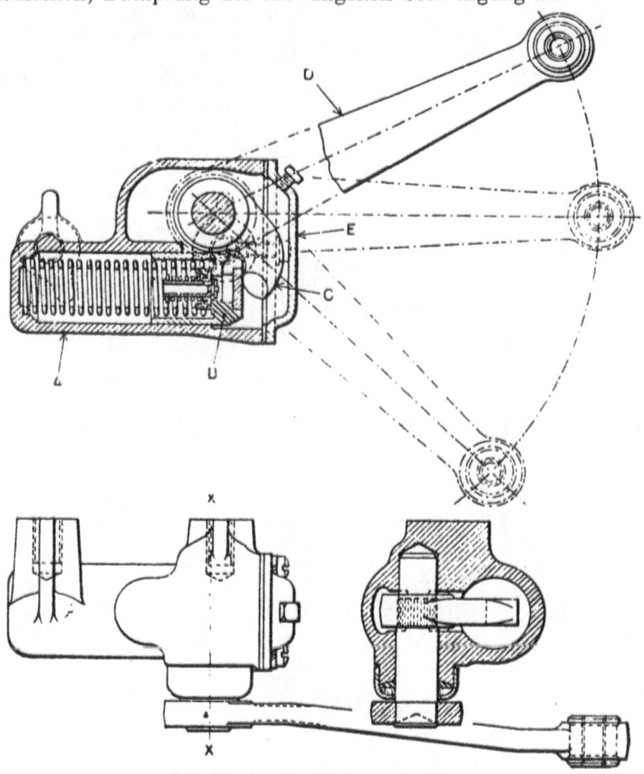

Bild 18. Vauxhall-Stoßdämpfer

Diese Federdämpfung wurde früher ausschließlich der Reibung zwischen den einzelnen Lagen der Federblätter überlassen. Die Reibung zwischen den Federblättern, die zumeist dem Schmutz, Regen und Staub am meisten ausgesetzt waren, ist jedoch sehr wenig kontrollierbar. Während die Federn beim neuen Wagen sehr angenehm weich wirken, werden sie mit zunehmendem Alter immer härter, d. h. die Reibung zwischen den Federblättern vergrößert sich immer mehr, so daß die Relativbewegung der Einzellagen stark gehindert wird. Man hat deshalb seit kurz nach dem Kriege versucht, die Dämpfungswirkung der Federn durch sog. Stoßdämpfer (Reibungs-, Luft- oder Flüssigkeitsbremsen[1]) herabzusetzen. Immer verblieb aber der Feder die Aufgabe, noch einen Teil der Schwingungen abzudämpfen. Mit fortschreitender Entwicklung kommt man jedoch dazu, die unkontrollierbare Federreibung dadurch auszuschalten, daß man reibungs- und dämpfungsfreie Federn benutzt oder daß man Werkstoffe als Federn benutzt, die eine unveränderbare Dämpfung besitzen. Beispiele für die erste Art sind die Torsionsfedern in Form von Schrauben oder Stäben, Beispiele für die zweite Art: Gummifederungen mit Eigendämpfung. Während man im zweiten Fall auf das Anbringen besonderer Schwingungsbremsen verzichten kann, sind diese Einrichtungen im ersten Fall ein unentbehrliches Zubehörteil, während sie bei Federn mit innerer Reibung nur zur Erhöhung der Fahrbequemlichkeit dienten. An den neuzeitlichen Fahrgestellen werden

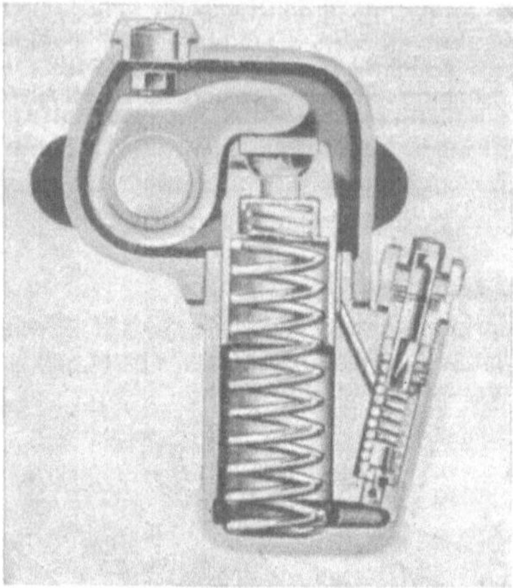

Bild 19. Komet-Stoßdämpfer

Bild 20. Boge-Elastic-Stoßdämpfer

schon bestimmte Flanschen und Ansätze an Rahmen und Federaufhängung

[1]) Dr.-Ing. E. Lehr: Einfluß einer Flüssigkeitsdämpfung der Fahrzeugfederung. Zeitschr. d. VDI 78 (1934) Nr. 23 S. 721ff.; H. Morgenroth: Stoßdämpfer und Federung, ATZ 1933 Heft 14 S. 360; H. O. Fuchs: Die Kennzeichnung von Schwingungsbremsen, ATZ 1933 Heft 7 S. 169ff.; H. O. Fuchs: Die Einflüsse von Schwingungsbremsen auf die Federung von Kraftwagen, ATZ 1933 Heft 9 Seite 230ff.; Diss. Dr.-Ing. A. Dobberack: Verfahren zur meßtechnischen Bestimmung der Federungseigenschaften von Kraftfahrzeugen; P. F. Oberstadt, Berlin: Stoßdämpfer für Kraftwagen, Deutsche Motor-Zeitschrift 1934 Heft 11 Seite 216—224.

vorgesehen, und es wäre zu wünschen, daß die Anbringungsarten baldigst vereinheitlicht werden, damit Stoßdämpfer verschiedener Systeme gegenseitig ausgewechselt werden können. Bei einigen Achsbauarten ist der Stoßdämpfer gleich mit der Achse organisch vereinigt, es sei an die Dubonnet-

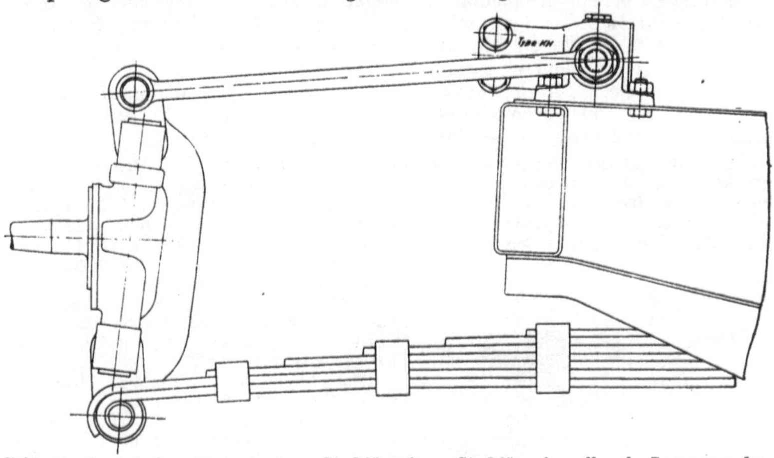

Bild 21. Organischer Einbau eines Stoßdämpfers; Stoßdämpferwelle als Lagerung des Radlenkers ausgebildet

federung und die Porsche-, Citroën- und Mathis-Stabfederung erinnert. Anwendungsbeispiele sind weiter unten gezeigt.

Die sog., nur einseitig wirkenden Bandstoßdämpfer (siehe ATH 13. Aufl. S. 633) werden für Neukonstruktionen nicht mehr angewendet, ebenso finden sich Reibungsstoßdämpfer nur verhältnismäßig selten (zum Teil

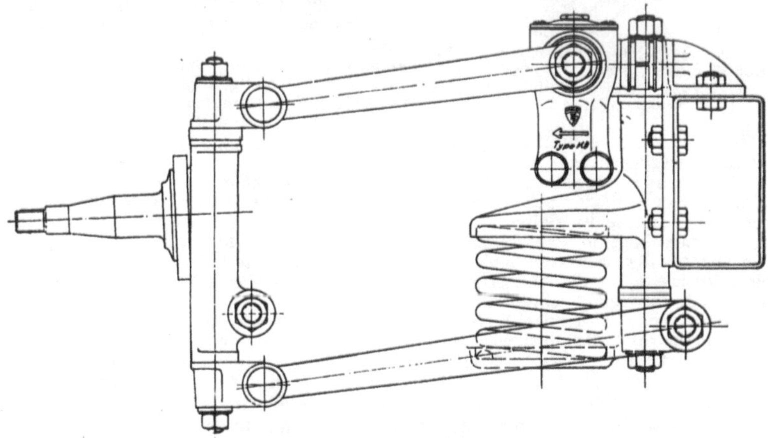

Bild 22. Organischer Einbau eines Stoßdämpfers; Stoßdämpfergehäuse mit Lagerung des Radlenkers um senkrechte Achse nachgiebig drehbar

als Stabilisatoren siehe weiter unten). Somit beherrscht heute der Flüssigkeitsstoßdämpfer das Feld. Er wird einseitig und doppelseitig wirkend ausgebildet, die letztere Anordnung wird heute bevorzugt. Hinsichtlich der Bauart werden Flügelstoßdämpfer (siehe ATH 13. Aufl. S. 632 Bild 73 und 74) sowie Kolbenstoßdämpfer angewendet.

Eine Verbesserung an **Flügelstoßdämpfern**, die hauptsächlich für stärkere Wagen in Frage kommen, an die hohe Ansprüche an Fahrbequemlichkeit gestellt werden, ist in Einrichtungen zur **thermostatischen** Kontrolle zu sehen, die gleich mit eingebaut sind. Bei ansteigender Temperatur zieht sich der Thermostat zusammen und die Öffnung, durch die das dünner fließende Öl hindurchtritt, verkleinert sich, der umgekehrte Vorgang tritt bei niederer Temperatur ein.

Die Grundlage für den einseitig wirkenden Kolbenstoßdämpfer bildet der bekannte Delco-Remy-Lovejoy-Stoßdämpfer (ATH 13. Aufl. S. 633 Bild 76), der zu einer Reihe ähnlicher Bauarten geführt hat.

Bild 18 zeigt den englischen **Vauxhall-Stoßdämpfer**[1]). Er besteht aus einem gegossenen Gehäuse A, das durch eine Deckplatte E öldicht abgeschlossen ist. Es enthält einen federbelasteten Kolben B, der durch einen Winkelhebel C, D betätigt wird. Der Stoßdämpferkörper A ist am Wagenrahmen befestigt, während das Ende des Hebels D an der Achse angebracht wird. Während beim Durchfedern der Schwingarm sich nach oben bewegt (ausgezogene Stellung) und der Kolben durch die innen angeordnete Feder folgt, wird der Rückstoß dadurch gehemmt, daß das federbelastete Ventil im Kolbenboden nur eine bestimmte Ölmenge austreten läßt.

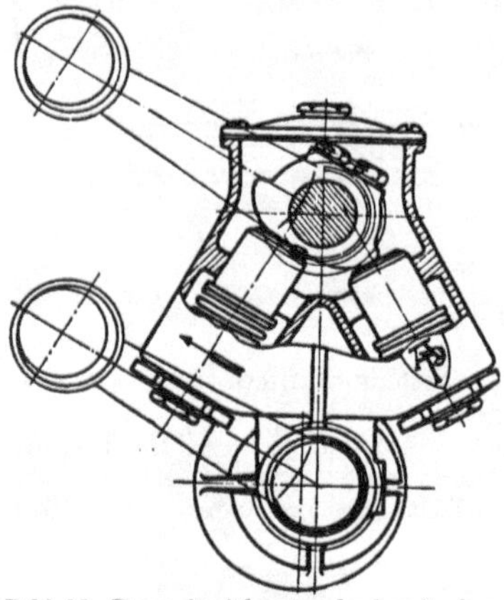

Bild 23. Doppeltwirkender hydraulischer Stoßdämpfer, eingefügt in eine Porsche-Stabfederung (mit Genehmigung von Dr. Porsche). Stoßdämpfer in Patronenbauart

Bild 19 zeigt den ebenfalls einseitig wirkenden **Kometstoßdämpfer**, der mit einem Druckausgleichventil versehen ist. Neben dem Stoßdämpfungsgehäuse (siehe Bild 18 und zugehörige Beschreibung) ist noch eine Nebenkammer angeordnet, in der sich dieses Ventil befindet. Der Ventilkörper ist durch Fensterausschnitte und Kanäle feinfühlig reagierend ausgebildet. Das Ventil wirkt ferner wie ein Thermostat, so daß auch Temperaturschwankungen und die Viskosität des Öles ohne Einfluß auf die Wirkungsweise bleiben. Die Ventilkammer mit Einstellbolzen, der durch doppelt stopfbuchsenartige Abdichtung gesichert ist, springt pfeifenähnlich aus dem Gehäuse hervor. Die Ventilverstellung kann ohne Abnahme oder Entleerung des Stoßdämpfers erfolgen. Zur Füllung dient ein Öl, dessen Stockpunkt unter der praktisch erforderlichen Grenze liegt. Die Viskosität erfährt innerhalb + 50° C bis — 25° keine größere Änderung, die nicht durch das Ventil ausgeglichen werden kann.

Beim **Boge-Elastic-Stoßdämpfer** (Bild 20) und beim Komet-Zweiweg-Stoßdämpfer liegt zu beiden Seiten des Betätigungsarmes je ein Kolben, so daß die Federbewegung nach beiden Seiten gedämpft wird. Diese Stoßdämpfer sind möglichst in waagerechter Lage am Fahrgestell zu befestigen. Im allgemeinen werden die Auf- und Abwärtsschwingungen verschieden stark gedämpft. Man unterscheidet deshalb eine Hochdruckseite, die die Aufwärtsschwingung stärker, und eine Niederdruckseite, die die Abwärtsbewegung schwächer dämpft.

Beim doppeltwirkenden Walex-Kolbenstoßdämpfer wird ebenfalls ein seitliches Druckausgleichventil ähnlich wie bei Bild 19 angewendet. Bei größeren Typen werden zwei Kolben für die Hochdruckseite (zur Dämpfung der Aufwärtsbewegung) parallel nebeneinandergestellt. Es wird hierdurch auch wesentlich an Raum gespart. Dieser Stoßdämpfer besitzt selbstabdichtenden Verdrängerkolben.

Für diese Stoßdämpfer sind verschiedene Lösungen zum organischen Einbau des Stoßdämpfers in Schwingachsanordnungen vorgeschlagen worden. Bild 21 zeigt einen doppeltwirkenden Stoßdämpfer, der am Rahmen eines Schwingachswagens angebracht ist. Die Stoßdämpferwelle nimmt gleichzeitig den oberen Radlenker auf. Diese Sonderbauart kann in jeder Winkelstellung durch 4 Schrauben am Rahmen angeflanscht werden. Bei der Ausführung nach Bild 22 ist das Stoßdämpfgehäuse nicht am Rahmen angeflanscht, sondern beide Radlenker sind drehbar um eine senkrechte

[1]) Machining shock-absorber parts, Machinery London 44 (1934) Nr. 1128 vom 24. 5. 1934.

Achse. Hierdurch wird eine elastische Aufnahme der Radstöße in Fahrtrichtung wesentlich unterstützt.

Die Stoßdämpfer-Konstruktion, doppeltwirkend und in Patronenausführung von Dr. Porsche, in die Konstruktion seiner Schwinghebelachse eingegliedert, zeigt Bild 23.

Zu den in den Bildern 21 bis 23 gezeigten Lösungen, bei denen der Stoßdämpfer die Radlenkerlagerung übernimmt, ist noch als eine weitere Verbesserung hinzugekommen, daß der hydraulische Teil des Stoßdämpfers in Form einer auswechselbaren Patrone zusammengefaßt ist. Die Patrone ist in das Stoßdämpfergehäuse eingeschraubt und kann bei Störungen, ohne daß das eigentliche Stoßdämpfergehäuse abgenommen wird, entfernt, repariert und wieder eingesetzt werden. Bei dieser Lösung ist also Stoßdämpfer und Federung voneinander unabhängig. Das Aufnahmegehäuse wird neben der Radlagerung noch zur Aufnahme des Reserveöles mit herangezogen.

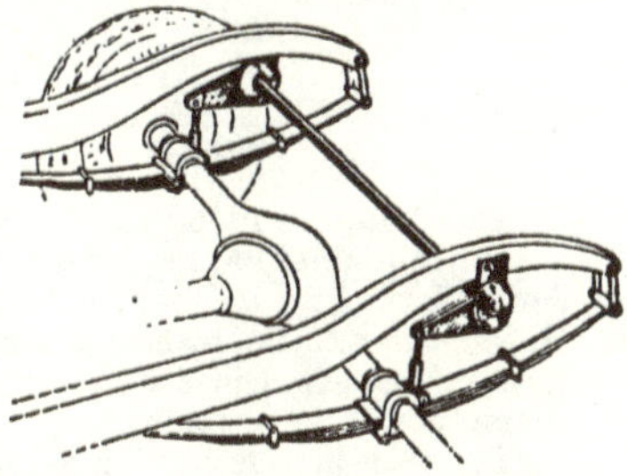

Bild 24. Stabilisator bestehend aus zwei miteinander gekuppelten Reibungsdämpfern, Bauart Roumens

Stabilisatoren

Hierunter werden Einrichtungen verstanden, die einseitige Federausschläge, hervorgerufen durch Straßenunebenheiten, ausgleichen sollen, damit wird auch eine Schrägstellung der Karosserie bei Wagen mit starren Achsen vermieden. Einen selbsttätigen Ausgleich nimmt die von Ford und DKW angewandte Querfederung vor, so daß diese bereits als ein Stabilisator zu bezeichnen ist.

Eine gegenseitige Verbindung der Federn durch starre oder elastische Stangen (z. B. Repusseau) scheint weniger günstig zu sein, als die Verbindung der Stoßdämpfer. Neben der starren Achsverbindung von Reibungs-

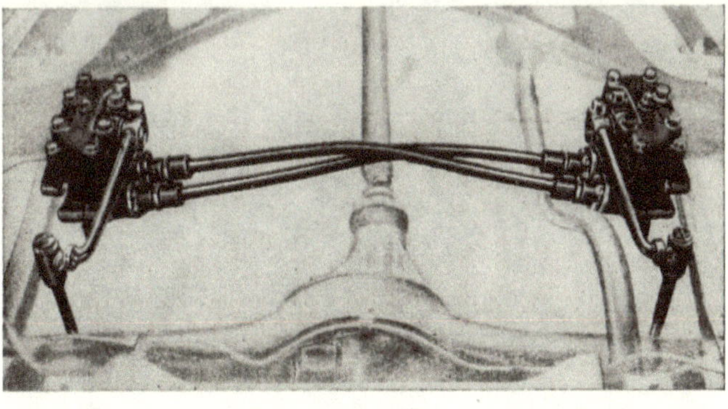

Bild 25. „Stabilus" wechselseitige Verbindung zweier Flüssigkeits-Stoßdämpfer

stoßdämpfern (Bild 24) und auch von Flüssigkeitsstoßdämpfern, scheint am aussichtsreichsten die wechselseitige Verbindung der Hoch- und Niederdruckkammern von hydraulischen Stoßdämpfern (Bild 25, Stabilus). Hierdurch wird erreicht, daß die Bewegungen der einen Seite sofort die gleichen Bewegungen auf der anderen Seite auslöst. Das Bestreben des Rahmens, um die Längsachse zu pendeln, wird hierdurch also aufgehoben. Die Sonder-Flüssigkeitsstoßdämpfer sind genau einregelbar und können an jede Fahrzeugart angepaßt werden.

Lenkung

Paul Grodzinski, Dipl.-Ing. Berlin

Die Anforderungen an die Lenkung von Kraftwagen ändern sich durch Einführung unabhängig gefederter Räder. Um die Lenkung unabhängig von der Federung zu machen, muß eine Koppelung der Räder durch ein starres Glied, wie sie die bisherige Spurstange der Trapezlenkung darstellt, vermieden werden. Diese Forderung führte zur Ausbildung von verschiedenen Arten von Einzelradlenkungen.

Darüber hinaus wird die Forderung gestellt, die Lenkung mit geringer oder ohne Selbsthemmung auszubilden.

Neue Lenkgetriebe

Bei den Lenkgetrieben versucht man die Reibung möglichst herabzusetzen, so werden jetzt nicht nur die Antriebsspindeln, sondern auch die Lenkhebel in Kugel-, Rollen- oder Nadellagern gelagert. Auch die Reibung im Getriebe selbst wird durch Kugel- und Rollenlager vermindert. Beispiele hierfür sind die Roßlenkung[1]) und die Lavine-Lenkung.

Die Lavine-Lenkgetriebe (Bild 1) bestehen aus einer einsatzgehärteten Schnecke mit einem halbkreisförmigen Gewindegang mit gleichbleibender Steigung (im Gegen-

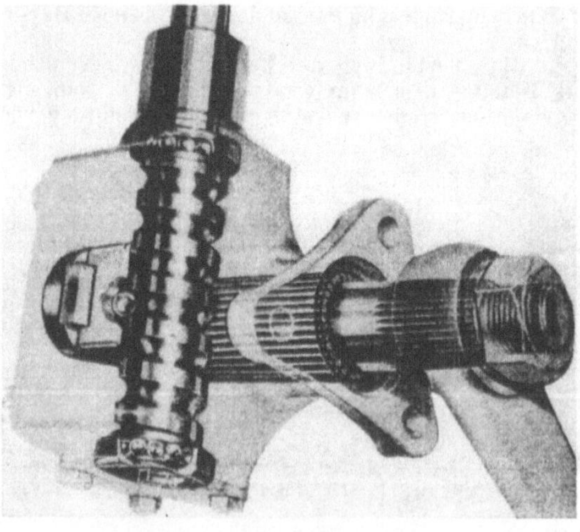

Bild 1. Lavine-Lenkgetriebe

satz zur Roßlenkung!). In diesen Gewindegang greifen zwei um 90° versetzte Stahlkugeln ein, die in halbkugeligen Aussparungen eines Mutterblockes gehalten werden. Dieser Mutterblock kann in dem sich drehenden Lenkhebel gleiten. Der Lenkhebel ist in Nadeln gelagert, die unmittelbar im Gehäuse laufen. Die Gleitführung kann durch Schrauben nachgestellt werden. Es wird angegeben, daß die Kugeln auf dem Gewinde abrollen und nur im Mutterblock gleiten, so daß das Gewinde wenig abgenutzt wird. Als Vorteil wird die zweifache Berührung der Kugeln bezeichnet. Da das Getriebe

[1]) Vgl. ATH 13. Auflage Seite 377, Bild 1, sie wird jetzt von der Zahnradfabrik Friedrichshafen hergestellt.

eine geringe Reibung und damit geringe Selbsthemmung hat, wird es auch für einzeln abgefederte Räder empfohlen.

Zahnstangenlenkungen haben sich an einer Reihe deutscher Kraftwagen eingeführt. Bei diesen Lenkungen betätigt ein Ritzel eine in einer Führung gleitende Zahnstange, es ist also keine Selbsthemmung mehr vorhanden (siehe weiter unten).

Einzelradlenkung

Bei der Einzelradlenkung verschwindet die gemeinsame Spurstange und jedes Rad erhält eine eigene Spurstange, die je nach Ausführung von einem gemeinsamen, im Rahmen gelagerten Schieber (bei Zahnstangenlenkung)

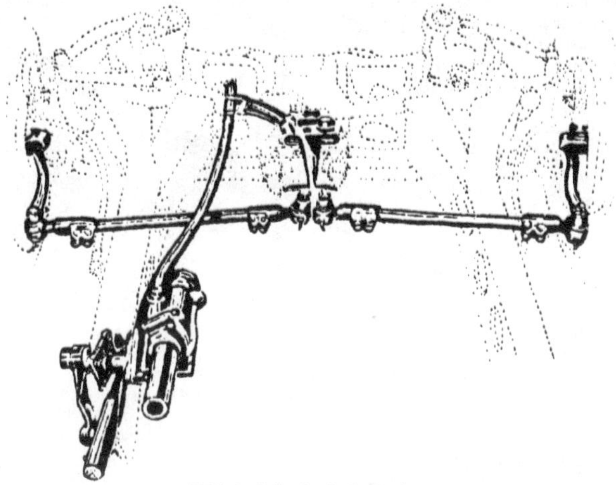

Bild 2. Schwinghebellenkung

oder von einem Schwinghebel bei anderen Lenkungen (z. B. Buick, Chrysler) betätigt werden.

Die Veränderung des Lenkgetriebes bedingt andere Richtlinien für den Entwurf, damit die Forderung erfüllt wird, daß sich die Verlängerungen der Achsen bei jedem Einschlag der Vorderräder auf der Verlängerung der

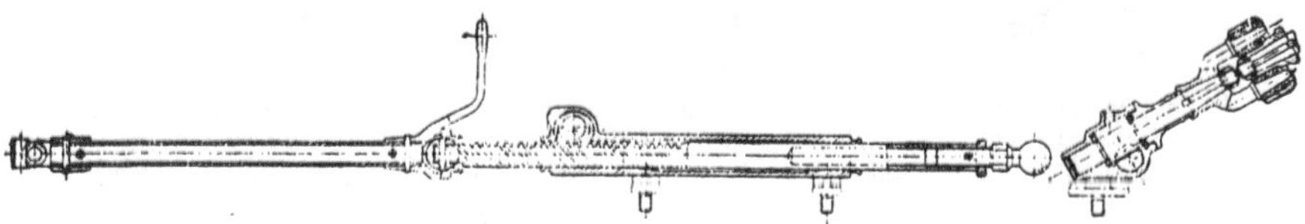

Bild 3[1]). Zahnstangenlenkung (Röhrwagen)

Hinterachse schneiden. Bisher sind jedoch in der Literatur keine näheren Berechnungen und Konstruktionen hierüber veröffentlicht worden.

Bei den Schwinghebel-Lenkungen (Bild 2) sind an dem drehbar am Rahmen gelagerten Schwinghebel, sowohl die beiden Spurstangen für die Räder als auch die vom Lenkgetriebe kommende Stoßstange angelenkt. (Siehe den NAG-Wagen, der bereits 1930 diese Konstruktion aufwies.)

Bild 3 zeigt die Zahnstangenlenkung am Röhrwagen[1]). In einem am Fahrzeugrahmen quer angebrachten rohrartigen Gehäuse befindet sich eine längs verschiebbare Zahnstange. Sie ragt an beiden Enden aus dem Gehäuse ein entsprechendes Stück heraus. An den Enden sind kurze Lenkstreben vorgesehen, die an Stelle der Spur-

[1]) Motorkritik Nr. 22, 1933, S. 543—545.

stange an den Lenkhebeln anfassen. Zur Abdichtung dienen Harmonikabälge, betätigt wird das Getriebe durch ein kleines Ritzel am Lenkstock.

Bei Fahrzeugen bis 350 kg bzw. mit gewissen Einschränkungen bis 1000 kg wurde bisher eine selbsthemmende, das heißt eine rückdruckfreie Lenkung gefordert[1]), diese Bestimmung ist jedoch nicht mit in die neue Straßenverkehrsordnung übernommen. Bei verschiedenen Wagen, z. B. Tatra-Achtzylinder, wurde deshalb die Zahnstange durch eine Spindel mit Mutter ersetzt, durch deren Drehung die Spindel verstellt wurde.

Bild 4 zeigt die Zahnstangenlenkung am Adler-Trumpf-Wagen. Das gesamte Lenkgetriebe ist am vorderen Querträger *8* des Rahmens befestigt. Die Lenkspindel *3* liegt in dem an Stirnwand *6* befestigten Lenksäulenrohr *5*, es trägt am unteren Ende das mit zwei Gummihülsen versehene Mitnehmergehäuse *13*. Dieses ist mit der auf der Zahnradwelle aufgekeilten Mitnehmergabel *9a* gepaart. Die Drehbewegung des Lenkrades wird durch das Ritzel unmittelbar auf die Zahnstange *11* und die beiden gelenkig verbundenen Lenkschubstangen *10*, *15* übertragen, die über die Lenkhebel *16* den Achskopf *17* betätigen. Die Spurstangenköpfe sind in Gummiblöcken gelagert.

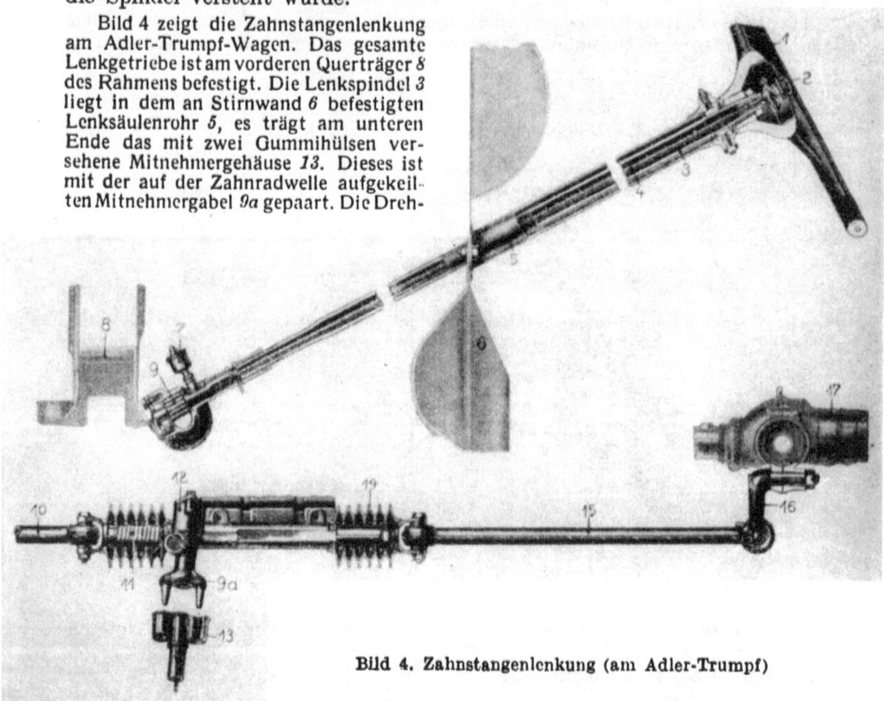

Bild 4. Zahnstangenlenkung (am Adler-Trumpf)

Gegen die beschriebenen Anordnungen kann eingewandt werden, daß die Kräfte unmittelbar durch die Zahnstange durchgeleitet werden und diese in den Endstellungen stark auf Biegung beansprucht wird. Eine Verbesserung ist deshalb in einer getrennten Lagerung der Zahnstange, bzw. in Anordnungen zu sehen, bei denen die Schubstangen-Aufhängepunkte nahe zusammenliegen und ihre Mittelpunkte in die neutrale Achse der Zahnstange fallen.

Bild 5 zeigt die Lenkung am Stoewer-Wagen. Die Lenkschubstangen greifen hier an einem kurzen, im Fahrgestell gelagerten Schieber an. Der Schieber ist mit der parallel gelagerten Zahnstange durch ein Joch verbunden. Die Zahnstange wird von der hier beliebig angeordneten Lenksäule durch ein Ritzel angetrieben. Bei dieser Lösung wird auch die Gefahr des Eckens und Klemmens der Schubstange günstig vermieden.

[1]) Motorkritik Nr. 22, 1933, Seite 543.

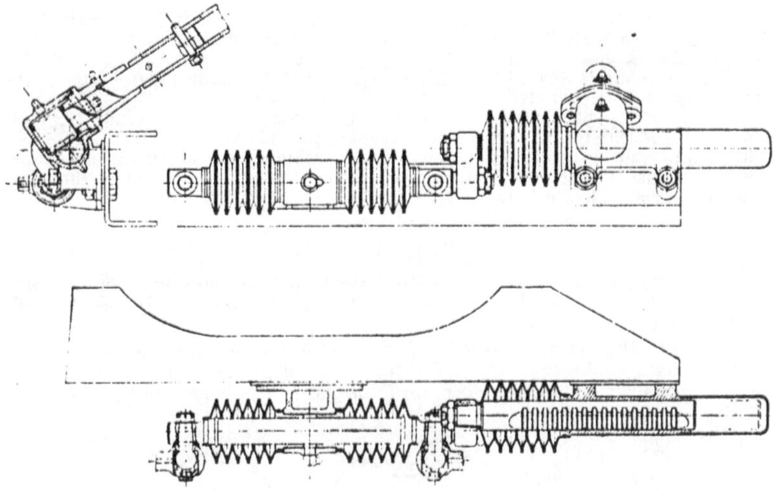

Bild 5[1]). Zahnstangenlenkung (am Stoewer-Wagen)

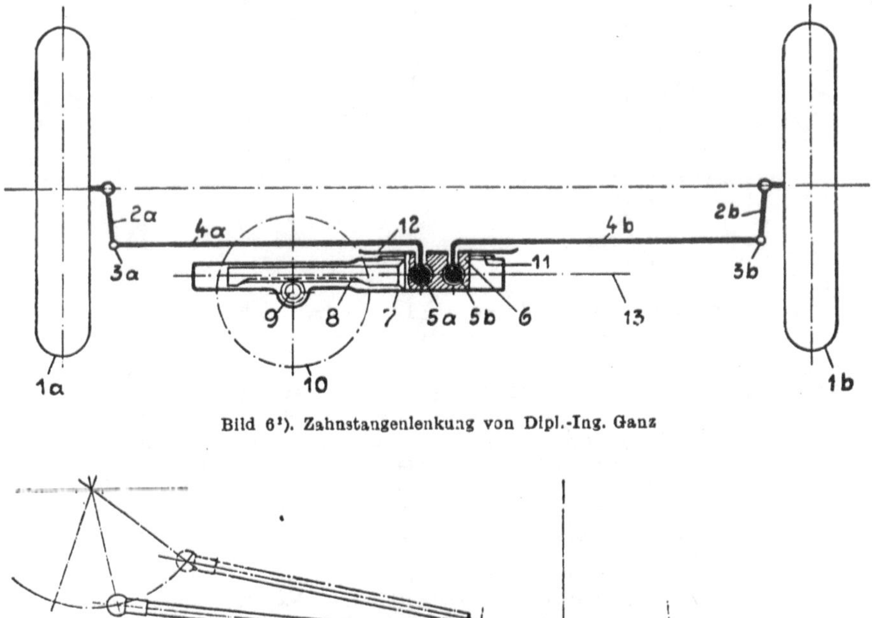

Bild 6[1]). Zahnstangenlenkung von Dipl.-Ing. Ganz

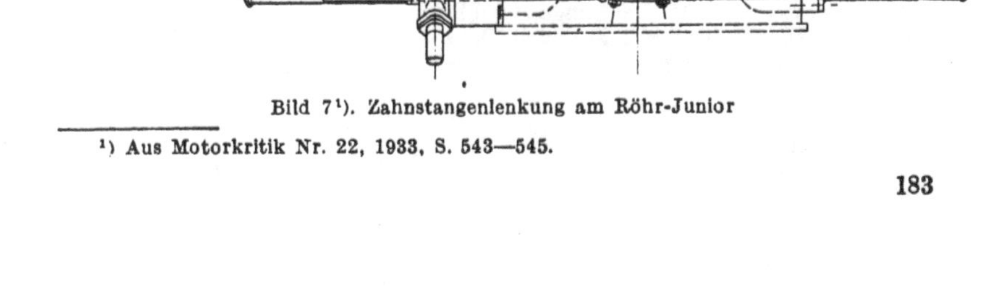

Bild 7[1]). Zahnstangenlenkung am Röhr-Junior

[1]) Aus Motorkritik Nr. 22, 1933, S. 543—545.

Bild 6 zeigt die andere Lösung, wie sie von Dipl.-Ing. J. Ganz[1]) am „Maikäfer“ und „Standard-Superior“-Heck-Motorwagen angewendet werden. Die beiden Lenkschubstangen *4a* und *4b* wurden hierbei gekröpft, so daß ihre Aufhängepunkte *5a* und *5b* in die neutrale Achse *13* der Zahnstange *8* fallen. Die Zahnstange ist unmittelbar an den Aufhängepunkten der Lenk-Schubstangen geführt.

Am „Röhr“ Junior“, Bild 7 hat man sich mit einer Näherungslösung begnügt und darauf verzichtet, die inneren Angriffspunkte ganz bis an die neutrale Achse der Zahnstange heranzubringen. Dafür sind hier die Lenkungswege sehr groß, so daß die Lenkkräfte, insbesondere die Verdrehkräfte, klein werden. Hier genügt dann eine einfache Führung für die Zahnstange.

Radstellung

Die Vorderräder am Kraftwagen haben eine bestimmte Stellung zur Fahrbahn, sie sei an Hand schematischer Zeichnungen (Bild 8 und 9) näher betrachtet.

1. Sturz (englisch: Camber). Da beim Kraftwagenrad die Nabenbohrung stets senkrecht zur Radmittenebene liegt, ist der „Sturz“ beim Kraftwagen stets ein Achssturz (im Gegensatz zu Ackerwagen und Heeres-

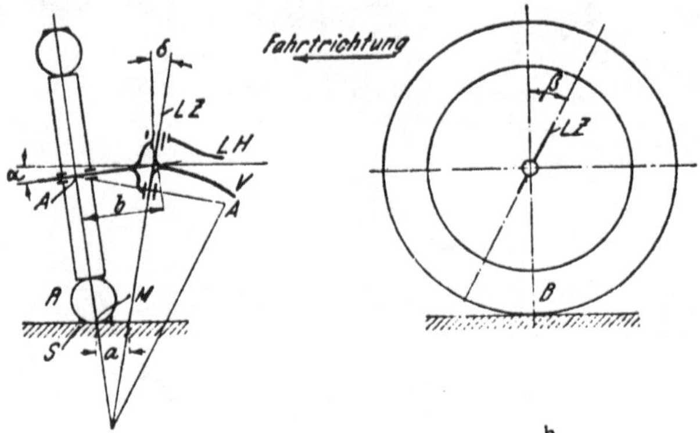

a b

V = Vorderachse. *LH* = Lenkhebel, *LZ* = Lenkzapfen, *R* = Reifen
Bild 8a und b. Vorderradstellung am Kraftwagen

fahrzeugen, bei denen auch das Rad „gestürzt“ ist). Durch den Sturzwinkel α der Radachse gegen die Waagerechte steht die Radmittelebene um den gleichen Winkel schräg zur Fahrbahn. Über die Nützlichkeit des Achssturzes sind die Ansichten geteilt. Während beim Pferdewagen die Gründe für den Sturz sind: Verhindern des Ablaufens des Rades, gleichmäßige Lastverteilung, günstige Radbeanspruchung beim Kurvenfahren usw., kann man beim Kraftwagen eigentlich nur darauf hinweisen, daß das Rad gegen den Wagen gedrückt, und daß dadurch das Lagerspiel ausgeschaltet wird. Allerdings wird dies durch höhere Seitendrücke erkauft.

Bei sehr weichen Reifen zeigen sich erhebliche Nachteile bei zu großen Sturzwinkeln. Die Reifenschulter *S* läuft auf einem kleineren Halbmesser als die Reifenmitte *M*. Während die Reifenmitte abrollt, muß also die Schulter gleiten und es tritt eine erhebliche Abnutzung auf. Diese Erscheinung verstärkt sich bei Lenkungsausschlägen. Der Sturz betrug früher 2^0 bis 3^0, bei neueren Wagen liegt er zwischen $^1/_2$ bis 2^0, selten wird 3^0 erreicht. Der Wert $^1/_2{}^0$ nähert sich schon beträchtlich dem Wert = 0, d. h. Waagerechtstellung der Radachse.

[1]) DRP. 585116.

2. Einzug oder Vorspur der Lenkräder (englisch: toe-in) Unter Einzug oder Vorspur versteht man die Verminderung der Vorderradspur nach vorn (Bild 9). Durch diese Maßnahme, die durch Verkürzung der Spurstangenlänge erzielt wird, soll der Flatterneigung der Vorderräder bei hohen Wagengeschwindigkeiten entgegengewirkt werden. Durch den Einzug wird die Wirkung des Radsturzes wieder gemindert. Das gestürzte Rad (Bild 8a) hat, für sich betrachtet, die Neigung im Kreise zu laufen. Diese Neigung wird aufgehoben, wenn man jedes Rad zur Fahrtrichtung etwas quer setzt (Winkel $\frac{\varepsilon}{2}$ in Bild 9).

Die Vorspur wird am besten gemessen als Unterschied der Felgenkanten der Vorderräder in Achshöhe. Die Werte für neuzeitliche Wagen (auch Last- und Lieferwagen) liegen zwischen 3 bis 10 mm. Durch die schräg zur Fahrbahn gerichtete Stellung der Reifen kann ein erhebliches Abtragen, verbunden mit Schuppenbildung, eintreten, zugleich wird der Kraftverbrauch gesteigert; man verringert deshalb den Einzug nach Möglichkeit. Neuere amerikanische Personenwagen zeigen nur Werte bis 2,5 mm (1/8″).

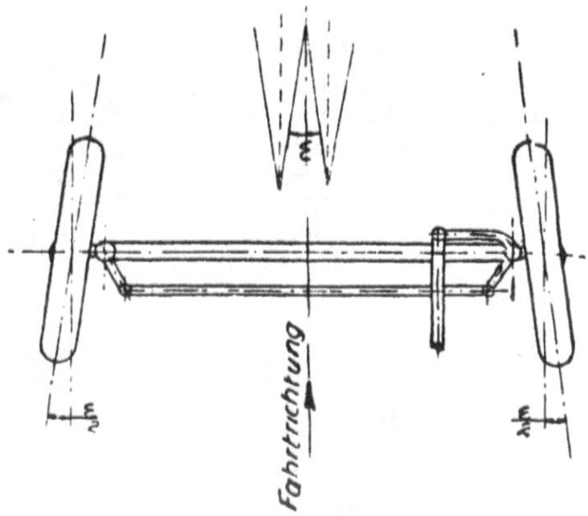

Bild 9. Vorspur der Lenkräder

3. Neigung des Lenkzapfens. Der Lenkzapfen der Vorderräder ist in zwei Richtungen geneigt.

3a. Neigung des Lenkzapfens in Fahrtrichtung (Vor- oder Nachlauf; englisch: Caster). Der Lenkzapfen ist im allgemeinen so geneigt, daß er die Fahrbahn vor dem Reifenberührungspunkt schneidet. Da der Reifenberührungspunkt also der Achsrichtung folgt, d. h. nachläuft, nennt man diese Neigung Nachlauf. In der Praxis hat sich leider vielfach die umgekehrte Bezeichnung eingeführt, man nennt sie Vorlauf, während eigentlicher Vorlauf (im wissenschaftlichen Sinne) nur ganz selten angewendet wird[1]). Es ist deshalb zu empfehlen von „Neigung des Lenkzapfens in Fahrtrichtung" zu sprechen, insbesondere, da es für die Neigung des Lenkzapfens senkrecht zur Fahrtrichtung auch keine besondere Bezeichnung gibt (siehe unter 3b).

Die Neigung des Lenkzapfens in Fahrtrichtung (Winkel β in Bild 8b) ist aus fahrtechnischen Gründen notwendig. Die Wirkungsweise ist die gleiche wie bei den beweglichen Laufrollen an Lastkarren. Das Rad wird hierdurch gezogen und stellt sich stets in Fahrtrichtung ein. Beim Herausfahren aus der Kurve sucht sich das Rad in die gerade Fahrtrichtung zu stellen. Naturgemäß wird diese Bewegung und ihre Auswirkung durch die anderen Neigungswinkel wesentlich beeinflußt.

Der Neigungswinkel liegt zwischen 0 bis 5° bei deutschen Fahrzeugen, bei neueren amerikanischen überschreitet er im allgemeinen nicht 3°.

3b. Neigung des Laufzapfens senkrecht zur Fahrtrichtung (englisch: king pin inclination, Winkel δ in Bild 8a). Die Einwirkung dieses Winkels überdeckt sich mit der Wirkung des Achssturzes (Winkel α). Seine Aufgabe ist, das Lenken des Rades zu erleichtern. Durch ihn wird der Hebelarm b = Radmitte bis Mitte Lenkzapfen, der von der Radlagerung und der Vorderradbremsanordnung abhängig ist, auf ein erträgliches Maß auf

[1]) Z. B. bei Lastwagen der Firma Magirus.

der Fahrbahn verringert. Die Kraft, die das Rad in die neue Lage bringt, ändert sich im Verhältnis $\frac{b}{a}$. Beim Hochdruckreifen erstrebte man den Betrag $a = 0$ zu erhalten; man schwenkte also das Rad auf der Stelle. Beim Niederdruckreifen ergibt sich wegen der größeren Bodenauflage bei geringen Fahrgeschwindigkeiten ein erschwertes Lenken, erst nachdem man den Abstand a wieder vergrößerte, ergaben sich erträgliche Verhältnisse; die Winkel betragen etwa 6 bis 8°.

Bei der Kleinheit der Winkel sind genaue Meßeinrichtungen erforderlich, die gestatten, die einzelnen Radstellungen ohne Ausbau irgendwelcher Teile des Wagens zu messen. Die Entwicklung solcher Meßgeräte ist besonders wichtig, als z. B. die Lenkzapfenneigung bei der neuzeitlichen Einzelradaufhängung nicht mehr anders geprüft werden kann, während sich früher diese Winkel an der starren Vorderachse im ausgebauten Zustand feststellen ließen[1]).

Einfluß der Radaufhängung und der Federung auf die Lenkung

Beim Entwurf von Lenkungen für Wagen mit Längsfederung war bereits darauf Rücksicht zu nehmen, daß bei einer Durchfederung die Lenkung nicht beeinflußt wurde (siehe Konstruktion Dr. Valentin, ATH, 13. Aufl., S. 380). Bei den neuzeitlichen Schwingachswagen ist die Erfüllung dieser Aufgabe zum Teil wesentlich schwieriger geworden, es kommt auch hier noch die Forderung hinzu, daß die Radspur und der Radsturz möglichst nicht geändert werden dürfen (siehe Abschnitt Federung S. 165).

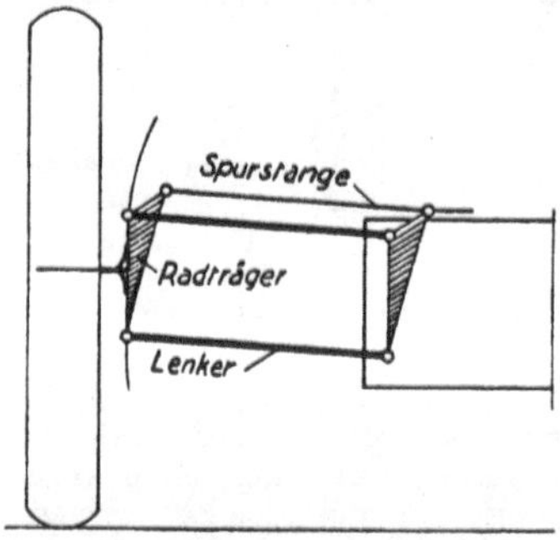

Bild 10. Doppellenker in Wagenquerrichtung

Bei Pendelachsen, d. h. Halbachsen, die um einen Drehpunkt in Wagenmitte schwingen, läßt sich diese Forderung dadurch erfüllen, daß man eine geteilte Spurstange anwendet, wobei der Teilpunkt in der Mitte liegt. Wegen der beträchtlichen Sturz- und Spuränderung wird diese Achse heute nur noch für ungelenkte Räder verwendet. Wird die starre Pendelachse durch eine einfache Querfeder ersetzt (wie z. B. bei einigen BMW-Modellen), dann läßt sich die Forderung, daß der Einschlag sich beim Durchfedern nicht verändern darf, nur unvollkommen erfüllen.

Bei Doppellenkern in Wagenquerrichtung (entweder genaue oder angenäherte Parallelführung), läßt sich die Forderung der einwandfreien Lenkung dadurch erfüllen, daß man die Spurstangenlänge gleich der Lenkerlänge wählt (Bild 10). Die aus den drei Gelenkpunkten am Radträger und am Rahmen gebildeten Dreiecke sind bei genauer Parallelführung einander gleich. Bei Doppelquerfedern ist zu berücksichtigen, daß die Feder einem Lenker von $^7/_9$ der freien Federlänge entspricht.

Bei Doppellenkern in Wagenlängsrichtung (z. B. Porsche-Achse S. 154 und 174), die parallelogrammartig angeordnet sind, läßt sich ebenfalls eine einwandfreie Lenkung schaffen, da jeder Punkt des die Radachse tragenden Körpers einen Kreisbogen beschreibt (ähnlich Bild 22 Seite 153). Der Halbmesser dieses Kreisbogens ist stets gleich der Lenkerlänge. Die auch hier geteilten Schubstangen können entweder in Längsrichtung des Fahrzeuges oder schräg nach innen laufen (siehe Bild 23 Seite 154).

In jedem Fall muß die Projektion der Schubstange in Wagenlängs-

[1]) Die Beseitigung unrichtiger Radstellungen. Motorwagen 1926, Heft 26, S. 607 ff. ATZ 1930, Heft 33, S. 800 ff.

richtung der Lenkerlänge entsprechen und die aus den drei Gelenkpunkten am Radträger und am Rahmen gebildeten Dreiecke sind einander gleich.

Bei parallelgeführten Rädern, bei denen jede Sturz- und Spuränderung vermieden ist, bereitet die einwandfreie Lenkung Schwierigkeiten. Hier ist möglichst die Spurstange ungeteilt und die Lenkschubstange möglichst lang auszuführen.

Es sei noch darauf hingewiesen, daß sich der Radsturz und ebenso auch die Vorspur bei verschiedenen neuartigen Radaufhängungen mehr oder weniger ändern. Auch Änderungen der Spurweite selbst und Achsstandänderungen treten bei Pendelachsen in Längsrichtung auf. Es ist deshalb in jedem Fall zu untersuchen, ob sich derartige Veränderungen ungünstig auf die Lenkung, die Fahreigenschaften des Wagens, seine Adhäsion auf der Fahrbahn oder auf die Abnutzung der Reifen auswirken können. Eine eingehende Untersuchung über diese Frage veröffentlichte Dipl.-Ing. R. Mertz in ATZ 1934, Heft 18, S. 467 u. ff.

Räder, Felgen und Reifen

Überballonreifen: In den letzten Jahren wurden Versuche unternommen, den Reifeninnendruck für Personenwagen-Reifen nochmals wesentlich zu senken. Die unter dem Namen Überballonreifen zuerst in Amerika eingeführten Reifen, manchmal mit 0,8 atü Innendruck auf 15″, 16″ oder 17″ Felgen haben jedoch nicht den erwarteten Erfolg gebracht. Sie haben jedoch allgemein das Bestreben ausgelöst niedere Luftdrucke anzuwenden, um dadurch das Fahren angenehmer zu gestalten. Nur wenige Kraftwagenfabriken haben bei ihren Neukonstruktionen bisher die Überballonreifen auf 15″ oder 16″ Felge angewandt, vielmehr ist man zu Typ-Überballonreifen übergegangen, die auf die üblichen Felgen passen. Die Bezeichnungen der einzelnen Firmen weichen wesentlich voneinander ab, deshalb dürfte folgende Übersicht von Nutzen sein.

	auf vorhandene Felge 17" und darüber	auf kleinere Felgen (16")
Continental	Type Aëro	Aëro
Deka	Type Superballon	Gigant-Superballon
Dunlop	Dunlop Supra	Dunlop Magnos
Phoenix	Type Überballon	
Metzeler	Luxusballon	
Englebert	Type Superballon	Superballon
Fulda	Doppelballon	Luxusballon

In Deutschland ist für Überballonreifen die 16″ Felge genormt. Es sind 6 Reifen von 5,25, 5,50, 6,00, 6,50 und 7,00 Nennbreite genormt. Die zugehörigen Felgen mit den Bezeichnungen 3,00 D, 3,25 D, 3,50 D, 4,00 E; 4,50 E und 5,00 F sind ebenfalls festgelegt (DIN-Vornorm Kr 4441). Im Gegensatz zu den Tiefbettfelgen von 17″ und darüber haben diese Felgen geneigte Schultern (Reifensitz).

Die amerikanischen Überballonreifen weisen einige Abweichungen auf (Näheres hierüber siehe Yearbook 1934 der Tire aud Rim Association Cheveland).

Durch die Devisenknappheit ist im Jahre 1934 eine Bewirtschaftung des Marktes für die beiden wichtigsten Reifenbaustoffe: Kautschuk und Baumwollgewebe vorgenommen worden. Die Überwachungsstelle für Kautschuk hat auch veranlaßt, daß eine Anzahl seltener verwendeter Reifen nicht mehr hergestellt werden.

Bei Neukonstruktionen ist deshalb bei den Reifenfabriken anzufragen, ob die in Aussicht genommenen Reifen noch lieferbar sind.

Zulassung von hochelastischen Reifen

Während vor einigen Jahren noch beabsichtigt war, Voll- und hochelastische Reifen von einem bestimmten Zeitpunkt an überhaupt zu verbieten, werden diese Reifen jetzt, nachdem wesentliche technische Verbesserungen vorliegen, noch beschränkt zugelassen[1]). Die hiermit versehenen Fahrzeuge dürfen jedoch nicht schneller als 25 km/Std. fahren (16 km/Std. bei Fahrzeugen ohne gefederte Triebachse, z. B. Schlepper). An die verwendeten

[1]) Vgl. Reichs-Straßenverkehrsordnung v. 28. 5. 1934 § 18, nebst Ausführungsanweisung v. 29. 9. 1934.

Gummireifen werden folgende Anforderungen gestellt. Auf beiden Seiten der Reifen muß eine 10 mm breite, hervorstehende und deutlich erkennbare Rippe um den Reifen laufen, die die Grenze angibt, bis zu der der Reifen abgefahren werden darf. Der Reifen muß an der Abfahrgrenze noch ein Arbeitsvermögen von mindestens 6 mkg haben. Die Flächenpressung des Reifens darf nur unter der höchstzulässigen statischen Belastung 8 kg/cm² nicht überschreiten.

Die bisher zugelassenen hochelastischen Vollgummireifen mit einem Arbeitsvermögen von 8 mkg in neuem Zustand sind für Kraftfahrzeuge noch bis zum 1. Oktober 1935, und für solche Kraftfahrzeuge, die laut früheren Verordnungen auf hochelastischen Vollgummireifen fahren durften, sowie für Anhänger noch bis zum 1. Oktober 1936 zulässig.

Bis Januar 1935 erschienene neue Reifen- und Felgennormen

Kr 4401, Reifen- und Felgenbezeichnung, Richtlinien,
Kr 4405, Stempelung der Felgen,
Kr 4411, Tiefbettfelgen für Krafträder,
DIN-Vornorm Kr 4431, Tiefbettfelgen, Felgendurchmesser 17", 18" und 20",
DIN-Vornorm Kr 4441, Tiefbettfelgen für Personenkraftwagen, Felgendurchmesser 16"
Kr 4481, Felgen für luftbereifte Lastkraftwagen, Kraftomnibusse und Anhänger, Felgendurchmesser 20" und 24",
Kr 4501, Felgenbandmaße,
Kr 4511, Felgenprofillehren für Tiefbettfelgen nach DIN Kr 4401,
Kr 4512, Schulterbreitenlehren für Tiefbettfelgen nach DIN Kr 4411,
DIN Vornorm Kr 4531, Felgenprofillehren für Tiefbettfelgen nach DIN-Vornorm Kr 4431,
DIN-Vornorm Kr 4532, Schulterbreitenlehren für Tiefbettfelgen nach DIN-Vornorm Kr 4431,
DIN-Vornorm Kr 4541, Felgenprofillehren für Tiefbettfelgen nach DIN-Vornorm Kr 4441,
Kr 4581, Felgenprofillehren für Felgen nach DIN Kr 4481,
Kr 4611, Stahlseil-Niederdruckreifen für Krafträder,
Kr 4631, Stahlseil- (SS) -Niederdruckreifen für Personenkraftwagen, Felgendurchmesser 18" und 20",
DIN-Vornorm Kr 4632, Stahlseil-(SS)-Niederdruckreifen für Personenkraftwagen, Felgendurchmesser 17",
DIN-Vornorm Kr 4633, Typ Überballonreifen für Personenkraftwagen, Felgendurchmesser 17", 18", und 20",
Kr 4675, Doppelbereifung, Mittenabstände und verwendbare Reifen für luftbereifte Lastkraftwagen, Kraftomnibusse und Anhänger,
Kr 4681, Hochdruckreifen für Lastkraftwagen, Kraftomnibusse und Anhänger, Felgendurchmesser 20",
Kr 4682, Hochdruckreifen für Lastkraftwagen, Kraftomnibusse und Anhänger, Felgendurchmesser 24",
Kr 4685, Niederdruckreifen für Lastkraftwagen, Kraftomnibusse und Anhänger, Felgendurchmesser 20",
Kr 4686, Niederdruckreifen für Lastkraftwagen, Kraftomnibusse und Anhänger, Felgendurchmesser 24",
DIN-Vornorm Kr 4691, Typ Überballonreifen (Millimeterreifen), für Lastkraftwagen, Kraftomnibusse und Anhänger, Felgendurchmesser 20",
Kr 4701, Schlauchventil-Gewinde,
Kr 4702, Schlauchventile, Gerade Ventilkörper,
Kr 4703, Schlauchventile, Winkel-Ventilkörper, Schlitze für Winkelventile,
Kr 4704, Schlangen-Ventilkörper, Mulde für Schlangenventile.

Rahmen

Der Fahrzeugrahmen ist zwei Gruppen von Kräften ausgesetzt: Biegungskräften und Verwindungskräften. Die zwischen den Achsen liegenden Teile des Fahrgestells und die Zuladung versuchen den Rahmen durchzubiegen. Er muß also diese Kräfte ohne Formänderungen aufnehmen. Andererseits werden die Räder durch die Unebenheiten der Fahrbahn, sowohl statisch als auch dynamisch ungleich belastet. Diese Kräfte, die in der Regel an vier Punkten am Rahmen angreifen, suchen den Rahmen zu verwinden. Die Rahmenverwindung überträgt sich sowohl auf die Karosserie als auch auf die Vorderachse und die Lenkung. Die bisher verwendeten U-förmigen Rahmenlängsträger waren hinsichtlich der Biegefestigkeit durchaus genügend. Durch Wahl der Rahmenhöhe in Abhängigkeit von den Biegungsmomenten ließ sich auch bei relativ dünnen Blechen diese Aufgabe lösen. Die U-förmigen Querschnitte sind jedoch wenig widerstandsfähig gegen Verdrehung. Durch Einführung der Vorderradbremsen, Einzelradfederung und der Niederdruckreifen wurde die Verdrehungsbeanspruchung des Rahmens größer und man stellte erhebliche Formänderungen fest.

Um diese Schäden zu vermeiden sind eine Reihe von Verbesserungen bisheriger Rahmen und vollständige Neukonstruktionen entstanden. Sie lassen sich nach der Reihenfolge ihrer Entwicklung in folgende 5 Gruppen zusammenfassen.

a) Versteifung des Rahmens üblicher Bauart durch X-förmige Querträger.
b) Kastenförmige Ausbildung der Rahmenlängsträger, durch Zuschweißen.
c) Zentraler Rohr- oder Kastenrahmen.
d) Einheitlicher Kastenrahmen zugleich als Wagenkörperrahmen dienend.
e) Selbsttragende Karosserie, Wagenrahmen und Karosserie aus einem Stück.

Gleichzeitig erstrebt man eine möglichste Gewichtsersparnis an, da das Rahmengewicht mit zum Totgewicht des Wagens gehört. Man erreicht dies durch Verwendung dünner Bleche, die so angeordnet werden, daß sie den größten Widerstand gegen Verdrehung und Verbiegung aufweisen. Besonders günstig in dieser Beziehung sind die Lösungen d) und e). Ausführungen zu e) befinden sich in einem besonderen Abschnitt (s. S. 198).

a) Versteifung üblicher Rahmen durch X-förmige Querträger

Um die Verdrehungssteifigkeit des Rahmens zu erhöhen, ging man, nachdem der vordere und der hintere Hauptquerträger entsprechend versteift war, zum Einbau weiterer Querträger über. Man erkannte bald, daß die beste Versteifung durch eine Diagonalverstrebung erzielt wurde. Ford war die erste Firma, die eine X-Versteifung anwandte, die aus zwei V-förmigen, gepreßten U-Trägern zusammengesetzt wurde (Bild 1). Der Schnittpunkt der beiden Träger wurde gleichzeitig zur Getriebeblocklagerung und zur Aufhängung der Dreiecksstrebe zur Schubentlastung der vorderen Querfeder verwendet.

Weitere Bauarten dieser Rahmen folgten. Man suchte die Verdrehungssteifigkeit noch durch Einbau weiterer schräger Querträger zu erhöhen. Bild 2 zeigt einen Chevrolet-Rahmen, der neben zwei kräftigen Querträgern vorn und hinten noch ein Mittelstück enthält, das ein Y und ein

K bildet. Dieser Rahmen, der an den Modellen des Jahres 1934 angewendet wurde, soll eine 20mal größere Verdrehungsfestigkeit als der 1933er Rahmen aufweisen.

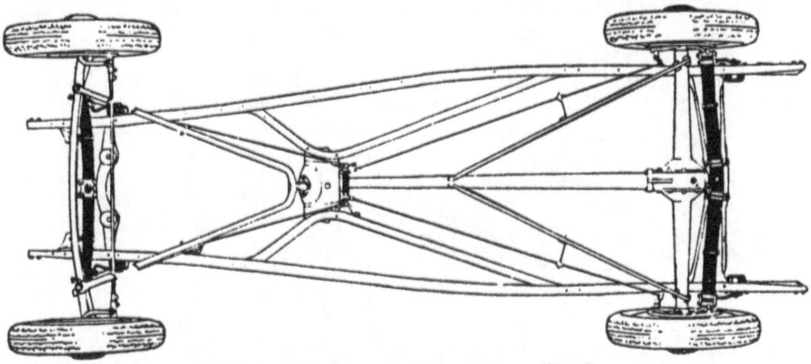

Bild 1. Rahmen mit X-Versteifung (Ford)

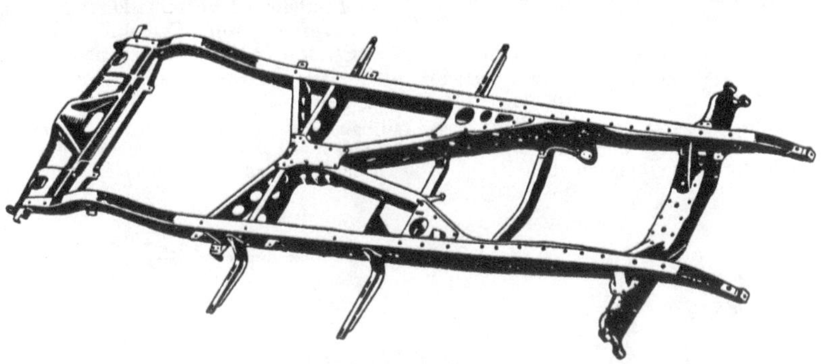

Bild 2. Mehrfach versteifter Rahmen (Chevrolet)

b) Kastenförmiger Rahmenlängsträger

Auf einfache Art wurde dadurch ein kastenförmiger Rahmenlängsträger ausgebildet, daß die offene Seite des U-Rahmens durch ein entsprechend geformtes Blech zugeschweißt wurde.

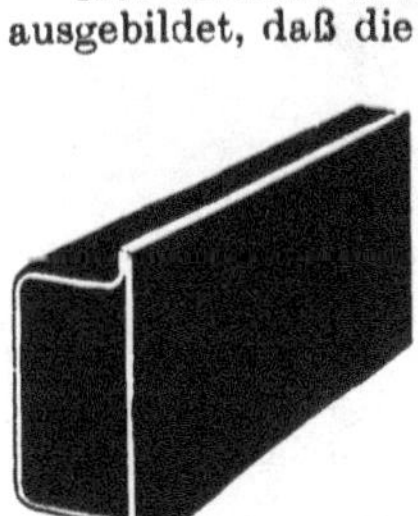

Bild 3. Querschnitt durch einen Kastenrahmen (Citroën, Modell 1934)

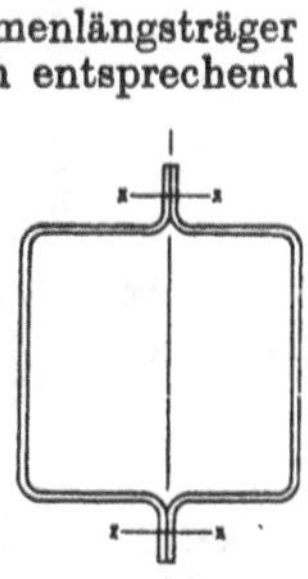

Bild 4. Kastenförmiger Längsrahmen aus zwei spiegelbildlichen Teilen zusammengesetzt

Bild 3 zeigt einen solchen Querschnitt. Der U-Rahmen trägt an jeder Seite einen Flansch, an diesen Flansch ist ein Blech angeschweißt. Dieser rechteckige Rohrrahmen soll einen 8fach höheren Verdrehungswiderstand aufweisen als das offene U-Profil. Der Rahmen ist wesentlich leichter als der bei vorhergehenden Typen und hat trotzdem einen 5fach höheren Verdrehungswiderstand.

Einen Schritt weiter gehen Kastenlängsträger, die aus zwei U-förmigen Profilen gebildet sind und an einer Art Flansch zusammengeschweißt werden (Bild 4). Bild 5 zeigt eine perspektive Ansicht des gesamten Rahmens. Aus preßtechnischen Gründen ist es nicht möglich, die Schweißnaht nach den innerhalb einer Ebene verlaufenden Seiten des Kastenträgers zu verlegen. Für diese willkürlich gekrümmte Naht wurde sogar eine selbsttätige Schweißeinrichtung entwickelt[1]). Die Rahmenträger werden hierbei in Spannvorrichtungen gehalten.

An Stelle die Längsträger an einem Flansch anzuschweißen, legt Studebaker zwei U-Rahmenträger ineinander und verschweißt die Trägerflansche miteinander (Bild 6).

Eine Zwischenlösung zwischen Kastenträger, Zentralrahmen und Kastenrahmen zeigt Bild 7 bis 11[2]), ein elektrisch geschweißter Rahmen der österreichischen Automobilwerke für ein Fahrgestell von 5 t Gewicht. Der geschweißte Rahmen hat gegenüber dem genieteten Rahmen eine wesentlich erhöhte Verdrehungsfestigkeit, da die Verbindungen kräftiger sind und die Beanspruchungen sich auf eine größere Fläche verteilen. Bild 11 zeigt einen Vergleich der Verdrehungen bei verschiedenen Rahmenbauarten. Da nur relativ geringe Mengen im allgemeinen im Lastwagenbau (100 bis 200 Stück) von einer Type gebaut werden, erwies sich das Zusammenschweißen aus Einzelblechen billiger als das Pressen der Teile.

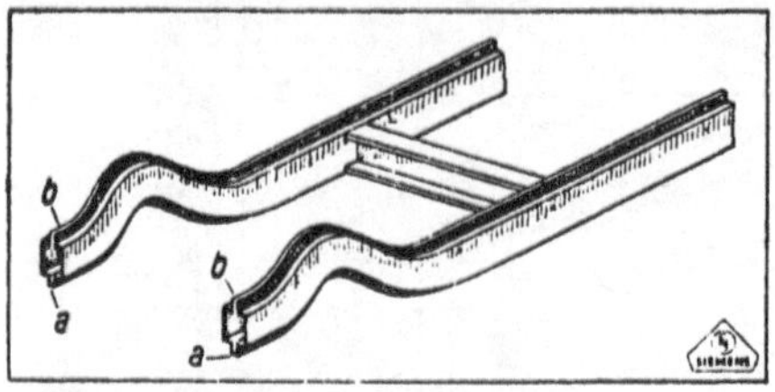

Bild 5. Rahmen mit Querschnitt nach Bild 4

Bild 7 veranschaulicht den Gesamtaufbau mit einzelnen Querschnitten, Schnitt *B—B* geht durch den Mittelträger, Schnitt *A—A* durch das vordere Teil mit der Motorauflagerung und Schnitt *C—C* durch den hinteren kastenförmigen Träger.

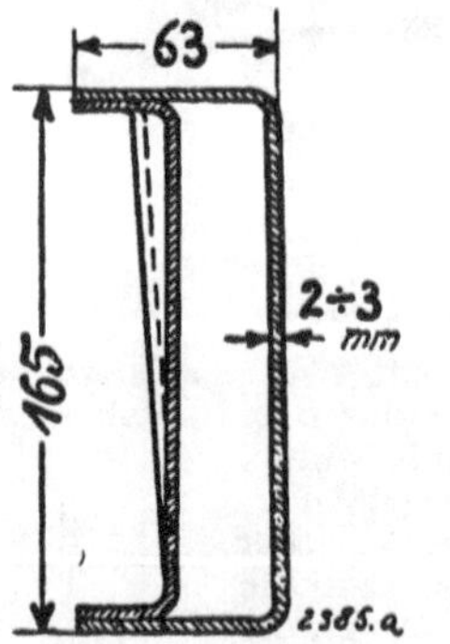

Bild 6. Kastenförmig versteifter Rahmen (Studebaker)

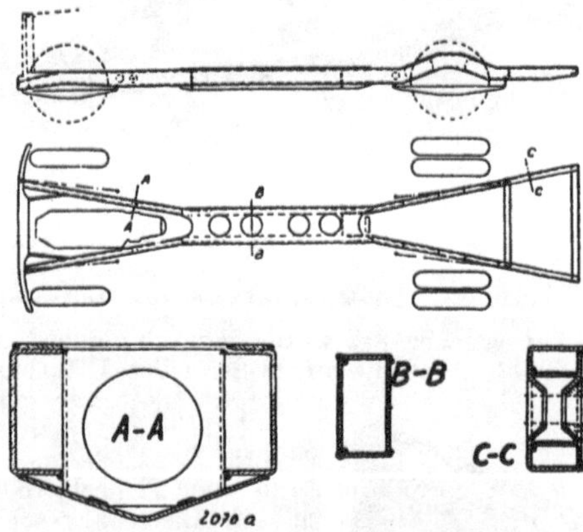

Bild 7. Geschweißter Lastwagenrahmen

Bild 8 veranschaulicht das gepreßte vordere Ende des Rahmens mit der Kühleraufnahme. Bild 9 zeigt die Befestigung der Vorderfederlager, bei denen das elektrische Schweißen ausgiebig angewendet ist.

Durch die acht geschweißten Federauflager soll eine erhebliche Gewichtsersparnis erzielt worden sein. Der Gesamtrahmen wog insgesamt 13 % weniger als ein genieteter Rahmen. Bei einem genieteten Rahmen hätte 7 mm Blech für die Längsträger verwendet werden müssen, beim Schweißen genügten 6 mm. Bild 10 zeigt, wie die Bleche so ausgeschnitten wurden, daß möglichst geringer Abfall entstand.

Derartige Rahmen können jedoch nur in Werkstätten hergestellt werden, die ausgiebige Erfahrungen im Schweißen von Rahmen haben. Eine be-

[1]) ATZ 1934, Heft 7, S. 200/201.

[2]) Nach einem Bericht von N. Ferdinand in Automotive Industries 8. 10. 1932.

sondere Schwierigkeit ist das Verziehen und Werfen der Rahmen nach dem Schweißen trotz der nur in Sondervorrichtungen ausgeführten Arbeit.

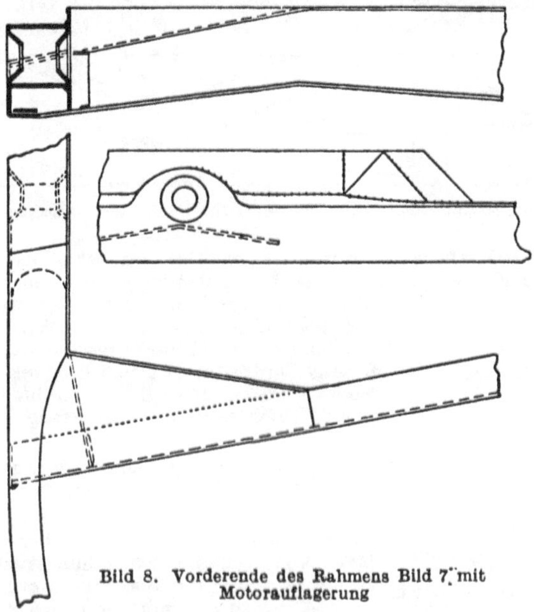

Bild 8. Vorderende des Rahmens Bild 7 mit Motorauflagerung

Es wird daher bei derartigen Preßstücken beim Bau der Werkzeuge mit sogenannten Springmaßen gearbeitet. Dieses sind Erfahrungswerte, die von Fall zu Fall einzusetzen sind und häufig noch nach Bau der Werkzeuge abgeändert werden müssen. Günstig für das Schweißen ist die kurze Herstellzeit und Unabhängigkeit von anderen Werkstätten[1]).

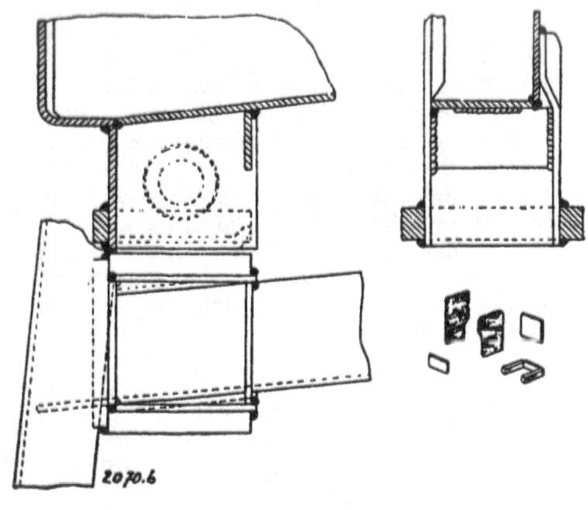

Bild 9. Befestigung des Vorderfederlagers am Rahmen Bild 7

c) Rohrrahmen

Diese Rahmenbauart, Verbindung von Vorder- zu Hinterachse durch einen zentralen Rahmen, wurde zuerst vor etwa 12 Jahren von Tatra angewendet, es folgte dann Austro-Daimler. Diese beiden Bauarten sind im ATH 13. Aufl., S. 616 und 617 gezeigt und beschrieben. Patentrechte bestanden bereits 1913 in USA.

Tatra hat bei seinem Heckmotorwagen auch seinen bewährten Zentralrohrrahmen beibehalten und nur teilweise selbsttragende Karosserie. Auch Mercedes-Benz verwendet bei seinem Typ 130 einen Zentralrohrrahmen.

[1]) Beachtliche Hinweise für die Weiterentwicklung der Rahmenträger gibt Ing. O. Diessl in ATZ 1935, Heft 1, S. 1.

Das Motor- und Getriebeaggregat ruht in dem sich hinten gabelförmig erweiternden Rohr. Das Getriebe liegt vor der Hinterachse, und die Schaltbedienungsstangen, ebenso wie die Zündleitungen und das Vergasergestänge werden über dem Zentralrohr zum Führersitz geleitet. Beim fertigen Fahr-

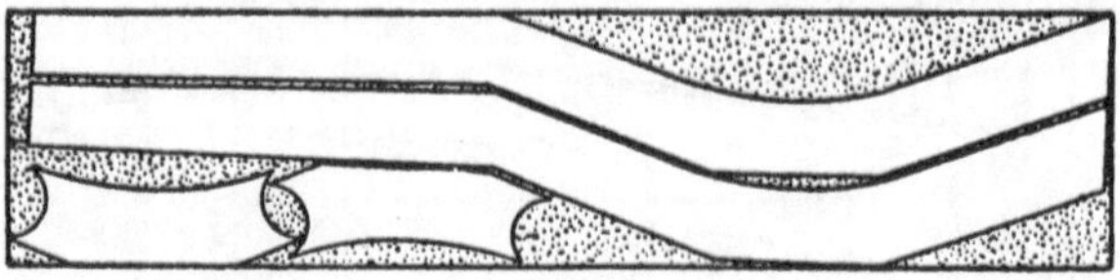

Bild 10. Sparsamer Blechausschnitt für die Rahmenlängsträger

zeug wird das Gestänge durch eine Blechhaube abgedeckt. Das Zentralrohr endet vorn in einem Querhaupt, das zur Befestigung der beiden Querfedern dient. Am Querhaupt ist auch der Stützbock für die Fußhebellager angebracht.

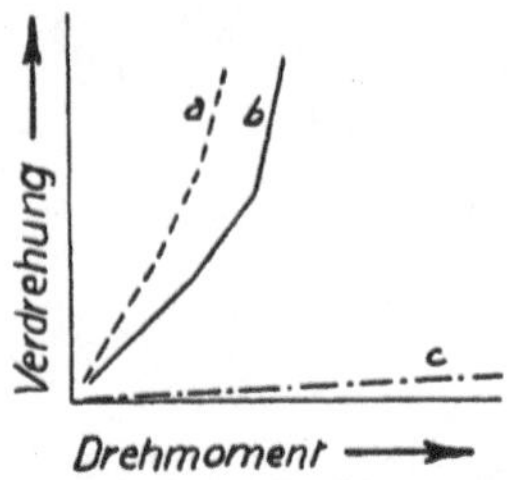

Bild 11. Verringerung der Verwindbarkeit durch Abänderung der Rahmenkonstruktion *a*) gewöhnlicher genieteter Rahmen, *b*) gewöhnlicher geschweißter Rahmen, *c*) neuer geschweißter Rahmen nach Bild 7—10

Beim Hansa 1100-Fahrgestell ist der kastenförmige Zentralträger gleichzeitig mit den Bodenblechen verbunden, die beim blanken Fahrgestell keine seitliche Begrenzung besitzen.

d) Einheitlicher Kastenrahmen, zugleich als Wagenkörperrahmen dienend

Diese Ausführung entwickelte sich allmählich aus den im Abschnitt b) beschriebenen Bauarten. Man fand, daß die Verdrehungssteifigkeit des Rahmens durch ein Bodenblech erhöht werden konnte, das sowohl mit den Längs- als auch mit den Querträgern verschweißt wurde. Diese Bodenbleche können verhältnismäßig schwach sein (etwa 0,75 bis 1,2 mm) bei genügender Anzahl eingeprägter oder aufgeschweißter Sieken. Um Geräuschbildungen (Dröhnen) zu vermeiden, werden die Bleche mit Filz, Pappe oder sonstigen handelsüblichen Plattenstoffen beklebt. Als weiterer Gesichtspunkt trat hinzu, die Querträger und Bleche so anzuordnen, daß sie neben einer möglichsten Tieflage auch für andere Zwecke mit herangezogen werden konnten. Der so versteifte Rahmen macht bei Ganzstahlkarosserien einen besonderen Hilfsrahmen entbehrlich, auch bei Karosserien mit Holzgerippe können die Pfosten in angeschweißten Stützböcken aufgenommen werden. Es entsteht so ein organischer Aufbau des Rahmens, der sich auf den ganzen Wagen günstig auswirkt. So ergibt sich z. B. eine beträchtliche Gewichtsersparnis (bei einem 1,5 l Wagen etwa 100 kg).

Als Beispiel für diese fortschrittliche Ausbildung seien zwei ausgeführte Konstruktionen näher beschrieben, die beide für Vorderrad-Antriebswagen bestimmt sind (Bild 12 und 13). Es zeigt sich, daß durch diese Konstruktionen ein voller Vorderteil aus dem Wegfall des Kardanrohres gezogen werden kann, indem die Bodenfläche um diesen Betrag tiefer gelegt wird. Die Hauptansicht (Bild 12) zeigt den Rahmen von oben gesehen. Bei einer Rahmenlänge von 3,3 m sind die beiden seitlichen Längsträger nur etwa 2,6 m lang. Sie haben am Motor einen U-förmigen Querschnitt mit umbördeltem Rand, gegen den eine Blechplatte geschweißt ist (Schnitt *H—H*). Die Verbindung erfolgt, wie alle übrigen an diesem Rahmen durch elektrische Punktschweißung. In Wagenmitte verbreitern sich die Längsträger, und zwar erhalten sie eine siekenförmige Ausprägung (wie Schnitt *B—B* zeigt) zur Aufnahme der innenliegenden Hinterfedern (Auslegerfeder). Das seitliche Abdeckblech erhält eine Umbördelung, die zur Auflage des Bodenbleches dient (ebenfalls im Schnitt *B—B* erkenntlich). Das durchgehende Bodenblech ist noch durch V-förmige Sieken verstärkt. Vorn sind die Längsträger durch die Anflanschschuhe für das Vorntrieb-Aggregat abgeschlossen. Der erste Querträger ist ein Rohr, das durch angeschweißte Schuhe gehalten wird. Es trägt angeschweißte Platten zur Aufnahme der Bremszüge. Hinter dem Rohr liegt die als Pedalboden schräggestellte Bodenplatte, die gleichfalls als Querträger dient. Der nächste Querträger ist oben bogenförmig gewölbt (Schnitt *E—E*)

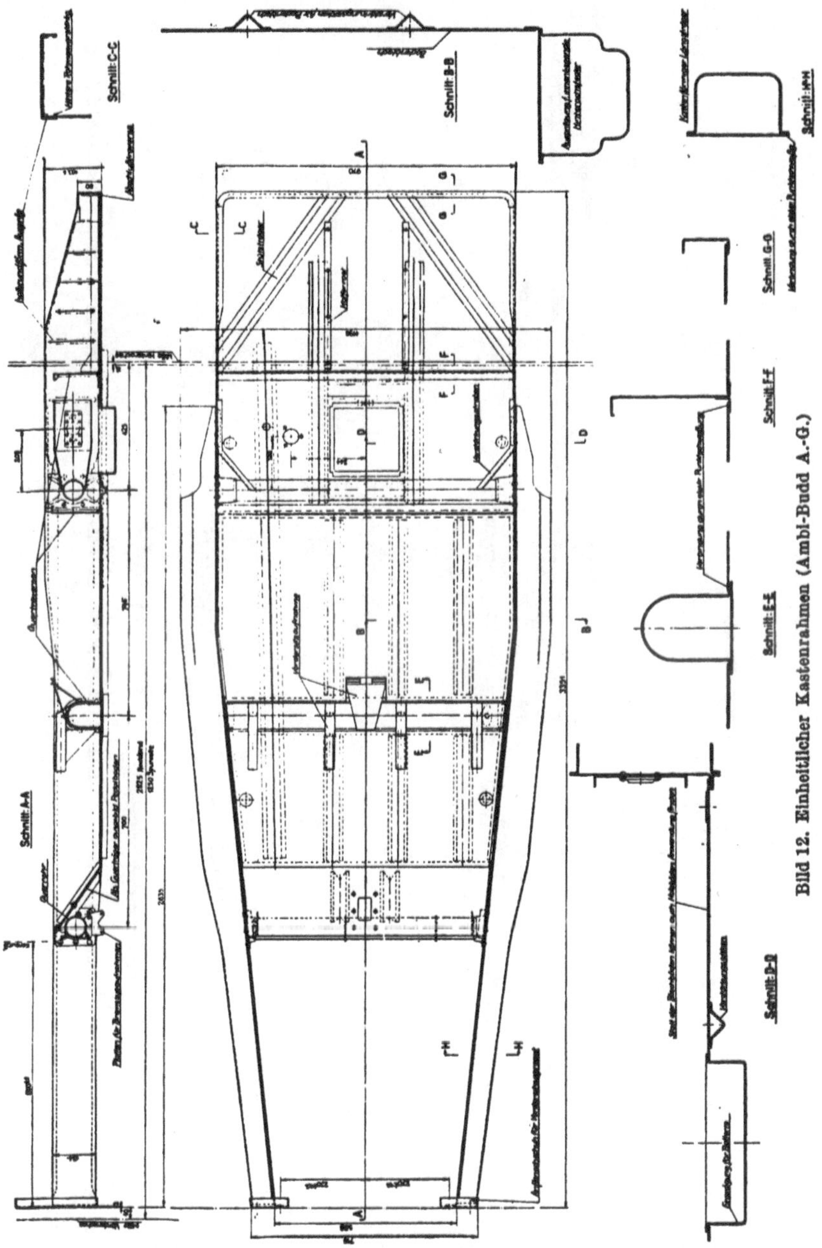

Bild 12. Einheitlicher Kastenrahmen (Ambi-Budd A.-G.)

und nimmt die Flansche für die Vordersitze auf. Vor der Rohrquerstrebe, die gleichzeitig zur Hinterachslagerung mit herangezogen wird, ist ein senkrecht stehendes Blech

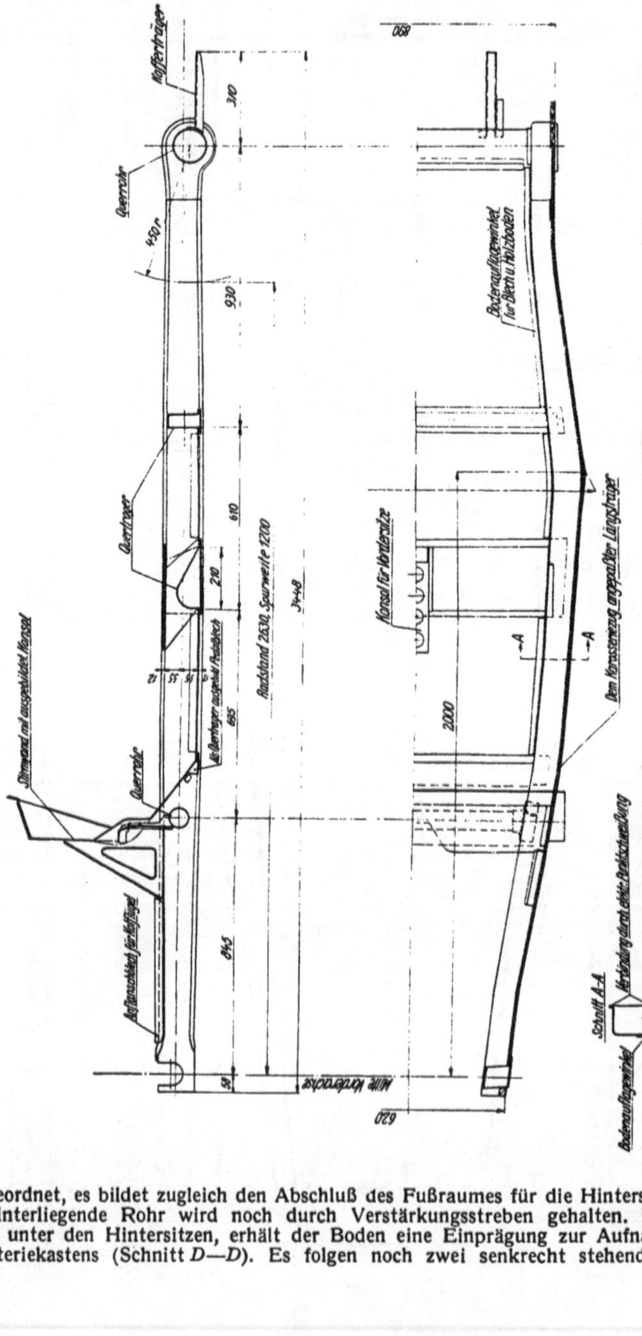

Bild 13. Einheitlicher Kastenrahmen mit angeschweißter Stirnwand (Ambi-Budd A.-G.)

angeordnet, es bildet zugleich den Abschluß des Fußraumes für die Hintersitze. Das dahinterliegende Rohr wird noch durch Verstärkungsstreben gehalten. Dahinter, also unter den Hintersitzen, erhält der Boden eine Einprägung zur Aufnahme des Batteriekastens (Schnitt *D—D*). Es folgen noch zwei senkrecht stehende Blechquerträger, die in den Schnitten $F—F$ und $G—G$ gezeigt sind. Zwischen beiden Trägern sind die freien Ecken durch schrägliegende Träger abgestützt und mittels Leisten als Kofferrost ausgebildet. Ein mit dem hinteren Querrost verbundenes Verstärkungsblech, mit eingeprägten Halbrundsieken, verstärken das vom Hauptträger nicht mehr unterstützte Wagenende. Im Rahmenlängsträger sind, um Geräusche zu vermeiden, in unregelmäßigen Abständen Holzblöcke angebracht.

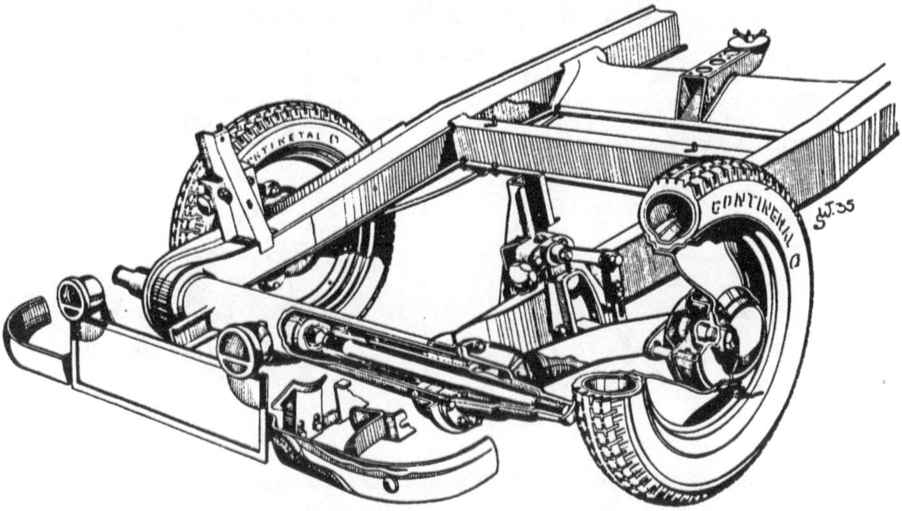

Bild 14. Hinterer Teil des Rahmens Bild 13 mit eingebauter Stabfeder (Adler-Werke)

Eine Weiterentwicklung dieser Rahmenausführung zeigt Bild 13, sie unterscheidet sich dadurch, daß das Stirnwandkonsol ein Teil des Rahmens bildet. Die Hauptträger sind hier bis zum Karosserieende durchgeführt und werden durch ein Querrohr abgeschlossen, das gleichzeitig zur Aufnahme der Stabfeder dient. Bild 14 zeigt das hintere Teil des Rahmens mit eingebauter Stabfeder. Diese sitzt in einem Rohr, das durch Gummibüchsen im Hauptquerrohr gehalten wird. Am Hauptquerrohr sind noch Kofferträger sowie Stoßstangen-Konsole befestigt.

Selbsttragende Wagenkasten

Schon frühzeitig bei der Entwicklung von Kraftfahrzeugen wurde versucht, den Wagenkasten selbst oder Teile desselben als tragendes Organ heranzuziehen, um ein unverwindbares, stabiles einheitliches Ganzes zu erhalten und den schweren besonderen Fahrzeugrahmen, der allein nie unverwindbar ist, zu vermeiden.

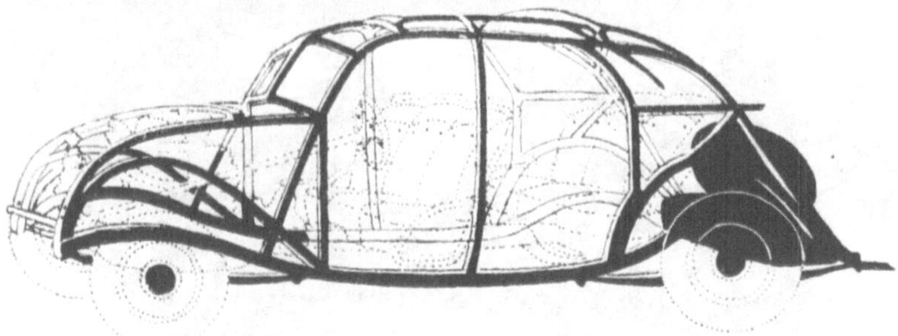

Bild 1. Selbsttragende Karosserie in Gitter-Konstruktion von Chrysler

Eine Ausnahme in der verwindbaren Fahrzeugrahmen-Konstruktion machen die Mittelträger in Rohrform, Austro-Daimler, Daimler-Benz, Tatra und andere (siehe Abschnitt Rahmen), die tatsächlich den Anforderungen entsprechen, verwindungsfrei und mit geringster Durchbiegung ausführbar sind.

Schon vor 'mehr als 25 Jahren wurden Teile des üblichen Fahrzeugrahmens als Karosseriewände herangezogen, indem man die Seitenwände

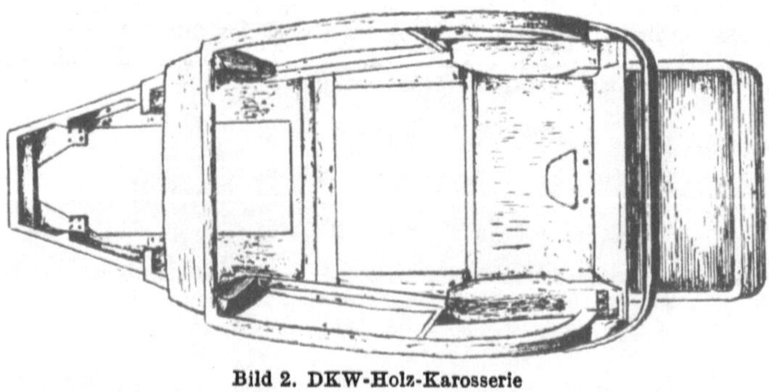

Bild 2. DKW-Holz-Karosserie

der damals durchweg offenen Karosserien zum Rahmenlängsträger gehörig ausbildete. S. S. W., Lancia und andere wären hier zu nennen.

Eigentliche selbsttragende Fahrzeugkasten (Karosserien) sind in der Patentliteratur schon lange bekannt, ebenso sind dort viele Hinweise auf gute Konstruktionsmöglichkeiten zu finden.

Warum mußte ein Fahrzeugrahmen vorhanden sein? Zunächst deshalb, weil früher die Karosserie mehr als Einzelteil und vor allem als den Sonderwünschen des Käufers angepaßtes, nicht zum Maschinellen Gehöriges angesehen wurde. Solche Fälle gibt es noch heute, sie sind aber verschwindend gering im Verhältnis zu den serienmäßig hergestellten Karosserien. Ferner wurde früher das einzelne Fahrgestell (Chassis) eingefahren, wobei die mit vieler Mühe hergestellte und glänzend saubere Karosserie mindestens ver-

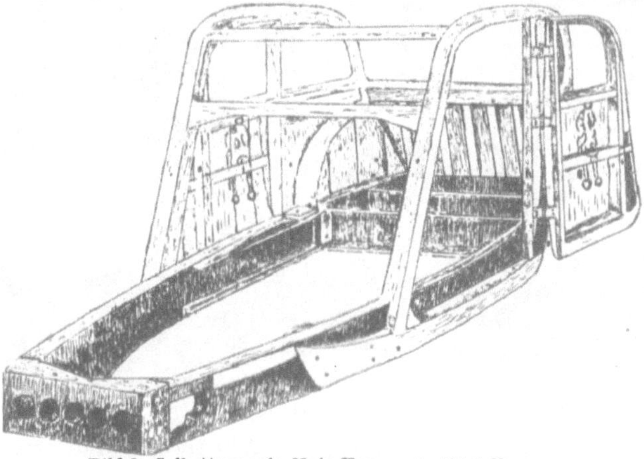

Bild 3. Selbsttragende Holz-Karosserie NAG-Voran

schmutzt und beschädigt worden wäre, zumal stets Arbeiten an den Maschinenaggregaten sich erforderlich machten, um die Maschine leistungsfähig, geräuschlos und betriebssicher zu machen.

Heute fällt dieses alles fort. Der Wagen verläßt die Fabrik fertig, ohne gefahren zu sein und ohne Nacharbeiten zu erfordern. Der Käufer fährt mit dem fertigen Wagen aus der Fabrik fort. Maschinelle Aggregate liegen sämt-

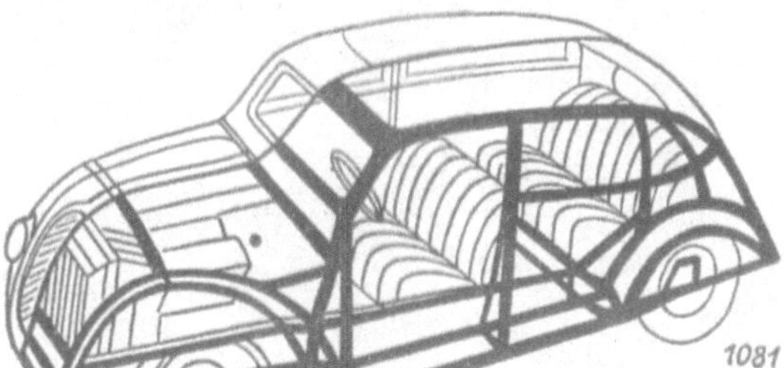

Bild 4. DKW-Skelett aus Holz

lich oder zum großen Teile vor dem Wagenkasten und unter ihm. Sie sind von außen zugänglich und auswechselbar. Ebenso ist ihre Bedienung von außen eingerichtet, soweit eine solche noch erforderlich ist. Am besten erreicht bei Vorderradantrieb. Deshalb kann man heute bei serienmäßig hergestellten Kraftfahrzeugen Rahmen und Wagenkasten zu einem Ganzen vereinigen.

Es liegt auf der Hand, daß eine Gitter-Konstruktion, Bild 1, Chrysler, wesentlich steifer und unverwindbarer ist als ein üblicher Rahmen. (Bild 1 bis 19, A. H. 13, S. 611 u. f. und S. 190 hierin.)

Dr. Slaby hat das Verdienst, seit über etwa 15 Jahren ständig an dem Problem des selbsttragenden Wagenkastens festgehalten zu haben. Er hat hier von kleinen Anfängen wirkliche Pionierarbeit geleistet. Seine DKW-Holzkarosserie, Bild 2, ist allmählich aus dem ersten Gedanken des Einsitzers „Slaby-Beringer" entwickelt worden. An diesem Holzgestell

Bild 5. Selbsttragende Ponton-Karosse von Citroën.

(Bild 2) werden nach Fertigstellung zur vollständigen Karosserie, Motorblock und die Achsen mit ihrer Federung befestigt. Diese Konstruktion hat sich bereits in vielen 10000 von Exemplaren einwandfrei bewährt. Sie ist biegungsfest, verwindungsfrei und schwingungsfest gegen Dauerbrüche, bei leichtester Ausführung.

Bild 6. Citroën-selbsttragende Ganzstahl-Karosserie.

An Stelle der Tragekonstruktion durch hohe Wände und durchlaufende, rahmenartige Schwellen, siehe Bild 3 (NAG.-Voran) wird auch ein Holzgerippe verwendet, das in seiner Ausbildung tragfest und unverwindbar ist, sowie die größte Ausnutzung des Baustoffes, Holz bei DKW, Stahl bei Chrysler Bild 1, ermöglicht.

Die DKW-Skelett-Holz-Konstruktion zeigt Bild 4, und zwar die Stromlinienform der Schwebeklasse. Sie ähnelt der Konstruktion von Chrysler, die jedoch vollkommen aus Stahl besteht.

Die letzte Schöpfung auf diesem Gebiete ist die Ponton-Karosserie von Citroën, ein selbsttragender Ganzstahl-Wagenkasten modernster Form und unter Anwendung neuester Fabrikationsmethoden hergestellt. Bild 5 zeigt den Wagenkasten allein und Bild 6 vermittelt Einblicke in seine Konstruktion. Mit dieser Konstruktion, die sich glänzend bewährt und große Gewichtsersparnisse ergibt, ist die Lebensfähigkeit und die zwingende Notwendigkeit solcher Konstruktion bewiesen, denn Citroën baut auch größte Wagen mit 8-Zylinder-Gabelmotoren nach diesen Grundsätzen.

DKW-Schwebeklasse und Chrysler zeigten die Anwendung der selbsttragenden Wagenkasten bei Hinterrad-Antrieb, NAG-Voran und Citroën bei dem zweckmäßigeren Vorderrad-Antrieb. Holz gegenüber Stahl. Bei Holz kaum Werkzeugkosten, bei Stahl große Kosten hierfür. Also für kleine Fabrikationsmengen: Holz, für ganz große Reihenfertigung: Stahl.

Nachstehend die Beschreibung der Citroën-Selbsttrage-Karosserie:

Die Karosse und der Fahrwerkskörper bilden bei diesem Wagen ein unteilbares Ganzes in der Ganzstahlbauart, bei Zusammenfügung einer Reihe von Bauelementen durch elektrische Schweißung. Diese tragende Ponton-Karosse besteht aus folgenden Teilen: Mit einem Bodenblech sind zwei längsliegende Rohre, und zwar an der Unterseite des Bodens, verbunden, die also die trägerähnliche Abstützung in der Längsachse besorgen. Unter den Vorder- und den Rücksitzen ist je ein kastenförmiger Querträger für die Querversteifung vorgesehen. Die beiden Seitenwände enthalten gleichfalls zwei röhrenförmige Längsstreben über den Türen. Der Rückteil ist kein besonderes Preßstück, sondern er wird durch die Verlängerung der Seitenwände der Karosse gebildet. An diesen Karossenkörper sind vorne, durch das Spritzbrett mit dem Windlauf getrennt, zwei Blechkästen von rechteckigem Querschnitt angesetzt, die das ganze Motortrieb-Aggregat in ihrer Uförmigen Ausbuchtung aufnehmen und tragen. Die Versteifung dieser Kästen erfolgt durch vier querliegende Rohre bzw. ein Abschlußstück in U-Form. Da das Gewicht der fahrfertigen Limousine rund 900 kg beträgt, so ist zweifelsfrei bewiesen, daß die Ganzstahlbauart einer selbsttragenden Karosse, richtigen Entwurf vorausgesetzt, auch zu einer fühlbaren Gewichtsverminderung führt.

Geringes Totgewicht ist Bedingung. Am meisten kann nur bei Wagenkasten und Rahmen gespart werden. Deshalb wird der zu begehende Weg für die Zukunft heißen:

Selbsttragende Wagenkasten in Holz- oder Ganzstahl-Bauart.

Auch die Omnibusse und Kastenwagen können auf diesem Wege Totgewicht sparen. Anfänge sind bereits zu verzeichnen.

Kleinstfahrzeuge

Herbert Zabinski, Dipl.-Ing. Berlin

Unter diesem Begriff sollen Personen- und Lieferfahrzeuge zusammengefaßt werden, Drei- und Vierradwagen, deren vornehmlich aus dem Kraftradbau hervorgegangene Motoren ein maximales Hubvolumen von 600 cm³ bzw. deren Fahrgestelle eine Tragfähigkeit bis zu 1000 kg besitzen. Eine scharfe Trennung nach dem Verwendungszweck wird untereinander ebensowenig möglich sein wie eine Abgrenzung des Begriffs hinsichtlich seiner oberen (genannten) Grenzen. Besonders im Übergang zwischen Kleinst- und Kleinfahrzeugen können sich die Grenzcharakteristiken verwischen, und das wieder um so mehr, als die Anlehnung an den Kraftrad- bzw. Fahrzeugbau von unten nach oben und umgekehrt ineinander übergreift.

In Deutschland entstanden, hat sich diese Fahrzeugkategorie keineswegs, wie man ursprünglich annahm, auf einheitlicher Konstruktions-

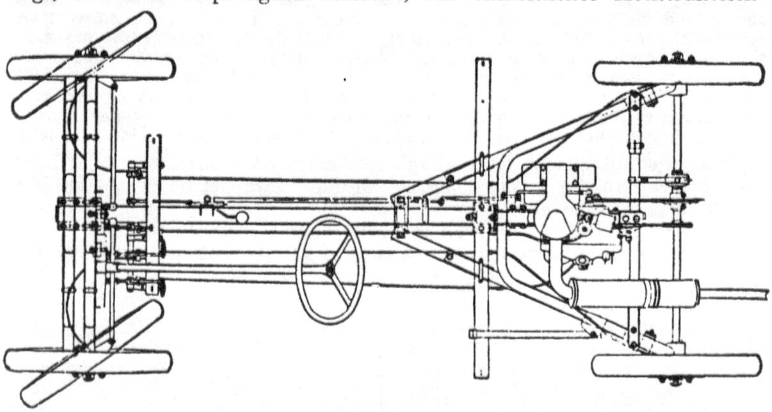

Bild 1. Fahrgestell des Framo-Piccolo

basis entwickelt, — d. h. also unter Auswertung vereinfachter Details und rationell herstellbarer Konstruktionselemente. Im Gegenteil: der Hang zum Besonderen ist stark vertreten, die immerhin schon einmal weitgetriebenen Vorarbeiten der Teileindustrie (Zieh- und Preßwerke, Federnfabriken) sind fast wertlos geworden und Normteile scheinen wenig gefragt zu sein.

Man ist sich z. B. trotz aller einseitig betriebenen Propaganda noch gar nicht so recht einig, wie überhaupt das ideale Chassis eines solchen Kleinstfahrzeugs zu bauen ist. Die Rahmen der heute existierenden Bauformen zeigen alle ungefähr anwendbaren Spielarten: da gibt es genietete Standardrahmen, gepreßte Mittelträger, zusammengesetzte und genietete Zentralrahmen, geschweißte Rohrrahmen, Mittelrohrträger, geschweißte Kastenbettrahmen usw. Eigentümlicherweise hat die Wiederbelebung der deutschen Automobilindustrie gerade auf diesem Gebiete und innerhalb dieser Fahrzeuggattung eine Unmenge alter Ideen neuerstehen lassen. Wenn BMW im Laufe von drei Jahren dreimal die Rahmenkonstruktion grundlegend ändert, um schließlich zur alten Standardform (allerdings in Rohrschweißarbeit) zurückzukehren, so ist das mindestens ebenso eigenartig wie die uralte X-Versteifung, in der manche Konstrukteure heute nach tausend anderen Versuchen die endgültige Lösung gefunden zu haben glauben, um einen Rahmen drehsteif zu machen.

Bild 2. Framo-Piccolo

Dagegen hat sich die achslose Radaufhängung so ziemlich überall durchgesetzt; sie wurde, von den „Großen" kommend, eine der wertvollsten Bereicherungen für den Kleinstwagen, dessen Fahreigenschaften

Bild 3. Butz-Fahrgestell

dadurch prinzipiell, d. h. unabhängig vom Belastungsexponenten gebessert wurden. Dazu findet sich fast allgemein die Zahnstangenlenkung. Und wenn auch die Schraubendruckfeder neuerdings immer mehr Boden gewinnt, so weiß man, daß sie das einzig dem doppeltwirkenden Stoßdämpfer zu danken hat, ohne den sich eine derartige ungedämpfte Federung für den Kraftwagen nicht vorstellen läßt.

Das Hauptproblem aber scheint, mehr noch als bei den „Großen", die

Frage zu sein, wo man den Motor möglichst raumsparend und unauffällig unterbringen kann. Antrieb und Getriebe sind Teilprobleme.

Framo-Piccolo (Bild 1, 2). Wie mancher andere seiner Gattung wurde er als Steuerkompromiß, als Dreiradfahrzeug geboren, um nach kurzer Zeit ein viertes Rad am Wagen zu bekommen. Er besitzt Heckmotorantrieb, Mittelrohrrahmen, vordere Einzelradaufhängung am Querfederparallelogramm und Einzelradlenkung durch Zahnstangensteuerung. Hinter den Sitzen sind an das Mittelrohr, das unter dem Karosserieboden verläuft, zwei weit nach hinten ausladende und auseinandergespreizte Auslegerfedern angesetzt. Sie stützen die starre, differentiallose Treibachse ab. Die Achse ist zudem in einer Rohrgabel geführt, die am Rahmen mittels Gummielastikgelenk angeschlagen und durch eine zusätzliche Schubstange gegenüber dem Rahmen fixiert ist. Der Motortriebblock ist nahe dem Schwingungsmittelpunkt im Rahmen aufgehängt und treibt über Rollenketten die Hinterachse. Da der Triebblock die Bewegungen der Achse mitmacht, wurden Gelenke in der Kraftübertragung vermieden. Zur Aufnahme des Kettenzuges dient ein Schubbalken vom Triebblock zu einer besonderen Achslagerung. Der Triebblock selbst entspricht weitgehend der bekannten 300-ccm-DKW-Konstruktion mit Umkehrspülungs-Zweitakter, Dynostarter, Preßluftkühlung, Lamellenkupplung und Dreiganggetriebe mit Rücklauf. Segmentschaltung, Vierradseilbremse ohne Ausgleich. Spurweite 1100 mm, Achsstand 2200 mm, Radabmessung 25×3″. Als Höchstgeschwindigkeit wird 60 km/h angegeben.

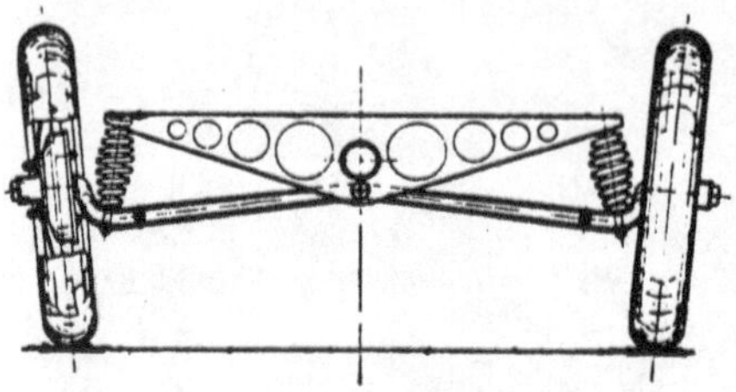

Bild 4. Schwing-Hinterachse bei „Tempo“

Bild 5. Fahrgestell des Goliath „F 400“

Auf der gleichen Linie, nur etwas robuster, liegt ein Fahrzeug, das von der Firma Bungartz & Co. in München in Fabrikation genommen wurde, der „Butz“ (Bild 3). Das Fahrgestell von Dipl.-Ing. Ganz weist die bekannte Kombination auf: Mittelrohr-Tiefrahmen, Leitrad-Einzelaufhängung am Querfederparallelogramm, Zahnstangen-Radeinzellenkung, Kreuzhecktriebblock mit differentialloser schmalspuriger Federpendelachse, Querschwingpedalen, hermetisch dichtendem Vorderabschluß und Kulissenfernschaltung. Der Wagen besitzt einen 400-ccm-Zweitakter, dessen Wasserkühlung durch Turboventilation und Kühler verstärkt wird. Die drei Vorwärtsgänge haben sämtlich den gleichen Wirkungsgrad, die Lagerung aller zueinander parallelen

Wellen des Getriebes liegt in einem ungeteilten Gußblock, was jede Justierarbeit entbehrlich macht. Die Mehrscheibenkupplung ist von außen nachstellbar und wird durch eine einzige Schraubenfeder zusammengepreßt. Sie bildet gleichzeitig den Schwingungsisolator zwischen Motor und Getriebe.

Sozusagen der Vater des „Butz" war der Standard-Superior. Seit seinem Erscheinen auf dem deutschen Markt hat er aber nicht nur befruchtend gewirkt, sondern ist auch selbst gewachsen; trotzdem hat er durch gute Raumausnützung nur einen Achsstand von 2000 mm und deshalb auch ein relativ günstiges Leistungsgewicht. Mit seinem 500-ccm-Motor kann er als einer der lebendigsten deutschen Kleinstwagen gelten. Im konstruktiven Aufbau unterscheidet er sich als Original zum „Butz" nur in verhältnismäßig geringfügigen Einzelheiten. So liegt bei ihm z. B. der Zweizylinder-Heckmotor neben dem Rahmen (beim „Butz" steht er); das erleichtert zwar die Karossierung, erschwert aber die Zugänglichkeit. Auch der Standard-Superior hat Wasserkühlung, sein Kühler sitzt im Dach des Hecks und eine Fangtasche sorgt für ausreichende Kühlluftzufuhr. Der Wagen ist ein Vollschwingachser, die Vorderräder und freischwingenden Halbachsen sind an Querblattfedern aufgehängt.

Bild 6. Fahrgestell des Goliath „Atlas"

Der Hansa 500 (mit 500-ccm-Zweizylinder-Zweitakter) kann als einziges Kleinstfahrzeug vorläufig wenigstens den Ruhm für sich in Anspruch nehmen, vier vollerwachsenen Personen Platz zu bieten. Die Konstruktion ist von einer geradezu bestechenden Klarheit, die unmittelbar überzeugt. Vorder- und Hinterräder in achsloser Aufhängung an Blattfedern, der gebläsegekühlte Heckmotor im Interesse der Raumausnutzung hinter den schwingenden Triebwellen längsgelagert, Kastenmittelrahmen, stromlinienähnliche Karosserie.

Das starke Hervortreten leichter und leichtester Last- und Lieferwagen gehört zu den markantesten Merkmalen in der jüngsten Entwicklung der deutschen Automobilproduktion. Und immer noch scheint das Bedürfnis nach solchen Fahrzeugen zu steigen. Von den ersten schüchternen Versuchen, kleine und leichte Lasten motorisch zu befördern, indem man die Motorradseitenwagen mit einem kasten- oder pritschenförmigen Aufbau versah —, von diesen Versuchen bis zu den heutigen Konstruktionen ist ein ziemliches Stück Weg. Es entstanden zunächst die kleinen Dreiradlieferwagen mit Kraftradmotoren von jährlich sich steigernder Leistung, die es allmählich ermöglichte, Fahrzeuge mit solchen Motoren unabhängig von den ursprünglichen Einflüssen des Kraftradbaues und gänzlich in Richtung des speziellen Verwendungszwecks zu entwickeln. Fahrzeuge, die sich neben hoher Leistung durch Dauerhaftigkeit im Betrieb, geringen Brennstoffverbrauch und Anspruchslosigkeit in der Wartung auszeichnen.

Eine ganze Reihe deutscher Fabriken hat sich fast ausschließlich auf die Fabrikation solcher Kleinstlieferwagen geworfen.

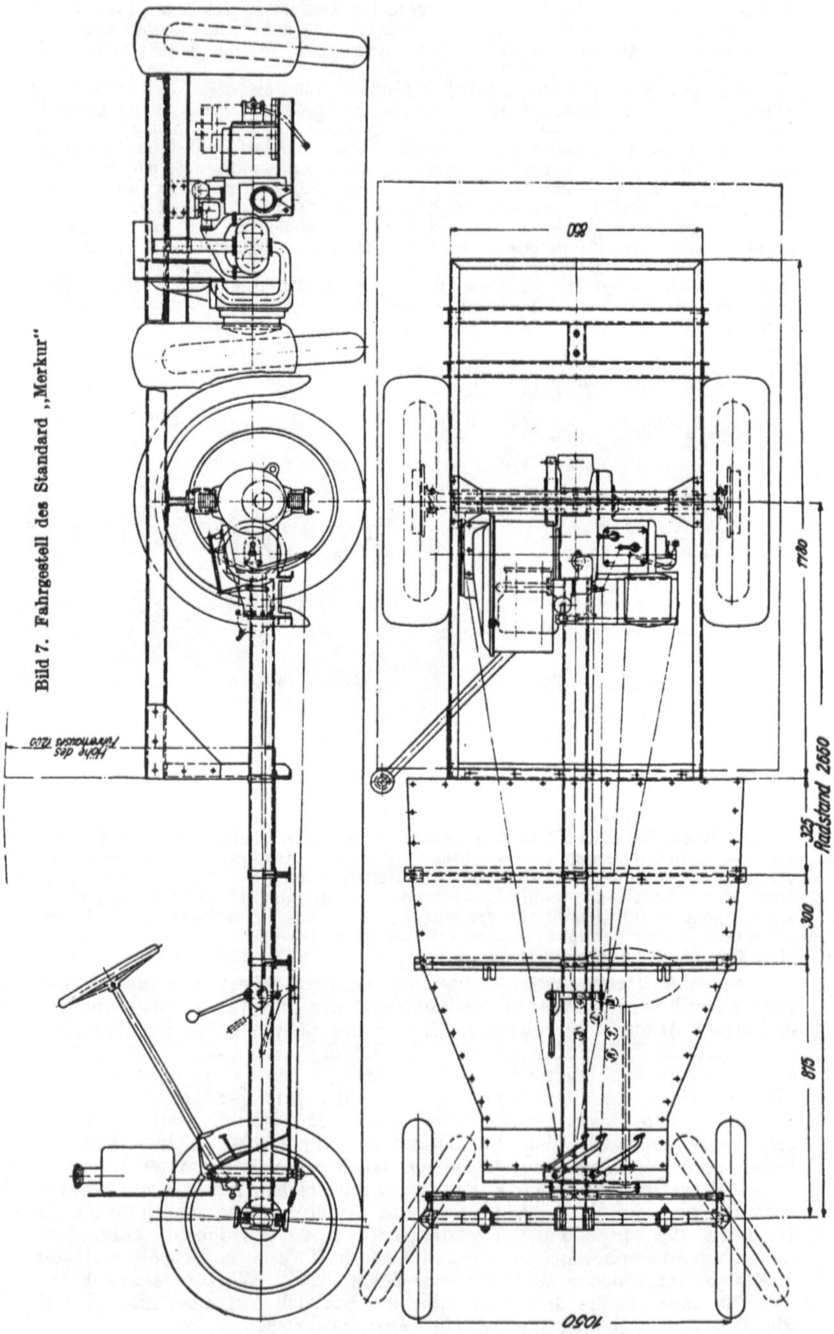

Bild 7. Fahrgestell des Standard „Merkur“

Bei den Tempo-Werken ist vor allen Dingen der „Front 12" erwähnenswert, der mit einem wassergekühlten 12 PS leistenden Motor (Zweizylinder-Ilo) von 400 ccm ausgerüstet ist und über eine Tragfähigkeit von 750 kg verfügt. Der „Front 6" (200-ccm-Motor), dessen Nutzladefähigkeit bei 500 kg liegt, besitzt ebenso wie der „Front 12" schraubengefederte hintere Schwingachse (Bild 4). Die Tempo-Werke bauen ausschließlich Dreiradfahrzeuge als Vorder- oder Hinterlader.

Besonders reichhaltig ist die Auswahl im Fabrikationsprogramm der Goliath-Werke. Da gibt es den Typ „F 200" und „F 400" für 10 bzw. 15 Zentner Nutzlast,

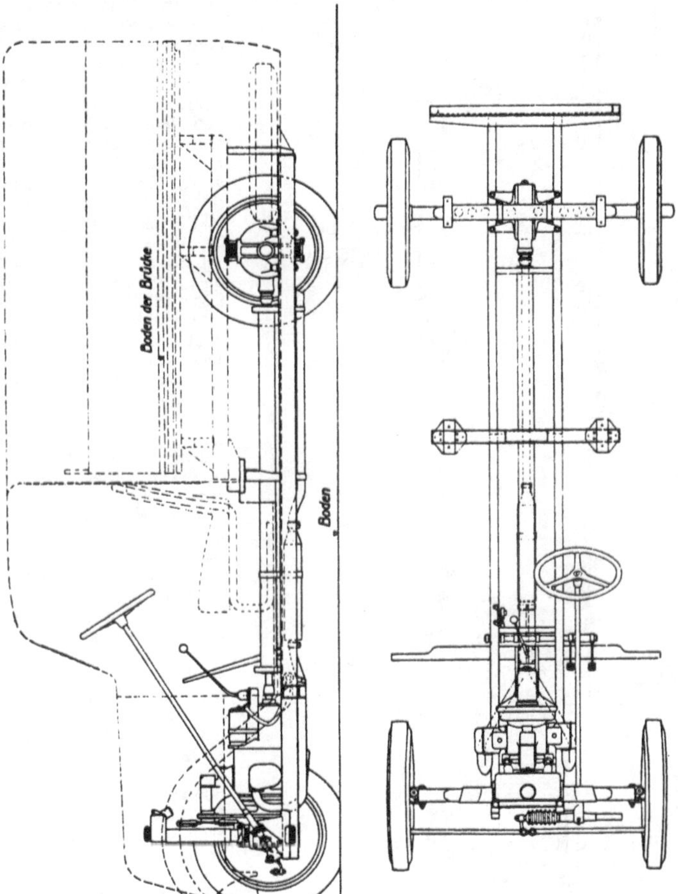

Bild 8. Fahrgestell des Zündapp-Lieferwagens

mit verwindungsfreiem Rahmen, Dreirad-Einzelaufhängung, Kardan-Hinterachsantrieb und U-Profil-Schmalträgerrahmen (Bild 5). Dazu tritt der Typ „Atlas", ein Vierradfahrzeug mit normalem Profilrahmen, Hinterradantrieb durch Globoidschnecke und Kegelraddifferential, sowie Einzelradfederung vorn und hinten (Bild 6).

Die Victoria-Werke schufen einen Dreirad-Lieferwagen mit 175-ccm-Motor, einem preßluftgekühlten Zweitakter in Seitenbordanordnung. Er ist für eine Nutzlast von 250 kg bestimmt, besitzt Einrad-Hinterradantrieb, Einzelradabfederung (eine Kombination aus Blattfeder und Kugelgelenk) und Stahlrohrrahmen.

Eine erstaunliche Leistung repräsentiert der Magirus Typ M 10, ein Vierrad-Leichtlastwagen mit luftgekühltem Zweizylinder-Zweitakter von 600 ccm Hubraum und einer Chassis-Tragfähigkeit von 1300 kg. Mit Aufbau ist das also ein runder Eintonner, dessen Endgeschwindigkeit unter Vollast bei 50 km/h liegt. Das Fahrgestell, sehr robust, in Standardausführung, aber mit allen Feinheiten modernen Zubehörs.

Auch die Standard-Werke bringen neben dem Eildreirad „Progreß" einen vierrädrigen Eintonner heraus, den Typ „Merkur" (Bild 7). Das Fahrzeug zeigt die gleichen Merkmale wie der „Superior", d. h. also Einrohrfahrgestell, vorn und hinten Schwingachsen und im Heck untergebrachten 400-ccm- oder 500-ccm-Zweizylindermotor.

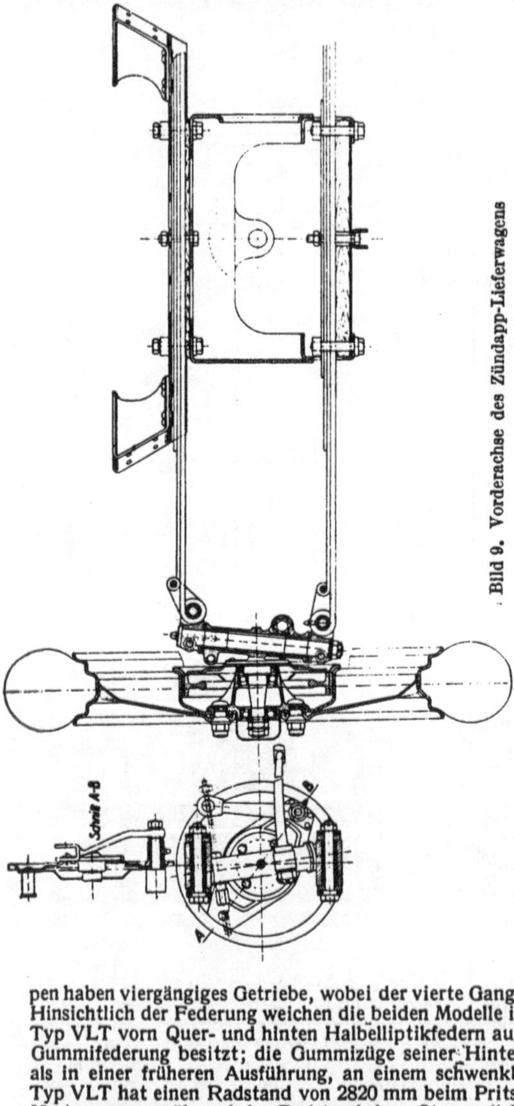

Bild 9. Vorderachse des Zündapp-Lieferwagens

Der Eintonner von OD mit 600-ccm-Motor, Frontantrieb, Einrohrchassis, achsloser Vorderradaufhängung an Querfedern und hinterer Schwingachse in Verbindung mit verstellbaren Schraubenfedern gehört zu den Musterstücken dieser Gattung. Mehr allerdings noch der Zündapp-Lieferwagen (Bild 8). Ausgerüstet mit einem wassergekühlten, 10 PS leistenden, gegenläufigen Zweizylinder-Zweitakter mit angeblocktem Dreiganggetriebe, wird das Fahrgestell aus einem geschlossenen torsionssteifen Stahlprofilrahmen gebildet. Die Vorderräder sind an zwei parallelführenden Querfedern achslos aufgehängt (Bild 9), in gleicher Art sind die hinteren Antriebs-Schwingachsen durch zwei übereinanderliegende Querfedern abgefedert (Bild 10). Die Kraftübertragung vom Getriebe auf die Hinterachse mit spiralverzahnten Kegelrädern und Differentialausgleich erfolgt durch Kardanwelle. In seiner ganzen Konstruktion ist das Fahrzeug nach den fortschrittlichsten Gesichtspunkten der heutigen Autotechnik entwickelt.

Die Framo-Werke bringen ferner zwei Vierrad-Lieferwagen heraus, von denen der Typ VLT für 600 kg und der „Stromer" für 350 kg Tragfähigkeit bestimmt ist. Beide mit Zentralrohrchassis und Frontantrieb. Typ VLT mit 290 ccm — 9 PS und der „Stromer" mit 192 ccm — 7 PS-DKW-Umkehrspülungs-Zweitakter. Beide Typen haben viergängiges Getriebe, wobei der vierte Gang als Schnellgang ausgebildet ist. Hinsichtlich der Federung weichen die beiden Modelle insofern voneinander ab, als der Typ VLT vorn Quer- und hinten Halbelliptikfedern aufweist, während der „Stromer" Gummifederung besitzt; die Gummizüge seiner Hinterradfederung sind jetzt, besser als in einer früheren Ausführung, an einem schwenkbaren Hebelarm befestigt. Der Typ VLT hat einen Radstand von 2820 mm beim Pritschenwagen und 2570 mm beim Kastenwagen, während der Radstand des „Stromer" 2600 mm bei gleicher Spur von 1250 mm beträgt. Diese Maße werden hier absichtlich genannt, um an einem Normalfall das ungefähre Bild der Durchschnitts-Abmessungen solcher Kleinst-Lieferwagen zu geben.

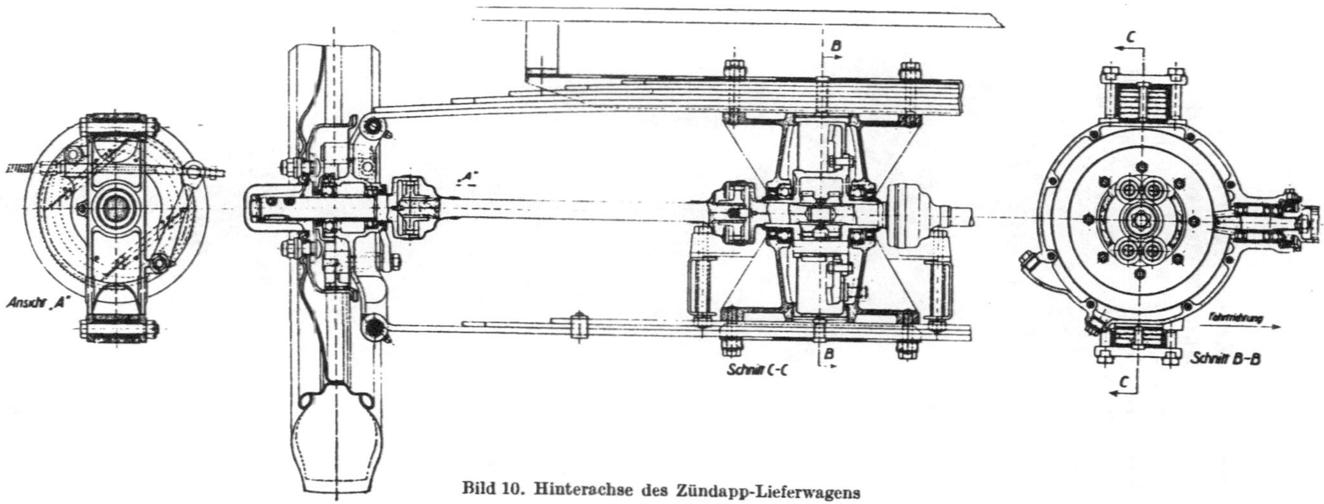

Bild 10. Hinterachse des Zündapp-Lieferwagens

Fahrzeuge für Sonderzwecke, Omnibusse und Schwerstlastwagen

L. Ptaczowsky, Ing. Berlin

Die Sonderfahrzeuge sind im Automobiltechnischen Handbuch (13. Auflage) S. 1055 bis 1103 ausführlich behandelt. Grundlegende Neukonstruktionen sind sowohl

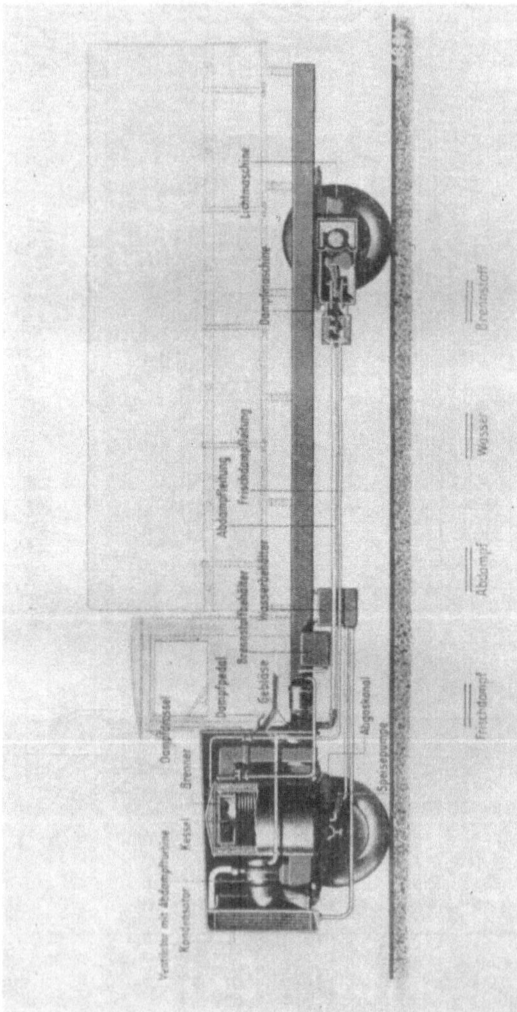

Bild 1. 5 t-Henschel-Dampfwagen

bei den Sonderfahrzeugen als auch bei den Omnibussen meist nur bei den Aufbauten anzutreffen. Von erheblichem Einfluß auf die vielseitige Ausgestaltung der Sonderfahrzeuge sind die Dreiachs-Fahrgestelle, die wirtschaftlichen Hochleistungs-Fahrzeug-Dieselmotoren und nicht zuletzt der Leichtmetallbau, mit seinen großen Gewichtsersparnissen bei außerordentlich günstigen Festigkeitsverhältnissen[1]).

Recht günstig hatte sich in Deutschland auch der Bau von Schwerstlastwagen bzw. Sattelschlepper und Anhänger entwickelt, die bis zu einer Tragfähigkeit von

Bild 2. „Straßenzepp", ein stromlinienförmiger Omnibus

100 t Nutzlast gebaut werden. Weiter unten soll auf diese Fahrzeuge noch näher eingegangen werden.

Obwohl die Bestrebungen, heimische Kraftstoffe (Teeröl, das bekanntlich für den Dieselmotor nicht geeignet ist), zu verwenden, in letzter Zeit recht groß waren, konnte sich der Dampfbetrieb bisher in Deutschland nicht zufriedenstellend entwickeln. Es sind zwar längere Versuche mit dem Delling-Dampfomnibus (siehe ATZ, Heft 9, S. 221 1932) gemacht worden, doch haben auch diese zu keiner allgemeinen Einführung dieser Fahrzeuggattung geführt. Immerhin laufen zur Zeit bei der Reichsbahn 10 Henschel-Dampfwagen, auch sind noch bei anderen Unternehmungen solche in Dienst gestellt worden.

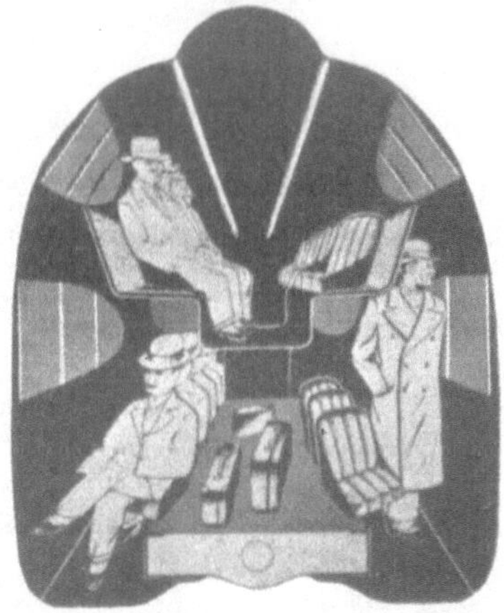

Bild 3. Schnitt durch den „Straßenzepp"

Henschel hat in den letzten Jahren umfangreiche Versuche mit seinem Dampfwagen gemacht. Bei den 120-PS-Henschel-Dampfwagen ist der Hoch- und Niederdruckzylinder mit zugehöriger Steuerung an der Hinterachse des Wagens befestigt. Die Dampfmaschine wirkt über ein Paar Stirnräder und Differential auf die Hinterräder. Der Kessel befindet sich hinten, in der Mitte, die beiden Kondensatoren seitlich davon. Die Ölfeuerung ist vollkommen selbsttätig. Der Fahrer braucht darauf nicht zu achten, sondern lediglich nur den Dampffußhebel zu bedienen. Bei Richtungswechsel wird, ähnlich wie beim Lokomotivbetrieb, ein Handhebel umgelegt. Der Hochdruckzylinder arbeitet mit 100 at. Die Maschine macht bis zu 1500 Umdr./min.

[1]) Siehe: Dr. Roland Sterner-Rainer, Die Verwendung von Aluminium im Kraftfahrzeugbau. ATZ Nr. 8 von 1934, S. 220.

Bild 1 zeigt einen 5-t-Henschel-Dampfwagen, bei dem der Hochdruck-Dampfkessel von 100 atü bei nur 6 Liter Wasserinhalt vorne liegt.

Bild 4. Aero-Schnellbus für 22 bis 23 Personen. Stromlinienartiger Aufbau

Einen Fortschritt im elektrischen Betrieb zeigt der neue MAN-Obus-Dreiachser. Das sehr tief liegende Fahrgestell trägt zu beiden Seiten einen 75 PS Elektromotor, der die beiden hintereinanderliegenden Triebräder mittels je einem durchgehenden Wellenzug und Schneckengetrieben antreibt. Jedes der Räderpaare hat für sich ein Differential eingebaut. Eine Luft-Öldruckbremse wirkt auf alle sechs Räder, während für die Hinterräder nur eine Handbremse erforderlich ist. Das Motorgewicht wirkt sich sehr günstig durch die Anbringung des Motors zwischen den Lenk- und Triebrädern aus. Das Fahrgestellgewicht ohne elektrische Ausrüstung beträgt etwa 3800 kg, seine Tragfähigkeit einschließlich elektrischer Ausrüstung 11000 kg. Der Omnibus ist als Oberleitungsomnibus ausgebildet für Aufbauten bis zu 70 Personen.

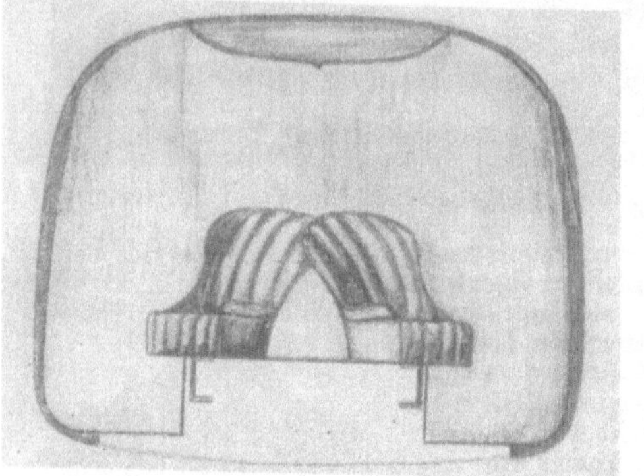

Bild 5. Querschnitt durch den Aero-Schnellbus

Sehr viel Beachtung fand der in letzter Zeit entwikkelte zweistöckige „Straßenzepp" der Karosseriefabrik Gebr. Ludewig (Bild 2 und 3). Hier gelang es, das Fahrzeuggewicht pro beförderter Person durch die Verwendung von Leichtbau auf 80 kg zu senken. Die Geschwindigkeit dieses Fahrzeuges beträgt bis zu 90 km/Std.

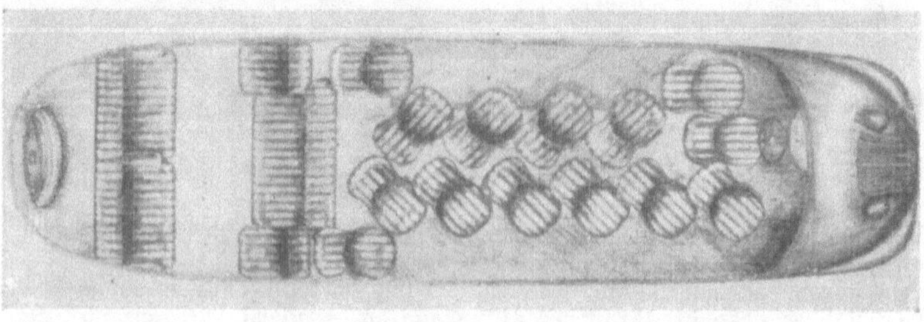

Bild 6. Art der Sitzanordnung im Aero-Schnellbus

Diese Firma hat ein weiteres Schnellfahrzeug hergestellt, welches in Bild 4 bis 6 gezeigt wird. Seine Höhe beträgt wenig über 2 m. Die Anordnung der Sitze für 22 bis 23 Fahrgäste ist fischgrätenförmig getroffen.

Feuerwehrfahrzeuge zeigen in ihren Aufbauten mancherlei Verbesserungen. So baut heute Magirus Auto-Drehleitern mit Aufrichtspindel bis zu einer Auszughöhe von 28 Metern.

Eine moderne Magirus-Schnelleinsatz-Autospritze mit Zweiradwassertankanhänger zeigt Bild 7. Hinten im Fahrgestell ist eine Kreiselpumpe von 1500 l/min Wasserleistung, vorne eine Luft-Schaumpumpe von 2000 l/min Leistung eingebaut. Die Spritze ist für den Transport von großen Schlauchmengen eingerichtet.

Bild 7. Magirus-Schnelleinsatz-Autospritze mit Zweirad-Wassertankanhänger

Bei schweren Lastwagen ist die Frage der Be- und Entladung von großer Wichtigkeit. Sind keine Laderampen und nur wenig ausreichende Menschenkräfte vorhanden, so gestaltet sich das Be- und Entladen sehr schwierig. Die wenig ausreichenden Mittel, mit welchen man sich in solchen Fällen zu behelfen sucht, führten häufig zu schweren Unglücksfällen. Auch sind Leistenbrüche durch Überschätzen der eigenen Kraft bei Transportarbeitern nicht selten. Schließlich sind auch Fälle bekannt, bei denen die Ladegüter stark beschädigt wurden. Man hat zur Behebung dieser Schwierigkeiten verschiedene Vorrichtungen gebaut, von denen hier zwei der wichtigsten kurz besprochen werden sollen.

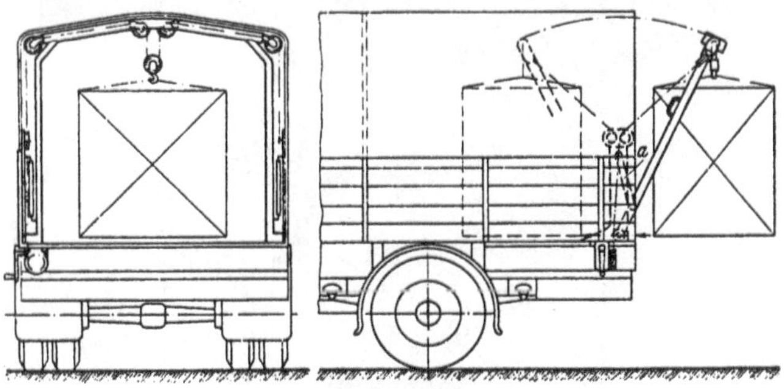

Bild 8. Demag-Ladeschwinge

Diese Ladevorrichtungen bringen aber auch noch den großen Vorteil mit sich, daß sie den Wünschen der Eisenbahnverwaltungen nachkommen, da mit ihnen eine größere Beweglichkeit und Schnelligkeit im Güterverkehr erreicht wird.

Eine sehr zweckmäßige Ladevorrichtung wird von der Demag gebaut (Bild 8). Am Ende der Ladefläche des Lastwagens steht eine nach außen und innen schwenkbare portalartige Schwinge, die sich dem Rahmenprofil des Lastwagens anpaßt. Die Last wird bei ausgeschwenkter Ladeschwinge angehängt und mit einer Sicherheitswinde, die an der Seite des Wagens angebracht ist, hochgehoben. Das Einschwenken der

Schwinge ist sehr leicht, da die Last wegen der eigenartigen Führung des Hubseiles in waagerechter Richtung bewegt wird. Auch das Eigengewicht der Schwinge ist ausgeglichen, so daß keinerlei Hubarbeit aufgewendet zu werden braucht. Die Schwinge kann auch für Instandsetzungsarbeiten, zum Beladen von Anhängern, zum Ab-

Bild 9. Anhänger für 30 t-Nutzlast

schleppen von Wagen usw. benutzt werden. Für besonders große Ladegüter ist der Schwingrahmen ausziehbar gestaltet. In normaler Ausführung trägt die Ladeschwinge 1500 kg; sie wird aber auch für größere und kleine Lasten gebaut.

Eine recht vielseitige Verwendungsmöglichkeit bieten die Ladevorrichtungen der MAN und Demag, die besonders für den Behälterverkehr dienen.

Bild 10. Fahrgestell eines Anhängers für 100 t Nutzlast

Was nun den Transport von besonders schweren Lasten, wie Transformatoren, Dampfkessel, Lokomotiven usw. betrifft, so ist zunächst zu berücksichtigen, daß die Ladefähigkeit eines Lastkraftwagens durch die Höchstbelastung, die jedes Rad oder jede Achse tragen kann, begrenzt ist, und daß außerdem der höchstzulässige Achsdruck durch das Kraftfahrzeug-Gesetz vorgeschrieben ist. Da der Verbreiterung der Reifen rasch eine Grenze gesetzt ist, so ist man gezwungen, die Zahl der Räder oder Achsen zu vermehren. Schon beim normalen Lastkraftwagen ging man dazu über, für Nutzlasten von 10 t herum drei Achsen zu verwenden. Für höhere Lasten sind Sonderkonstruktionen notwendig, die gesetzlich im einzelnen für bestimmte Straßen sowie Zeiten und Fahrgeschwindigkeiten zugelassen sind. Zweckmäßig wird man bei Schwerstlastwagen zur Pendelachse übergehen, damit die Reifen über die Gesamtbreite des Fahrzeuges richtig zum Aufliegen

Bild 11. Fahrgestell eines Anhängers für 100 t Nutzlast, von unten gesehen

kommen. Man kann auch je zwei Radpaare in sich auf jeder Seite des Wagens pendelnd lagern. Der Lenkung wegen wird man am Drehschemel nicht mehr als zwei Achsen anordnen. Die hinteren unlenkbaren Räder müssen so gelagert sein, daß sie in den Kurven ein gewisses Spiel seitlich zulassen. Auch hier lehrt die Erfahrung, daß das Befahren der Kurven unmöglich wird, wenn mehr als drei Achsen hintereinander vorgesehen werden. Bei Sattelschleppern muß für eine sichere Verbindung zwischen Drehschemel und eigentlichem Fahrgestell gesorgt werden. Handelt es sich um besonders schwere Fahrzeuge, so muß der Drehbolzen durch eine Kugelpfanne oder einen großen profilierten Drehring ersetzt werden.

Bild 9 zeigt einen Anhänger für 30 t Nutzlast. Die vorderen Räder sind an einem Drehschemel, die rückwärtigen am Fahrgestell angeordnet. Je zwei Räder einer Seite sind an einem Hebel drehbar gelagert, damit sich das Fahrzeug den Bodenverhältnissen besser anpassen kann. Hierher gehört auch noch das sogenannte fahrbare Anschlußgeleis der Deutschen Reichseisenbahn (siehe ATZ Nr. 17 von 1933).

Einen auf 30 Vollgummireifen laufenden Fahrzeuganhänger für 100 t Nutzlast zeigt Bild 10 und 11. Die Räder sitzen zu dritt auf einer Pendelachse, und da sich nicht mehr als zwei hintereinanderliegende Radreihen lenken lassen, ist nur ein Drehgestell vorne vorgesehen. Das Drehgestell wird auch für die Rückwärtsfahrt benutzt, wobei seitliche Handräder zum Lenken dienen. Das Fahrzeug hat ein Eigengewicht

Bild 12. Sattelschlepper für eine Nutzlast bis 100 t (Ansicht von vorn)

von 21 t, so daß das Gesamtgewicht des Fahrzeuges 121 000 kg wiegt. Somit kommt auf einen Reifen eine Belastung von 4000 kg.

Bild 12 zeigt einen Sattelschlepper, der für den Transport von Lokomotiven bestimmt ist. Das eigentliche Fahrgestell ist aus Doppel-T-Trägern zusammengesetzt; hinten sind je nach der Nutzlast (65 oder 100 t) ein oder zwei hintereinanderliegende Achsen vorgesehen. Bei 100 t Nutzlast besitzt das Fahrgestell 14 Räder mit insgesamt 22 Reifen. (Näheres siehe ATZ Nr. 8 von 1934.)

Sattelschlepper haben sich für den Betrieb von besonders schweren Lasten als sehr zweckmäßig erwiesen. So z. B. zeigt Bild 13 einen Scammell-Sattelschlepper, der für den Transport von rund 7000 l Benzin bestimmt ist. Der eigentliche Zugwagen ruht hier nur auf drei Rädern. Einen ähnlichen Sattelschlepper, dessen Zugwagen jedoch mit zwei Achsen und einem Deutzer-Diesel-Motor ausgestattet ist, zeigt Bild 14.

Bild 13. Scammell-Sattelschlepper. Die dreiräderige Zugmaschine hat vorne nur ein Lenkrad

In neuerer Zeit ist auch die Frage der Verwendung mitgeführter gasförmiger Treibstoffe für den Kraftfahrzeug-Betrieb sehr aktuell geworden und hat auch verschiedentlich zu sehr günstigen Resultaten geführt. Besonders ist der Gasbetrieb für Omnibusse, Lastkraftwagen und andere Nutzfahrzeuge recht wirtschaftlich, zumal von vornherein die betreffenden Fahrzeuge für den Gasbetrieb gebaut werden.

Sehr günstige motorische Eigenschaften zeigt auch das Flüssiggas, wie Propan, Butan und ihre Gemische, die bei gewöhnlicher Temperatur bereits bei sehr niederen Drücken (Propan bei 8 atü, Butan sogar bei 2 atü) in den flüssigen Zustand übergehen und in dieser Form in verhältnismäßig leichten Flaschen auf dem Fahrzeug mitgeführt werden können. Flüssiggase zeichnen sich auch durch ihren hohen Heizwert aus.

Hier ist auch auf das Flüssiggas „Ruhrgasol", das in Flaschen von 12 bis 20 atm Druck mitgeführt werden kann, hinzuweisen. Erzeuger: B.V. Bochum.

Für Versuchszwecke wurde ein 110-PS-Krupp-Omnibus sowie ein Post-Landkraftwagen mit luftgekühltem Motor für Flüssiggas umgebaut. An dem Fahrgestell des

Bild 14. Schwerer Zweiachs-Sattelschlepper

Omnibusses wurden zu beiden Seiten je zwei Flaschen angebracht, die etwa 22 kg Flüssiggas unter einem Druck von 12 atü fassen. Ein mit vier Flaschen ausgerüsteter schwerer Wagen besitzt einen Fahrbereich von etwa 400 km. Mit einem Kilogramm Flüssiggas läßt sich die gleiche Kilometerleistung erzielen wie mit etwa 1,7 l Benzin-Benzolgemisch. (Näheres siehe „Gas in Deutschlands Wirtschaft und Verkehrswesen" ATZ, Heft 24/1934.)

Sauggasbetrieb bei Kraftfahrzeugen

L. Ptaczowsky, Ing. Berlin

Der Betrieb von Kraftfahrzeugen mit Sauggas nimmt in Deutschland immer noch allergrößtes Interesse in Anspruch, nicht nur wegen der hohen Wirtschaftlichkeit, sondern aus dem Grunde, daß wir flüssige Treibstoffe zum größten Teil aus dem Auslande einführen müssen. So wurden 1933 an ausländischem Benzin 905000 t (Inlandserzeugung 174000 t), an Benzol 33600 (Inlandserzeugung 233700 t), und Gasöl 474000 (Inlandserzeugung

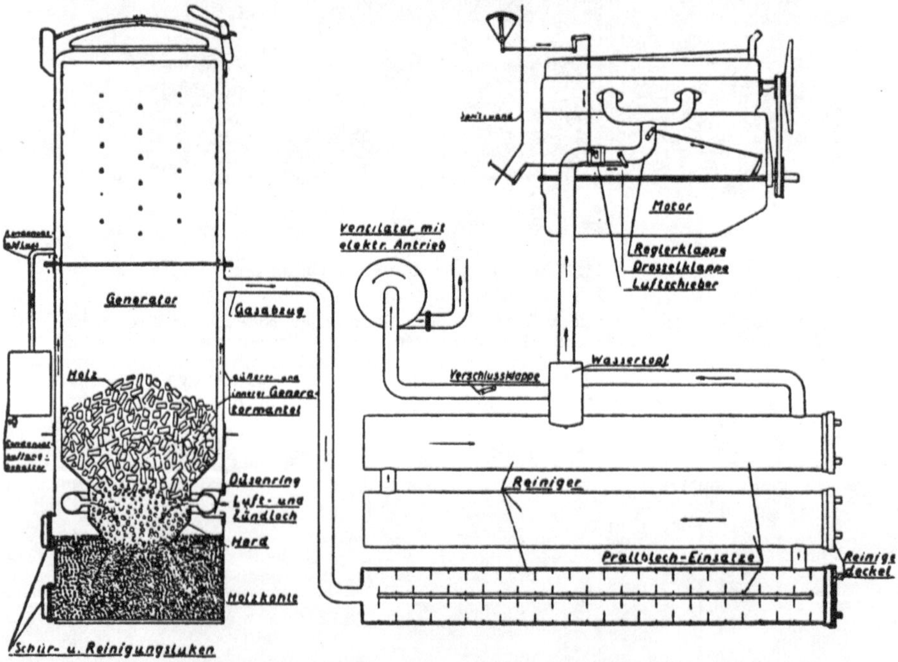

Bild 1. Schema der bei den Autobussen benutzten Imbert-Gasanlage

110000 t) eingeführt. Hierzu kommt noch eine Inlandserzeugung von 138000 t Spiritus. Daraus ersieht man, daß noch im Jahre 1933 zwei Drittel der leichten Treibstoffe und mehr als vier Fünftel der Treibstoffe für Dieselmotoren aus dem Auslande eingeführt wurden. Es ist begreiflich, daß nach vorstehendem die Verwendung von festen Treibstoffen, wie Holz und Holzkohle, die in Deutschland in Überfluß und preiswert zur Verfügung stehen, die größte Beachtung finden müssen. Holz verdient hierbei gegenüber Holzkohle aus technischen und wirtschaftlichen Gründen den Vorzug. In Deutschland hat der Holzgasbetrieb schon einen beachtlichen Umfang angenommen. Nach den ATF-Mitteilungen waren bereits im Mai 1933 545 Holzgas- und 15 Holzkohlengasgeneratoren in Betrieb. Die Gegner des Sauggasbetriebes führen häufig an, daß der in Frankreich hochentwickelte Sauggasgenerator in den letzten Jahren in seiner Verwendung stark im Rückgang begriffen wäre. Das stimmt, hat aber seinen Grund nicht in der Unvollkommenheit des Generatorbetriebes, sondern darin, daß in dem reichen Frankreich sich die wirtschaftlichen Vorteile des Sauggasbetriebes nicht so günstig auswirken können wie in anderen ärmeren Ländern. Forst- und volkswirt-

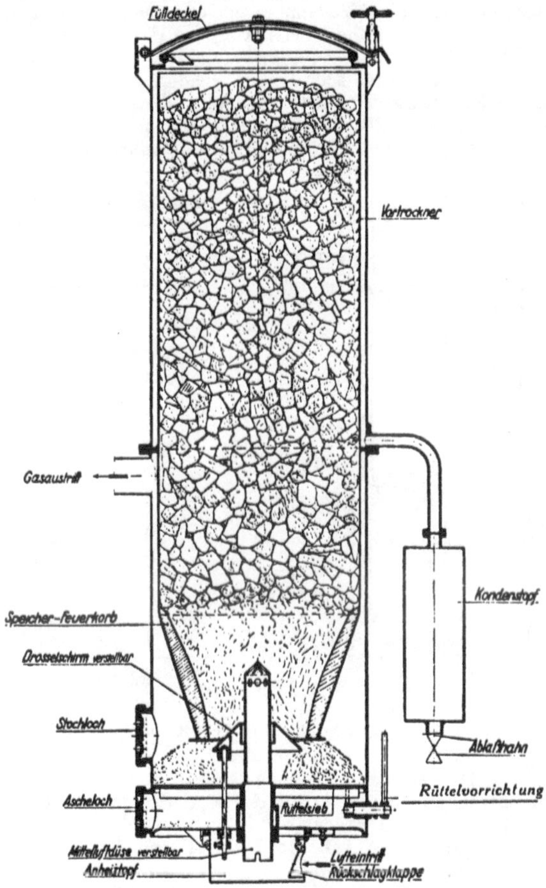

Bild 2. Querschnitt durch den Deutzer Holzgasgenerator

schaftlich ist der Sauggas-Betrieb von größter Bedeutung. Bei der Holzversorgung wird 1 l Benzin durch rund 2—2,5 kg Holz ersetzt, daß heißt beim Betrieb eines größeren Lastwagens oder Autobusses ist für 1 km etwa 1,2 kg Holz erforderlich. Nimmt man an, daß in Deutschland rund 150000 Lastkraftwagen in Betrieb wären, die durchschnittlich im Jahre 30000 km zurücklegen, so würden etwa 7,5 Millionen rm für den Betrieb dieser Lastkraftwagen erforderlich sein, d. i. ¼ des deutschen Brennholzabfalles[1]).

Dem Sauggasgenerator haften zweifellos noch einige Mängel an, die seiner größeren Verbreitung hinderlich im Wege stehen. Vor allem ist der

[1]) Siehe ATZ: Forstliche und volkswirtschaftliche Bedeutung der Holzvergasung. Heft 11 von 1934.

Betrieb mit Holzgas noch empfindlich und erfordert größere Aufmerksamkeit gegenüber Benzinbetrieb. Auch liegen die Preise für komplette Generatoranlagen zu hoch. Vergleicht man den Durchschnitts-Kilopreis eines Generators mit dem eines hochwertigen Kraftwagens, so beträgt derselbe ein Vielfaches von dem letzteren, obwohl bei diesem nur einfache Blecharbeiten in Frage kommen. Wesentlich günstiger wird sich der Sauggasbetrieb gestalten, sobald der Generator und seine sonstige Apparatur nicht mehr als eine zusätzliche Vorrichtung an den Wagen angebaut wird, sondern sobald ein Wagen mit Sauggasbetrieb als organisch Ganzes gebaut werden wird. Trotzdem sind schon ganz erhebliche Leistungen mit deutschen Sauggas-Kraftwagen erzielt worden. Eine der hervorragendsten Leistungen vollbrachte anläßlich der Ersten Internationalen Alpenwertungsfahrt mit Ersatzbrennstoffen ein 5 t-Vomag-Lastkraftwagen, dessen Brutto-

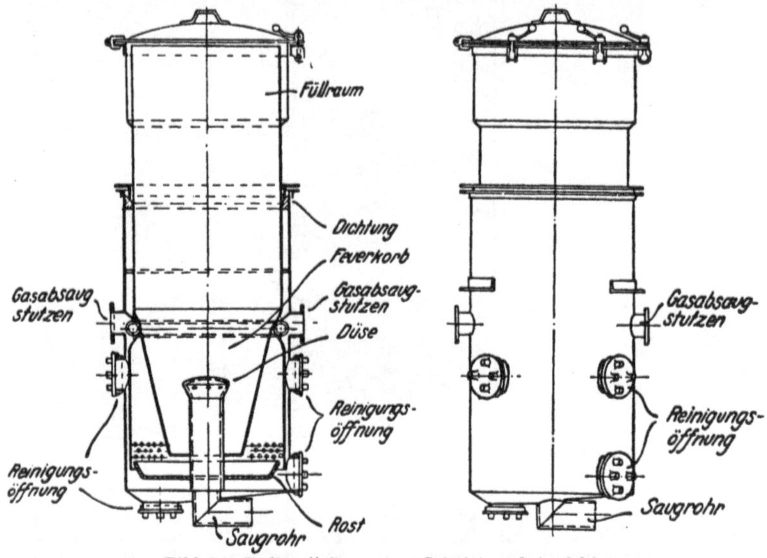

Bild 3. „Bullgas“-Generator, Schnitt und Ansicht

gewicht 12,7 t hatte. Dieser Wagen bewältigte nur mit Holzgas die mehr als 2000 km betragende Strecke, auf der sich Steigungen bis zu 28% befanden, ohne die geringste Störung.

Soll der Holzgasbetrieb sich einwandfrei gestalten, so sind folgende Punkte zu beachten:

1. Bei Neubauten soll ein Motor mit entsprechend großem Hubraum zur Verwendung kommen, um den bei Holzgasbetrieb sich ergebenden Leistungsabfall von 30—40% zu begegnen.
2. Das Verdichtungsverhältnis muß bei Holzgasbetrieb entsprechend groß sein (1:7 bis 1:9).
3. Der Holzgasbetrieb wird zweckmäßig von 3 t aufwärts zur Anwendung kommen, obwohl auch schon Personenwagen (Ford), die mit Sauggasgeneratoren betrieben wurden, zufriedenstellende Resultate ergaben. Langsamlaufende Motoren ergeben günstigeren Betrieb. Bei Spitzenleistungen wird man zweckmäßig mit zusätzlichem Benzinbetrieb arbeiten.
4. Da ein wirtschaftlicher Betrieb bei den heutigen Generatorkosten von 2000 bis 3000 Mark nur bei größeren Fahrzeugen, die viel in Betrieb sind, gewährleistet ist, so sind die Preise für Generatoren zu senken.

Die modernen Generatoren arbeiten heute fast ausschließlich mit umgekehrter, d. h. abwärtsgerichteter Verbrennung. Dadurch wird der Vorteil erreicht, daß die Brennstoff-Feuchtigkeit zur Gasbildung herangezogen wird, und daß die Teerreste in der Feuerzone zersetzt werden. Einer der weitverbreitetsten Generatoren ist der Imbert-Generator (Bild 1).

Der Generator besteht aus einem doppelwandigen Stahlblechzylinder von 250 bis 800 mm Durchmesser und entsprechender Höhe, dessen innerer Mantel unten als Herd

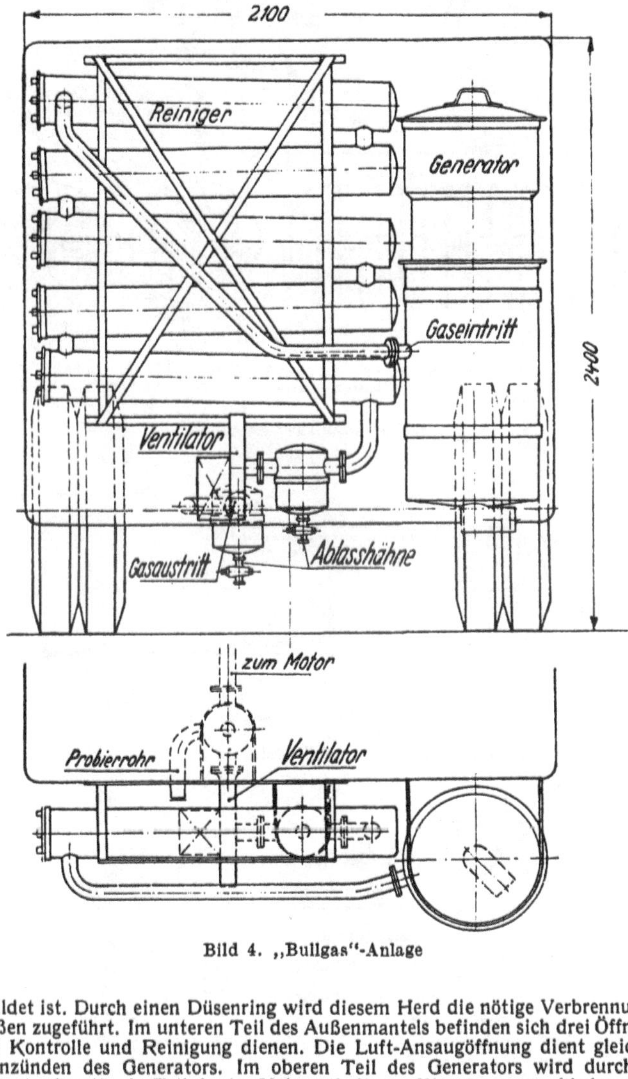

Bild 4. „Bullgas"-Anlage

ausgebildet ist. Durch einen Düsenring wird diesem Herd die nötige Verbrennungsluft von außen zugeführt. Im unteren Teil des Außenmantels befinden sich drei Öffnungen, die zur Kontrolle und Reinigung dienen. Die Luft-Ansaugöffnung dient gleichzeitig zum Anzünden des Generators. Im oberen Teil des Generators wird durch einen Kondensator bereits ein Teil des im Holz enthaltenen Wassers ausgeschieden. Bei der ersten Inbetriebsetzung werden der Herd und der Ringraum mit Holzkohle gefüllt, die sich später aus dem verschwelten Holz ergänzt. Die durch den Düsenring angesaugte Luft verbrennt mit der Holzkohle zu Kohlendioxyd (CO_2), das nach unten durch die glühende Holzkohle abgesaugt und dabei wieder zu Kohlenoxyd (CO) reduziert wird. Die sich aus dem Holz bildenden Schwelgase werden gleichfalls durch die Feuerzone

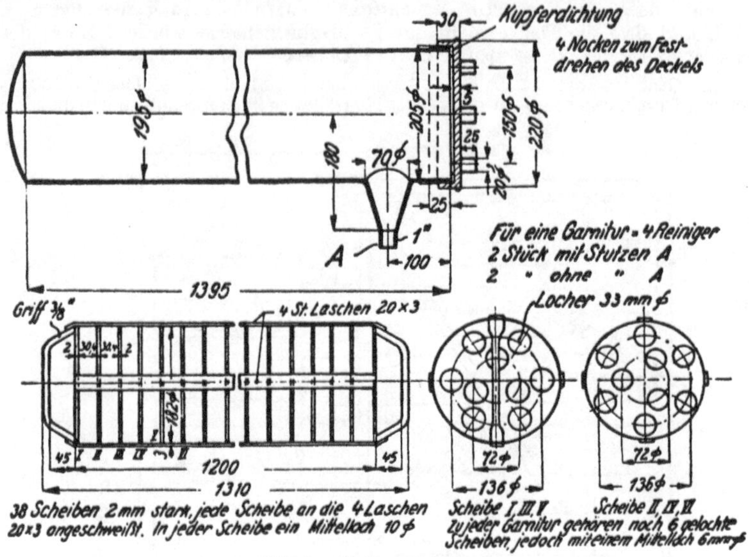

Bild 5. „Bullgas"-Reiniger

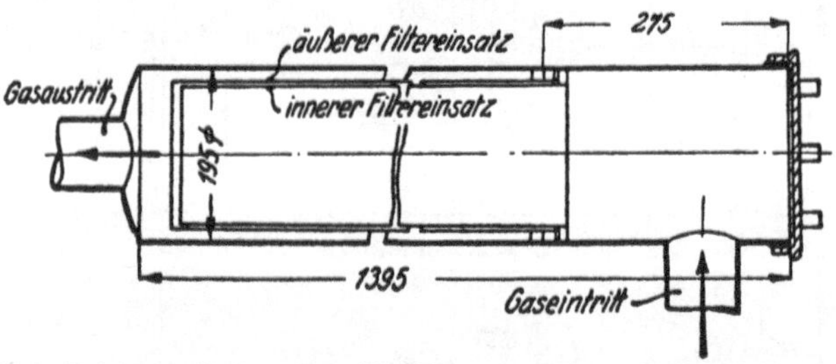

Bild 6. Reiniger mit doppeltem Tuchfiltereinsatz zum „Bullgas"-Generator

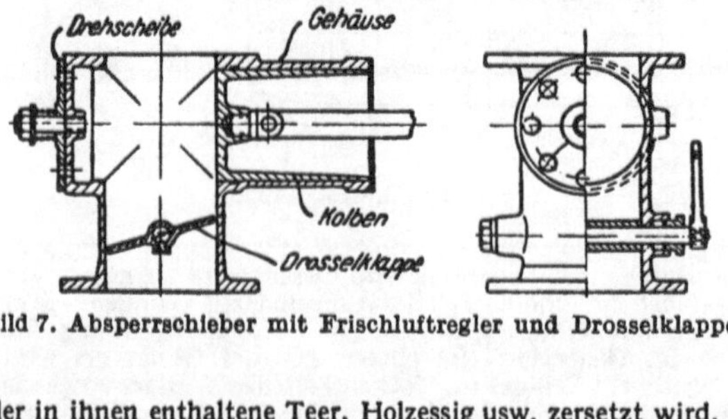

Bild 7. Absperrschieber mit Frischluftregler und Drosselklappe

gesaugt, wo der in ihnen enthaltene Teer, Holzessig usw. zersetzt wird. Der aus dem Holz ausgetriebene Wasserdampf kondensiert zum Teil im oberen Teil des Generators, während der restliche, durch die Feuerzone gehende Teil eine weitgehende Zersetzung erfährt, und zwar in Wasserstoff und Sauerstoff. Der unzersetzte Wasserstoff gelangt mit dem Gas in die Reiniger, wo er kondensiert. Im Reiniger werden auch alle Staub- und Ascheteilchen zurückgehalten.

Als betriebssicher hat sich auch der Holzgas-Generator der Humboldt-Deutzermotoren A.-G. erwiesen (Bild 2).

Hier wird der Feuerkorb mit einem keramischen Baustoff, von hoher Festigkeit gegen Temperaturdifferenzen, ausgekleidet, der den großen Vorzug hat, die Wärme des Gaserzeugers bei Talfahrt oder Leerlauf sehr günstig zu speichern, so daß man ihn mit Recht „Speicherfeuerkorb" bezeichnet.

Bei den Generatoren, die ausschließlich mit Holz betrieben werden, wäre noch in bezug auf die Holzart folgendes zu bemerken: Mit Buchenholz lassen sich im allgemeinen höhere Leistungen erzielen als mit Fichten- und

Bild 8. 5 t-Vomag-Schnellastwagen mit Holzgasbetrieb (Ansicht von hinten)

Kiefernholz, mit Fichtenholz aber wiederum höhere als mit Kiefernholz. Der Unterschied in der Motorleistung ist bei den Weichhölzern jedoch nicht so groß wie zwischen Hart- und Weichholz, der Verbrauch von Buchenholz ist allerdings höher als bei Fichte und Kiefer, was mit dem höheren spezifischen Gewicht des Buchenholzes und seinem stärkeren Wassergehalt zu erklären ist.

Ein für Holzkohle geeigneter Generator ist der „Bullgas"-Generator (Bild 3). Wie eine derartige Generatoranlage an den Hinterteil eines Lastkraftwagens zusätzlich angebaut wird, zeigt Bild 4. Zwei typische Reinigerarten sind in Bild 5 und 6 dargestellt. Bild 5 zeigt einen „Bullgas"-Reiniger mit durchlochten Prallblechen, Bild 6 einen solchen mit doppeltem Filtertucheinsatz.

Für die Regulierung des Motors dient ein Absperrschieber mit Frischluftregler und Drosselklappe, wie ihn Bild 7 zeigt.

Wie bereits erwähnt, hat bei der Ersten Internationalen Alpenfahrt ein 5-t-Vomag-Schnellastwagen mit reinem Holzgasbetrieb sehr beachtenswerte Resultate erzielt.

Die Bilder 8 und 9 zeigen die hinter dem Führersitz angeordnete Imbert-Generator- und Reinigeranlage. Das Fahrzeug war mit einem 130 PS Sechszylinder-Vomag-Benzin-

Bild 9. 5 t-Vomag-Schnellastwagen mit Holzgasbetrieb (Ansicht von der Seite)

motor ausgerüstet, der bei Holzgasbetrieb eine Leistung von etwa 100 PS ergab. Abweichend von der Normalausführung dieses Motors besaß dieser eine Verdichtung von 1:9 und geringfügig abgeänderte Zylinderköpfe. Um einen anstandslosen Start zu sichern, war der Motor mit einem 6 PS-Anlasser, einer 300-Watt-Lichtanlage und 2 Batterien von je 105 Amp./Std. ausgestattet.

Der Wisco-„Autogas"-Generator für den Betrieb mit Holzkohle oder Torfkoks besteht nur aus 3 Teilen, dem Generator, dem Reiniger und dem Mischer. Er ist der älteste der deutschen Holzkohlen-Vergaser und arbeitet mit Wasserdampfzusatz, um ein Mischgas mit höherem Heizwert zu erzielen. Man kommt hier zu Heizwerten, die zwischen 1100 und 1300 WE/cbm liegen. Die Frischluft wird dem Generator angewärmt zugeführt. Dies Gas wird infolge der Wärmeabgabe an das Wasser im Generator und im Reiniger sowie durch die entsprechende Länge der Metallschlauchleitungen von 60 mm lichte Weite so weit abgekühlt, daß es mit Tagestemperatur in den Mischer eintritt. Die Wisco-Generatoren sind mit einer Ausmauerung versehen, die als Wärmespeicher dient und den Generator im Fahrbetrieb elastisch macht, weil der Motor auch nach längster Talfahrt sofort wieder Gas bekommt und anzieht. Die viereckige Bauart des Generators ermöglicht, den zur Verfügung stehenden Raum besser ausnützen zu können. Die Holzkohle wird in Papiersäcken aufgegeben, so daß der Betrieb sehr sauber ist. Die ziemlich festliegenden Preise der Holzkohle in Papiersäcken beträgt bei Waggonbezug RM 8.— für 100 kg frei deutscher Reichsbahnempfangsstation, bei Kleinbezug ab Tankstelle RM 10.— für 100 kg. Der Wasserverbrauch beträgt rund 45% des Holzkohlenverbrauches. Bild 10a zeigt den Wisco-Generator, Bild 10b den Reiniger und Bild 10c ein Zwischenstück mit der Regulierung der Zusatzluft, das zwischen der Saugleitung des Motors und dem Vergaser sitzt.

Ein Vertreter der mit Holzkohle arbeitenden Sauggas-Generatoren ist der neue HANSA-Generator, der in Bild 11 schematisch dargestellt ist. Bemerkenswert ist die Art der Zuführung und Mischung der Verbrennungsluft mit Wasserdampf.

Bild 10a.

Bild 10b.

Bild 10c.

Die Luft wird zuerst auf etwa 90° C vorgewärmt, in diesem Zustande mit Dampf von gleicher Temperatur gesättigt und das Dampf-Luft-Gemisch alsdann in die Verbrennungszone eingeführt. Neuartig und wirksam ist die von der Hansa-Generatoren-Gesellschaft entwickelte Reinigungsvorrichtung. Zunächst passiert das Gas ein Kühlröhrensystem, in dem das Gas unter dem Taupunkt der in ihm enthaltenen Feuchtigkeit abkühlt und von mechanisch mitgerissenen Verunreinigungen befreit wird, worauf es an den Oberflächen, die aus wasseraufsaugendem Material bestehen und mit der Außenluft in Verbindung sind, entlangstreicht. Die im Innern aufgenommene Feuchtigkeit verdunstet an der Außenseite der Kühl- und Trockenflächen, wobei die zum Verdunsten der dem Gas entzogenen Flüssigkeit erforderliche Wärme dem Gas selbst entnommen wird. Durch diese Einrichtung tritt das Gas praktisch trocken mit einer Temperatur von etwa 20 bis 30° C in den Motor ein.

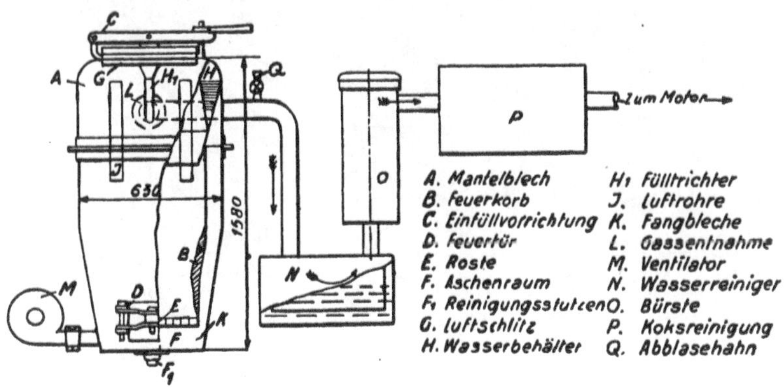

Bild 11.

Krafträder

L. Ptaczowsky, Ing. Berlin

Die technische Entwicklung des Kraftrades beschränkte sich in den letzten Jahren zumeist nur auf Einzelteile, wie Motor, Getriebe, Rahmen usw. In fabrikatorischer Beziehung sind erhebliche Fortschritte zu verzeichnen. Vieles wurde auf dem Gebiete der Normung geleistet und die Normungsarbeiten und Erfahrungen in den Normblättern niedergelegt[1]).

Deutschland und England sind heute im Kraftradbau führend, ja man kann sogar behaupten, daß der deutsche Kraftrad-Konstrukteur seinen

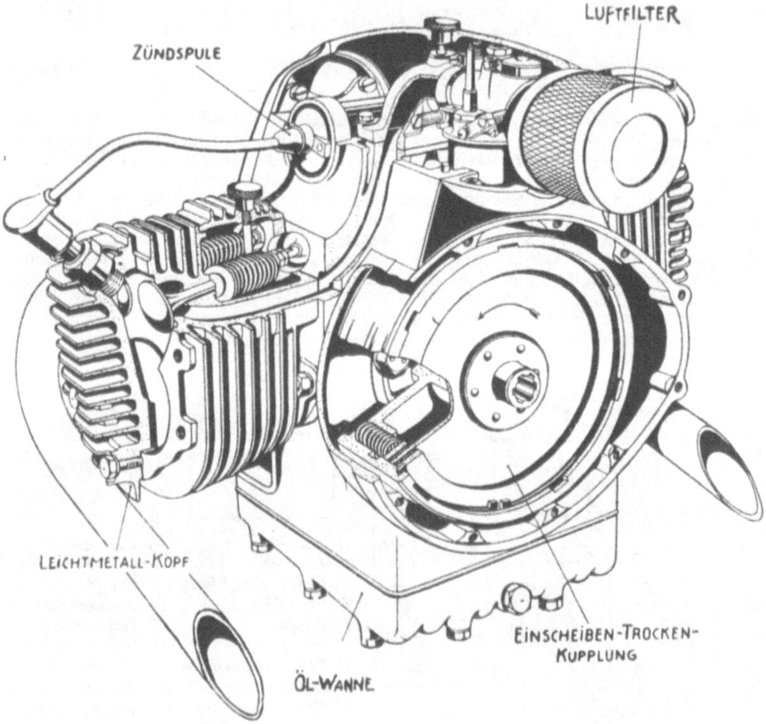

Bild 1. Motor der Zündapp Kardan-400—500 ccm (Kupplungsseite)

englischen Kollegen in mancher Hinsicht überflügelt hat, wozu nicht unwesentlich das Festhalten der Engländer am Althergebrachten beigetragen hat. Man spricht heute von einer deutschen und englischen Schule des Kraftrad-Baues. Unter deutscher Schule versteht man die typische Bauart

[1]) Normen für den Kraftfahrbau. Herausgegeben vom Fachnormenausschuß der Kraftfahrindustrie und dem Deutschen Normenausschuß E. V. 1931. Vertrieb Beuth-Verlag G. m. b. H., Berlin S 14.

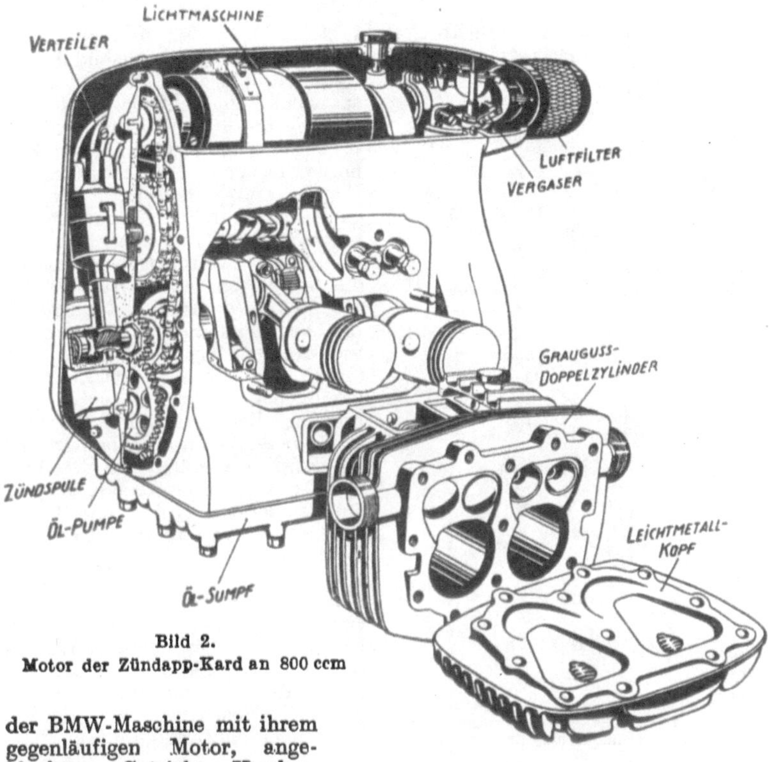

Bild 2.
Motor der Zündapp-Kard an 800 ccm

der BMW-Maschine mit ihrem gegenläufigen Motor, angeblocktem Getriebe, Kardanwellenantrieb und Preßrahmen, während die englische Schule durch einen stehenden Einzylindermotor, mit getrenntem Getriebe charakterisiert ist, wobei Motor und Getriebe einerseits, Getriebe und Hinterrad andererseits durch eine Kette verbunden sind. Wenn auch heute noch ein großer Teil der deutschen Kraftradfabriken der englischen Schule huldigt, so sind sie dennoch in konstruktiver Beziehung ihre eigenen Wege gegangen.

Besonders günstig konnten sich in Deutschland die Kleinkrafträder bis 200 cm³ entwikkeln (Sachs, DKW, Zündapp). Aber auch die stärkeren Maschinen bis 750 cm³ haben heute keine ausländische Konkurrenz mehr zu scheuen.

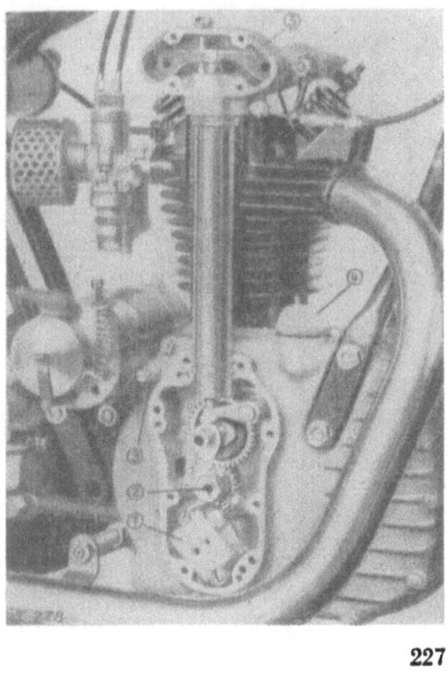

Bild 3. NSU-Ventilsteuerung

Besonders gute Fortschritte hat in Deutschland der Motorenbau gemacht. Bei den Viertaktmotoren ganz besonders durch die Ausbildung der Zylinderköpfe und der damit in Zusammenhang stehenden erhöhten Verdichtung von 1:7 für Motoren bis 500 cm³ und 1:9 für kleinere Einheiten, ferner in der Anordnung der Ventile und deren Betätigungsorgane, sowie durch die Schaffung der sogenannten Trockensumpfschmierung. Bei den Viertaktmotoren haben die von oben gesteuerten Ventile größere Verbreitung gefunden. Es bestehen keine Bedenken mehr, die von oben gesteuerten Ventile auch für Motoren bis 200 cm³ Zylinderinhalt herab zur Anwendung zu bringen. Bemerkenswerte Neukonstruktionen brachte in letzter Zeit Zündapp heraus. Es sind dies Ein- und Zweizylindermotoren mit gegenläufigen Kolben (Bild 1 und 2).

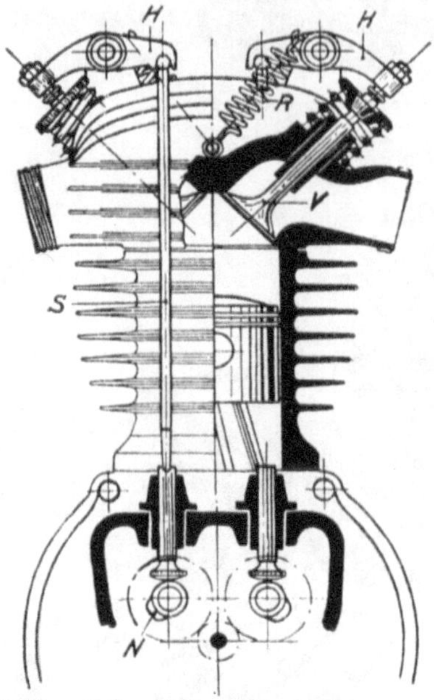

Bild 4. Zur besseren Überwindung der Massenträgheit der Ventile ordnet man Schwinghebel-Rückholfedern an

Als recht vorteilhaft hat sich der sogenannte „Königswellenantrieb“ erwiesen. Hier liegt die Nockenwelle über dem Zylinderkopf und wird von einem vertikalen Kegelradantrieb betätigt. Bei dieser Bauart können sich dadurch Schwierigkeiten ergeben, daß sich die ungünstig auswirkende Wärmeausdehnung der Zylinder nachteilig auf die einwandfreie

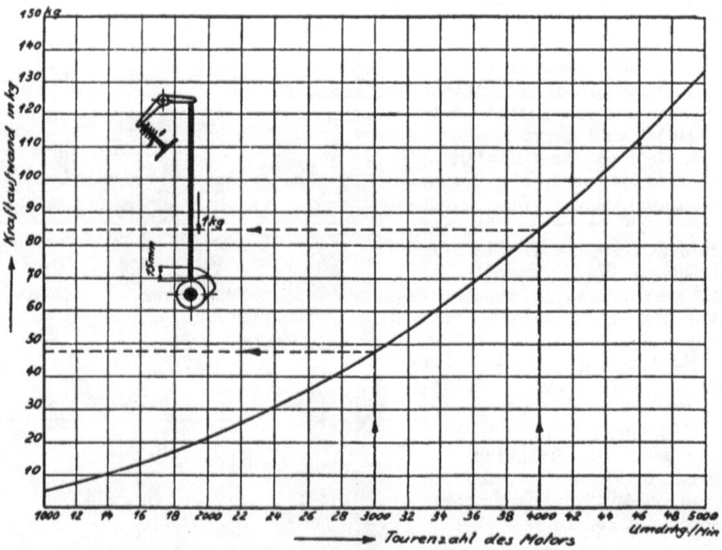

Bild 5. Abhängigkeit der Kräfte zur Überwindung der Massenträgheit von der Drehzahl des Motors

Kraftübertragung überträgt. Bei der Norton- und Velocettemaschine glaubte man diesen Nachteil dadurch beheben zu können, daß man das Nockengehäuse nur einseitig fest mit dem Zylinderkopf verband. Der Königswellenantrieb bewährt sich besonders gut bei Maschinen mit hoher Drehzahl. Bei den NSU-D-Maschinen (Bild 3) sind die Stoßstangen durch ein Rohr geschützt. Trotzdem das Nockengehäuse starr mit dem Zylinderkopf verbunden ist, bleibt die Steuerung von Wärmeausdehnungen unbeeinflußt.

Die Ventilöffnungszeiten sind bei hohen Drehzahlen besonders klein, so daß zur Überwindung der Massenträgheit der Ventile große Kräfte erforderlich sind. Um diese kleiner zu machen, ordnet man an den Schwinghebeln Rückholfedern an (Bild 4). Das wirksamere Mittel zur Vermeidung der Massenträgheit von Schwinghebel und Stoßstangen ist die gestängelose Betätigung der hängenden Ventile durch einen Nocken, der durch einen Königswellenantrieb gesteuert wird. Bild 5 veranschaulicht die Abhängigkeit der Kräfte zur Überwindung der Massenträgheit von der Drehzahl des Motors.

Daß man sich einer möglichst leichten Bauweise der Ventilbetätigungsorgane befleißigen soll, geht aus folgendem Beispiel hervor: An einem Motor übt das Ventilgestänge einschließlich Federspannung auf den Nocken zum Beispiel einen Druck von 1000 g aus, wobei das Ventil 15 mm hoch gehoben werden soll. Um diese 1000 g in der kurzen Zeit von etwa $^1/_{250}$ Sek (bei 3000 Umdr./min) 15 mm hoch zu heben, ist nach Bild 5 ein Kraftaufwand von 48 kg notwendig, bei 4000 Umdr./min aber ein solcher von 85 kg. Ist der Druck des Nockens aber nur 500 g, so ist bei 3000 Umdr./min nur mehr ein Kraftaufwand von 24 kg erforderlich. (Siehe auch Abschnitt Motoren.)

Bei der englischen Marke OK Supreme wurde der Königswellenantrieb schräg zur Zylinderachse gelegt, so daß die Nocken zur Ventilbetätigung direkt auf die Königswelle gesetzt werden konnten und somit das obere Kegelräderpaar in Wegfall kam. Neuerdings wird aber die OK Supreme mit parallel zur Zylinderachse liegender Königswelle nach Bild 6 ausgeführt. Die Schwinghebel ruhen hier mit Gleitstücken unmittelbar auf den Nocken der Nockenwelle.

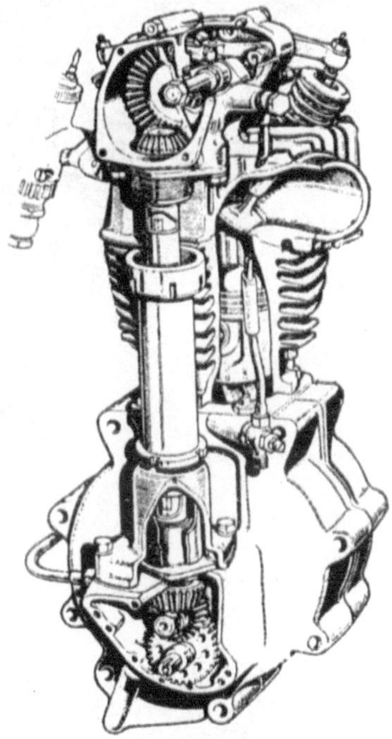

Bild 6. Königswellenantrieb bei der OK-Supreme

Überaus mannigfaltig ist die konstruktive Lösung der Betätigung hängender Ventile. Eine sorgfältige Ventilsteuerung dieser Art finden wir beim englischen Vincent-HRD-Motor mit schräg liegenden Stoßstangen, die direkt von Gleithebeln betätigt werden. Zwecks Einstellen der Ventile sind am oberen Ende der Stoßstangen Einstellschrauben vorgesehen. Bild 7 zeigt diesen Motor in seinem Aufbau, während Bild 8 die Ventilanordnung veranschaulicht. Interessant ist hier die Betätigung des Ventiles durch den Schwinghebel, der nicht auf den Ventilschaft, sondern auf ein Zwischenstück drückt. Bild 7 und 8 lassen auch die typische Anordnung der Haarnadelfedern erkennen, die wegen ihrer kurzen Bauart und günstigen Kühlverhältnisse besonders geschätzt sind.

Eine der meistverbreiteten Ventilbetätigungen ist die, bei der der

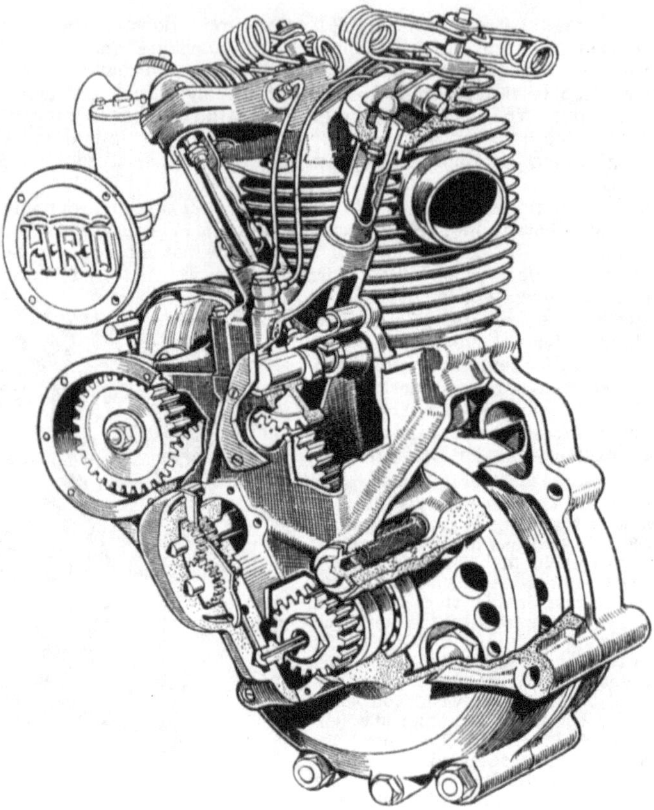

Bild 7. Eine typische high-camshaft-engine der HRD-Motor mit schrägstehenden Stoßstangen.

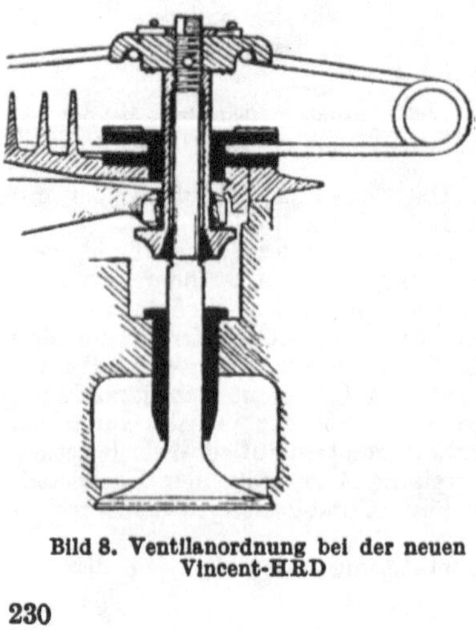

Bild 8. Ventilanordnung bei der neuen Vincent-HRD

Schwinghebel in der Richtung der Ventilachse auf das Ende des Ventilschaftes drückt. Eine solche Ausführung finden wir beispielsweise bei dem Rudge-Motor (Bild 9), der an sich einfach und sauber durchkonstruiert ist, jedoch den einen Mangel aufweist, daß nicht nur die Ventile und deren Federn, sondern auch die äußeren Arme der Schwinghebel nicht staub-, wasser- und schalldicht eingekapselt sind. Vorteilhaft läßt man das Auslaßventil zwecks guter Kühlung ungekapselt und verschalt nur das Einlaßventil, wie dies bei der obengesteuerten BSA-Maschine der Fall ist (Bild 10).

Ein typischer Vertreter der von unten gesteuerten Motoren ist der 500-ccm-Motor derMotosacocheA.-G.

(Bild 11). Dieser Motor, der für Tourenmaschinen bestimmt ist, hat modernen Verbrennungsraum im abnehmbaren Leichtmetall-Zylinderkopf; er leistet bei 82 mm Bohrung und 92 mm Hub 15 PS.

Eine neue englische Bauart, die sich rasch beliebt machte, ist die „high-camshaft-engine" (siehe Bild 7), bei der die Nockenwelle im Kurbelgehäuse angeordnet ist. Bei dieser Bauweise werden die Stoßstangen sehr kurz und daher leicht, die man überdies noch in die gleiche Bewegungsebene der schräg angeordneten Ventile legen kann, so daß man einen Winkelkipphebel vermeiden kann.

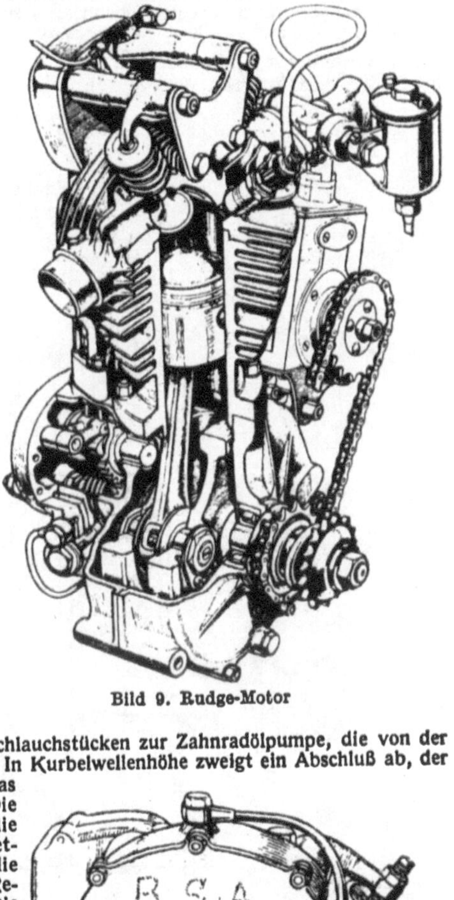

Bild 9. Rudge-Motor

Eine der wichtigsten Forderungen für den einwandfreien Betrieb von Krafträdern ist eine zuverlässige Schmierung. Während heute noch die Umlaufschmierung vorherrscht, findet die Trokkensumpfschmierung[1]) bei den Kraftfahrern immer mehr Interesse.

Bei der Trockensumpfschmierung gelangt das Schmieröl von einem Ölbehälter über ein Sieb zum Ölhahn *1* (Bild 12), der gleichzeitig mit dem Öffnen die Zündung über die Leitung *2* einschaltet. Bei geschlossenem Ölhahn kann mithin der Motor nicht in Betrieb gesetzt werden. Die Leitung vom Ölhahn führt unter Verwendung von elastischen Gummischlauchstücken zur Zahnradölpumpe, die von der Königswelle aus angetrieben wird. In Kurbelwellenhöhe zweigt ein Abschluß ab, der durch die hohle Kurbelwelle das Pleuellager unter Druck schmiert. Die Zylinderschmierung ist durch die Schraube *3* einstellbar. Für die Kettenschmierung (Motorgetriebe) ist die Leitung *4* vorgesehen, in die ein Regulierventil *5* eingeschaltet ist. Die Hauptölleitung führt neben der Königswelle zum Steuergehäuse und preßt das Öl durch eine Düse hinein. Das Unterdruckventil *10* führt das abgelassene Öl durch die Leitung *6* zum Ölbehälter zurück. Bei *10* zweigt noch die Leitung *7* ab, die zum Öldruckmanometer führt, das im Kraftstofftank eingebaut ist. Der normale Öldruck beträgt etwa 2 at. Vom oberen Steuergehäuse führen zwei kleine Leitungen zu den Ventilschäften im Zylinderkopf. Im oberen Steuergehäuse sind in entsprechender Höhe zwei Umlaufkanäle angeordnet, durch die das Öl über den gekapselten Königswellenantrieb zum Kurbelgehäuse zurückfließt. Am tiefsten Punkt desselben wird das Öl abgesaugt und zum Öltank zurückbefördert, um

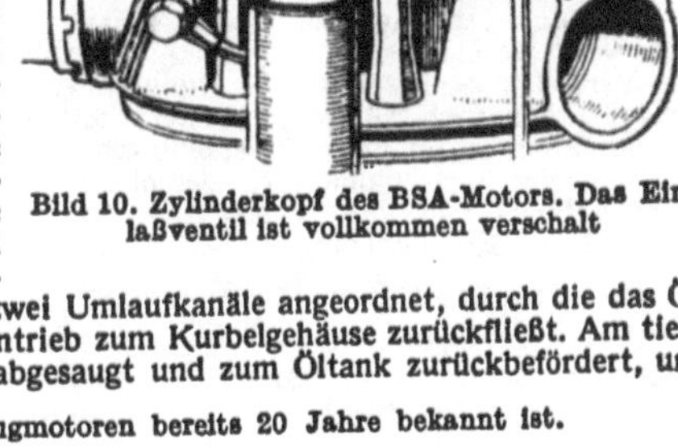

Bild 10. Zylinderkopf des BSA-Motors. Das Einlaßventil ist vollkommen verschalt

[1]) Eine Konstruktion, die bei Flugmotoren bereits 20 Jahre bekannt ist.

neuerdings seinen Kreislauf zu beginnen. Die Saugpumpe befindet sich unmittelbar unter der Druckpumpe und kann etwa die doppelte Ölmenge absaugen, so daß sich kein überflüssiges Öl im Gehäuse ansammeln kann, daher die Bezeichnung „Trockensumpf". Das zurückfließende Öl kann durch den Einfüllstutzen *8* kontrolliert werden. Bei Stillstand des Motors ist der Ölhahn stets zu schließen, da sonst vom höher liegenden Tank Öl durch die Pumpe hindurch zum Kurbelgehäuse fließen kann.

Ein besonderes Augenmerk ist auch auf die Schmierung der Ketten für das Getriebe, Hinterrad und Zündung zu richten.

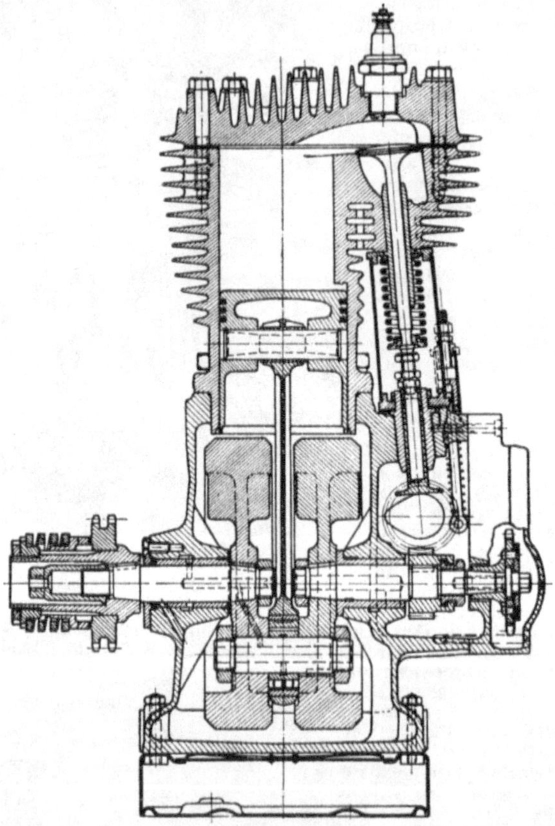

Bild 11. 500 ccm-Motor der Motosacoche A.-G. mit von unten gesteuerten Ventilen

Eine musterhafte Lösung dieser Frage findet man bei den NSU-D-Modellen Hier wird die Motorkraft auf das Getriebe durch eine Duplexkette übertragen, um den Verschleiß der Kette auf ein Minimum zu reduzieren. Die Schmierung der Ketten erfolgt automatisch. Die Motor-Getriebekette wird durch eine regulierbare Ölleitung — das Ölrohr ist im Bilde gut erkennbar — geschmiert. Ein kurzes Entlüftungsrohr des Kurbelgehäuses mündet vor der Magnetkette, die sich dadurch dauernd im Öldunst befindet. Die Antriebskette zum Hinterrad wird durch das durch die Leitung *9* (Bild 12) bei Erschütterungen überlaufende und überschäumende Öl geschmiert.

Zweitaktmotoren siehe besonderen Abschnitt.

Auf dem Gebiete des Getriebebaues sind Fortschritte zu verzeichnen. Eine der letzten Neuheiten ist das Zündapp-Kettengetriebe (Bild 13 und 14), das sich besonders durch seinen weichen und geräuschlosen Gang auszeichnet.

Der Antrieb erfolgt bei *A* (Bild 13) durch die Kupplung auf die Welle *B*. Auf Welle *c* werden 4 Räder durch 4 Ketten angetrieben. Die Räder sitzen lose auf der

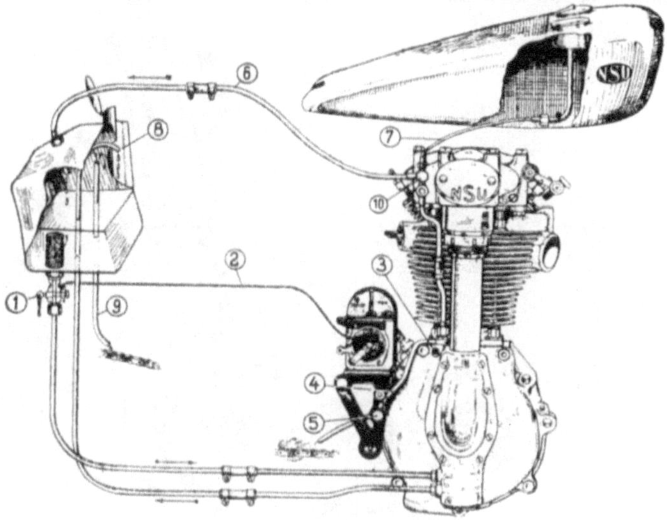

Bild 12. Schema der Trockensumpfschmierung

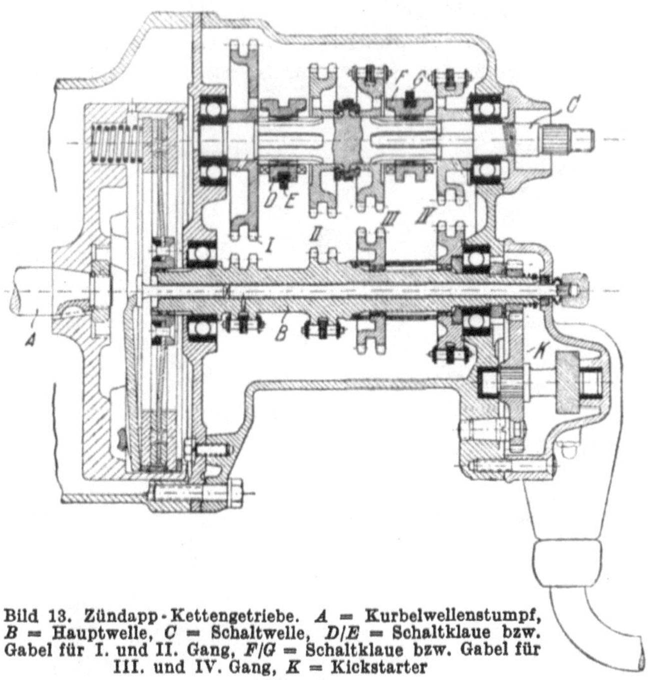

Bild 13. Zündapp-Kettengetriebe. *A* = Kurbelwellenstumpf, *B* = Hauptwelle, *C* = Schaltwelle, *D*/*E* = Schaltklaue bzw. Gabel für I. und II. Gang, *F*/*G* = Schaltklaue bzw. Gabel für III. und IV. Gang, *K* = Kickstarter

Welle. Das Schalten des ersten Ganges erfolgt durch Verschieben der Klauenkupplung *D*, durch Gabel *E* nach links. Die anderen Gänge II, III und IV werden sinn gemäß durch *E—D* bzw. *G—F* geschaltet. Der Antrieb der Kardanwelle erfolgt bei *C*. Durch die Verwendung der Duplexketten ist selbst bei der stärksten Zündapp-Maschine noch eine zehnfache Sicherheit bei den Ketten vorhanden.

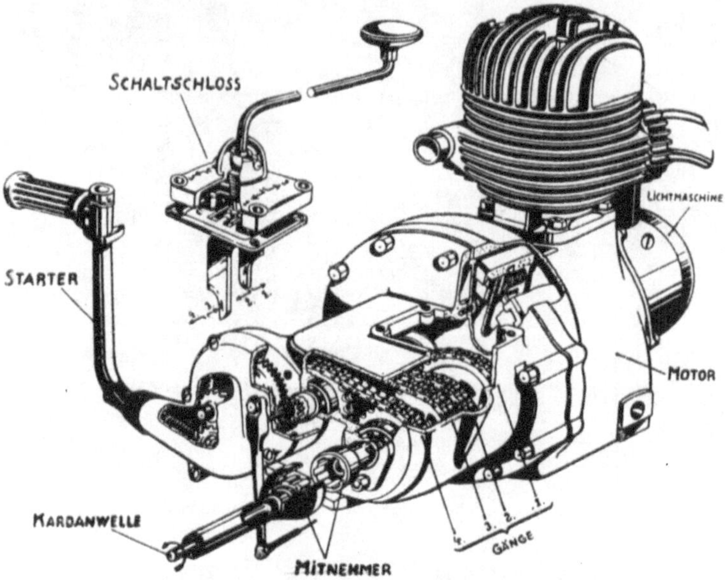

Bild 14. Motor des Zündapp-Kardan-Kraftrades, Typ 200 ccm mit angeblocktem Viergang-Kettengetriebe

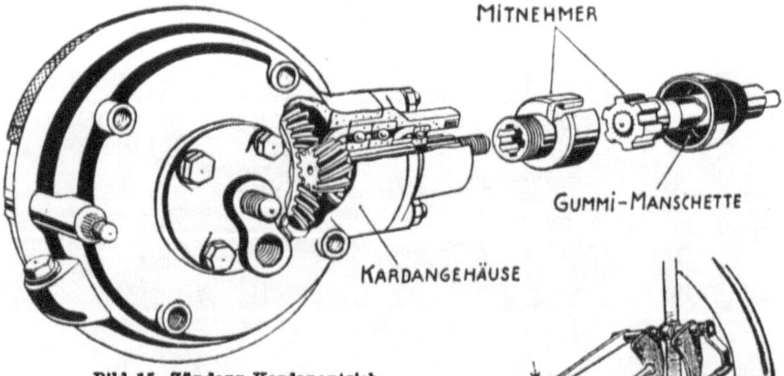

Bild 15. Zündapp-Kardanantrieb

In England hat man auch vor kurzem versucht, das Gangwählergetriebe für Krafträder zu verwenden. Dieses Wilson-Getriebe —ähnlich dem deutschen Soden-Getriebe— stellt weiter nichts als ein zusammengesetztes Umlaufrädergetriebe dar. Eine große Verbreitung dürfte es im Kraftradbau kaum finden.

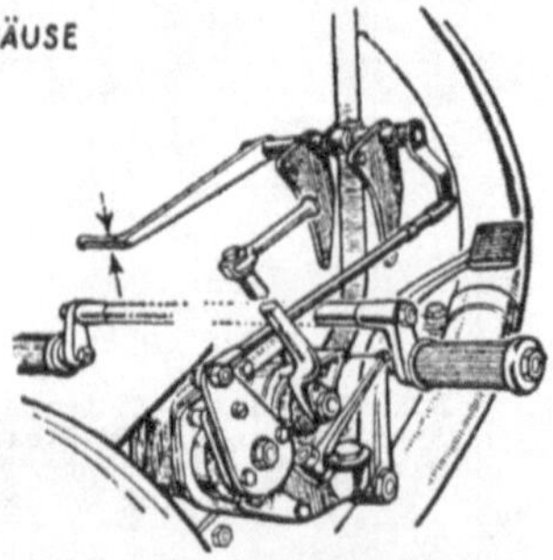

Bild 16. Anordnung der Fußschaltung an der 500-ccm-Grindlay-Peerless

Der Kardanantrieb vom Motor zum Hinterrad wird nun auch in England versucht. In Deutschland ist er vorbildlich entwickelt worden. Bild 15 zeigt den vorzüglich durchgebildeten Kardanantrieb der Zündapp-Maschinen.

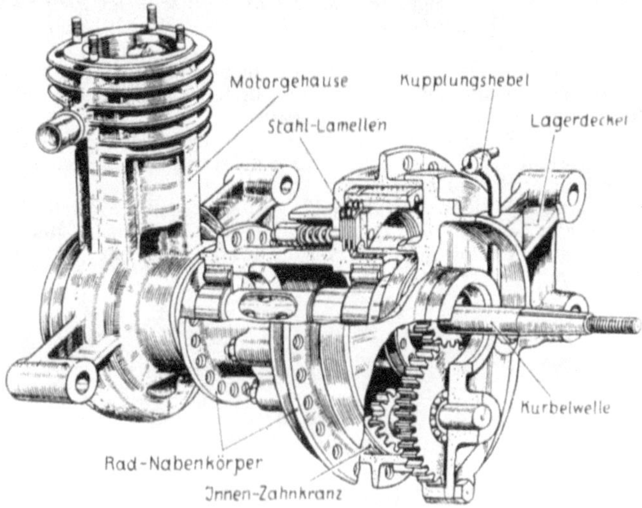

Bild 17. 2 PS-Herma-Zweitakt-Frontaggregat

Das Schalten der Getriebe bei Krafträdern von Hand aus ist keine ideale Lösung, um so mehr, als bei schnellen Maschinen durch das Wegnehmen einer Hand vom Lenker eine Gefahr für den Fahrer besteht. Man ist daher mit Erfolg mehrfach zur Fußschaltung übergegangen. Bei der engli-

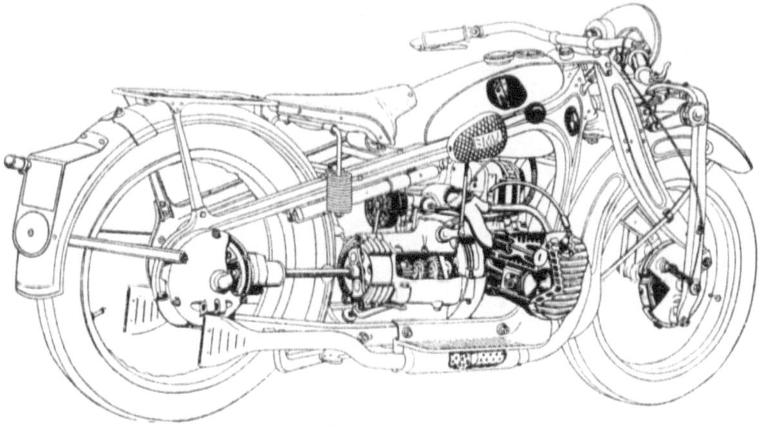

Bild 18. Moderne BMW-Kardanmaschine mit 750-ccm-Motor

schen Grindlay-Peerles-Maschine wird das Vierganggetriebe durch die an der linken Motorseite liegende Fußschaltung mit der Fußspitze betätigt. (Bild 16). Bequemer und einfacher ist die von Peugeot herausgebrachte Fußschaltung.

In bezug auf Kraftübertragung sind keine weiteren Fortschritte zu verzeichnen. Zu bemerken wäre noch, daß man in neuerer Zeit in England die wegen ihrer Laufruhe beliebten, schräg verzahnten Räder wegen ihres großen Axialschubes durch Pfeilverzahnung ersetzt.

Bezüglich der Kupplungen hat sich im Kraftrad-Bau nicht viel geändert. Neuerdings hat man in England auch die hydraulische Kupplung in Verbindung mit dem Wilson-Gangwählergetriebe bei der BSA-500-ccm-Maschine zur Anwendung gebracht.

Die Hinterradabfederung konnte sich bisher nicht weiterentwickeln. Die Mehrkosten und das höhere Gewicht dürften hier hinderlich sein, wie auch die unsichere Führung des Hinterrades.

Bezüglich der Zündverstellung sei noch bemerkt, daß zwei Systeme allgemein Anwendung finden, und zwar erfolgt die Zündverstellung entweder durch einen Hebel oder durch Drehgriff.

Zum Schluß sei noch im Bilde 17 ein kleines 2 PS-Zweitaktmotor-Aggregat gezeigt, das für den Einbau in Vorderräder dient. Bild 18 veranschaulicht eine neuzeitliche BMW-Kardanmaschine mit gegenläufigem 750-ccm-Motor.

Für den Konstrukteur!
WIPPERMANN
Duplex-Ketten und Rollenketten
sind das geeignete positive Übertragungselement für Steuerwellenantrieb und für Motorräder. Absolut geräuschlos und von großer Lebensdauer. Verwendung von nur Ia schwedischem Chromnickelstahl. Sämtliche Teile genauestens kalibriert, gehärtet und geschliffen.
Blaustern-Glimmer-Zündkerzen
für höchste Dauerbeanspruchung
Ein- u. Doppel-Dickend-speichen
in den Stärken 1.8 – 5 mm
Wippermann
WIPPERMANN JR. AKT.-GES. · HAGEN-DELSTERN

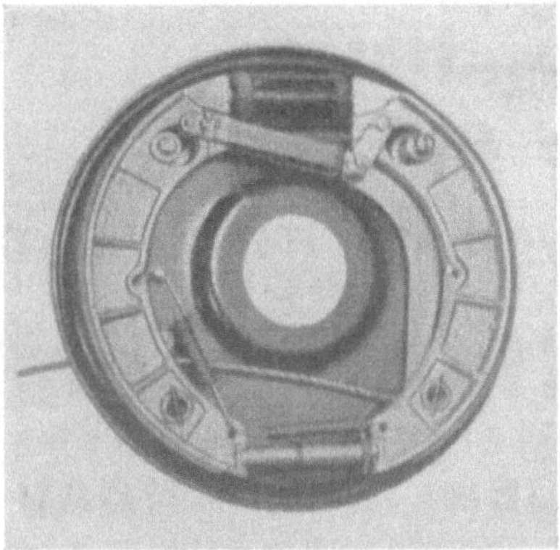

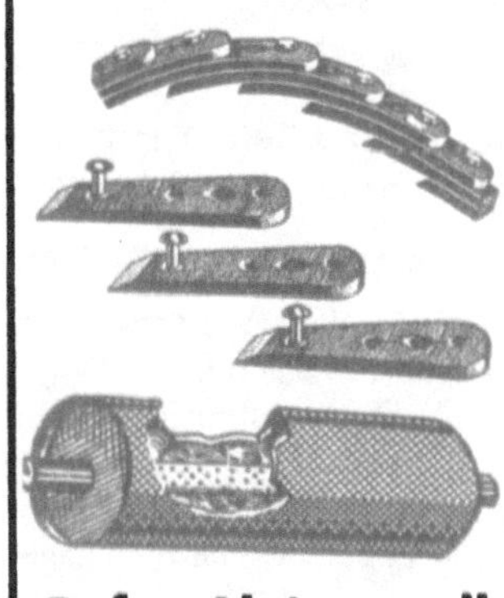

 Verantwortlich für den Anzeigenteil: Moritz Krayn, Berlin W 35. D. A. 3500. Gen. d. 1562.